普通高等教育农业部"十三五"规划教材
全国高等农林院校"十三五"规划教材

土壤地理学

第二版

张凤荣　主编

中国农业出版社

图书在版编目（CIP）数据

土壤地理学/张凤荣主编 . —2版 . —北京：中国农业出版社，2015.11（2023.12重印）
普通高等教育农业部"十二五"规划教材　全国高等农林院校"十二五"规划教材
ISBN 978-7-109-21004-2

Ⅰ.①土… Ⅱ.①张… Ⅲ.①土壤地理学－高等学校－教材 Ⅳ.①S159

中国版本图书馆CIP数据核字（2015）第241521号

中国农业出版社出版
（北京市朝阳区麦子店街18号楼）
（邮政编码100125）
责任编辑　李国忠　胡聪慧

三河市国英印务有限公司印刷　新华书店北京发行所发行
2002年2月第1版　2016年2月第2版
2023年12月河北第5次印刷

开本：787mm×1092mm 1/16　印张：19.75
字数：460千字
定价：49.00元
（凡本版图书出现印刷、装订错误，请向出版社发行部调换）

第二版编者

主　编　张凤荣（中国农业大学）
副主编　吴克宁（中国地质大学）
　　　　王秋兵（沈阳农业大学）
　　　　孔祥斌（中国农业大学）
编　者　（按姓名笔画排序）
　　　　王秋兵（沈阳农业大学　第四章、第八章和第十章）
　　　　孔祥斌（中国农业大学　第一章、第二章和第三章）
　　　　叶民标（南京农业大学　第七章和第十四章）
　　　　关　欣（湖南农业大学　第九章、第十二章和第十三章）
　　　　许　皞（河北农业大学　第十五章）
　　　　吴克宁（中国地质大学　第五章、第六章和第十一章）
　　　　张凤荣（中国农业大学　绪论、第一章、第二章和第三章）
　　　　张晓辉（南京农业大学　第七章和第十四章）
　　　　周运超（贵州大学　第十二章）
　　　　贾树海（沈阳农业大学　第四章、第八章和第十章）
　　　　潘根兴（南京农业大学　第七章、第十二章和第十四章）

第一版编者

主　编　张凤荣（中国农业大学）
编　者　（按姓名笔画排序）
　　　　　王秋兵（沈阳农业大学　第四章、第八章、第十章和第十五章）
　　　　　叶民标（南京农业大学　第七章和第十四章）
　　　　　关　欣（新疆农业大学　第九章、第十二章和第十三章）
　　　　　许　皞（河北农业大学　第十七章、第十八章和第十九章）
　　　　　吴克宁（河南农业大学　第五章、第六章和第十一章）
　　　　　张凤荣（中国农业大学　绪论、第一章、第二章、第三章、
　　　　　　　　　第十六章、第十七章和第十八章）
　　　　　周运超（南京农业大学　第十二章）
　　　　　贾树海（沈阳农业大学　第四章、第八章和第十章）
　　　　　潘根兴（南京农业大学　第七章、第十二章和第十四章）

第二版前言

修订《土壤地理学》，主要是因为我们发现，中国农业出版社出版的同属这套"面向21世纪课程教材"的系列教材中有《土地资源学》；"普通高等教育'十一五'国家级规划教材"中有《土地资源调查与评价》，"普通高等教育农业部'十二五'规划教材"中有《土地保护学》；为了避免重复，我们决定删掉本书第一版中的第十五章土地评价、第十六章区域土地资源及其合理开发利用、第十七章土地资源可持续利用策略与措施和第十八章土壤资源保护技术措施。之所以可以删掉这几章，也是我们认为"土壤地理学乃土地之道理也"，只要能够掌握土壤地理学，就能够为学好土地资源学、土地资源调查与评价、土地保护、土地利用规划和土地整理打下理论基础。

修订后的《土壤地理学》则体现了土壤地理学作为农业资源与环境、土地资源管理和自然地理专业的专业基础课的宗旨，就是介绍土壤地理学的基本理论和主要土壤类型。本教材的前3章，重点介绍土壤发生分类的基本理论，包括土壤形成因素学说、土壤形成过程和土壤分类系统，以便为正确理解各种土壤类型的发生、特性、分类和分布打下理论基础。为了对中国土壤地理分布规律有宏观概念，在第三章介绍了中国土壤形成的地理地质基础。从第四章到第十四章，介绍我国主要土壤类型及其地理分布规律，介绍每个土壤类型的形成因素、形成过程、剖面形态、理化性质、合理利用与改良措施等。通过这一部分的学习，使学生对中国主要土壤类型有基本的认识，同时，加深对第一部分有关土壤发生和分类理论的理解。最后一章，即第十五章，从宏观尺度简略地介绍了世界主要土壤类型的分布，以便对世界土壤资源有个概略的认识。

本教材所介绍的中国主要土壤类型是基于第二次全国土壤普查成果的。第二次全国土壤普查起始于20世纪70年代末，完成于20世纪90年代中，是迄今为止我国最为系统和完整的一次全国土壤类型调查。虽然书中有关土壤资源面积方面的数字都是20世纪90年代中的情况，但是土壤的演变是非常缓慢的，书中所介绍的土壤类型及其分布规律并没有变化。

虽然本书编者多年从事土壤发生分类和土壤调查与评价研究工作，但是修订过程中，我们还是发现了第一版中存在一些错误。借修订之机，我们修正了这些错误。但由于各种原因，可能还会存在一些错误。请有关同仁热心批评指正。

编　者

2015年8月

第一版前言

本书是为高等农业院校资源环境专业,以及自然地理专业和土地资源管理专业学生编写的土壤地理学教科书。全书分为3大部分:

第一部分包括一、二、三章,重点介绍土壤发生、分类的基本理论,包括土壤形成因素学说、土壤形成过程和土壤分类系统,以便为正确认识第二部分的土壤类型打下理论基础。为了对中国土壤地理分布规律有宏观概念,也简要介绍了中国土壤形成的地理地质基础。

第二部分从第四章到第十四章,介绍中国主要土壤类型及其地理分布规律。对每个土壤类型都介绍了其形成因素、形成过程、剖面形态、理化性质、利用与改良特征等。通过这一部分的学习,使对中国主要土壤类型有基本的认识,同时,加深对第一部分有关土壤发生和分类理论的理解。

第三部分从第十五章到第十八章,从土壤是土地资源的主体,也是环境要素的角度,阐述区域土地资源的合理开发利用、土地适宜性评价、土地资源保护等。为了对世界土壤资源有个概略的认识,在这一部分还简略地介绍了世界土壤资源。

为了方便学习,在每一章后面均有教学要求,指出本章的要点或给出思考题。

编者都多年从事土壤发生分类和土壤调查与评价研究工作,对土壤地理学颇有心得。我们希望总结前人有关中国土壤调查研究的成果,并将土壤地理学与土地资源的开发利用相结合,但终究由于水平有限,而且在中国也是初次编写这种类型的教材,因此错误难免,恳请有关同仁热心批评指正。

编 者
2001年7月29日

目录

第二版前言
第一版前言

绪论 ··· 1
    一、土壤发生学 ·· 1
    二、土壤分类学 ·· 1
    三、土壤地理学 ·· 2
    四、土壤与土地的关系 ·· 3
    五、土壤资源的合理利用 ·· 4

第一章　土壤形成因素分析 ··· 5
第一节　成土因素学说的建立、发展和现状 ·· 5
    一、成土因素学说的建立 ·· 5
    二、成土因素学说的发展 ·· 6
    三、成土因素学说的现状 ·· 7
第二节　气候因素的成土作用分析 ·· 8
    一、气候影响土壤有机质的含量 ·· 8
    二、气候对土壤化学性质和黏土矿物类型的影响 ······································ 9
    三、气候变化和土壤形成 ·· 10
    四、土壤地带性规律分析 ·· 11
第三节　生物因素的成土作用分析 ·· 11
    一、植被类型影响土壤中有机质的数量和分布 ·· 12
    二、植被类型对土壤营养元素和酸度的影响 ·· 13
    三、植被类型影响土壤淋溶与淋洗的速度 ··· 14
第四节　母质因素的成土作用分析 ·· 14
    一、母质的概念 ·· 15
    二、母质的质地和土壤性状的关系 ··· 16
    三、母质层理对土壤发育的影响 ·· 16
    四、母质组成和土壤性质的关系 ·· 17
第五节　地形因素的成土作用分析 ·· 17
    一、地形通过影响降水和辐射的再分配而影响土壤发生 ························· 17

二、地形影响土壤形成过程中的物质再分配 …………………………………… 18
第六节　时间因素在成土过程中的作用 ………………………………………………… 19
　　一、土壤年龄的概念 …………………………………………………………………… 20
　　二、土壤发育速度 ……………………………………………………………………… 20
　　三、土壤发育的主要阶段和方向 ……………………………………………………… 21
　　四、古土壤与遗留特征 ………………………………………………………………… 21
第七节　内动力地质作用对土壤发生的影响 …………………………………………… 22
　　一、新构造运动对土壤发生的影响 …………………………………………………… 22
　　二、火山喷发作用对土壤发生的影响 ………………………………………………… 23
第八节　人类活动对土壤发生发展的影响 ……………………………………………… 23
　　一、人为活动的特点 …………………………………………………………………… 23
　　二、人为活动的两重性 ………………………………………………………………… 24
　　三、人为土壤类型 ……………………………………………………………………… 24
第九节　土壤形成过程 …………………………………………………………………… 24
　　一、土壤形成过程的特点 ……………………………………………………………… 24
　　二、基本成土过程 ……………………………………………………………………… 26
　　三、形成主要土壤发生层的成土过程 ………………………………………………… 28
　　四、地质大循环与生物小循环、地质风化过程与成土过程的关系 ………………… 34
　　五、成土过程与土壤分类的关系 ……………………………………………………… 38
第十节　土壤发生层的表示符号 ………………………………………………………… 38
　　一、主要土壤发生层 …………………………………………………………………… 39
　　二、过渡土层与混合土层 ……………………………………………………………… 40
　　三、修饰主要土壤发生层的字母 ……………………………………………………… 40
　　四、用阿拉伯数字修饰土层 …………………………………………………………… 41
第十一节　土壤剖面形态与土壤景观 …………………………………………………… 41
　　一、土壤剖面形态 ……………………………………………………………………… 41
　　二、单个土体、土壤个体与土壤景观 ………………………………………………… 42
教学要求 …………………………………………………………………………………… 43
主要参考文献 ……………………………………………………………………………… 43

第二章　土壤分类 …………………………………………………………………… 44

第一节　土壤分类的概念与发展历史 …………………………………………………… 44
　　一、土壤类型与土壤分类单元 ………………………………………………………… 44
　　二、分类等级 …………………………………………………………………………… 44
　　三、土壤分类单元与土壤实体 ………………………………………………………… 45
　　四、土壤分类的发展简史 ……………………………………………………………… 45
　　五、土壤分类是逐步完善和发展的过程 ……………………………………………… 46
第二节　我国现行的土壤分类体系 ……………………………………………………… 47
　　一、我国现行土壤分类体系的分类思想 ……………………………………………… 47

  二、中国土壤分类系统 ······ 47
  三、中国土壤分类系统命名 ······ 51
第三节 世界主要土壤分类体系 ······ 51
  一、美国土壤诊断分类体系 ······ 51
  二、前苏联的土壤分类及其动向 ······ 55
  三、西欧土壤分类 ······ 56
  四、FAO/UNESCO 的土壤分类 ······ 57
第四节 中国土壤系统分类及其与其他土壤分类系统的对比 ······ 57
  一、中国土壤系统分类概述 ······ 57
  二、中国土壤系统分类与其他主要土壤分类体系的对应关系 ······ 58
第五节 土壤分类的应用 ······ 62
  一、土壤分类单元与土壤制图单元 ······ 62
  二、土壤分类与土地评价 ······ 63
  三、土壤分类与农业生产实践经验的交流 ······ 63
教学要求 ······ 64
主要参考文献 ······ 64

第三章 我国土壤形成的地理基础 ······ 65

第一节 气候因素 ······ 65
  一、光热条件 ······ 65
  二、水分条件 ······ 67
  三、季风气候 ······ 69
  四、气候分区 ······ 69
第二节 地势与地貌 ······ 71
  一、地势 ······ 71
  二、大地构造地貌格局 ······ 71
  三、中地貌 ······ 73
第三节 成土母质 ······ 73
  一、主要风化壳类型 ······ 73
  二、河流沉积物 ······ 75
  三、风成堆积物 ······ 76
第四节 植被因素 ······ 76
  一、自然植被的水平分布规律 ······ 76
  二、自然植被的垂直分布规律 ······ 78
第五节 人类活动 ······ 79
  一、人类活动的积极影响 ······ 79
  二、人类活动的消极影响 ······ 79
第六节 我国土壤的地理分布规律 ······ 79
  一、土壤的纬度地带性分布规律 ······ 79

  二、土壤的经度地带性分布规律 ……………………………………………… 80
  三、土壤的垂直地带性分布规律 ……………………………………………… 81
  四、隐地带性土壤 ……………………………………………………………… 81
 教学要求 …………………………………………………………………………… 82
 主要参考文献 ……………………………………………………………………… 82

第四章　棕色针叶林土、暗棕壤和白浆土 …………………………………… 83

 第一节　棕色针叶林土 …………………………………………………………… 83
  一、棕色针叶林土的分布与形成条件 ………………………………………… 83
  二、棕色针叶林土的成土过程、剖面形态特征和基本理化性状 …………… 84
  三、棕色针叶林土的亚类划分及其特征 ……………………………………… 86
  四、棕色针叶林土与相关土类的区别 ………………………………………… 87
  五、棕色针叶林土的合理利用 ………………………………………………… 87
 第二节　暗棕壤 …………………………………………………………………… 88
  一、暗棕壤的分布与形成条件 ………………………………………………… 89
  二、暗棕壤的成土过程、剖面形态特征和基本理化性状 …………………… 89
  三、暗棕壤的亚类划分及其特征 ……………………………………………… 91
  四、暗棕壤与相关土类的区别 ………………………………………………… 92
  五、暗棕壤的合理利用 ………………………………………………………… 93
 第三节　白浆土 …………………………………………………………………… 94
  一、白浆土的分布与形成条件 ………………………………………………… 95
  二、白浆土的成土过程、剖面形态特征和基本理化性状 …………………… 96
  三、白浆土的亚类划分及其特征 ……………………………………………… 98
  四、白浆土与相关土类的区别 ………………………………………………… 99
  五、白浆土的合理利用与改良途径 …………………………………………… 99
 教学要求 ………………………………………………………………………… 100
 主要参考文献 …………………………………………………………………… 101

第五章　棕壤和褐土 …………………………………………………………… 102

 第一节　棕壤 ……………………………………………………………………… 102
  一、棕壤的分布与形成条件 …………………………………………………… 102
  二、棕壤的成土过程、剖面形态特征和基本理化性状 ……………………… 103
  三、棕壤的亚类划分及其特征 ………………………………………………… 106
  四、棕壤与相关土类的区别 …………………………………………………… 107
 第二节　褐土 ……………………………………………………………………… 107
  一、褐土的分布与形成条件 …………………………………………………… 107
  二、褐土的成土过程、剖面形态特征和基本理化性状 ……………………… 108
  三、褐土的亚类划分及其特征 ………………………………………………… 111
  四、褐土与相关土类的区别 …………………………………………………… 114

第三节　棕壤与褐土的合理利用 ·· 114
一、棕壤与褐土的农业利用 ·· 114
二、棕壤与褐土的园艺利用 ·· 115
三、棕壤与褐土的林业利用 ·· 116
教学要求 ·· 116
主要参考文献 ··· 117

第六章　黄棕壤与黄褐土 ·· 118
第一节　黄棕壤 ·· 118
一、黄棕壤的分布与形成条件 ··· 118
二、黄棕壤的成土过程、剖面形态特征和基本理化性状 ············· 119
三、黄棕壤的亚类划分及其特征 ··· 121
四、黄棕壤与相关土类的区别 ··· 123
第二节　黄褐土 ·· 123
一、黄褐土的分布与形成条件 ··· 123
二、黄褐土的成土过程、剖面形态特征和基本理化性状 ············· 124
三、黄褐土的亚类划分及其特征 ··· 126
四、黄褐土与相关土类的区别 ··· 128
第三节　黄棕壤与黄褐土的合理利用 ······································ 128
一、黄棕壤与黄褐土的农业利用 ··· 128
二、黄棕壤与黄褐土的林业利用 ··· 130
三、搞好水土保持林 ··· 130
教学要求 ·· 130
主要参考文献 ··· 131

第七章　红壤、黄壤、砖红壤和燥红土 ······································· 132
第一节　红壤 ·· 132
一、红壤的分布与形成条件 ··· 132
二、红壤的成土过程、剖面形态特征和基本理化性状 ··············· 133
三、红壤的亚类划分及其特征 ··· 135
四、红壤与相关土类的区别 ··· 136
第二节　黄壤 ·· 137
一、黄壤的分布与形成条件 ··· 137
二、黄壤的成土过程、剖面形态特征和基本理化性状 ··············· 137
三、黄壤的亚类划分及其特征 ··· 138
四、黄壤与相关土类的区别 ··· 139
第三节　砖红壤 ·· 140
一、砖红壤的分布与形成条件 ··· 140
二、砖红壤的成土过程、剖面形态特征和基本理化性状 ············· 140

三、砖红壤的亚类划分及其特征 ··· 142
　　四、砖红壤与相关土类的区别 ··· 142
第四节　燥红土 ·· 143
　　一、燥红土的分布与形成条件 ··· 143
　　二、燥红土的成土过程、剖面形态特征和基本理化性状 ············· 143
　　三、燥红土的亚类划分 ··· 144
　　四、燥红土与相关土类的区别 ··· 145
第五节　红黄壤类土壤的利用 ··· 145
　　一、红黄壤类土壤在利用中存在的共性问题 ······························· 145
　　二、红黄壤类土壤的合理开发利用 ·· 146
教学要求 ·· 148
主要参考文献 ·· 148

第八章　黑土、黑钙土和栗钙土 ·· 149

第一节　黑土 ·· 149
　　一、黑土的分布与形成条件 ··· 149
　　二、黑土的成土过程、剖面形态特征和基本理化性状 ················ 150
　　三、黑土的亚类划分及其特征 ··· 154
　　四、黑土与相关土类的区别 ··· 155
　　五、黑土的合理开发利用 ··· 156
第二节　黑钙土 ·· 157
　　一、黑钙土的分布与形成条件 ··· 157
　　二、黑钙土的成土过程、剖面形态特征和基本理化性状 ············· 158
　　三、黑钙土的亚类划分及其特征 ··· 161
　　四、黑钙土与相关土类的区别 ··· 163
　　五、黑钙土的合理利用 ··· 163
第三节　栗钙土 ·· 164
　　一、栗钙土的分布与形成条件 ··· 164
　　二、栗钙土的成土过程、剖面形态特征和基本理化性状 ············· 165
　　三、栗钙土的亚类划分及其特征 ··· 167
　　四、栗钙土与相关土类的区别 ··· 169
　　五、栗钙土的合理利用 ··· 169
教学要求 ·· 170
主要参考文献 ·· 171

第九章　棕钙土、灰钙土和漠土 ·· 172

第一节　棕钙土 ·· 173
　　一、棕钙土的分布与形成条件 ··· 173
　　二、棕钙土的成土过程、剖面形态特征和基本理化性状 ············· 174

三、棕钙土的亚类划分及其特征 ……………………………………………… 175
　　四、棕钙土与相关土类的区别 ……………………………………………… 177
　第二节　灰钙土 ……………………………………………………………………… 177
　　一、灰钙土的分布与形成条件 ……………………………………………… 177
　　二、灰钙土的成土过程、剖面形态特征和基本理化性状 ………………… 178
　　三、灰钙土的亚类划分及其特征 …………………………………………… 179
　　四、灰钙土与相关土类的区分 ……………………………………………… 180
　第三节　漠土 ………………………………………………………………………… 181
　　一、漠土的成土过程、剖面形态特征和基本理化性状 …………………… 182
　　二、漠土中灰漠土、灰棕漠土与棕漠土的划分及其特性 ………………… 183
　第四节　棕钙土、灰钙土与漠土的开发利用 …………………………………… 189
　　一、棕钙土、灰钙土与漠土的共性 ………………………………………… 189
　　二、棕钙土、灰钙土与漠土的开发利用 …………………………………… 190
　教学要求 ……………………………………………………………………………… 191
　主要参考文献 ………………………………………………………………………… 191

第十章　潮土、草甸土、砂姜黑土、沼泽土和泥炭土 ……………………………… 192
　第一节　潮土 ………………………………………………………………………… 192
　　一、潮土的分布与形成条件 ………………………………………………… 193
　　二、潮土的成土过程、剖面形态特征和基本理化性状 …………………… 193
　　三、潮土的亚类划分及其特征 ……………………………………………… 196
　　四、潮土与相关土类的区别 ………………………………………………… 198
　　五、潮土的利用与改良 ……………………………………………………… 199
　第二节　草甸土 ……………………………………………………………………… 199
　　一、草甸土的分布与形成条件 ……………………………………………… 200
　　二、草甸土的成土过程、剖面形态特征和基本理化性状 ………………… 200
　　三、草甸土的亚类划分及其特征 …………………………………………… 202
　　四、草甸土与相关土类的区别 ……………………………………………… 203
　　五、草甸土的合理利用 ……………………………………………………… 204
　第三节　砂姜黑土 …………………………………………………………………… 204
　　一、砂姜黑土的成土过程、剖面形态特征和基本理化性状 ……………… 205
　　二、砂姜黑土的亚类划分及其特征 ………………………………………… 207
　　三、砂姜黑土的利用与改良 ………………………………………………… 207
　第四节　沼泽土与泥炭土 …………………………………………………………… 208
　　一、沼泽土和泥炭土的分布与形成条件 …………………………………… 208
　　二、沼泽土和泥炭土与相关土类的区别 …………………………………… 209
　　三、沼泽土与泥炭土的成土过程、剖面形态特征和基本理化性状 ……… 209
　　四、沼泽土和泥炭土的亚类划分 …………………………………………… 211
　　五、沼泽土和泥炭土的利用与改良 ………………………………………… 212

教学要求 ··· 212
　　主要参考文献 ··· 213

第十一章　盐碱土 ··· 214

第一节　盐土 ·· 214
　　一、盐土的分布与形成条件 ·· 215
　　二、盐土的成土过程、剖面形态特征和基本理化性状 ························ 216
　　三、盐土的类型划分 ·· 221
　　四、盐土与相关土壤的区别 ·· 226

第二节　碱土 ·· 227
　　一、碱土的分布与形成条件 ·· 227
　　二、碱土的成土过程、剖面形态特征、基本理化性状以及碳酸钠
　　　　对作物的危害 ·· 227
　　三、碱土的亚类划分及其特征 ·· 229
　　四、碱土与相关土类的区别 ·· 233

第三节　盐碱土的改良利用 ·· 233
　　一、盐碱土的改良利用原则 ·· 234
　　二、盐土的治理措施 ·· 234
　　三、碱土的改良利用 ·· 237
　　四、酸性硫酸盐土开发利用 ·· 238
　　五、滨海盐土开发利用 ·· 238
　　六、漠境盐土开发利用 ·· 238
　　教学要求 ··· 238
　　主要参考文献 ··· 239

第十二章　初育土 ··· 240

第一节　冲积土 ·· 240
　　一、冲积土的分布与形成条件 ·· 240
　　二、冲积土的成土过程、剖面形态特征和基本理化性状 ···················· 240
　　三、冲积土的亚类划分及其特征 ·· 241
　　四、冲积土与相关土类的区别 ·· 242
　　五、冲积土的利用 ·· 242

第二节　风沙土 ·· 242
　　一、风沙土的分布与形成条件 ·· 243
　　二、风沙土的成土过程、剖面形态特征和基本理化性状 ···················· 243
　　三、风沙土的亚类划分及其特征 ·· 244
　　四、风沙土与相关土类的区别 ·· 245
　　五、防治沙漠化和风沙土的保护、利用及改良 ······························ 245

第三节　黄绵土 ·· 246

一、黄绵土的分布与形成条件 ……………………………………………………… 246
　　二、黄绵土的成土过程、剖面形态特征和基本理化性状 ………………………… 247
　　三、黄绵土的分类 …………………………………………………………………… 248
　　四、黄绵土与相关土类的区别 ……………………………………………………… 248
　　五、黄绵土的开发利用 ……………………………………………………………… 249
　第四节　石灰（岩）土 ………………………………………………………………… 249
　　一、石灰（岩）土的分布与形成条件 ……………………………………………… 249
　　二、石灰（岩）土的成过土程、剖面形态特征和基本理化
　　　　性状 ………………………………………………………………………………… 250
　　三、石灰（岩）土的亚类划分及其特征 …………………………………………… 252
　　四、石灰（岩）土的合理利用 ……………………………………………………… 253
　第五节　紫色土 ………………………………………………………………………… 253
　　一、紫色土的分布与形成条件 ……………………………………………………… 253
　　二、紫色土的成土特点 ……………………………………………………………… 253
　　三、紫色土的剖面特征 ……………………………………………………………… 254
　　四、紫色土的基本理化性状 ………………………………………………………… 254
　　五、紫色土的亚类划分及其特征 …………………………………………………… 255
　　六、紫色土的开发利用 ……………………………………………………………… 256
　第六节　磷质石灰土 …………………………………………………………………… 256
　　一、磷质石灰土的成土特点 ………………………………………………………… 256
　　二、磷质石灰土的剖面特征 ………………………………………………………… 256
　　三、磷质石灰土的基本理化性状 …………………………………………………… 257
　　四、磷质石灰土的亚类划分及其特征 ……………………………………………… 257
　第七节　火山灰土 ……………………………………………………………………… 258
　　一、火山灰土的成土特点 …………………………………………………………… 258
　　二、火山灰土的剖面特征 …………………………………………………………… 258
　　三、火山灰土的基本理化性状 ……………………………………………………… 259
　第八节　石质土 ………………………………………………………………………… 259
　　一、石质土的成土特点 ……………………………………………………………… 259
　　二、石质土的剖面特征 ……………………………………………………………… 259
　　三、石质土的基本理化性状 ………………………………………………………… 259
　　四、石质土亚类及其特征 …………………………………………………………… 260
　第九节　粗骨土 ………………………………………………………………………… 260
　　一、粗骨土的成土特点 ……………………………………………………………… 260
　　二、粗骨土的剖面特征 ……………………………………………………………… 260
　　三、粗骨土的基本理化性状 ………………………………………………………… 261
　　四、粗骨土亚类及其特征 …………………………………………………………… 261
教学要求 ……………………………………………………………………………… 261
主要参考文献 ………………………………………………………………………… 262

第十三章 山地土壤 ... 263

第一节 山地土壤的特点 ... 263
一、山地土壤的垂直地带性 ... 263
二、山地土壤侵蚀与土壤的薄层性 ... 265
三、山地土壤的母岩继承性 ... 265

第二节 我国主要山地土壤类型 ... 265
一、高山寒漠土 ... 266
二、山地草甸性土壤 ... 266
三、山地草原性土壤 ... 268
四、山地森林土壤 ... 269

第三节 山地土壤的开发利用 ... 269
一、山地土壤的水土保持 ... 270
二、山地土壤的综合、立体开发 ... 271
三、发展山区的土宜作物 ... 271

教学要求 ... 271
主要参考文献 ... 272

第十四章 水稻土、灌淤土和菜园土 ... 273

第一节 水稻土 ... 273
一、水稻土的分布与形成条件 ... 273
二、水稻土与相关土类的区别 ... 273
三、水稻土的成土过程、剖面形态特征和基本理化性状 ... 274
四、水稻土的亚类划分 ... 277
五、水稻土的水肥管理及培肥改良 ... 278

第二节 灌淤土 ... 279
一、灌淤土的分布与形成条件 ... 280
二、灌淤土的成土过程、剖面形态特征和基本理化性状 ... 280
三、灌淤土的亚类划分及其特性 ... 281
四、灌淤土与相关土类的区别 ... 282
五、灌淤土的利用 ... 282

第三节 菜园土 ... 283
一、菜园土的熟化发育及剖面层次分化 ... 283
二、菜园土的剖面特征和基本理化性状 ... 283
三、菜园土的亚类划分及其特性 ... 284
四、菜园土的保护 ... 285

教学要求 ... 285
主要参考文献 ... 286

第十五章 世界土壤地理简介 ·············· 287

第一节 全球土壤形成背景条件 ·············· 287
一、大气环流、海陆分异对地带性特征的影响 ·············· 287
二、世界主要气候带与土壤的地带性特征 ·············· 287

第二节 世界主要地带性土壤的地理分布 ·············· 289
一、高纬度地带的土壤 ·············· 290
二、中纬度冷温气候带的土壤 ·············· 291
三、中纬度暖温气候带的土壤 ·············· 292
四、低纬度地带的土壤 ·············· 293
五、各大陆土壤分布 ·············· 294

教学要求 ·············· 295

主要参考文献 ·············· 295

绪 论

一、土壤发生学

土壤发生学就是研究土壤形成因素、土壤发生过程、土壤类型及其性质三者之间关系的学说。无论是土壤形成因素,还是土壤本身,都是客观实体,而土壤发生过程是看不见摸不着的。但应用物理学、化学、生物学、生物化学等学科的基本原理,可将土壤形成因素与土壤的形态与性质联系起来,推测各种土壤的发生过程。土壤的形态与性质是土壤发生过程的结果,也是反映土壤形成因素的印记。

气候、生物、地形、母质等土壤形成因素(条件)都从不同的侧面,经过时间历程对土壤的形成发生作用。了解这些土壤形成因素对土壤发生和土壤性质的影响,不但有理论意义,而且有应用价值。只有认清这些土壤形成因素对土壤发生和土壤性质的作用,才能够在农业生产中通过调控土壤形成因素,发挥有利因素的作用,避开或控制不利因素,使土壤的生产潜力得到充分发挥。了解土壤的发生发展规律以及土壤性质与外在形成条件之间的关系,是认识土壤本质,促进合理开发土壤资源和保证土壤资源的可持续利用的科学基础。

今天,人类对土壤的干预作用越来越大,以致人为因素成为非常重要的土壤形成因素。人为因素对土壤的发生有其积极的一面,如盐碱土改良,土壤培肥等;但也有其消极的一面,如滥垦造成的水土流失、风蚀沙化。土壤专业工作者就是要应用土壤发生学的理论与研究成果,努力创造有利于土壤肥力发展的积极因素,有效控制和防止不利因素的发生。

土壤形成因素分析还是组织有关土壤知识概念并建立分类体系的指导,是在野外鉴别土壤、划分土壤界线的重要参考依据。一个合理的土壤发生分类系统,必然是以土壤发生学理论为指导,将有着共同发生学特征的土壤归类在一起。

严格来说,在土壤发生学方面不存在绝对真理。任何发生学理论都是建立在现有研究成果的基础上,反映了时代的水平。随着土壤学研究的不断深入,人们对土壤的认识也就越来越深刻,新的知识和理论不断涌现。可能有一天,人们发现过去的某些发生学理论是谬误的。这并不可怕,可怕的是因循守旧,成为现成理论的奴隶。土壤发生学研究永无止境。因此,不但要承袭 B. B. 道库恰耶夫创立的土壤形成因素学说的基本思想,而且要尽可能用新的研究成果来修改和完善这一科学学说。

二、土壤分类学

土壤分类学就是选取土壤分类标准对土壤这个地球表面的连续的历史自然综合体进

行划分，通过构建分类单元与分类等级的逻辑关系，形成树枝状的分类系统，以便人们在不同的概括水平上认识它们，区分各种土壤类型以及它们之间的关系。土壤分类是土壤调查制图的基础，没有分类系统就无法进行土壤调查制图。土壤分类也是进行土地评价、合理开发利用土地、交流有关土壤科学研究成果及推广地方性土地经营管理经验的依据。

现代我国土壤调查与分类始于20世纪30年代。20世纪50年代，苏联的土壤地理发生学分类进入我国，并得到广泛应用。当时，大办"威廉斯土壤学讲习班"，召开土壤工作会议，中心议题是根据苏联的土壤地理发生学分类体系划分土类。实际上是按照土壤所处的地理环境条件推测土壤形成过程，进行土壤区划式分类，将土壤地带性概念绝对化。20世纪60~70年代，受"一切为生产实践服务"的思想冲击，出现了昙花一现的所谓"农业土壤分类"。20世纪80年代初，随着向西方开放，现代美国土壤分类学传入我国，一批土壤学家开始诊断定量化土壤分类的研究。但到目前为止，国家层面上所获得的大量土壤资料数据还是以土壤地理发生分类系统作为土壤调查制图基础得来的。

不同时期的土壤分类反映了当时土壤科学的发展水平。必须用历史唯物主义的观点看待土壤地理发生分类体系，因为自新中国成立以来，这个分类系统指导我们进行了许多大规模的区域土壤考察，完成了规模宏大的全国第二次土壤普查，积累了大量宝贵的资料数据，才能够对我国土壤有更全面和更深刻的认识。没有这个基础，就无从谈我国的土壤地理，也无从进行土壤分类的革新。因此必须实事求是地接受这个现实，这也是为什么本教材依然使用地理发生分类系统为基础介绍我国土壤的地理发生与分布规律的原因。

但是，随着土壤科学的发展，土壤分类也是在不断进步的。既不能抱着老祖宗的东西不放，也不能照搬国外的东西，因循守旧或抄袭都不能使人进步。要创造发展一个完善的科学的土壤分类体系，需要在掌握分类逻辑规则和土壤分类基本原则的基础上，努力探索土壤的发生发展规律，了解认识更多的土壤个体及其特性，然后进行科学的归纳与概括。《中国土壤系统分类》以及近些年开展的土系建立工作就是土壤地理学者们在土壤分类方面努力的成果。

三、土壤地理学

距今约2 500年的《禹贡》一书就大概指出了我国土壤的分布图式，那时将全国分为九州，如冀州、兖州、荆州等，而且指出了每个州的主要土壤，如冀州"厥土惟白壤"、兖州"厥土"等。当然，与今天对土壤的认识水平而比，那时对土壤的认识是相当朴素的。

土壤地理学是研究土壤分布的地理规律的学科。土壤发生学与分类学是土壤地理学的基础。土壤地理学必然依据某一个土壤分类系统为基础，研究各种土壤类型的形成条件和分布范围、土壤的形成过程、土壤的剖面形态特征和理化性质，并对这些土壤类型的适宜利用方向、土壤限制因素的改良进行阐述。

土壤地理学不是将其视角仅仅局限在土壤剖面的形态特征及其理化性质上，而是全方位地审视土壤的形成条件、土壤性质，并从理性上以土壤形成过程为纽带将土壤形成条件与土壤性质有机地联系在一起。同时，土壤地理学从机理上阐述土壤的合理利用方向和改良培肥土壤的措施。从这个意义上来说，土壤地理学是在介绍土地资源学的原理。

四、土壤与土地的关系

（一）土壤的概念

大多数土壤学教科书上，将土壤定义为："土壤是指能够支持植物生长的陆地表面的疏松表层。"而土壤地理学则把土壤看作"在气候、母质、生物、地形、成土年龄等诸因子综合作用下形成的独立的历史自然体"。

土壤具有生产植物产品的能力，这是土壤的本质特征之一。如果仅仅从能够为植物提供"吃"与"住"（即营养因素和扎根立地条件）方面来看，可以将花盆里装的土视为土壤。但是植物生长不但要求"吃"与"住"的条件，而且还要求光、热、水、气。因此将花盆里的土视为土壤就太狭隘了，土壤科学研究绝不能将视角局限在花盆里的土，而必须放眼广阔天地里的土壤。因为任何土壤都是在一定的地理环境条件下产生的，当地的地理条件赋予土壤特有的气候、地形、母质、水文、植被等特性，研究土壤必须将土壤与其形成条件联系起来。从土壤发生学角度，可以将气候、地形、母质、水文、植被等看作土壤形成因素，但从土壤作为植物生产基地的角度，就可以把它们视同土壤特性的组成部分，这时的土壤内涵与土地的内涵基本相同。也就是说，土壤地理学意义的土壤就是土地。

从土壤是"在气候、母质、生物、地形、成土年龄等诸因子综合作用下形成的独立的历史自然体"这个概念来说，土壤本身也是一个生态系统。换言之，土壤是地表各自然地理要素之间相互作用、相互制约所形成的统一整体。在陆地生态系统中，土壤是能量输入与输出、物质交换转移得以实现的基础，又是地球生态系统的物质储存器、供应站和能量调节者；土壤支持植物生长，植物通过光合作用，源源不断地生产出植物性第一级产品；动物把采食的植物同化为自身的生活物质，进行第二级生产；土壤微生物又将动植物残体分解转化为土壤腐殖质或植物可以吸收的营养元素。因此，土壤在陆地生态系统中是最根本、最重要的构成因素。

（二）土地的概念

多数地学研究者认为土地是由气候、地貌、土壤、植被、水文等自然要素组成的一个自然综合体。但不同的研究者由于自身的专业背景和对土地理解的差异，从不同角度描述土地的概念。

1. 农业生产上的土地 从农业生产角度看，土地既是生产基地和劳动场所，又以自身的理化性质参与农作物的自然再生产过程，形成农业产品。农产品产量的高低主要取决于土地的自然生产力。土地生产力既与土壤的肥力有关，也和土壤所处的地理位置与地形部位有关，受土壤的综合肥力或广义肥力的控制。对于农业生产来说，具有肥力的土壤至关重要，一旦土壤层被侵蚀掉，土地虽然还存在，但它对于农业生产已经没有价值。

2. 经济学上的土地 经济学上所说的土地是指未经人的协助而自然存在的一切劳动对象。经济学家们还认为，从土地的经济特性分析，土地是一种特殊商品。

3. 工程建设上的土地 从工程建设角度看，土地可理解为基地或场所。城乡居民点、工矿、交通运输等各项建设项目都需附着于土地上。工程师们描述的土地是起承载作用的固体物质，他们关心的是土地的抗压强度及稳定性。土地的数量、质量、位置，都与能否发挥好基地的作用有直接关系，而土壤肥力则对土地的工程性质影响不大，甚至没有影响。

（三）土地与土壤的概念区别

1. 二者的相互关系 从相互关系上看，土壤仅仅是土地的一个组成要素，即土地包含土壤。但是应该注意的是，当土壤一旦被利用，即作为基本的生产资料时，则它同时与气候、地形、水文等组成土地的诸要素共同起作用；这就是人们通常所说的因地制宜利用土壤，这个时候的土壤实际上已经以土地的形式发生作用，这也就是土壤与土地两个概念经常混淆的原因之一。

2. 本质特征上的区别 从本质特征上看，土壤的本质是肥力，即为植物生长提供生长条件的能力。水土流失可以使肥沃的土壤被侵蚀掉，虽然土地还在那，但这个土地已不具备植物生产能力。

3. 形态结构上的区别 从形态结构上看，土地是由地上层、地表层和地下层组成的一个立体空间。地上层既包括地上附着物（如植被），也包括对形成气候有影响的大气对流层的一部分。地下层包括岩石和深层地下水。地表层包括土壤、陆地水和浅层地下水，土壤只是其地表层的一部分，是处在地球风化壳的最表层，由 A、B 和 C 3 个土壤发生层所组成。土壤并不包括附着其上的植被，植被只是土壤形成的影响因素。

4. 可移动性上的区别 土壤作为自然物是可以搬动的，比如可以取土，而土地是不能移动的。土壤地理学的土类也是有固定位置，不可移动的。

五、土壤资源的合理利用

从土壤地理学的角度认识土壤资源的合理利用，应该分两个层次。首先是根据土壤类型所处的气候带，选择合适的植被类型和作物种类及其种植制度。其中，最适宜的植被类型就是当地的自然植被类型，因为自然植被在长期的进化过程中，已经与当地的气候条件达到了平衡。作物类型及其种植制度也是取决于热量与水分条件。第二个层次是根据影响土壤类型形成的地形条件和地貌类型合理利用土壤资源。例如在山地安排林地，在获得林产品的同时，防止水土流失；在丘陵和山前洪积扇的上部，地下水埋深大，安排需要通气性强的果园；平原土层深厚，水分条件好，安排耕地；在低洼平原安排湿地植被或种植水稻。至于根据土壤剖面构型、质地、pH、有机质含量等土壤物理化学性质进行合理利用，往往体现在田间管理层次上。

因地制宜是合理利用土壤资源的基础。也就是说，合理利用就是趋利避害，地尽其利，选择最适宜土壤资源特点的利用方式。过去，人们通过不断增加耕地面积来满足日益增长的人口对食物的需求，开垦那些坡陡土薄的本来宜用于发展林业的山地，造成了严重的水土流失；开垦那些温带干旱区的本来宜用于放牧的草原，造成了严重的风蚀沙化；开垦那些低洼积水的湿地，吞噬了水禽鱼类的栖息地，也损伤了"地球之肾"的功能。凡此种种土地退化和生态环境恶化问题，都是不合理利用土壤资源造成的。在社会经济和科学技术现代化的今天，人们更应该通过集约利用和技术进步来提高单产水平以满足不断增长的食物需求；而不是扩大耕地面积。只有这样，才能够维持土地可持续利用的物质基础——土壤资源，防止土地资源的进一步退化和生态环境的进一步恶化，建设生态文明社会。

第一章
土壤形成因素分析

气候、生物、母质、地形、时间、内动力地质作用、人类活动等因素都对土壤的发生产生影响。这些因素的不同组合,对土壤的综合作用不同,则产生各种各样的土壤类型。成土因素学说就是研究这些外在环境条件对土壤发生过程和土壤性质影响的学说,是土壤发生学的研究内容。土壤形成因素分析不仅是组织有关土壤知识概念并建立分类体系的指导,它也是人们在野外鉴别土壤、划分土壤界线的重要参考依据。

第一节 成土因素学说的建立、发展和现状

早在土壤学形成时期,人们就认识到土壤与形成环境条件的关系。但直到19世纪俄国著名土壤学家 B.B. 道库恰耶夫创立5大成土因素学说,将土壤作为一个独立的自然体看待之前,人们对土壤的认识都局限于把它孤立地与某一环境因素联系起来;土壤学也因此没有形成独立的学科,或依附于地质学,或依附于地理学。如西欧19世纪中期,德国地质学家 F. A. 法鲁(Fallou, 1862)将土壤和母岩联系起来,简单地认为土壤只是和母岩成分有关,并由此划分出了石灰岩上的土壤、长石岩上的土壤、黏土岩上的土壤等。

一、成土因素学说的建立

B.B. 道库恰耶夫是成土因素学说的创始人。19世纪80年代,B.B. 道库恰耶夫在俄罗斯大平原上做土壤调查工作。在这个大平原上,相当一致的黄土状母质绵延近千千米。在此区域内,从北到南存在着一个递增的温度梯度,从东到西存在着一个递增的温度梯度和年降水量梯度。与此相关的是主要植被类型的差别,特别是从草原植被到森林植被的变化。气候与植被的规律性变化,在相对一致的母质上留下了它们的影响,产生了明显的土壤差别。这些是土壤地带性理论形成的基础。B.B. 道库恰耶夫第一个理解了这些土壤差别的意义,建立了土壤发生学。1883年,他发表了著名的专题论文《俄国的黑钙土》,把土壤看作由一系列成土因素作用于母质而形成土层的独立自然体。这以后,他又发表了一系列土壤发生和分类的文章,为成土因素学说奠定了基础。

B.B. 道库恰耶夫认为,土壤有它自己的起源,是母质、生物、气候、地形和年龄综合作用的结果。他用下列方程式表示土壤与成土因素间的函数关系。

$$\Pi = f(K、O、\Gamma、P)T \tag{1-1}$$

式中,Π 代表土壤,K 代表气候,O 代表生物,Γ 代表岩石,P 代表地形,T 代表时间。

B. B. 道库恰耶夫认为，所有成土因素始终是同时和不可分割地影响土壤的发生和发展，它们同等重要和不可相互代替地参加了土壤形成过程。同时，他还指出，各个因素同等重要，并不是说每个因素时时处处都同等地影响成土过程，而是在所有因素的综合作用下，每一个因素在土壤中所表现的特点或个别因素的独特作用，又都有本质上的差别。B. B. 道库恰耶夫也指出了成土因素有地理分布规律和规律性变化，显然，这是俄罗斯广阔大平原上的生物气候带的变化对他的启发。

B. B. 道库恰耶夫确立了土壤是个历史自然体，提出了土壤与环境辩证统一的概念，创立了用综合性观点和方法研究土壤的科学方法。这些是他对土壤学划时代的贡献。与此同时，美国土壤学家 E. W. 海洛格在他关于密西西比土壤的文章中，也将土壤作为一个自然体看待，指出了土壤性质与气候、植被、母质等因素的发生学关系。可见，成土因素学说是科学发展的时代产物。

二、成土因素学说的发展

B. B. 道库恰耶夫之后，许多土壤学家对成土因素学说的发展作出了贡献，从不同的侧面深化了成土因素学说的内容。

（一）土壤地带性

H. M. 西比尔采夫（1895 年）根据土壤地理分布特点，把土壤划分为以下 3 个土纲。

1. 显域土纲 显域土纲（zonal soil）也称为地带性土纲，分布于高平地和低山丘陵上，受气候条件影响，具有明显的地带性特征。例如砖红壤、黑钙土、灰色森林土、生草灰化土、冰沼土等土类即属于此。

2. 隐域土纲 隐域土纲（introzonal soil）也称为隐地带性土纲，在特殊地形和母质的影响下，以斑点状分布，如沼泽土、草甸土、盐土、碱土等。

3. 泛域土纲 泛域土纲（azonal soil）也称为泛地带性土纲，各个地带都有分布但有自己的特征，如河流泛滥地的冲积土壤、山地的石质土等。

以后西比尔采夫又指出，隐域土和泛域土实际并不存在，因为任何土壤多少仍受所在地带的影响而存在某些地带性的特征。

H. M 西比尔采夫将 B. B. 道库恰耶夫所发现的成土因素地理分布规律深化为土壤地带性概念，将一定的土壤种类与一定的气候植被或地理区域相联系。他的土壤地带性概念对以后的土壤学研究起到了广泛的影响。K. Л. 格林卡（1914）将他的第一篇著作《土壤形成类型、分类和地理分布》介绍给了西方，使土壤地带性概念更为广泛地传播，造成了很大影响。如美国农业部 1938 年颁布的土壤分类体系、我国自 20 世纪 50 年代以来一直到第二次全国土壤普查所使用的分类体系，均源于土壤地带性学说。

土壤地带性概念的提出，促进了人们深入研究和认识气候、生物等地带性土壤发生因素在土壤形成中的作用，但也带来了后来的唯地带性论的趋向和某些消极作用，如在土壤发生分类中忽视了对母质作用的研究。

（二）土壤统一形成过程学说

B. P. 威廉斯提出了土壤统一形成过程学说。在这个学说中，强调了土壤形成中生物因素的主导作用和人类生产活动对土壤产生的重大影响。在土壤统一形成过程学说中，B. P.

威廉斯将进化论的观点引入发生学，提出了土壤年龄和土壤个体发育与演替的概念。B. P. 威廉斯认为，土壤形成过程的发展密切地联系着土壤形成全部条件的发展，特别是作为土壤形成主导因子的植被的发展。形成条件的发展变化引起土壤性质的变化，使土壤不断进化，并可能产生质的突变。同时，土壤的发展对植被的发展起反作用。B. P. 威廉斯的观点对于理解生物小循环对土壤发生，特别是对土壤有机质生成和矿质元素的富集方面的积极作用是明显的。

B. P. 威廉斯关于生物累积过程是主导成土过程的观点带有片面性。生物累积过程在土壤形成过程中具有累积矿质养分的积极作用，但并不是所有的土壤的发展方向都是以生物累积过程为主导的。除了有机质特性外，土壤还有其他许多重要的性质。另一方面，一个土壤个体可以在比较短的时间内发育形成，也可以受到各种不同因素的影响而改变，甚至由于侵蚀或其他作用而被消灭，而不仅仅与植被的进化相关。

(三) 土壤形成方程

B. B. 道库恰耶夫之后 60 年，美国土壤学家 H. 詹尼（1948）在他的《成土因素》一书中，引用了与道库恰耶夫同样的数学式来表示土壤和最主要的成土因素之间的关系，即

$$S = f(cl、o、r、p、t\cdots) \tag{1-2}$$

式中，S、cl、o、r、p 和 t 分别代表土壤、气候、生物、岩石、地形和时间，$\cdots$代表其他成土因素。

H. 詹尼对 B. P. 威廉斯的土壤形成过程中生物因素起主导作用的学说也作了补充修正。他认为，生物主导作用并不是到处都一样的，不同地区、不同类型的土壤往往是某一成土因素占优势，如果这个因素所起的作用超过其他因素的综合作用，那么就得出以某一因素占优势的函数式。他将上述基本函数式稍做修改，将优势因素放在函数右侧括弧内的首位，因而产生了下述函数式。

$$S = f(cl、o、r、p、t\cdots) \tag{1-3}$$
$$S = f(o、cl、r、p、t\cdots) \tag{1-4}$$
$$S = f(r、cl、o、p、t\cdots) \tag{1-5}$$
$$S = f(p、cl、o、r、t\cdots) \tag{1-6}$$
$$S = f(t、cl、o、r、p\cdots) \tag{1-7}$$

式（1-3）为气候函数式，式（1-4）为生物函数式，式（1-5）为地形函数式，式（1-6）为母质函数式，式（1-7）为时间函数式。

应当指出，道库恰耶夫和詹尼的土壤形成方程式只是土壤形成的概念模型，并不能用现代数学（微积分）方法逐个解答公式的每一个成分。因为每一个成土因素都是极其复杂的动态系统，它们不是独立的，而是彼此之间紧密联系的，错综复杂地作用于土壤。

三、成土因素学说的现状

在承袭成土因素学说基本理论的基础上，近年来国内外一些学者，根据最新的研究成果提出了土壤形成的深部因素的新见解，并强调人为作用对土壤发生发展的重要影响。土壤形成的深部因素是指内发性的地质现象，如火山喷发、地震、新构造运动等。他们认为，深部因素虽然不是经常普遍地对所有土壤形成起作用，但有时却起着不同于地表因素的特殊作

用。例如火山喷发产生特殊的土壤类型——火山灰土；新构造运动对于土壤侵蚀与堆积过程有加速作用；人类活动促使土壤熟化、退化，甚至产生质的改变，造就了菜园土、水稻土等人为土壤类型；陡坡开荒也使得山地水土流失而出现石质土。

土壤形成因素学说就是研究各种外在环境因素在土壤形成过程中所起作用的学说，它的形成有一定的历史背景。但是随着时代的发展，人们对土壤研究工作的深入和新研究结果的不断涌现，土壤形成因素学说还会不断地发展。

第二节 气候因素的成土作用分析

气候条件对土壤的发生起积极的推动作用。影响土壤发生的重要气候要素是降水和温度。在土壤与气候关系的研究中，水热条件常常被看作一般的气候指标。土壤和大气之间经常进行水分和热量的交换，气候直接影响土壤的水热状况。但土壤的水热状况还受地形、地表覆盖等因素的影响。例如在同一气候条件下，低洼部位受地下水影响的土壤与山坡上或高平地上不受地下水影响的土壤相比，在土壤水分状况上存在很大的差异。在同一地区，裸露的土壤与被森林覆盖的土壤相比，土壤温度和土壤湿度的状况也是不同的。对于气候与土壤水热状况的关系，本书不予叙述，而主要分析气候对土壤的有机质、黏土矿物类型、盐基饱和度等土壤性质的影响。气候条件和植被类型有直接的关系，因而气候也通过影响植被而间接地影响土壤形成。总的来说，土壤形成的外在推动力归根结蒂都来自气候因素，气候是直接和间接地影响土壤形成过程的方向和强度的基本因素。

一、气候影响土壤有机质的含量

由于各气候带的水热条件不同，造成植被类型的差异，导致土壤有机质的积累分解状况不同，以及有机质组成成分和品质的不同。从大范围的气候带看，不同气候带形成相应的植物带，所形成的有机质的量不同，其规律性甚为明显，具体表现为下述几方面。

降水量和其他条件保持不变时，温带地区土壤的有机质含量随着温度的升高而减少。例如我国温带地区，自北而南，从棕色针叶林土到暗棕壤到褐土，土壤有机质含量逐渐减少。美洲大陆的土壤也符合这种关系（图1-1）。但不能把这个规律随意外推到赤道地区，许多湿润热带的土壤含有较高的有机质。这种随着温度升高有机质含量减少的趋势，草原土壤比森林土壤更显著。

另一方面，当温度保持不变，其他条件类似的情况下，随着降水量的减少，土壤有机质含

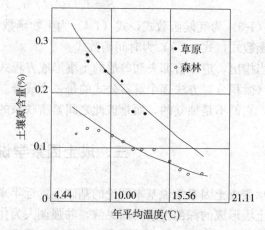

图1-1 湿润地区森林土壤和草原土壤中氮含量与温度的关系
（土壤质地均为粉砂壤）

量也减少。如我国中温带地区自东而西,由黑土→黑钙土→栗钙土→棕钙土→灰漠土,有机质含量逐渐减少。不难想象,这是因为随着降水量的减少,草被高度和覆盖度逐渐降低,生物量减少的必然结果。这种变化趋势在草原土壤中比森林土壤中更显著(图1-2),美国中部也有这种关系。

若单纯从植被年生长量看,我国华南地区土壤的有机质含量应高于东北地区,因为在华南,高降水量结合高温与长生长季导致植物茂盛生长,产生大量有机物质。然而实际上,东北地区土壤的有机质含量一般高于华南地区。其原因是,在华南地区,温暖季节长,有利于有机质的分解;而东北地区,漫长寒冷的冬季抑制了微生物对土壤有机质的分解。土壤有机质含量取决于有机质合成与分解这对过程的动态平衡,这个平衡受控于水热条件的共同作用。因此土壤有机质含量在水热中等指标值时,即温带最多。

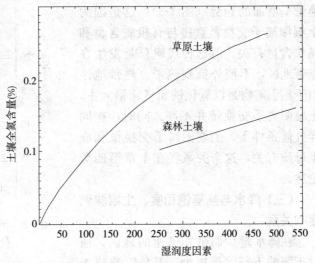

图1-2 沿着11℃等温线土壤全氮含量与湿润度因素的关系

上述有关土壤有机质含量与降水、气温的关系是有一定针对性的,切不能绝对化。同时,推测一个土壤的有机质含量时,除考虑土壤所在地理区域外,还要考虑植被类型、土壤所处地形部位、土壤质地、耕作措施等因素的影响,不能以偏概全。

二、气候对土壤化学性质和黏土矿物类型的影响

气候决定着成土过程的水热条件。水分和热量不仅直接参与母质的风化过程和物质的地质淋溶等地球化学过程,而更为重要的是它们在很大程度上,控制着植物和微生物的生命活动,影响土壤有机质的积累和分解,决定营养物质的生物学小循环的速度和范围。所有其他条件相同的情况下,温度升高会使土壤风化速度加快。风化速度也与降水量有关,因为水分的存在加快风化速度。总之,高温高湿的气候条件促进岩石和矿物的风化。而难风化的环境条件是温暖但干旱或冷且干旱的气候。

(一) 气候与土壤黏土矿物类型的关系

岩石中的原生矿物的风化演化系列(即脱钾形成伊利石,缓慢脱盐基形成蒙脱石,迅速脱盐基形成高岭石,直到脱硅形成三水铝石的阶段),与风化环境条件(即气候条件)有关。在良好的排水条件下,风化产物一般能顺利通过土体淋溶而淋失,则岩石风化与黏土矿物的形成可以反映其所在地区的气候特征,特别是土壤剖面的上部和表层。我国温带湿润地区,硅酸盐和铝硅酸盐原生矿物缓慢风化,土壤黏土矿物一般以伊利石、蒙脱石、绿泥石、蛭石等2:1型铝硅酸盐黏土矿物为主。亚热带的湿润地区,硅酸盐和铝硅酸盐矿物风化比较迅速,土壤黏土矿物以高岭石或其他1:1型铝硅酸盐黏土矿物为主。而在高温高湿的热带地

区，硅酸盐和铝硅酸盐矿物剧烈风化，土壤中的黏土矿物主要是氧化铁和氧化铝。这是从宏观地理气候的角度看问题。实际工作中，还要注意母质条件对土壤黏土矿物类型的影响。

（二）降水与土壤阳离子交换量的关系

随着降水量的增加，土壤阳离子交换量呈增加的趋势（图1-3）。这是因为土壤阳离子交换量直接与有机质含量和黏粒含量有关。但这种规律只是发生在温带地区，不能外推到热带。热带地区由于黏土矿物是以氧化铁和氧化铝为主，土壤阳离子交换量并不高。同时，在同样气候条件下，土壤阳离子交换量和成土母质有关，这个关系将在本章第四节论述。

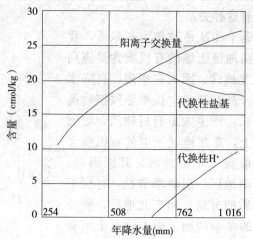

图1-3　年降水量与阳离子交换量、代换性盐基、代换性氢（H^+）之间的关系

（三）降水与盐基饱和度、土壤酸碱度的关系

在降水量少而蒸发迅速的地区，通过土壤的下行水量很少，不足以洗掉土壤胶体上的代换性盐基，土壤盐基大多是饱和的，土壤呈中性或偏碱性，这是我国中部和北部地区的一般情况。在较湿润的地区，土壤中下行水量较大，淋洗掉了土壤胶体上的部分代换性盐基，其位置被H^+所代换，导致盐基饱和度的降低和土壤酸度的增加，这是我国东南地区土壤的一般情况。年降水量与土壤阳离子交换量、代换性盐基和代换性酸度（H^+）之间的关系见图1-3。同样，在考虑这些关系时也不要忽视母质类型的影响。

（四）降水对土壤中盐分积累与淋洗的影响

降水量的变化也影响土壤中易溶盐类的多少。在西北荒漠和荒漠草原地带，降水稀少，土壤中的易溶盐大量累积，只有极易溶解的盐类（如$NaCl$、K_2SO_4）有轻微淋洗，出现大量$CaSO_4$结晶，甚至出现石膏层，而$CaCO_3$、$MgCO_3$则未发生淋溶。在内蒙古及华北草原、森林草原带，土壤中的一价盐类大部分淋失，两价盐类在土壤中有明显分异，大部分土壤都有明显的钙积层。在华东、华中和华南地区，两价碳酸盐也已淋失，进而出现硅酸盐的移动。由西北向东南逐渐过渡，土壤中$CaCO_3$、$MgCO_3$、$Ca(HCO_3)_2$、$CaSO_4$、Na_2SO_4、Na_2CO_3、KCl、$MgSO_4$、$NaCl$、$MgCl_2$、$CaCl_2$等盐类的迁移能力随着其溶解度的加大而不断加强。

三、气候变化和土壤形成

不仅目前大陆上由于气候带的不同发生不同的土壤类型，而且在整个地质历史时期，随着气候的变化，土壤的形成方向和速度以及形成的土壤类型也不断发生变化。特别是第四纪以来冰期和间冰期的更替，使土壤发生了很大变化。在北京山丘区，发现了与现今气候条件下广泛分布的地带性土壤褐土性状不同的残存红色土，它是上新世湿热古气候条件下的产物。在黄土高原黄土剖面中发现的多层埋藏古土壤也反映了气候条件的变迁。有些现今暴露在地表的古土壤，不但接受了现代气候条件的影响与作用，而且也继承了古气候影响下所产生的一些性状。了解气候变迁，对考察认识今天地球表面上各种各样的土壤有着积极意义。同时，古土壤研究也是气候变化研究的一种途径。

四、土壤地带性规律分析

大陆上广阔平原土壤在形成历史基本相同和成土母质相似的情况下，成土因素中的气候因素的作用特别明显地表现出来。这种情况下，明显的土壤类型更替和气候带的更替同时出现，这种规律被 B. B. 道库恰耶夫和 H. M. 西比尔采夫称为土壤地带性规律。应该指出，他们发现这个规律是有一定的背景条件的，那就是广阔的俄罗斯大平原的成土母质是相对均一的冰后期黄土状物质，且成土时间也基本一致。而未受大陆冰川影响的地区，这种地带性往往被地形、母质、成土时间等因素的不同所打破。这时，土壤和气候之间的关系，因其他成土因素的参与而变得复杂起来。例如我国广东与广西两地同处于亚热带，广东因其成土母质多为花岗岩类而造成大多数土壤是贫瘠和酸性的；而在广西，由于广泛分布石灰岩，发育了中性或微酸性盐基饱和度较高的石灰岩土。在北京地区，石灰性母质发育的土壤与非石灰性母质发育的土壤相比，在有无石灰反应、土壤剖面分异程度（有无黏化层）等方面，存在着明显的差别。要认识土壤地带性规律，主要应从全球范围土壤分布的宏观角度、从土壤的水热状况是与气候条件有直接关系的角度来理解。

在山区，气候与植被存在着垂直变化，在某种情况下，伴之而发生的是土壤类型的垂直规律性变化，称为土壤分布的垂直地带性规律。但这种规律性变化也会被母质、土壤年龄等因素的影响所打破。例如北京西部山区，从基带海拔 200 m 向上到 1 200 m，虽然降水量增加，植被类型由灌草丛变化到森林，覆盖度增加，土壤淋溶条件变强，但在 1 200 m 高度处石灰岩发育的土壤仍有石灰性反应者，而在海拔 200 m 处花岗岩类母质发育的土壤却有呈微酸性反应的。要认识土壤垂直地带性分布规律，主要还是从土壤水热条件、有机质含量、腐殖质组成等性状的垂直变化的角度来理解。

总之，在土壤地带性理论的问题上，应从土壤形成的多因子综合作用的观点去看问题，有地带性论，但不唯地带性论。

第三节 生物因素的成土作用分析

从土壤的本质特征是具有肥力这个观点出发，生物因素是土壤发生发展中最主要、最活跃的成土因素。由于生物的作用，才把大量太阳能引进了成土过程的轨道，才有可能使分散在岩石圈、水圈和大气圈的营养元素向土壤聚集，从而创造出仅为土壤特有的肥力特性。

生物因素包括植物、动物和微生物，它们在土壤形成过程中所起的作用是不一样的。绿色植物是土壤有机质的初始生产者，它的作用是把分散在母质、水圈和大气中的营养元素选择性地吸收起来，利用太阳辐射能，进行光合作用，制造成有机质，把太阳能转变成为化学能，再以有机残体的形式，聚集在母质或土壤中。土壤动物（如蚯蚓、啮齿动物、昆虫等），通过其生命活动、机械扰动，参加土壤中的物质和能量的交换、转化过程，相当深刻地影响土壤的形成与发育。动物的作用表现在它们对土壤物质的机械混合，对土壤有机质的消耗、分解以及它们将代谢产物归还到土壤中去。土壤中微生物种类繁多，数量极大，对土壤的形成、肥力的演变起着重大的作用。微生物在土壤中分解有机质，合成腐殖质，然后再分解腐殖质，构成了土壤中生物小循环的一个不可缺少的环节，并导致腐殖质的形成和土壤腐殖质层中营养元素的积累。

绿色植物以及存在于土壤中的各种动物、微生物，它们和土壤之间处于相互依赖、相互作用状态，构成了一个完整的土壤生态系统。它们之间相互依赖和作用，在土壤形成与肥力的发展中，起着多种多样的、不可代替的重要作用。动物、微生物是成土作用的重要参加者，但在这里不做详细介绍，而将重点放在分析绿色植物（即植被）对土壤发生的影响。从地理学角度看，生物因素就是植被。

自然植被可以被粗略地分为两大类型：森林和草原。支持它们生长的土壤可分别称为森林土壤和草原土壤。每一种植被对支持它的土壤的影响不同，因而不同植被下发育的土壤也具有不同的特性。这里只讨论自然植被下的土壤与植被的关系。

一、植被类型影响土壤中有机质的数量和分布

比较草原土壤与森林土壤，有机质含量和有机质的分布是不同的。

（一）土壤有机质含量的差异

草原土壤的有机质含量约为森林土壤的两倍。在同样气候下，可能森林与草原这两个生态系统中有机产物总量相近，但由于它们各自在地上与地下部分有机质含量的比例不同，以及拓荒时清除有机产物的方式不同，造成开垦后森林土壤与草原土壤有机质含量有差异，一般草原土壤的有机质含量高于森林土壤的。

（二）土壤有机质分布的差异

有机质在土壤中的分布状况是：森林土壤的有机质集中于地表，并且随深度锐减；而草原土壤的有机质含量则随深度增加逐渐减少。图1-4表明了这种差别。这是由于植物生长方式和植物残体结合进土壤中去的方式不同。草本植物的根系是短命的，每年死亡的根系都要

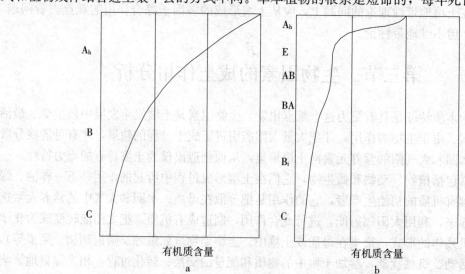

图1-4 草原土壤（a）和森林土壤（b）的有机质含量分布

给土壤追加大量的有机质；草本植物的有机产物的 90% 以上是在地下部分，而且根系数量随着深度增加而逐渐减少。与草本植物相反，树木的根系是长命的，而且根系占整个树木有机产物总量的比例较低，因此土壤有机质的来源主要是掉落在地表的枯枝落叶。至多是这些枯枝落叶被土壤动物搬运混合到距地表不深的层次，造成有机质含量随深度增加锐减。

二、植被类型对土壤营养元素和酸度的影响

（一）植被类型对土壤营养元素的影响

植物从土壤中吸收养分建造自身的机体；植物死亡后，其残体经过分解又将养分释放到土壤中去。但是，不同植被类型所形成的有机质的数量和累积的方式都不一样，它们在成土过程中的作用也不相同（表 1-1）。

木本植物的组成以多年生者为主，每年形成的有机质只有一小部分以凋落物的形式堆积于土壤表层之上，形成粗有机质层。不同木本植物类型的有机残体的数量和组成也各不相同（表 1-2）。

草本植物进入土壤的有机残体的灰分和氮素含量则大大超过木本植物，其 C/N 低（表 1-3）。

表 1-1　每年合成的植物的可能数量

（B. A. 柯夫达，土壤学原理）

自然区域	面积 ($\times 10^6$ km^2)	占陆地面积的比例 (%)	有机质（年产量）		能量（$\times 10^{17}$ kJ）
			单位面积产量 (t/hm^2)	总产量 ($\times 10^{10}$ t)	
森林	40.6	28	7	2.84	4.77
耕地	14.5	10	6	0.87	1.46
草原、草甸	26.0	17	4	1.04	1.76
荒漠	54.2	36	1	0.54	0.92
极地	12.7	9	0	0	0
总计	143.0	100		5.29	8.91

表 1-2　木本植物的灰分组成

（B. A. 柯夫达，土壤学原理）

类别	纯灰分含量（%）	灰分中氧化物含量（%）顺序
针叶	3～6～7	$SiO_2 > CaO > P_2O_5 > MgO \approx K_2O$ 30～45　15～25　约 8　约 5　约 5
阔叶	9～10	$CaO > K_2O \approx SiO_2 > MgO \approx P_2O_5 > Al_2O_3 \approx Na_2O$ 20～50　约 20　约 20　8～17　15～20　约 1
针叶树干	1～2	$CaO > K_2O > P_2O_5 > MgO > SiO_2$ 40～60　约 20　约 10　约 5　2～3
阔叶树干	1～2	$CaO > K_2O > P_2O_5 > Al_2O_3 > SiO_2$ 50～75　15～25　5～15　约 5　2～3

表 1-3 草本植物（地上部分）矿质成分的一般特点

(B. A. 柯夫达，土壤学原理)

类别	纯灰分含量（%）	灰分中氧化物含量顺序
草甸	2～4	$CaO>K_2O>SO_3>P_2O_5>MgO>SiO_2>R_2O_3$
草甸草原	2～12	$SiO_2>K_2O\geqslant CaO>SO_3>P_2O_5>MgO\geqslant Al_2O_3>F_2O_3$
干草原	12～20	$Na_2O\approx Cl\approx K_2O\approx CaO\approx SO_3>SiO_2>P_2O_5>MgO$
干旱半荒漠的猪毛菜属	20～30	$Na_2O>Cl>SO_3>P_2O_5>MgO$
半荒漠与荒漠的肉质猪毛菜属	40～55	$Na_2O>Cl>SO_3>SiO_2>P_2O_5>MgO$

（二）植被类型对土壤酸度的影响

有机残体分解释放盐基到土壤中时，由于归还盐基离子的种类和数量不同，从而对土壤酸化的进程以及与酸化相伴发生的其他过程起到不同的影响。一般来说，草原植被的残体与森林植被的残体比较，前者含碱金属和碱土金属比后者高；因此草原土壤的盐基饱和度高于森林土壤的盐基饱和度，前者的 pH 也较后者高。阔叶林与针叶林比较，前者灰分中的钙和钾含量较后者高，后者灰分中硅占优势。因此，针叶林下的土壤酸度比阔叶林下的土壤酸度较高。当然，这个比较是在其他条件相同的前提下进行的。

三、植被类型影响土壤淋溶与淋洗的速度

相同的气候条件下，如果相邻生长的森林和草原具有类似的地面坡度和母质，森林土壤则显示了较大的淋溶与淋洗强度，造成这样的差别有以下 2 个原因。

①森林土壤每年归还到土壤表面的碱金属与碱土金属盐基离子较少。

②森林的水分消耗主要是蒸腾，降水进入土壤中的比例较大，水的淋洗效率较高。

由于第一个原因，加上枯枝落叶层中产生的有机酸较多，使得森林植被下土壤中的下行水较酸，溶液中的 H^+ 代换并进一步淋洗掉较多的代换性盐基，伴之而来的是胶体分散、黏粒下移。甚至酸性溶液加速土壤原生矿物的分解，产生更大强度的淋溶或淋洗。

由于盐基的淋失，黏粒从 A 层迁移到 B 层，以及腐殖酸成分对土壤结构的影响，森林土壤心土层的渗透性比草原土壤的小，由此引起两者的物理、水分等性状的不同。

总之，生物因素是影响土壤发生发展的最活跃因素。土壤动物、微生物和植被构成了土壤生态系统并共同参与成土过程，是成土过程中的积极因素。在这三者之中，植物起积极主导作用。特别是绿色高等植物，它们选择性吸收分散于母质、水圈和大气圈中的营养元素，利用太阳辐射能制造有机质，并使植物生长所必需的元素在土壤中富集起来，使土壤与母质有了性质上的差别。由于不同植物类型的生长方式不同，所形成的土壤有机质在性质、数量和积累方式上也不同，这造成了土壤性质的差别。

第四节 母质因素的成土作用分析

母质是形成土壤的物质基础。年轻土壤的一些性质主要是继承母质的，如我国分类中的风沙土紫色土、黄绵土。即使最古老的土壤，也残留着母质的影响。土壤中植物所需的矿质养分最初来源于母质。在生物和气候条件相同的情况下，母质在影响土壤性质、土壤肥力特

征以及土壤类型的分异上起决定性的作用。

一、母质的概念

学过土壤学的人,都知道 A、B、C。土壤学中,A 和 B 称为土层,它们构成土壤剖面的土体部分,是成土过程的产物。C 称为母质,它是地质风化过程的产物,是土壤形成的物质基础。有各种各样的 C 层,它们的成因不同,性质不一。确定一个土壤的母质是一件困难的工作。

对于一个未经扰动的原地岩石风化物上发育的土壤,可以通过母质 C 层与土体(A+B)在性质上的差别进行比较,判断土壤发生了什么变化。但在剖面中母质 C 层起始于何处,土体又止于何处呢? C 层是风化作用的产物,土体是成土过程的产物。理论上如是说,但风化与成土过程是看不见摸不着的,又怎么能截然把它们分开呢?所以土体与母质的界线是不好确定的。

有人提议,有植物根系活动的区域就是土体,这是从土壤具有肥力的概念引申出来的。但有时植物的根系能扎几米深,那么人们观察土壤剖面取样时,是否要挖几米深?如果一新鲜的土状沉积物,虽然植物还未在其上生长,但它已具备植物生长的条件(肥力),那这个新鲜的沉积物是土壤还是母质?

例如有一个如图 1-5 所示的景观,山体上部为砂页岩,其下部有火成岩侵入,山上部由砂页岩风化的产物被剥蚀搬运到山下部沉积下来,在这种坡积物上发育了土壤。当人们挖剖面时,剖面的深度穿过坡积物进入火成岩的风化产物,这时描述土壤,能说火成岩的风化物是土体的母质,火成岩是母岩吗?显然不能。这时,可用 A-B-2C-R 的记载法描述这处剖面。实际工作中,这类问题很多,一个土壤学家需要有良好的地学知识基础,以便处理这样的问题。那些有名的土壤学大师,例 B.B. 道库恰耶夫和 C.F. 马伯特均是杰出的地质学家。

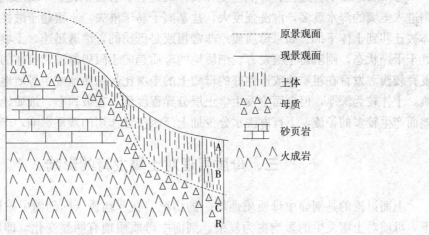

图 1-5 土壤剖面的地学景观分析

地表流水带来的沉积物(如冲积物),大多是多次沉积的。在其上发育的土壤,如果历时不长,冲积层理并不难见,对于判断土体与母质是不太困难的。但如果经过长期的成土过程,已看不出冲积层理迹象,描述剖面时,能说底部的 C 层是上部土体 A 与 B 的母质吗?实际上,A 和 B 的母质就是发育 A 和 B 的那层物质,并不是现在的 C 层,C 层将变成什么还说不清楚（图 1-6）。对这类情况，要仔细考虑、慎重判断。一般是通过质地分析，从各粒级含量的比值来判断。

研究母质对于理解一个地方的景观发展变化是很重要的，对于研究土壤发生也是很重要的，但注意避免因判断错误而走上歧途。例如北京延庆第二次土壤普查曾划分出了石灰性褐土的花岗岩土属，地点在八达岭附近。那里的土壤确实通体有石灰性反应，下伏基岩为花岗岩。但实际上土体中碳酸盐并非由花岗岩风化物而来，而是风成黄土带给土壤的，这就是判断母质有误。

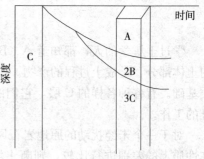

图 1-6　冲积物发育的土壤的母质

母质的类型很多，如各类岩石的风化物、冲积物、黄土状物质、湖积物等。这里不对每一种具体的母质类型对土壤发生的影响展开讨论，而是就母质影响土壤发生发展的 3 个共同特性——质地、层理状况和矿物学组成进行分析。

二、母质的质地和土壤性状的关系

母质的质地对非成熟的土壤（如冲积土）的质地有直接的影响。甚至当母质是由抗风化的矿物组成时，其质地对成熟或老年土壤（绝对年龄）的质地也有直接的影响。

细质地母质上发育来的土壤一般比那些从粗质地母质上形成的土壤有机质含量高。其原因可能是较细的质地保水能力强，通过提供较多的水分和养分促进植物生长，从而使每年有较多的有机质追加到土壤中。细质地母质也因其通气不好和具有较低的土壤温度阻碍有机质的分解，从而有助于有机质的积累。

母质质地影响渗透性、淋洗速度和胶体的迁移。在湿润地区，如质地适中并渗透性好，则进入土壤的降水就多，淋洗强度大，盐基离子易于淋失，土壤趋于酸性，随之而来的是胶体被迁移到土体下部。如果母质质地非常粗或是砾质的，渗透迅速，土壤保蓄不住水分，常处于干燥状态，则阻碍土壤发育。细质地的母质趋向于阻碍淋洗和胶体的迁移，这使得土体发育较浅。发育在粗质地或透性好的母质上的土壤比起细质地或中等质地的母质上发育的土壤，土体较为深厚，但剖面中发生学土层分异程度低。在坡地上，细质地的母质由于渗透性差而产生较多的径流，下行淋洗水分少加上流水侵蚀作用的双重影响，产生浅薄的土壤。

三、母质层理对土壤发育的影响

上面讨论的是剖面中母质质地均一的情况。在非均质（即剖面中质地有变化）的情况下，母质对土壤发生的影响更为复杂。剖面中母质质地有明显变化（即层理明显）的情况下，不仅直接造成土壤剖面的质地分布变化，而且影响水分垂直运动，从而造成土壤中物质迁移的不均一性。例如上轻下黏的冲积物母质，形成蒙金土，降水迅速透过上部质地较轻的土层，而吸收含蓄在质地较重的心土层中。相反，质地上黏下砂的母质体，形成漏风土，一方面不利于水分下渗造成地表积水洪涝；另一方面，下渗水缓慢地透过黏土层时，只在砂黏界面上做短暂的滞留，然后便迅速地渗漏。剖面中夹黏土层的土壤不易于积盐；但当土壤已盐化后，又不易于洗盐。如果质地上轻下黏，而且两者之间黏粒含量差异显著，往往易在两层界面产生上层滞水，可能产生阶段性氧化还原过程。如果这样的情况处于坡地倾斜面上，则可能使铁锰还原并随侧渗水而漂洗出上层土体，这样，使上部土壤逐渐脱色，形成一白色土层，成为白浆层。

四、母质组成和土壤性质的关系

母质组成对土壤剖面的特性有很大影响。在有机沉积物——泥炭上发育的有机土壤截然不同于矿质沉积物上发育的矿质土壤，这是两个极端例子。

对于矿质沉积物，如果它含有大量的易风化的硅酸盐和铝硅酸盐矿物（例如辉石、角闪石），这些矿物在合适的水热条件下迅速风化，就会产生大量黏粒，使土壤质地黏重。另一方面，如果母质几乎完全由抗风化的矿物（如石英）组成，形成的黏粒极少，就会产生粗质地的土壤。在自然界的矿质土壤中，这两种极端例子之间的各种各样的情况都会存在。例如在石英含量较多的花岗岩风化体中，抗风化能力很强的石英砂粒可长期保存在所发育的土壤中，使土体疏松而易渗水；同时花岗岩风化体中的铝硅酸盐矿物所含的盐基成分（Na_2O、K_2O、CaO、MgO）本来就比较少，在强淋溶条件下，极易完全淋失，使土壤呈酸性反应。反之，富含盐基成分的基性岩（如玄武岩、辉绿岩）风化物，则含石英砂粒少，质地比较黏重，因而其抗淋溶作用比花岗岩风化物要强得多，盐基含量丰富。所以在其他因素相同的成土条件下，在基性岩上形成的土壤一般较为黏重，渗水性差，土壤的盐基代换量也较高，植物的矿质养料含量丰富。

不含游离石灰的花岗岩类、辉长岩类等火成岩类的风化产物与富含石灰的沉积岩类的风化产物相比较，前者土壤发育较后者迅速。由各种矿物成分组成的母质与由单一矿物组成的母质相比，前者的土壤发育较后者迅速。

如果说在大范围的宏观地理研究方面，应注重气候因素对土壤发生的影响；那么，在一定的气候条件下，则应将注意力集中到研究母质对土壤发生的影响上。在一定的地理区域内，其他成土条件相似的情况下，土壤发生和土壤性状与母质有紧密的发生学关系，土壤类型的不同主要是母质不同造成的。做区域土壤调查时，我们应对母质给予充分的注意。

第五节 地形因素的成土作用分析

地形是影响土壤与环境之间进行物质、能量交换的一个重要场所条件。和母质、生物、气候等因素的作用不同，在成土过程中，地形不提供任何新的物质。地形因素的成土作用主要表现为：①使物质在地表进行再分配；②使土壤及母质在接受光、热和水的条件方面发生差异，或重新分配。这些差异都深刻地导致土壤性质、土壤肥力的差异和土壤类型的分异。需要注意的是，不同地形部位的成土母质可能不同。

一、地形通过影响降水和辐射的再分配而影响土壤发生

地形一般分为正地形与负地形，正地形是物质和能量的分散地；负地形是物质和能量的

聚集地。正地形是指高起的部位，负地形是指凹陷的部位。

降雨落到山坡上易产生径流，径流汇集在坡麓或山谷中的低平地上，从而引起降水在两者间产生再分配。前者土壤的淋洗程度低于后者，后者土壤的水分状况好于前者。而且，大气降水渗入土壤中转化为地下水，也是由前者流入后者，造成它们所发育的土壤的地下水供给条件不同。

不同的坡度接收的太阳辐射能不同，造成土壤温度的差异。坡向不同影响接收的太阳辐射能也不同，造成土壤温度的差别。在北半球，南坡接受的辐射能比北坡多，因此南坡土壤温度比北坡土壤温度高，南坡土壤的昼夜温差也比北坡的大。在大气降水量相同的情况下，由于阳坡接收了较多的太阳辐射能，土壤蒸散量高于阴坡，造成阳坡的土壤水分条件比阴坡的土壤水分条件差。这造成阴坡与阳坡的植被生长状况不同，一般阴坡的植被好于阳坡，很可能是因为阴坡与阳坡植被条件的不同以及风化方式不同（物理风化与化学风化），一般阳坡的坡度较阴坡的陡。坡向对降水的影响以及不同部位对地表径流的入渗及地下潜水流的关系如图1-7所示。因此地形间接影响土壤形成过程。

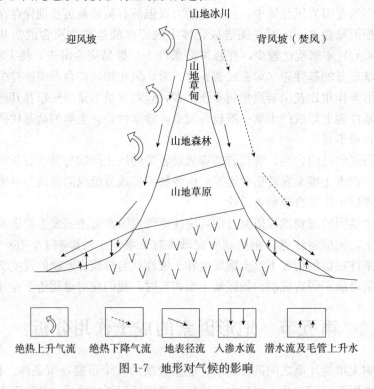

图1-7 地形对气候的影响

二、地形影响土壤形成过程中的物质再分配

在山区，坡上部的表土不断被剥蚀，使得底土层总是暴露出来，延缓了土壤的发育，产生了土体薄、有机质含量低、土层发育不明显的初育土壤或粗骨性土壤。坡麓地带或山谷低注部位，常接受由上部侵蚀搬运来的沉积物，也阻碍了土壤发育，产生了土体深厚、整个土体有机质含量较高但土层分异并不明显的土壤。正地形上的土壤遭受淋洗，一些可溶的盐分进入地下水，随地下径流迁移到负地形，造成负地形地区的地下水矿化度大。在干旱、半干

旱和半湿润地区，负地形区的土壤易发生盐渍化。

在河谷地貌中，不同地貌部位上可构成水成土壤（河漫滩，潜水位较高）→半水成土壤（低阶地，土壤仍受潜水的一定影响）→地带性土壤（高阶地，不受潜水影响）发生系列（图1-8）。

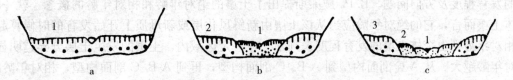

图1-8　河谷地形发育对土壤形成、演化的影响
a. 河漫滩　b. 河漫滩变成低阶地　c. 低阶地变成高阶地
1. 水成土壤　2. 半水成土壤　3. 地带性土壤

微地形变化也对土壤发生产生影响。半干旱、半湿润的华北平原上，存在着岗、坡、洼的微地貌变化（图1-9），相对高差仅1～3 m。岗地多是河流故道，土壤砂性大，地下水质较好。洼地土壤黏重，也是水盐汇集的中心。但是盐渍土壤不在积水（雨季）的洼地，而是在岗地与洼地之间的坡地上，所谓二坡地积盐。因为二坡地质地适中，地下水借毛管上升高度大，水分蒸发后留下盐分积聚于地表。而洼地雨季积水带来一定程度的淋洗，同时地表黏土层抑制蒸发，所以不致盐化。

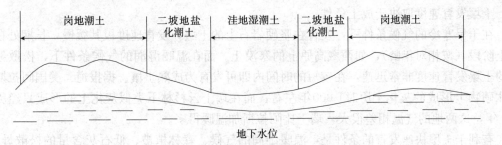

图1-9　华北平原微地貌与土壤分布

地形部位对土壤的发生和土壤的各种特性有很大影响。在同一地区其他成土条件类似的情况下，往往因地形部位不同，产生不同的土壤类型。这就是为什么土壤调查在野外极力地寻找地形变化特征线作为土壤界线的原因。

第六节　时间因素在成土过程中的作用

时间和空间是一切事物存在的基本形式。B. B. 道库恰耶夫将土壤定义为历史自然体。土壤不仅随着空间条件的不同而变化，而且随着时间的推移而演变。可以说，土壤是在永恒变化着的。这种变化有时是发展，有时是破坏；有时是进化，有时是退化。人们现在所研究的各种各样的土壤类型均可看成是处在一个时间极长、范围极广的统一运动过程中的一刻静止瞬间的片断。以上各节谈到的气候、生物、母质、地形等因素，都是通过时间因素作用于成土过程的。在其他因素相同的情况下，具有不同年龄或不同发生历史的土壤必然存在着性状上的差异。

一、土壤年龄的概念

时间是一个既有速度，又有方向的矢量。所以在讨论时间因素时，必然要涉及年龄、土壤的发育程度及方向问题。B. P. 威廉斯提出了土壤的绝对年龄和相对年龄的概念。就一个具体土壤而言，它的绝对年龄应当从该土壤由新鲜风化层或新母质上开始发育的时候算起；而相对年龄则由个体土壤的发育程度来判断。在一定区域内，土壤的发生土层分异越明显，相对年龄越大。从 A-C 剖面构型到 A-B_w-C 剖面构型，再到 A-B_t-C 剖面构型，相对年龄越来越大。

无论是绝对年龄，还是相对年龄，都可以表示成土过程的速度以及土壤发育阶段的更替速度。对于两个相对年龄相同或发育程度相同的土壤来说，绝对年龄大的土壤较绝对年龄小的土壤发育速度慢；而对于两个绝对年龄相同的土壤来说，相对年龄小的土壤发育速度较相对年龄大的土壤发育速度慢。

相对年龄可以通过土壤发育程度（即剖面土层分异程度）来判断。绝对年龄则得用地学测年的方法确定，如地层对比法、古地磁断代法、热释光法、同位素法等。

二、土壤发育速度

土壤发育速度取决于成土条件。

在干旱寒冷的气候条件下，发育在坚硬岩石上的土壤，发育速度极其缓慢，长期处在幼年土阶段（按相对年龄），如西藏高原上的寒漠土。而在温暖湿润的气候条件下，松散母质上的土壤发育速度非常迅速，在较短的时间内即可发育为成熟土壤。据报道，美国阿拉斯加州冰碛物上形成的灰化土历时1 000年左右，而在瑞士云杉林下类似灰化土的形成只经历了370年，这两地的气温相差很大，瑞士比阿拉斯加温暖得多。

有利于土壤快速发育的条件是：温暖湿润的气候、森林植被、低石灰含量的松散母质、排水条件良好的平地。阻碍土壤发育的因素是：干冷的气候、草原植被、高石灰含量且通透性差、紧实的母质、陡峭的地形。

土壤的发育速度整体上随发育阶段而变化。一个土壤的有机质含量的变化可以分为3个阶段，在土壤发育初期阶段，有机质含量迅速地增加，因为土壤中有机质增加的速度大大超过有机质的分解速度；成熟阶段的土壤以有机质含量的稳定不变为特征，此阶段有机质的增加与消耗持平；到了土壤退化期，一般由于合成有机质的条件消失，土壤有机质含量以下降为特征。

不同的土壤发育阶段，土壤发育速度也不同。随时间的推移土壤发育速度发生变化的另一个例证是硅酸盐黏土矿物的形成。在一个新鲜的花岗闪长岩风化物上，土壤形成的初始阶段以原生矿物分解而迅速合成黏土矿物为特征；土壤发育成熟阶段，原生矿物分解并合成黏土矿物的速度与黏土矿物分解的速度相等，土壤以黏土矿物含量不变为特征；进入老年阶段，原生矿物已风化殆尽，黏土矿物合成速度必然低于黏土矿物分解速度，土壤以黏土矿物含量减少为特征。

三、土壤发育的主要阶段和方向

如果条件有利于土壤发育，母质可以在较短的时间内转变为幼年土。这个阶段的特征是有机质在表面积累，而淋洗或胶体的迁移都是微弱的。这个阶段，仅存在 A 层与 C 层，土壤性状在很大程度上是由母质继承来的。随着 B 层的发育，土壤达到成熟阶段。如果成土条件不变，成熟土壤继续发展，最终可以变为高度分异的土壤，以至于在 A 与 B 之间出现一个漂白层（E），土壤进入老年阶段。图 1-10 表示了土壤发育的这几个阶段。

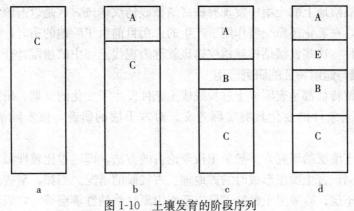

图 1-10 土壤发育的阶段序列
a. 母质 b. 年轻土壤 c. 成熟土壤 d. 老年土壤

实际上，土壤发育演替千变万化，随成土母质的性质和发育过程中其他成土条件（气候、生物、地形等）的变化而变化。如抗风化的石英砂母质上发育的土壤长期停留在幼年土壤阶段；有些成熟的土壤因为受到侵蚀而被剥掉土体，新的成土过程又在母质上重新开始。因此上述的由年轻土→成熟土→老年土的发育阶段变化不过是一种理想模式，并非定式。

四、古土壤与遗留特征

理论上说，自 4.5 亿年前陆生植物出现时起，就产生了最早的土壤。但是地质史上历次的地壳运动，沧桑巨变，已使这种古土壤侵蚀殆尽，或重新沉积后又通过成岩作用而变成了岩石。现在北半球所存在的土壤多是在第四纪冰川退却后开始发育的，高纬度地区冰碛物上土壤的绝对年龄一般不超过 1 万年。中纬度地区未遭受第四纪冰川侵袭，土壤年龄较长。低纬度未受冰川作用地区的土壤年龄可能达到数十万年，乃至数百万年，其起源可追溯到第三纪。

（一）古土壤

古土壤是在与当地现代景观条件不相同的古景观条件下所形成的土壤，它的性质与现代当地土壤有某些差异。古土壤往往与气候条件变迁有关。按古土壤分布及其保留的现状，大致分为以下 3 类。

1. 埋藏古土壤 埋藏古土壤系原地形成并被埋藏于一定深度的古土壤。它一般保存较完整的剖面和一定的发生土层分异，如淋溶层、淀积层、母质层，甚至有的还保留有古腐殖质层。黄土高原地区深厚的黄土剖面内埋藏的红褐色古土壤条带即属埋藏古土壤。

2. 残存古土壤 残存古土壤系原地形成但又遭受侵蚀后残存于地表的古土壤。残存古土壤原有腐殖质层或土体上半部分已被剥蚀掉，裸露地表的仅为淋溶层或淀积层以下部分。在新的成土条件下此残缺剖面又可继续发育，或在其上覆盖沉积物，形成分界面明显的埋藏型残积古土壤。北京低山丘陵区零星分布在各类岩石上的红色土，即属残存古土壤。

3. 古土壤残余物 古土壤残余物系古土壤经外营力搬运而重新堆积后形成，与其他物质混杂在一起。北京周口店洞穴堆积物中就有古土壤残余物。

（二）遗留特征

所谓遗留特征是指地球陆地表面现代土壤中存在着的与目前成土条件不相符合的一些性状。如现代河流高阶地上的土壤中发现有铁锰结核或锈纹锈斑，这是以前该河流阶地土壤未脱离地下水作用，在氧化还原交替作用下产生的；而目前由于阶地的抬升，已不具备氧化还原交替过程的条件，这些铁锰结核或锈纹锈斑就称为现代土壤中的遗留特征。

（三）古土壤与遗留特征的研究应用

古土壤和遗留特征都是表明成土过程或成土条件发生了变化的证据。研究它们对了解土壤发展历史和成土条件的变化具有实际意义。对古土壤的研究，依实际情况而采用不同方法。

对埋藏的古土壤层的研究，一般采用从今论古的方法，即通过比较埋藏古土壤层与现代土壤的性质，推测该古土壤层形成时的古地理、古气候的情况。当然，某些残留于地表的古土壤层，如黑垆土层、砂姜黑土的砂姜层、云南山原红壤的红壤层等，它们多数是在原古土壤层的基础上开始了现代的成土过程，其成土时间的自然历史继承性必须加以注意，否则会对其成土过程得出一些不切实际的结论。比较好的研究方法是先采用地貌与第四纪地质的方法进行野外观察，而后采样进行年龄测定等室内分析。例如北京地区的褐土，一般多在晚更新世（Q_3）的黄土阶地上发育而成。

时间是土壤发育的一个尺度，但土壤发育所经历的时间都已成为过去。对于土壤发育的历史，人们只能凭借对土壤的观测和有关学科的知识综合分析推测。

第七节　内动力地质作用对土壤发生的影响

很大程度上，土壤的发生发展也受内动力地质作用的影响，主要是受新构造运动和火山喷发作用的影响。

一、新构造运动对土壤发生的影响

新构造升降运动引起的侵蚀基准面变化，控制着一系列地质作用的进行。土壤中常见的淋溶与淀积、表面侵蚀与表面堆积等发生过程均与侵蚀基准面的变化有关。

在新构造运动引起的地形上升地区，由于侵蚀基准面的下切，土壤的不稳定性增加。土壤受到剥蚀而改变原来的状态，或者是剥掉腐殖质层，或者是剥掉整个土体，在新的条件下开始新的成土过程。在地形下降区，侵蚀停止，堆积作用开始，原来的土壤可能由于被埋藏到深处不再与外界条件作用，停止了原先进行的成土过程，而成为埋藏土壤；新覆盖层则开始了它与外在成土条件相吻合的成土过程。这种新构造运动对土壤发生的影响随处可见。如山东泰山山麓若干地方都在较高的阶地上发现了砂姜黑土，它色泽深暗，但活性有机质含量仅1%左右，已完全脱离了地下水的影响；广西钦州地区海滨高20 m的阶地上，有古红树林沼泽环境里形成的残余酸性硫酸盐盐土，有机质含量高达6%～7%，但胡敏酸与富里酸的比值很低，保持着原强酸性的特征。这些则是经新构造运动抬升后，改变了生物小循环产生的结果。

新构造运动不断抬升地区，土壤不断遭受剥蚀，阻碍了土壤发育，致使土壤长期保持幼年状态，如我国黄土高原区。而在新构造运动不断下降区，则常接受新鲜的沉积物，也阻碍了土壤发育，致使土壤发生层分异不明显，未能形成地带性成熟土壤，华北平原就是一例。

干旱、半干旱区的河谷低阶地上的盐化土壤，由于新构造运动抬升，侵蚀基准面下切，脱离了地下水的影响、土壤发生脱盐过程。

二、火山喷发作用对土壤发生的影响

火山喷发，周围地区的土壤上沉降了火山喷发物。火山喷发物具有独特的性质，其形成的土壤也与其他结晶岩发育的土壤不同。如果火山不断喷发，则会经常有新鲜的沉降物落下，致使土壤始终保持在幼年状态，没有明显的发生土层分异。火山喷发引起的地震，也造成附近地区处于不稳定状态的土壤产生崩塌、泻溜等运动，迁移到稳定的地形部位上，导致两地原来的土壤都发生了变化。

黄土降尘不属于内动力地质作用，但这种外动力地质作用对土壤发育的影响深刻而广泛。黄土降尘延缓了土壤的淋洗，酸化过程。

第八节 人类活动对土壤发生发展的影响

一、人为活动的特点

自从有了人类文明史，人们就开始影响土壤的发生发展。与一般的自然成土因素相比，人类生活和生产对土壤的影响有如下特点。

1. 人为活动的影响是快速的 人为活动对土壤发生发展的影响是快速的，并随着人类社会生产力和技术水平的提高，其影响的速度、强度都加快。

2. 人为活动的影响不是孤立的 人为活动对土壤发生发展的影响是在各自然因素仍在发生作用的基础上进行的，各自然因素对土壤发生的继续影响的程度主要取决于人为影响的措施类型。例如灌溉、排水、种植水稻等措施，就比旱耕熟化的影响要剧烈。但自然因素的"烙印"还是很深的，必然赋予耕作土壤不同的特性，而且自然成土条件仍继续与人类活动一起综合地影响着土壤发生过程，这就是千差万别的耕作土壤的起因。例如北方水稻土与南方水稻土相比，在土壤温度状况方面和供给矿质养分水平方面，均存在着很大的差别。如果不是人为干扰程度太大，以致产生不可逆的质的变化（如城镇垃圾堆垫），那么，当人类退出对土壤的干扰后，人类活动留下的痕迹会逐渐消失，土壤又会恢复到与自然成土条件相吻合的状态，这是生态恢复观点的基础。

3. 人为活动的影响不是单向的 人为活动对土壤发生发展的影响有两重性，可能产生正效应（土壤熟化），也可能产生破坏性的负效应（土壤退化）。

4. 人为活动是有意而为之 人类活动作为一个成土因素，对土壤发生发展的影响与其他自然因素有着本质上的不同，这个不同就在于人类活动是有意识、有目的的。

二、人为活动的两重性

上文述及，人为活动对土壤发生发展的影响有时是有益的，有时是有害的。例如对沼泽地进行人工排水，可改善土壤的水、气、热条件，促进土壤熟化，成为高产土壤；在盐化土壤区，通过深沟排水，降低地下水位，引淡水洗盐，可改良盐化土壤；施肥、耕作等措施可改善耕层土壤的肥力和物理性状。这些活动都促使土壤向高肥力水平和高生产力方向发展，是有益的。另一方面，人类活动给土壤带来的不利影响也很多，例如山地陡坡开荒，造成水土流失，发生石漠化；干旱草原区开荒，造成土壤沙化；大量施用农药和灌溉污水，造成土壤中有毒物质的残留；只向土壤要粮，不给土壤施肥的掠夺性经营，造成土壤肥力水平的降低等。充分认识人类活动对土壤发生发展的影响，其重要意义在于尽可能避开人类活动对土壤发生发展影响的不利方面，充分发挥人类活动的积极因素，促使土壤向着高肥力水平的方向发展。

三、人为土壤类型

随着生产的发展，人们对土壤的干扰程度增大，以致改变了原来土壤的基本性状，产生了新的土壤类型。有的土壤分类系统中列出了人为土分类单元，说明土壤学家高度重视人为活动给土壤带来的影响。例如联合国粮食与农业组织的土壤分类中列出人为土单元。中国土壤系统分类中设立了人为土纲，包括水稻土、菜园土、灌淤土等土类。

第九节 土壤形成过程

一、土壤形成过程的特点

现在覆盖于陆地表面的土壤是在一定的时间和空间条件下，在母质、气候、地形、时间等诸多成土因素的共同作用下，经过一定的土壤形成过程而产生的。概括起来，土壤形成过程有以下几个特点。

1. 土壤形成过程的基本动力和实际内容 土壤形成过程是复杂的物质与能量迁移和转化的综合过程（图1-11和图1-12），母质与大气之间的能量交换是这个综合过程的基本动力，土体内部物质和能量的迁移和转化则是土壤形成过程的实际内容。

2. 土壤形成过程的时间性 土壤形成过程是随着时间进行的。

3. 土壤形成过程的多样性 土壤形成过程由一系列生物的、物理的、化学的和物理化学的基本现象构成。它们之间的对立统一运动，导致土壤向某一方向发展，形成特定类型的土壤。

4. 土壤形成过程的地球重力场和地形的作用 土壤形成过程是在一定的地理位置、地形和地球重力场之下进行的。地理位置影响着这一过程的方向、速度和强度。地球重力场是引起物质（能量）在土体中做下垂方向移动的主要条件。地形则引起物质（能量）的水平移动。

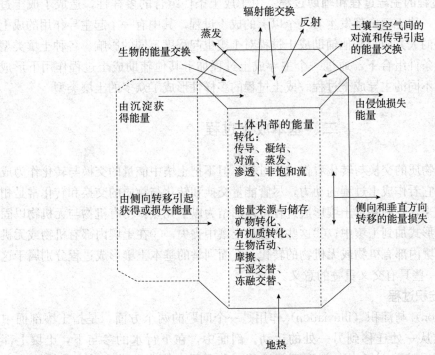

图 1-11　土壤中能量来源与转换

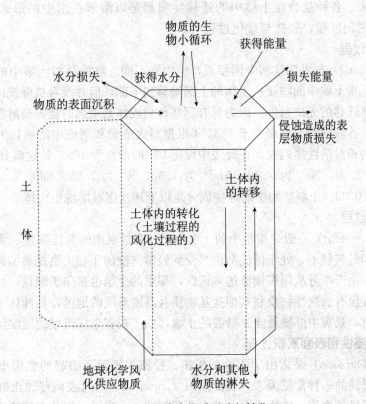

图 1-12　土壤中物质迁移与转化

5. 土壤形成过程的主导过程和辅助过程 由于成土条件组合的多样性，造成了成土过程的复杂性。在每一块土壤中都发生着一个以上的成土过程，其中有一个起主导作用的成土过程决定土壤发展的大方向，其他辅助成土过程对土壤也起程度不同的影响。各种土壤类型正是在不同的成土条件组合下，通过一个主导成土过程加上其他辅助成土过程作用下形成的。不同的土壤有不同的主导成土过程。成土过程的多样性形成了众多的土壤类型。

二、基本成土过程

一般将土壤中物质的交换与转化看作成土过程，但不把土壤中能量的交换与转化作为成土过程，而仅仅将它看作成土过程的动力，尽管能量交换和转化与物质的交换和转化常是相伴发生的。概括起来，各种基本土壤形成过程可以归结为以下几点：①有机物与无机物以固体、液体或气体的形式加到土壤中；②这些物质从土壤中丧失；③在土壤内部有机物或无机物的迁移；④在土壤内部有机物或无机物的转化。下面列举的基本土壤形成过程分别属于这4个方面，其中的一些具有交叉重叠的意义。

（一）淋溶与淀积过程

淋溶（eluviation）与淀积（illuviation）作用是一个问题的两个方面，是指土壤剖面中物质以溶液的形式从一处迁移到另一处的运动。剖面中，在下行水的参与下，土壤上部的物质被活化，而后随着下行水向剖面下部迁移，在下行水停止移动之处，土壤溶液中的物质淀积下来。各种盐分在土壤中的迁移淀积都是以溶解在水中的形式的淋溶淀积过程，如脱钙与钙积过程、脱盐与盐化过程等。

（二）淋洗过程

淋洗（leaching）与淋溶这两个词相似，但内涵不同。淋洗是指土壤中的盐分被淋洗出土体；而淋溶是指土壤中的物质从土体的上部被移到下部，但并没有被淋洗出土体。淋洗是许多土壤中胶体迁移的先决条件，因为只有那些作为胶体絮凝剂的盐分被淋洗掉，胶体才可能被分散迁移。苏联学者波洛诺夫于1937年根据对火成岩和河流中溶解物的分析，列出了某些土壤成分的相对活性序列表。在此表中设定 Cl^- 的活性为100，其他成分的活性，SO_4^{2-} 为57，Ca^{2+} 为3.00，Na^+ 为2.40，Mg^{2+} 为1.30，K^+ 为1.25，SiO_2 为0.20，Fe_2O_3 为0.04，Al_2O_3 为0.02。土壤矿物中的这些成分是以上述次序被淋洗出土体的。

（三）富集过程

富集（enrichment）一般是指整个的土壤由于处在景观中的低洼部位，而从周围获得物质。在温暖湿润的气候下，处于低洼部位只受到轻微淋洗的年轻土壤是典型的富集了植物营养物质的土壤，由于水分从周围侧流进入该区，那里的土壤也富集碳酸盐，如我国江汉平原上的土壤。但在没有石灰性物质和其他盐基物质且高度淋洗的地区，低洼区土壤不是典型富集的，反而是整个景观中淋洗最强、最酸的土壤，如广东省东江流域的低湿洼地。

（四）表面侵蚀和表面累积过程

表面侵蚀（erosion）是指由于雨滴的撞击、径流水搬运而引起的表层土壤侵蚀。风力也是造成表土侵蚀的一种常见因素。表面累积（cumulation）与表面侵蚀正好相反，是用来表述由于流水或风等作用，使物质在土壤表面累积的一个术语，如黄土被流水搬运到山麓低处沉积即是如此。严格说来，表面侵蚀与表面累积这对过程不是成土过程而是地学过程，但它们对土壤形成的影响是很大的。一般说来，这对过程延缓剖面发育和土层分异过程。

（五）机械淋洗过程

机械淋洗（lessivage）指细黏粒（<0.000 2 mm）和较少数量的黏粒（<0.002 mm）及细粉砂以悬浮态向下淋溶到土体中的裂隙和其他空隙中，并在脱水的情况下在这些空隙壁上淀积下来。机械淋洗产生的土壤特征是：①A 层中或淋溶层中黏粒的输出或减少；②B 层或淀积层中黏粒含量相对于 A 层或 C 层富集；③B 层相对于 A 层来说，细黏粒占总黏粒的比例增高；④在 B 层的土壤结构体面上或孔隙壁上可见到黏粒胶膜，或用偏光显微观察时可见光性定向排列黏粒。

在一些地区，机械淋洗是产生黏化层的主要原因。移动到 B 层的黏粒可能是 A 层的风化产物，也可能是在土壤发育期间由其他外力作用附加到土壤中来的。

（六）泥炭形成过程

泥炭形成过程（paludization）实际上是指有机质以植物残体形式累积的过程，主要发生在地下水位高，或地表有积水的沼泽地段。湿生植物残体因缺氧条件而不能彻底分解，以不同分解程度的有机残体累积于地表，形成一个很厚的泥炭层。

（七）枯枝落叶堆积过程

枯枝落叶堆积过程（littering）是指植物残体在矿质土表面累积的过程。它往往发生在森林植被条件下，形成一个枯枝落叶层。这些有机物质累积的原因，并非因积水缺氧，而是因为通风干燥缺水而难以分解。

（八）分解与合成过程

分解（decomposition）和合成（synthesis）是指土壤中矿物质和有机质的分解过程与新矿物和新有机物的合成过程，如原生铝硅酸盐矿物分解与次生黏土矿物的合成、粗有机质分解转化为腐殖质的过程。

（九）黑化和淡化过程

黑化（melanization）和淡化（leucinization）指的是土壤中色彩的变化。其原因有：①有机质的增加与减少；②粗有机质转化为细腐殖质；③暗色矿物和淡色矿物的转化。

例如土壤中植物残体分解并腐殖质化，使土壤颜色变黑，这常见于泥炭土熟化过程中。反之，黑土开垦后，由于有机质含量降低，土壤颜色逐渐淡化。

（十）棕化、红化与铁化过程

从极地到赤道，不受地下水影响的土壤的颜色呈逐渐变红的趋势。这是由于从极地到赤道，土壤中铁的氧化逐渐增强，氧化铁逐渐增多，产生色散的缘故。在北半球，棕色土壤（棕壤、褐土）、红棕色土壤（黄棕壤）和红色土壤（红壤、砖红壤）由北向南依次出现，相应的土壤发生过程，也可称为棕化（braunification）、红棕化（rubification）和铁化（ferrugination）。

（十一）还原过程

在整个土体下部，土壤因长期处于水分饱和、缺乏空气的还原状态，产生有机与无机的低价态物质，如二价铁和锰，从而形成蓝灰色或者青灰色的还原土层，称为潜育层。此过程也称为潜育化过程（gleization）。

（十二）氧化还原过程

氧化还原过程（oxidization-reduction）主要发生在直接受地下水浸润的土层中，由于地下水位在雨季升高、旱季下降，致使该土层干湿交替，引起该土层中铁、锰化合物的氧化态与还原态的变化,产生局部的移动或淀积,从而形成一个具有锈纹、锈斑或铁、锰结核的土层。

(十三) 熟化过程

熟化过程(ripening)特指呈嫌气状态的还原性土壤在排水条件下,由于空气的进入,还原性的有机土壤物质(如泥炭)发生化学的、物理的和生物学的分解反应的过程。值得提及的是,其他一些改良和培肥土壤的农业措施也泛称土壤熟化过程,但与这里的熟化过程的含义不同。

(十四) 疏松与紧实过程

土壤中存在的空隙增加和减少的过程,分别称之为疏松过程(loosening)和紧实过程(hardening)。耕作土壤使耕层土壤变得疏松,而使犁底层的土壤变得坚实。

(十五) 土壤混合过程

土壤中既有造成发生土层分异的过程,也存在着使土壤物质互相混合的作用。目前认识到的土壤混合过程有:①动物的混合作用,如蚂蚁、蚯蚓、啮齿动物和人类引起的土壤物质混合;②植物对土壤的混合作用,如树倒伏时的掘土作用所引起的土壤物质混合;③冻融作用引起的土壤物质混合;④泥流引起的土壤物质混合,这在发生干缩、湿胀作用的土壤中尤为常见。

土壤中的混合作用与分异过程是一对矛盾的两方面,土壤分异作用使土壤剖面发生土层分异,而土壤混合作用却使土壤剖面均一化。在混合与分异的矛盾对立统一运动中,产生了目前瞬时相对静态的各种土壤。

三、形成主要土壤发生层的成土过程

(一) 腐殖质化过程

1. 腐殖质化过程及其基本步骤　腐殖质化过程(humification)指的是土壤中的粗有机质物质(如植物的根、茎、叶等)分解转化为腐殖质的过程。其转化过程的步骤如表 1-4 所示。表中所列植物组织中的有机化合物从上到下分解的难度变大。腐殖酸聚合程度增加的次序是:富里酸(黄色)、棕色腐殖酸、黑色胡敏酸。这 3 种酸有时被认为分别是粗腐殖质、中腐殖质和细腐殖质的特征。由于植被类型、覆盖度以及有机质分解的情况不同,腐殖质累积的特点也不同。如湿草原植被下的 A 层土壤颜色为黑色;针叶林下 A 层土壤为棕黑色。腐殖质化作用产生的胡敏酸是土壤水稳定性团聚体即团粒结构形成的构成物。

表 1-4　有机质转化为腐殖质的某些步骤

植物组织中的有机化合物→	水解→	分解的有机化合物→	聚合→	稳定的化合物
淀粉、纤维素、半纤维素、果胶、尿酸	$+H_2O=$	单糖	聚合作用（腐殖质化）	腐殖质
蛋白质	$+H_2O=$	氨基酸		
木质素、蜡质、树脂	$+H_2O=$	酚		

2. 腐殖质层的腐殖质化　腐殖质化过程的主要表现形态是形成土体上部的腐殖质层。腐殖质化过程及其形成的腐殖质层普遍存在于各种土壤中,只是在温带草原土壤系列中表现最为明显。因为在半干旱和半湿润的温带草原、草甸、森林草原等生物气候条件下,每年的有机质在土体中积累量较大,并且在明显的"死冬"季节,有机质停止分解;温度较高季节的土壤水

分状况较好，也促使土壤微生物进行适量的好气与嫌气分解，土体中 Ca^{2+} 的饱和程度也较高，因而形成较高含量的黑色胡敏酸的钙饱和腐殖质，腐殖质层（A_h）深厚（>30 cm），团粒结构，土层松软。

3. 枯枝落叶层的腐殖质化　森林土壤同样存在着粗有机质分解转化为腐殖质的腐殖质化过程。但因为森林的残落物多堆积在地表，水分条件差，加之残落物中木质素、单宁含量高，所以残落物腐解过程较差，其腐殖酸以富里酸为主，形成的腐殖质层也较薄。所以森林土壤主要表现为粗腐殖质化过程的产物，其上的半分解枯枝落叶层多用 O 表示。

4. 泥炭层的形成　在沼泽、河湖岸边的低湿地段，地下水位高，土体中水分过多，湿生、水生生物年复一年枯死，其残落物不易被分解，日积月累堆积形成分解很差的泥炭，泥炭层多用 H 表示。泥炭形成是植物合成有机质的过程。

5. 原始成土过程　从岩石露出地表而有微生物着生开始到高等植物定居前的土壤过程，称为原始成土过程。其基本过程可以分为 3 个阶段：首先是出现自养型微生物（如绿藻、蓝绿藻、硅藻等），还有与它们共生的固氮微生物，共同形成岩性微生物的"岩漆"阶段；接着是各种异养型微生物（如细菌、黏菌、真菌、地衣）共同组成的原始植物群落，着生于岩石表面与细小孔隙中，通过生命活动使矿物进一步分解，使细土和有机质不断增加，即所谓地衣阶段；第三阶段是苔藓阶段，生物风化与成土过程的速度大大加快，为高等绿色植物的生长准备了肥沃的基质。过去认为先有物理风化与化学风化形成碎屑物质，释放出部分养料与水的储存条件，而后才有生物着生，开始生物风化与成土过程，现在研究看出，岩石风化与原始成土过程也可以同时同步进行。

（二）黏化过程

黏化过程（clayization）是黏粒在剖面中积聚的过程。一般黏化过程在 B 层表现得最明显，形成 B_t 层。黏化过程主要有残积黏化和淋溶黏化两种。

1. 残积黏化过程　残积黏化过程（residual clayization）即黏粒的形成，是由土体内的原生矿物进行原地的土内风化而成，如含铁矿物的氧化与水解，形成部分新生黏土矿物和氧化物晶质与非晶质化合物，它是土壤质地变细和染色的物质基础，没有产生黏粒的机械移动，因而黏粒没有光学向性，而且在土壤结构表面也无明显的黏粒胶膜光泽。

残积黏化包括两个方面：①矿物中的铁在当地水热条件下，在土体内进行铁质化合物的水解与氧化，形成部分游离氧化铁（有无定型与微晶型），所以土体颜色发红，也可称之为红化作用，这也是所谓艳色（chromic）的原因。但是其总体含铁量不产生变异。②土壤原生矿物形成水化云母、蛭石、高岭石等次生矿物。

残积黏化也称为地中海风化，是土壤学家在地中海首先观察到的。那里的气候条件使一定深度的土壤常能保持稳定的温度与湿度，因而原生矿物易于进行土内风化形成黏粒，从而使 B 层的黏粒相对增加，形成 B_t 层。褐土中的黏化过程往往是以这种黏化为主。但这并非说，其他土壤不存在残积黏化过程，残积黏化过程是土壤中最基本的成土过程。其实，热带与亚热带的原生矿物转化为次生黏土矿物的速度更快，只是它们在土体剖面中没有表现心土黏粒增高的黏化特征罢了。

2. 淋淀黏化　淋淀黏化（eluvial clayization）是指在湿润和半湿润的温暖地带，土体上层的黏粒分散于土壤下渗水中形成悬液，并随渗漏水活动而在土体内迁移，一般也称为悬迁作用或黏粒的机械淋溶；这种黏粒移动到一定土体深度，由于物理作用（如土壤质地较细的阻滞层）或化学作用（如 Ca^{2+} 的絮凝作用）或因为迁移介质水分被吸收而淀积。这种 B_t 层一般距表土有一定的深度（与降水量有关），土壤结构面上胶膜明显，黏粒的纵四轴平面总是和接受平面相平行，即所谓定向排列（orientation），在偏光显微镜下可见到黏粒的叠瓦状淀积或光性定向黏粒。黏粒下移深度及黏化层的厚度往往与区域降水量呈正相关。例如山东、河南褐土的黏化层位深度一般在 40～60 cm 以下，其厚度往往达 50 cm 左右；而山西、河北褐土的黏化层位深度在 30 cm 以下，其厚度仅 30～40 cm。

Fitzpatrick（1980）提出不同黏化作用形成不同土壤类型（图 1-13），其 6 种代表性土壤类型的黏粒分布情况为：①黏粒向下逐渐减少——始成土；②黏粒在剖面的一定深度中明显增加，然后逐渐减少——淋溶土；③黏粒向下逐渐增加，然后逐渐减少——铁铝土；④黏粒在剖面的一定深度中明显增加，然后含量恒定，最后又减少——强淋溶土；⑤黏粒在剖面的上部紧接表层之下减少，然后明显增加，再逐渐减少——碱土；⑥土体中黏粒在各层均匀分布——变性土。

残积黏化和淋淀黏化在一个剖面中常常同时混合存在。从理论上讲，残积黏化往往层位稍高，淋淀黏化可能层位稍低，但是二者常常也是混同的。

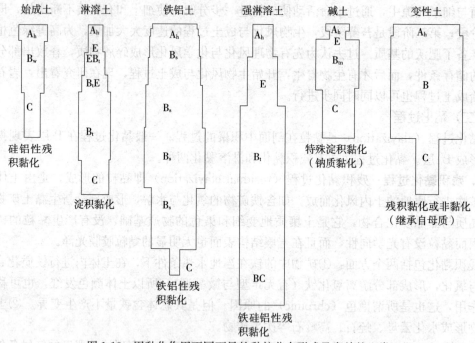

图 1-13 因黏化作用不同而异的黏粒分布形式及有关的土类
A_h. 腐殖质层　E. 淋溶层　B. 碳酸盐或其他盐类聚积层　B_w. 风化 B 层
B_s. 氧化铁铝聚积的 B 层　B_t. 黏粒淀积层　B_{tn}. 钠质黏化层　C. 母质层

（三）钙化过程

钙化过程这个术语特指土壤剖面中碳酸盐的淋溶与淀积过程。碳酸盐移动的一般反应式是

$$CaCO_3 + H_2O + CO_2 \rightleftharpoons Ca(HCO_3)_2 \tag{1-8}$$

脱钙（decalcification）作用被认为发生于水和二氧化碳存在的情况下，此反应式向右移动，形成可溶的重碳酸盐，并随水分移动淋溶出某一土层或整个土体。当土壤脱水或二氧化

碳分压降低的情况下，上述反应式向左移，溶液中的重碳酸盐转化为难溶的碳酸盐在土壤中淀积下来即为钙积（calcification）。脱钙与钙积是矛盾的对立统一体。将碳酸钙变为碳酸氢钙的形式溶于土壤水而移动，由 A 层或 AB 层向下淋溶到一定深度，这时土壤孔隙中的二氧化碳分压或水分含量降低，则碳酸氢钙放出二氧化碳而变成碳酸钙在 B 层淀积出来。淀积的形状及淀积的层位高低，均与一定的生物气候条件有关。例如半湿润的草原和草甸草原，通常是上部土层脱钙，其碳酸钙可能在 B 层下部以假菌丝状或斑点状出现；在半干旱的草原，中部 B 层出现钙积，可见到松软粉末状石灰或石灰结核等钙积特征；在湿润地区，则整个土壤剖面脱钙，碳酸盐被淋洗出土体；而在干燥度大的荒漠草原，则碳酸钙基本不移动。

在地下水位较高，且富含碳酸盐的情况下，在土壤剖面中地下水交替升降的部位，也可常见石灰粉末混杂于泥土之中，呈浆状，称为泥灰岩化过程；如碳酸钙形成石灰结核，俗称砂姜，则称为砂姜化过程。泥灰岩化过程和砂姜化过程与上述"脱钙与钙积是指碳酸盐的淋溶与淀积过程"定义的意义不同。

已经脱钙的土壤表层，由于自然因素（如生物表层吸收积累或风带来的含钙尘土降落）或人为施肥（如施用石灰、钙质土粪等），而使表土层的含钙量大于 B 层的成土过程，称为复钙过程。

（四）盐化过程

1. 盐化 盐化（salinization）过程多发生于干旱、半干旱地区，是风化过程中的易溶、可溶盐被淋洗到地下水中，并随地下水流动迁移到排水不畅的低洼地区，在蒸发量大于降水量的情况下，盐分又被上行水携带到土体表层集聚的过程，盐化过程形成盐化层。下面列出一些化合物在 0 ℃条件下的溶解度（mol/L）（已按大小顺序排列），以便作为脱盐和盐化过程中盐分移动次序的参考：K_2CO_3 为 112，$CaCl_2$ 为 59.5，$MgCl_2$ 为 54.3（20 ℃），$NaCl$ 为 35.7，KCl 为 27.6，$MgSO_4$ 为 26.0，$Ca(HCO_3)_2$ 为 16.2，$FeSO_4$ 为 15.7，K_2SO_4 为 12.0（25 ℃），Na_2SO_4 为 4.8，$CaSO_4$ 为 0.2，$MgCO_3$ 为 0.01，FeS 为 0.006（18 ℃），$CaCO_3$ 为 0.001（25 ℃）。

2. 脱盐 脱盐（desalinization）常用来指由于淋洗，可溶盐从某一土层或从整个剖面中移去的过程。这些土壤在脱盐以前含有许多可溶盐以致植物生长受到抑制。因此脱盐过程只有在可溶盐累积以后，即盐化作用以后才能发生。在下行水的携带下，土壤中的可溶盐被迁移到下部土层或被淋洗出整个土体。脱盐过程或发生于地形抬升，或发生于气候变湿，或发生于人工排水改良等情况下。

（五）碱化过程

1. 碱化 碱化过程（alkalization）指钠离子在土壤胶体上的累积，使土壤呈强碱性反应，并形成物理性质恶化的碱化层。土壤溶液中的所有阳离子可与胶体负电荷吸附的阳离子起可逆置换反应。在 Na^+ 析出之前，大多数 Ca^{2+} 和 Mg^{2+} 先被沉淀。这样，大大提高了留在土壤溶液中 Na^+ 的浓度，使 Na^+ 与胶体上吸附的其他阳离子起置换反应的机会增大了，从而发生碱化过程。

2. 土壤碱化的原因 土壤碱化的原因比较复杂，有关其发生机理有如下几个学说。

（1）脱盐交换学说 盐交换学说认为，中性钠盐（$NaCl$、Na_2SO_4）解离后，大量 Na^+ 交换土壤胶体上所吸附的 Ca^{2+} 和 Mg^{2+} 而使土壤碱化。

（2）生物累积学说 生物累积学说认为，藜科植物吸收大量钠盐，死亡并矿化后可形成较多的 Na_2CO_3、$NaHCO_3$ 等碱性钠盐而使土壤胶体吸附 Na^+ 逐步形成碱土。

(3) 硫酸盐还原学说　硫酸盐还原学说认为，地下水位较高的地区，Na_2SO_4 与有机质在嫌气性条件下解离，其硫酸盐还原细菌使 Na_2SO_4 变为 Na_2S，进而与 CO_2 作用形成 Na_2CO_3，而使土壤碱化。

3. 脱碱化　脱碱化（dealkalization）是碱化过程的逆过程，指钠离子脱离土壤胶体进入土壤溶液的过程。这个过程往往伴随着黏粒（胶体）的分散。黏粒分散的发生是由于土壤湿润过程中 Na^+ 脱离胶体而进入土壤溶液，此时土壤溶液中又缺少 Ca^{2+}、Mg^{2+} 等其他阳离子，不能填补胶体负电荷由于 Na^+ 下来所造成的空白。如果用来淋洗碱土的水中含有高浓度的 Ca^{2+} 或 Mg^{2+}，则可以减少分散，因为 Ca^{2+} 和 Mg^{2+} 可以置换胶体上的 Na^+，起到凝聚胶体的作用。

（六）灰化过程

灰化过程（podzolization）是指在土体上部，特别是在亚表层中二氧化硅的相对富集，而在土体下部三二氧化物相对富集的过程。该过程主要发生在寒湿气候和郁闭的针叶林植被下，充沛的降水淋洗条件，疏松而且盐基含量又较少的成土母质，富含鞣质、树脂等多酚类物质的残落物经微生物作用后产生酸性很强的富里酸及其他有机酸。有机酸溶液在下渗过程中，使矿物中的铝硅酸盐蚀变分解并析出铝、铁、锰等金属离子，并与有机酸形成络合物，随下渗水向下淋溶（络合淋溶，cheluviated leaching），它们在土体下部遇到高盐基状态或水分被土壤吸收而淀积于土体下部，而在土体下部形成三二氧化物和腐殖质相对富集的红棕色淀积层，称为灰化淀积层（B_{hs}, spodic horizon）；在土体上部，蚀变分解的铝硅酸盐留下二氧化硅，形成一个二氧化硅相对富集的灰白色的淋溶层，称为漂白层（E, albic horizon）。

在半湿润地区的冷凉山地，灰化过程进行得较弱，土体上部有酸性淋溶过程而产生的灰白色硅粉依附于结构体或石块的表面、缝隙之中，特别是集中于结构体或石块的下方，但没有明显的漂白层和灰化淀积层，故称为隐灰化过程或准灰化过程（parapodzolization）。

在热带和亚热带山地的凉湿气候下，产生了酸性淋溶，并使表土的矿物受酸性蚀变破坏，但土体质地比较黏重，易产生上层滞水，由酸性蚀变而释出的铁锰被还原，并随侧渗水流被带出土体，从而出现灰白色土层（E层）。这种过程被称为漂灰过程（bleaching podzolization），过去也称为假灰化（pseudo podzolization）过程，实际上是还原离铁锰与酸性水解相结合作用的结果。在漂灰层的铝减少不多，而铁的减少量大，黏粒含量也无明显下降。

（七）白浆化过程

白浆化过程（albic bleaching）是指土体中出现滞水还原离铁锰作用而使某一土层漂白的过程。在较冷凉湿润地区，由于质地黏重、冻层顶托等原因，易使大气降水或融冻水在土壤表层阻滞，在有机质这个强还原剂参与下，造成上层土壤还原条件，使铁锰还原并随侧渗水而漂洗出上层土体。这样，土壤表层逐渐脱色，形成一白色土层——白浆层。因此白浆化过程也可说成是还原性漂白过程。白浆层盐基、铁锰严重漂失，土粒团聚作用削弱，形成板结和无结构状态。

（八）富铁铝化过程

富铁铝化过程（ferrallitization）是指在湿热的生物气候条件下进行的脱硅作用（desilication）和铁铝相对富集的作用。

在湿热的生物气候条件下，原生铝硅酸盐矿物发生强烈水解，形成大量的碱金属与碱土金属，使风化溶液呈中性至微碱性，因而形成碱性的所谓硅酸淋溶。在第二阶段，由于风化盐基的进一步淋溶而使土体上部酸化，因而使铁铝胶体开始活动；这也是富铝化过程的实质之一，即脱硅富铝化。这种 SiO_2、Fe_2O_3、Al_2O_3 的溶解、淀积与 pH 的关系如图 1-14 所示。从这当中也可以看出，当土壤溶液的 pH 达 6.5～7.0 时，SiO_2 的溶解度明显上升。为了区别于灰化过程的酸性淋溶而将 SiO_2 的淋溶称为碱性淋溶，或中性淋溶。在干湿交替的气候条件下，一方面是铁的氧化物胶体蒙覆于黏粒表面，在土壤干旱期变为赤铁矿，使土壤颗粒变红，即所谓红化过程；另一方面是黏土矿

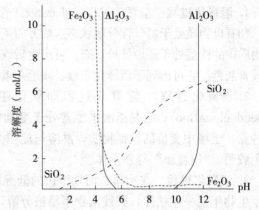

图 1-14 硅、铁、铝氧化物的溶解度与 pH 的关系

物的进一步破坏，形成高岭石，以至三水铝石，这就是富铝化过程的最后阶段。旱季铁铝胶体可随毛管上升到表层，经过脱水以凝胶的形式形成铁铝积聚层，或铁铝结核体。含水铁氧化物和铝氧化物一般向下移动不深，因为土体上部由于植物残体的矿化所提供的盐基较丰富，酸性较弱，故含水铁氧化物和铝氧化物的活性也较弱，大多数沉积下来而形成铁铝残余积聚层。

根据以上这种亚热带和热带的土壤形成的富铝化特点，P. 杜乔富尔将之分为 3 个风化阶段，即铁硅铝化过渡到铁红化，最后到铁铝化。

在铁硅铝化阶段内，铁的水解与氧化和红化过程中，主要次生黏土矿物为 2∶1 型，在干旱季节部分吸收性复合体或多或少的饱和，在雨季开始黏粒下淋而产生黏粒淀积层（B_t）。

在铁红化阶段，则次生黏土矿物中，1∶1 型较 2∶1 型增加，但绝无三水铝石存在，铁的红化作用与吸收性复合体的饱和程度则主要取决于气候的干湿度。

到铁铝化阶段，原生矿物及 2∶1 型矿物彻底破坏，极少或没有伊利石和蒙脱石，仅有高岭石及游离的三水铝石。实际上，在极强度富铁铝化的土壤中，高岭石也可被分解形成三水铝石，游离态铁、铝、钛、锰、钴、铬、镍、钒等金属氧化物的总含量占土重的一半以上（不包含石英等抗风化的矿物），除石英等抗风化的矿物外，所有可风化的矿物均已被彻底分解，而处于强度化学风化阶段。同时，由于黏粒的日益增加而阻止黏粒分散于水体的淋移。因而也就光性定向的黏粒淀积层（B_t）的形成，表层由于进一步变黏而使土壤水分下渗困难而产生侧面侵蚀。

在砖红壤性土壤的下层，有时可见聚铁网纹层。Mohr. E. C. J 曾指出其与氧化还原作用有关，即该富铁铝土层曾一度受地下潜水的影响，潜水位曾周期变动，处高水位期间，铁锰被还原而淋失，出现了局部白色斑纹；而当潜水位下降时，则局部土壤裂隙又处于氧化状态，铁锰被氧化而淀积，形成坚实的含铁丰富的暗红色至紫红色的条斑。这个过程被称为聚铁网纹过程（plinthitation）。

上述有关铁铝化形成过程阶段的划分，基本上是概括了亚热带和热带土壤风化的基本特点，也可看出黄棕壤、红壤、砖红壤等土类的地理发生关系。

（九）水成土壤过程

水成土过程是指在积水或潜水位较高的影响下，在土壤中进行的以还原或以氧化还原交替进行为主的成土过程。水成土过程可以分为潜育化过程、潴育化过程和泥炭化过程。

1. 潜育化过程 潜育化过程（gleization）要求土壤有积水（包括常年性积水和季节性渍水）和有机物质处于嫌气性分解状态这两方面条件。在还原的环境和有机还原影响下，土壤矿物质中的铁锰处于还原低价状态，可产生磷铁矿、菱铁矿等次生矿物，从而使土体染成灰蓝色或青灰色。它可出现于沼泽化土壤、质地黏重的草甸白浆土和部分排水不良的水稻土中。

2. 潴育化过程 潴育化过程即氧化还原过程（redoxing），也称为假潜育过程（pseudogleization）。它是指潜水经常处于变动状况下，土体中干湿交替比较明显，由于这个特点，土壤中变价的铁锰物质，淋溶与淀积交替，使土体出现锈斑、黑色铁锰斑或结核、红色胶膜、"鳝血斑"等新生体。

3. 泥炭化过程 在沼泽、河湖岸边的低湿地段，地下水位高，土体中水分过多，湿生、水生生物年复一年枯死，其残落物不易被分解，日积月累堆积形成有机物分解很差的纤维、木质的泥炭，称为泥炭化过程（paludification）。地表的泥炭化过程和与底层的潜育化往往是同时发生的。

（十）熟化过程

熟化过程（mellow effect ripening）是指在人为干预下，土壤兼受自然因素和人为因素的综合影响下进行的土壤发育过程。其中，人为因素是主导的。一般熟化过程是指在人为因素影响下，通过耕作、施肥、灌溉、排水和其他措施，使土壤的土体构型被改造，土壤中存在的对作物生长障碍因素被减弱或消除，土体水、肥、气、热等诸方面因素得以协调而避免发生急剧的变化等，从而为农作物高产稳产创造有利的土壤条件。由于一般情况下，土壤熟化措施都是有目标的、有针对性的，所以往往改变土壤性质的时间是很短的，也就是说，土壤熟化过程具有快速和定向两大特点。

根据农业利用特点和对土壤的影响特点，土壤熟化可分为旱耕熟化与水耕熟化两种类型。

1. 旱耕熟化 旱耕熟化指在原来自然土壤的基础上，通过人为平整土地、耕翻、施肥、灌溉以及其他改良措施，使土壤向有利于作物生长方向发育、演变。例如使生土变熟土、熟土变沃土、低产土变高产土。

2. 水耕熟化 水耕熟化指在原来自然土壤的基础上，种植水稻，而为满足水稻生长的需要就要采用一系列水耕管理措施，达到稳水、稳温、稳肥、稳气条件。由于水耕熟化的结果，便会产生水稻土特殊的形态学特征和理化性状，而与原来的土壤（起始土壤）有极大的区别。

四、地质大循环与生物小循环、地质风化过程与成土过程的关系

（一）地质大循环与生物小循环

物质的地质大循环是指地表岩石的风化、风化产物的淋溶与搬运、堆积，进而再次形成岩石，这是地球表面恒定的周而复始的大循环。而生物在其风化产物的基础上进行植物营养元素的富集、保蓄，使部分营养元素暂时脱离地质大循环的轨道，这就是营养元素的生物小循环，如图1-15所示。

从表1-5看出，植物体中的营养元素含量与岩石中营养元素含量极不相同，原岩石中没有氮，磷也少，而绿色植物却含有较高的氮和磷。这种植物营养元素的富集过程，主要是通过绿色植物的根系选择性吸收而进行氮、磷的富集与保蓄。这就是生物小循环的主要功能。

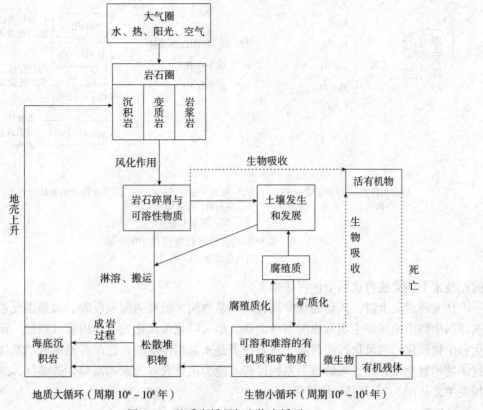

图 1-15 地质大循环与生物小循环

表 1-5 植物体与岩石中元素含量（％）比较

养料元素	N	P	K	Ca	Mg	S	Fe
植物体中的含量	1.459	0.203	0.921	0.227	0.179	0.167	0.083
岩石中的含量	0	0.1	2.4	3.77	2.68	2.68	5.46

（二）地质风化过程与成土过程

一般土壤的组成，其矿物质占 95％以上，即所谓矿质土壤。其中的矿物质主要为硅酸盐和铝硅酸盐两大类，如石英、长石、云母、辉石等。从化学组成来看，其中 SiO_2 占 65％~69％，Fe_2O_3 和 Al_2O_3 占 17％~20％，CaO 和 MgO 占 5％~7％，这些都是所谓大量元素。岩石风化，主要是这些原生矿物在一定生物、气候条件下，其矿物结构遭受破坏，进行转化与黏土矿物合成的过程。一般将这种风化分为地球物理风化、地球化学风化与生物化学风化3大类。在南极、北极、高山及干旱地区，以地球物理风化为主。地球化学风化一般是指在湿热条件下的原生矿物的彻底分解，形成高岭石与三水铝石，它的风化强度远比地球物理风化大得多（图 1-16）。生物化学风化是指植物根系对岩石矿物的撑胀产生物理风化和有机酸对矿物的化学蚀变风化作用。

土壤发生学理论把成土过程看作在地质风化过程的产物——成土母质的基础上，在气候、生物等因素的作用下发生的一系列的物质转化和迁移过程。换句话说，地质风化过程产生成土母质，成土过程形成土壤。概念上，地质风化过程和成土过程是严格区分的，但是目

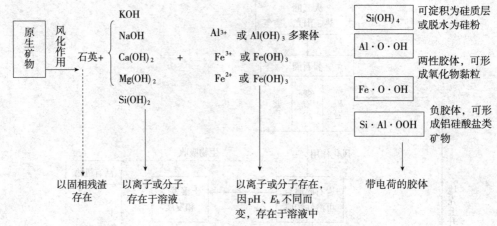

图 1-16 各种矿物在地球化学风化中的产物
(引自俞震豫,1984)

前在技术上还无法将这两个过程区别开。

从某种意义上讲,矿物的化学风化过程是地质大循环的深入反映。如果说元素的地质大循环与生物小循环是土壤形成的基础的话,那么以化学风化为主体内容(当然,还有物理风化和生物风化)的风化过程与成土过程两者是永远相伴随的,且前者是后者的基础,只有通过矿物的氧化、还原、水解等一系列过程才能为植物营养元素的富集创造条件。这种紧密的相关关系从图 1-17 中可一目了然。

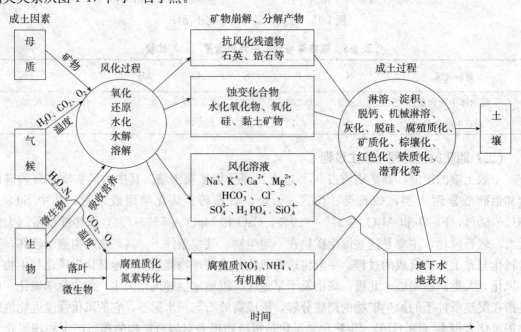

图 1-17 土壤形成过程中风化过程与成土过程的关系
(参照 Yaalon,1960,有修改)

(三)地质风化度与土壤淋溶程度

1. 土壤风化淋溶系数 土壤风化淋溶系数(ba)指的是母质或土壤中各种盐基的氧化物

与氧化铝的分子比值。b 代表 Na_2O、K_2O、CaO 和 MgO 分子数之和，a 代表 Al_2O_3 的分子数。

$$ba = (Na_2O + K_2O + CaO + MgO) / Al_2O_3 \quad (1-9)$$

在土壤形成过程中，Al_2O_3 是比较稳定而不易被淋溶的成分，而 Na、K、Ca、Mg 的盐类则易受淋洗；故 ba 愈大，盐基淋溶愈弱；反之，ba 愈小，风化体或土壤中保存的盐基含量愈低，淋溶作用愈强。

2. 土壤淋溶系数 土壤淋溶系数（β）是通过对比淋溶层和母质层中钾、钠氧化物的淋溶状况，来鉴别成土过程的淋溶强度。土壤淋溶系数（β）为淋溶层钾钠氧化物与氧化铝的分子比与母质层钾钠氧化物与氧化铝的分子之比的比值，即

$$\beta = \frac{K_2O + Na_2O}{Al_2O_3} （淋溶层） / \frac{K_2O + Na_2O}{Al_2O_3} （母质层） \quad (1-10)$$

土壤淋溶系数（β）越小，说明它的淋溶强度越大，反之则越小。但是利用土壤淋溶系数判断淋溶强度是有条件的，只有土壤发育在残积母质上，即母岩经过风化后残留于原地并继续土壤形成过程。换句话说，土壤剖面的 A-B-C 是连续的，才可以通过比较淋溶层与母质层来阐明土壤的淋溶强度。

3. 土壤风化指数 土壤风化指数（μ）是通过淋溶层和母质层中氧化钾与氧化钠的比值来了解土壤矿物质风化程度。其表达式为

$$\mu = \frac{K_2O}{Na_2O} （淋溶层） / \frac{K_2O}{Na_2O} （母质层） \quad (1-11)$$

土壤风化指数（μ）越大，说明它的风化强度越强。因为，Na 比 K 的活性大，所以 K 比 Na 不易于淋失。同样，只有土壤发育在残积母质上，即母岩经过风化后残留于原地，经过成土过程形成连续的 A-B-C 剖面，才可以通过比较淋溶层与母质层来阐明土壤的淋溶强度。

据河北省对 130 多个地带性土壤剖面的 ba、β 和 μ 的统计分析，一般情况是：土壤的风化淋溶强度是棕壤＞褐土＞山地草甸土。联系这些土类所处位置的气候条件可以看出，土壤风化淋溶强度总的规律是：随热量或（和）降水量的增加而增强；而在冷湿和干旱气候条件下，风化淋溶受热量不足和降水量不大的制约而减弱。

4. 硅铝率 硅铝率（Sa）是指土壤物质（粒径＜2 mm）或黏粒（粒径＜0.002 mm）中 SiO_2 与 Al_2O_3 的分子比，即它们的全量分别除以它们各自的分子质量后再相除，即

$$Sa = SiO_2 / Al_2O_3 \quad (1-12)$$

例如某土壤的黏粒的 SiO_2 占 40%，Al_2O_3 占 34%，则 $Sa = (40/60) \div (34/102) = 2.00$。$Sa$ 常被用来表示土壤风化程度。Sa 越小，表明土壤风化程度越高。读文献时要特别注意是指土壤物质（粒径＜2mm）的 Sa 还是黏粒（粒径＜0.002 mm）的 Sa。黏粒（粒径＜0.002 mm）的 Sa 反映了黏土矿物类型。

5. 硅铁铝率 硅铁铝率（Saf）是指土壤物质（粒径＜2 mm）或黏粒（粒径＜0.002 mm）中 SiO_2 的分子数与 Al_2O_3 和 Fe_2O_3 分子数之和的比值，即

$$Saf = SiO_2 / (Al_2O_3 + Fe_2O_3) \quad (1-13)$$

Saf 与 Sa 的意义相同，即 Saf 越小，风化程序越高。

6. 铁的游离度 铁的游离度是指土壤中游离氧化铁（未被铝硅酸盐禁锢）的铁占土壤全铁量的比例（%）。游离氧化铁通常用连二硫酸盐-柠檬酸盐-碳酸氢钠混合提取液（DCB

浸提液）提取。铁的游离度越大，土壤风化越强。

反映土壤风化淋溶强度的系数还有盐基饱和度（BS）、阳离子代换量（CEC）、有效阳离子代换量（ECEC）等。

五、成土过程与土壤分类的关系

成土过程是土壤发生学研究的范畴，它与土壤分类学有关系，但两者又属土壤学的不同分支学科。

成土过程是土壤学家根据对土壤剖面的观测结果，研究分析这些土壤性质与该剖面所处景观条件的关系，并结合有关学科（如气候学、地学、土壤学）的知识综合分析、推论出来的。对于同一个土壤剖面，具有不同知识背景的人可能对其发生过程有不同的解释。另一方面，对于一个事物的认识，是随着对于这个事物的总体认识的深化而不断提高的，因而对于一个土壤的发生过程的解释也受时代的局限。

如果以土壤发生过程作为分类土壤的标准，就会给分类带来不确定性。在我国地理发生学土壤分类体系中，理论上要求成土条件、成土过程和土壤属性三者的统一来划分土类。

成土过程的产物——土壤性质本身是看得见摸得着的客观事实，它不依赖于对其发生过程的解释。用它作为分类标准来分类土壤，可以使不同观点的人对同一个土壤的分类地位有共同比较的基础，不致使分类混乱，例如中国土壤系统分类。在选择土壤性质作为分类标准时，可以根据对于土壤发生的认识，提取那些发生学意义重大的土壤性质作为分类依据。基于这个原理，目前各国的土壤分类虽然思想体系不同，但都在高级分类中选择了土壤发生层（系统分类的诊断层也是土壤发生层）作为分类标准，划分土壤类型。

第十节　土壤发生层的表示符号

随着土壤形成过程的进行，原来均质的母质发生分异，形成不同的土壤发生层。上述基本的土壤形成过程或它们的组合（混合过程除外）都形成一种相应的土层。例如黏化过程形成黏化层、潜育化过程形成潜育层，等等。

然而，各种基本成土过程，都是土体中进行的物质（能量）迁移与转化过程的一部分，尽管各种成土过程都发生于土体中的一定层位，但任何一个过程都与整个土体的物质（能量）运动相联系。由任何一种基本成土过程或几种基本成土过程组合所形成的典型土层，都与其上下土层有着发生上的层位关系。例如黏化过程形成黏粒淀积的黏化 B 层，其上部必然存在一个黏粒迁出的淋溶层；灰化过程使亚表层土壤中的铁、铝向下移动，使该层成为二氧化硅相对富集的灰白淋溶层——漂白层，而其下部必然产生一个铁、铝相对增加的灰化淀积层。

不同的土壤发生层的组合构成了各种各样的土体构型，也就是各种各样的土壤类型。就某个具体土壤类型而言，它可以在一种成土过程的作用下形成，也可以由两种或两种以上的成土过程综合作用形成。各种土体构型是由特定的并有内在联系的发生土层所形成。它是鉴别土壤类型的基础。根据各种土壤发生层的发生学特征，可给予它们具有发生学含义的命名。

一、主要土壤发生层

以大写字母 H、O、A、E、B、C 和 R 表示主要的土壤发生层。严格地说，C 和 R 不应称作土壤发生层，因为它们不是成土作用产生的，这里只是把它们作为土壤剖面的重要部分与主要发生土层列在一起。

1. 泥炭层 泥炭层（H 层）是在长期水分饱和的情况下，湿生性植物残体在表面累积形成的一种有机物质层，是在泥炭形成过程的作用下形成的。

2. 枯枝落叶层 枯枝落叶层（O 层）是在通气干燥的条件下，植物残体不能分解而大量在地表累积形成的一种有机物质层，它的成土过程是枯枝落叶堆积过程。它不包括在矿质土表以下由分解的根系形成的土层（A 层）。有时，O 层也可以被埋藏于表面以下。

3. 腐殖质层 腐殖质层（A 层）是一种矿质表土层。在腐殖质层中，有机质腐殖质化，以细颗粒的形式分散于矿质颗粒中，或者与矿质颗粒包被在一起形成有机无机复合体，从而形成颜色比它的下伏层暗、有机质含量也较高的表土层。腐殖质层不具有淋溶层（E 层）或盐类聚积层（B 层）的鉴定特征。在温暖干旱的气候条件下，表土仅有微弱的有机质累积或根本没有有机质的累积，表层的颜色可能比邻近的下伏层还淡。但如果它与假定的母质的性状有所不同，并且缺乏淋溶层或盐类聚积层的鉴定特征，也命名它为腐殖质层，因为它处于表层位置。当然，有时腐殖质层也可能被埋藏在地表以下。

4. 淋溶层 淋溶层（E 层）中，由于硅酸盐黏粒、铁或铝的损失，或它们某些共同的损失，使抗风化矿物（石英）中的砂和粉砂占有较高的含量。淋溶层以较低含量的有机质和较淡的颜色而区别于泥炭层（H 层）、枯枝落叶层（O 层）和腐殖质层（A 层）；它也以较高的亮度（value）和较低的彩度（chroma）或较粗的质地，或兼有这些特征而区别于下伏的淀积层（B 层）。这个层次被命名为淋溶层（E 层），它通常与灰化过程有关。由于铁、锰被还原漂洗后，使土壤颜色变白形成的土层，通常也表示为 E 层。淋溶层（E 层）在过去也用 A2 层表示。

5. 淀积层 淀积层（B 层）是一个矿质层。在这个土层中，母质的特征已经消失或仅微弱可见。表现出下列特性的一个或多个：①硅酸盐黏粒、铁、铝或腐殖质以单独的形式或以联合的形式淀积或累积；②相对于母质来说，三二氧化物残积浓缩；③成土母质由它原始的状态发生变化，可表现如下形式之一或几个：硅酸盐黏粒形成，氧化物被释放，色调变红或棕，形成屑粒、团块、块状或棱柱状结构体。

淀积层可以是各种各样的，对应着各种淀积层的是不同的成土过程。因此在鉴别淀积层的种类时，有必要建立它与其上覆下伏层间的关系，并推测淀积层是如何形成的。用 1 个后缀小写字母来限定它，以便在剖面描述中使它有足够的内涵，如黏化 B 层以 B_t 表示，钙积 B 层以 B_k 表示。这里描述的各种淀积层并不是美国土壤系统分类中诊断层的概念（诊断层在第二章中介绍），而仅仅是定性描述。

6. 母质层 假定土体是从母质层（C 层）产生的。它位于构成土体的土层 A、E 或 B 的下部，但并不具有它们的鉴定性质，母质层是风化过程产生的，风化是地质过程而非土壤过程。一般说来母质层由松散的物质组成。但当它如此致密，以致植物根系无法穿透，甚至用铁锹挖掘也困难时，母质层用一个小写字母 m 作修饰，以表明它的紧实。

7. 岩石层 岩石层（R 层）是位于其他土壤发生层之下的坚硬的岩石。岩石层的岩石即使湿润时也不能用铁锹挖动。岩石层可能有裂隙，但对大量根系发展来说是裂隙太少和太小了。可允许根系在其中发育的砾石层被认为是母质层（C 层），而不是岩石层。

二、过渡土层与混合土层

（一）过渡土层

凡兼有两种主要发生土层特性的土层，均称为过渡土层。其代表符号用两个大写字母联合表示，如 AB、BA、EB 等。第一个字母表明这个过程土层的性状更像该字母所代表的主要发生土层的性状。

（二）混合土层

混合土层是由不同的主要土层的块体部分混合而成，每个块体都可鉴别出它原属于什么土层。而前面定义的过渡土层不能单独地鉴别出主要土层的块体。混合土层起因于混合作用，如白蚁将心土层（B_t 层）的土壤物质搬运到表土层（A 层），使表土层中掺杂着心土层的土壤物质；田鼠将表土层（A 层）的土壤搬运到心土层（B 层）中，使心土层中掺杂着表土层（A 层）的土壤物质；深耕将淋溶层（E 层）的土块翻到表土层（A 层）中来。混合层用两个被一斜线分开的大写字母表示，如 A/B、B/A。第一个字母表明该混合土层中此字母土层的土壤物质碎屑或块体占大多数。

三、修饰主要土壤发生层的字母

在大写字母的后面附加小写字母可修饰命名主要土层，以进一步明确那个土层的特性。两个小写字母联合起来可以指示在这一土层同时出现的两个性质，如 B_t 表示一个黏化层，B_{tg} 不仅表示该层有黏化现象，还有潜育化现象；但后缀小写字母一般不超过两个。在过渡层使用后缀小写字母不仅修饰其中的一个大写字母，而是修饰整个过渡层。混合土层不用后缀小写字母修饰。用来修饰主要土层的后缀小写字母及含义如下。

b：埋藏或重叠土层，例如 A_{hb}。往往由于表面堆积作用造成原来的土层被埋藏起来，在此情况下，被埋藏的土层即用 b 表示。

c：指物质以结核状累积。此字母常与一个表明结核化学性质的字母结合使用，例如 B_{ck} 表示有碳酸钙结核的淀积层，它是钙积过程的结果。

g：反映氧化还原过程所形成的具有锈纹、锈斑或铁锰结核的土层，例如 B_g。

h：指矿质土层积累腐殖质，例如 A_h。但对 A 层来说，只有当 A 层未被耕作或没有受人类其他扰动时，才使用 h 修饰，h 与 p 是彼此排斥的。

k：指碳酸盐的聚积，与钙积过程有关，例如 B_k 表示钙积层。

l：指土壤结壳层，例如 A_l。

m：指土层被胶结、固结、硬结。这个字母常与另一个指示胶结物化学性质的字母联合使用，例如 C_{mk} 层表示形成了石灰结盘层。

n：钠的累积，例如 B_{tn} 表示碱化层。

p：经耕翻或其他耕作措施引起的扰动，例如 A_p 表示耕层。

q：指硅质聚积，例如 C_{mq} 表示 C 层已为硅质胶结成硅化层。

r：地下水引起的强还原作用产生了蓝色的潜育层，例如 B_r。

s：指铁铝氧化物的累积。例如 B_s 表示富铁铝化产生的砖红壤性土层。而 B_{sh} 层则为灰化淀积层，它往往与上面的 E 层连用，即 A_h-E-B_{sh}，而砖红壤性土层 B_s 之上则没有 E 层。

t：指黏粒聚积的土层，例如 B_t。

y：指石膏聚积，例如 B_y 表明有石膏淀积，往往表示干旱条件下发生石膏淋溶淀积产生的石膏聚积层。

z：比石膏更易溶解的盐分的累积，例如 A_z 表示一个盐化表土层。

w：指 B 层中就地发生了结构、颜色、黏粒含量变化，而淀积特征不明显，就用 B_w 表示。

x：出现了脆盘。

u：当主要土层 A 和 B 不被其他小写字母修饰，即不能确定 A 和 B 的性质，但必须在垂直方向上续分为亚土层时加 u。加 u 无特别意义，只是为了避免与旧的标志系统 A_1、A_2、A_3、B_1、B_2、B_3 混淆。在 A 层与 B 层不需要划分为亚土层时，则无需加 u。

四、用阿拉伯数字修饰土层

当一个发生土层需要在垂直方向上划分为几个亚层时，可用阿拉伯数字作后缀表示。如 B_{t1}-B_{t2}。数字系列仅应用于一个土层表示符号上，如土层符号改变了，则重新开始一个数字系列。如 B_{t1}-B_{t2}-B_{tm1}-B_{tm2}。然而，数字系列不因岩性不连续而被打断，例如 B_{t1}-B_{t2}-2B_{t3}，这里，字母 B 前面的阿拉伯数字表示岩性（母质）的不连续性。

数字后缀也用于过渡层，如 AB_1-AB_1。在此情况下，数字修饰整个过渡层，而不仅用于最后的个字母。

阿拉伯数字也用来放在土层字母符号前面表示这个土壤剖面存在着岩性不连续，例如当认为 C 层不同于发育的土体部分 A 层与 B 层的原始物质时，就这样表示这个土壤剖面：A-B-2C；若在 C 层中存在若干强烈不同的层次，可以表示为 A-B-2C-3C-4C-…。当认为发育 A 层与 B 层的原始物质为异元母质时，可以表示为 A-2B-…。

第十一节　土壤剖面形态与土壤景观

母质在区域成土因素综合作用下，经过一定的成土过程，产生一定的剖面形态特征，这种剖面形态特征代表土壤历史自然体的一系列发生学特征，也反映一定的景观特征。

一、土壤剖面形态

土壤剖面（soil profile）是一个具体土壤的垂直断面。一个完整的土壤剖面应包括土壤形成过程中所产生的发生学层次以及母质层次，即 A、B、C 层。不同发生层的组合就构成了各种类型的土体构型，是土壤剖面的最重要特征。由于各种土体构型是由特定的并有内在联系的发生土层所组成,所以它是野外鉴别土壤类型的基础。

为了更进一步识别各土壤发生层的土壤形成特征,除了用肉眼与常规方法能识别一些土壤大形态(如土壤颜色、质地、结构、新生体等)以外,还可以利用一些特殊设备(如偏光显微镜、电子显微镜等),对土样进行特殊固结磨片处理,进行土壤的微形态观测,这是20世纪30年代奥地利土壤学家库比纳(W. L. Kubiena)开创的,现已成为一门独立的学科——土壤微形态学。

二、单个土体、土壤个体与土壤景观

土壤形成的研究必须与单个土体(土壤剖面)、土壤景观等空间规律相联系(图1-18),这是土壤地理学的研究的基本方法之一,往往也称为土壤景观学。

(一) 单个土体

单个土体(pedon)是20世纪50年代美国土壤调查工作者首先提出来的,指土壤这个空间连续体在地球表层分布的最小体积(图1-18),一般统计的平面面积为 $1 \sim 10 \text{ m}^2$,即在这个范围内,其土壤剖面的发生层次是连续的,均一的,当然这是一种人为的统计划分。

(二) 土壤个体

土壤个体(soil individual)是在一定面积内,一群在统计意义上相似性的单个土体,也称为聚合土体(polypedon,图1-18),是进行土壤分类的基层单位,如土种或土系等。

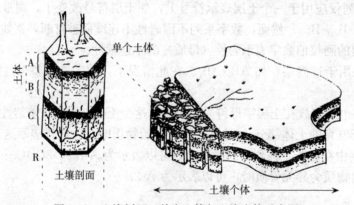

图1-18　土壤剖面、单个土体与土壤个体示意图

(三) 土壤景观

土壤景观(soil landscape)即景观中的土壤部分,因在土壤的地理分布中,从土壤个体到土类都与一定的自然景观相联系,突出土壤部分来表示景观,如砖红壤景观、灰漠土景观、草甸土景观等。其意义是,以土壤为主体,特别是以土壤剖面及其发生层次为主体,反映该土壤所分布的气候、地貌、植被、水文与生物地球化学的总体自然特征。正所谓"土壤是景观的一面镜子",即各成土因素的综合作用深刻记录于土壤剖面上,包括古地理环境因素的作用。所以土壤剖面形态的研究,也是研究第四纪地质的重要手段。

从以上意义看,土壤景观具有深刻的土壤地理内涵,而且也是反映区域自然地理和土地利用特征最综合、最稳定、最本质的一个方面。

第一章 土壤形成因素分析

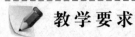 **教学要求**

一、识记部分

识记成土母质、土体、土壤剖面、单个土体、土壤景观、地质大循环、生物小循环、土壤风化淋溶系数、土壤风化指数、硅铝率、土壤绝对年龄、土壤相对年龄、古土壤、基本土壤发生过程、各种表示土壤发生层的符号。

二、理解部分

①正确理解成土因素同等重要、不可互相代替的土壤发生学基本思想。
②理解各成土因素对土壤形成及土壤性质的作用和影响。
③从土壤形成和土壤合理利用两个角度认识成土因素的作用。
④全面理解成土因素、土壤形成过程、土壤性状的关系。
⑤辩证看待隐地带性和泛地带性土壤的形成和性质。
⑥辩证看待地质风化过程与成土过程的关系。

三、掌握部分

掌握主要成土过程及其相应的发生土层。

 主要参考文献

林培．1994．区域土壤地理学［M］．北京：北京农业大学出版社．
全国土壤普查办公室．1998．中国土壤［M］．北京：中国农业出版社．
张凤荣，马步洲，李连捷．1992．土壤发生与分类学［M］．北京：北京大学出版社．
B A 柯夫达．1981．土壤学原理（下册）［M］．陆宝树，等，译．北京：科学出版社．
BUOL S W，HOLE F D，MCCRACKEN R J. 1980. Soil genesis and classification［M］. Ames：Iowa State University Press.
FITZPATRICK E A. 1980. Soils—their formation，classification and distribution［M］. London：Longman.
HENRY D FOTH 1978. Fundamental of soil science［M］. 6th ed. John Wiley & Sons.

第二章 土壤分类

土壤分类不仅是在不同的概括水平上认识和区分土壤的线索，也是进行土壤调查、土地评价、土地利用规划、交流有关土壤科学和农业科学研究成果、转移地方性土壤生产经营管理经验的依据。不同时期的土壤分类反映了当时土壤科学发展的水平，即土壤分类是土壤科学的一面镜子。随着人们对土壤知识的增加与深化，土壤分类也在不断革新。另一方面，由于土壤知识背景不同，组织土壤知识进行土壤分类的思想方法也不同，同一时期也会存在多种土壤分类体系，每个土壤分类体系都有其自身的分类特点。但随着时间的推移，人们对土壤的认识逐步趋同，土壤分类也将会逐渐趋向于统一。

第一节 土壤分类的概念与发展历史

一、土壤类型与土壤分类单元

分类是认识自然事物的线索。土壤是由无数个体（单个土体）组成的复杂庞大的群体系统。土壤个体之间存在着许多共性，同时，它们之间也存在着相当大的差异。如果不对土壤群体进行分类，就难以认识土壤个体之间的差异性或相似性，也很难理解它们之间的关系。因此人们就选择土壤的某些性质作为区分标准，根据在这些性质上的异同，将土壤群体中的个体进行分类或归类，形成类别或类型。一个土壤类型就是在所选择的作为区分标准的土壤性质上相似的一组土壤个体，并且依据这些性质区别于其他土壤类型。分类单元（taxon）是分类学专门术语。土壤分类学上将土壤类型（类别）称为土壤分类单元。

一个值得注意的问题是，各个土壤类别之间的差异程度并不是相同的。人们可能明显地区分出红壤与褐土这两个类别，但对于棕壤与褐土之间的差别可能就不那么容易区分。这是因为土壤群体是一个连续体，个体之间的变化是逐渐的。

二、分类等级

土壤群体是如此复杂，以致用单一层次的分类不能表明相互关系，人们按照土壤个体的相似程度对土壤群体进行逐级区分，形成分类等级（category）。土壤分类的目的是要全面地有系统地认识它们，要达到这一点，就需要有一个多等级的分类体系。这个体系中，最高分类等级可仅设少数几个分类单元，而最低分类等级则可有大量的分类单元。各分类等级构成纵向的归属关系，同一分类等级上的各分类单元构成横向的对比关系。在高级分类等级上的土壤分类单元包括了较多的土壤个体,个体之间的性质差异大;而在低层次分类等级上的分类单元则包括了较少的土壤个体,并且个体之间的相似程度高。

采取多级分类有两个原因,第一是人类大脑的限制,人类大脑在一个层次上只能领悟几件事。在一个分类单元内的亚单元应少到使人能掌握或记忆。比如一个分类单元内有10个亚单元,可以容易地记住,若一个分类单元有100个亚单元,就不易理解并记忆它们了。所以必须把数目众多的分类单元逐级归类合并到较高级的分类单元中,使每个等级的类别都减少到人脑可以领悟的个数。另外,分类等级也应该限制在一个容易被人脑理解和记忆的数目。这样形成树枝状分类,达到纲举目张的目的。要求多级分类的第二个理由是满足在不同水平上概括土壤的需要和不同比例尺调查土壤的需要。在较低级的分类等级,划分出较多的分类单元,各分类单元所反映的土壤性质多,分类单元中的土壤性质均一性高,所以低等级土壤分类对土壤利用是十分重要的。例如关心一块地或一个农场的土壤,它们只能属于一个土种(系)内的某几个变种(土相)。如果要了解一个省甚至全国的土壤,在这样大的范围内可能存在几千个土种(系),所包括的性质太多了,人脑难以记忆和理解,这时必须把这些土系逐级归类合并到较高级别的分类单元中去,使注意力集中在较少的几个重要的土壤性质上。较高的分类等级对于归纳和概括较低分类等级中的土壤单元是必要的,而且对于在大范围内进行土壤调查和对比也是有用的。

多级分类体系有如下性质。

①对整个群体来说,其分类单元是依据一系列的标准区分形成的。在一个等级上性质相似的一组个体就组成在这个分类等级或概括水平上的一个分类单元。

②在一个概括水平上的所有类别组成一个分类等级。

③多级分类体系中,任何一个分类等级都必须包括这个群体中的所有个体,换句话说,一个分类等级上的分类单元总和就是整个群体。

三、土壤分类单元与土壤实体

土壤分类单元是按照一定的分类目的,根据对客观存在的土壤实体的性质的认识,选择某些性质作为区分标准,按照在这些性质上的异同而人为划分的。对于同一个土壤实体,如果采取不同的分类体系和分类标准对它进行分类,则会产生不同的分类单元。所以土壤实体是客观存在的,但用不同的分类体系对它进行分类,则会产生在名称和定义上都不相同的分类单元。一个土壤分类单元名称是对土壤实体性质的概括或抽象,是土壤分类学家依据对土壤实体的理解和分类目的而命名的。土壤分类单元名称本身并未指出这样的土壤实体的具体空间位置(实际上在地球表面必然存在这样一种土壤,人们根据对它的已有的认识,总结整理出来分类名称),一旦在某地发现某土壤实体的性质符合这个分类单元的定义,则用这个分类单元的名称来命名该土壤实体。

四、土壤分类的发展简史

古代的土壤分类是从形态着眼的,古希腊、古罗马的土壤分类如此,中国春秋战国时代的土壤分类也是如此。如中国古代的《禹贡》一书主要根据土壤颜色将全国土壤分为白壤、黑坟、赤殖、青黎、黄壤、滨海广斥等。古代土壤分类的另一特点是高度实用性，如北魏时期的《齐民要术》，按土地的适宜性对土壤进行分类。古代土壤分类还往往把土壤与某外在环境条件联系起来，如春秋时期的《管子·地员篇》，以土壤和植被的关系进行土壤分类。

直至18世纪中叶，随着科学技术的发展，土壤发生学的思想萌芽才产生，随之出现了按成因对土壤进行分类的方法。如F.A. 法鲁根据地质成因类型，划分出不同成因类型的风化残积土（石灰岩土、花岗岩土、黏土岩土等）和不同质地的冲积土等；其后，F.V. 李希霍芬将土壤划分为洪积、海积、冰积、风积等成因类型。这些分类多根据某个成因将土壤在一个分类等级上划分为若干类型，而并非多分类等级的发生分类。

真正的土壤发生分类产生于19世纪末。俄国土壤学家B.B. 道库恰耶夫（1846—1903）19世纪末在广阔的俄罗斯大平原上进行土壤调查工作，他发现了土壤类型随成土因素变化而变化的规律，创立了土壤形成因素学说，并根据这一观点提出了土壤发生分类系统和黑钙土、栗钙上等一系列土类名称。B.B. 道库恰耶夫创立的土壤发生分类思想和方法，使土壤分类进入了一个崭新的阶段，并在国际上产生了广泛而深入的影响，20世纪以来的各国土壤分类无一不受其影响。用发生学的思想研究认识土壤，并以发生学的思想划分土壤，成为现代土壤分类学的明显特征，即使标榜为以土壤本身性质划分土壤类型的美国的诊断土壤分类体系也是如此。

诊断定量化的土壤分类方法代表了当代世界土壤分类的发展趋势。这并不意味着土壤发生学分类过时了，而是以土壤发生学为指导思想，组织土壤资料数据，在分类定量化方面的进步。

五、土壤分类是逐步完善和发展的过程

从对土壤分类的发展历史来看，不同时期的土壤分类反映了当时科学的发展水平，至今还没有一个完善的统一的土壤分类系统。随着土壤分类所依据的土壤知识库的不断充实，土壤分类也在不断革新。要以历史、辩证唯物主义的观点看待土壤分类。一方面要记住，目前的土壤分类系统是依据人们对土壤已有的认识进行抽象概括而形成的，由于知识的时代局限性和不完整性，必然使土壤分类具有时代局限性。因此在土壤分类中，要防止把因袭的知识冻结为僵硬的教条，把分类看作一成不变的，使自己成为现有分类体系的奴隶，而应随时准备接受新的分类思想、概念和知识，并且积极地创造条件获取新知识，推动土壤分类的革新与完善。另一方面，还必须接受依据目前的知识所创造的土壤分类体系，用它来指导进行土壤调查，搜集、累积更多的土壤样本资料数据，为修订和完善现有分类做准备。

需要指出的是，任何土壤分类系统都是建立在大量土壤调查与剖面研究的基础上，通过归纳而形成的。美国在提出土壤系统分类初步方案时，已经建立了大约10 000个土系，通过对这些土系归纳而形成《土壤系统分类》。第二次全国土壤普查建立了土种志，这种土种志的资料在全国、各省及各县都有，这为土壤分类提供了最基础的背景资料。为了使分类不断地完善，不仅需要对旧资料进行重新整理与归纳，而且要开展更广泛的土壤调查，累积和扩大土壤数据库，使土壤分类建立在更充分的数据资料基础上；目前开展的土系建立工作就是如此。

第二节　我国现行的土壤分类体系

不仅不同的历史时期存在着不同的土壤分类体系，而且在同一历史时期也会存在着不同的土壤分类体系。鉴于当前国内大量已有的土壤资料是在长期应用土壤发生分类体系条件下累积起来的，而且发生分类在我国已有半个世纪的历史，所以以下重点介绍的分类体系是现行第二次全国土壤普查使用的土壤分类体系，也可以称为官方土壤分类体系，它是以后各章土类介绍的分类基础。

一、我国现行土壤分类体系的分类思想

我国现行的即国家在土壤调查中统一使用的土壤分类系统属于地理发生学土壤分类体系。它源于俄国 B.B. 道库恰耶夫的土壤发生分类思想，而且也同时充分考虑到了土壤剖面形态特征，并结合我国特有的自然条件和土壤特点而建立的自己的土壤分类体系。

现行中国土壤分类体系的指导思想核心是：每一个土壤类型都是在各成土因素的综合作用下，由特定的主要成土过程所产生，而具有一定的土壤剖面形态和理化性状的土壤。因此在鉴别土壤和分类时，比较全面注重将成土条件、土壤剖面性状和成土过程相结合而进行研究，即将土壤属性和成土条件以及由前两者推论的成土过程联系起来，这就是所谓的以成土条件、成土过程和土壤性质统一来鉴别和分类土壤的指导思想。不过，实际工作中，当遇到成土条件、成土过程和土壤性质不统一时，往往以现代成土条件来划分土壤，而不再强调土壤性质是否与成土条件吻合。该分类系统对于用发生学的思想研究认识分布于陆地表面形形色色的土壤发生分布规律，特别是宏观地理规律，在开发利用土壤资源时，充分考虑生态环境条件，因地（地理环境）制宜是十分有益的。但这个系统也有定量化程度差、分类单元之间的边界比较模糊的缺点。

二、中国土壤分类系统

这里介绍的现行中国土壤分类系统是由第二次全国土壤普查办公室为汇总第二次全国土壤普查成果编撰《中国土壤》而拟定的分类系统。其高级分类自上而下是土纲、亚纲、土类和亚类；低级分类自上而下是土属、土种和变种。

（一）土纲

土纲是对某些有共性的土类的归纳与概括。例如铁铝土纲，是将在湿热条件下，在富铁铝化过程中产生的黏土矿物以三氧化物、二氧化物和 1∶1 型高岭石为主的一类土壤（如砖红壤、赤红壤、红壤、黄壤等土类）归集在一起，这些土类都发生过富铁铝化过程，只是其表现程度不同。

（二）亚纲

亚纲是在土纲范围内，根据土壤现实的水热条件划分的，其反映了控制现代成土过程的成土条件，它们对于植物生长和种植制度也起控制性作用。例如铁铝土纲分成湿热铁铝土亚纲和湿暖铁铝土亚纲，两者的差别在于热量条件。

(三) 土类

土类是高级分类中的基本分类单元。基本分类单元的意思是，即使归纳土类的更高级分类单元可以变化，土类的划分依据和定义一般也不改变，土类是相对稳定的。划分土类时，强调成土条件、成土过程和土壤属性的三者统一和综合；认为土类之间的差别，无论在成土条件、成土过程方面，还是在土壤性质方面，都具有质的差别。例如砖红壤土类代表热带雨林下高度化学风化、富含游离铁铝的酸性土壤；黑土代表温带草甸草原下发育的有大量腐殖质积累的土壤。如上所述，在实际工作中，往往更注重以成土条件或土壤发生的地理环境来划分土类。

(四) 亚类

亚类是在同一土类范围内的划分。一个土类中有代表土类概念的典型亚类，即它是在定义土类的特定成土条件和主导成土过程下产生的最典型的土壤；也有表示一个土类向另一个土类过渡的过渡亚类，它是根据主导成土过程以外的附加成土过程来划分的。例如黑土的主导成土过程是腐殖质积聚，典型亚类是（典型）黑土；而当地势平坦，地下水参与成土过程时，则在心底土中形成锈纹、锈斑或铁锰结核，它是潜育化过程，但这是附加的或次要的成土过程，根据它划分出来的草甸黑土就是黑土向草甸土过渡的过渡亚类。

表 2-1 就是为编撰第二次全国土壤普查成果《中国土壤》所拟定的中国土壤分类系统中的高级分类，它也是本书中土类各论的基础。

表 2-1　中国土壤分类系统高级分类表

［根据《中国土壤》(1998) 编辑］

土壤	亚纲	土类	亚类
铁铝土	湿热铁铝土	砖红壤	砖红壤、黄色砖红壤
		赤红壤	赤红壤、黄色赤红壤、赤红壤性土
		红壤	红壤、黄红壤、棕红壤、山原红壤、红壤性土
	湿暖铁铝土	黄壤	黄壤、漂洗黄壤、表潜黄壤、黄壤性土
淋溶土	湿暖淋溶土	黄棕壤	黄棕壤、暗黄棕壤、黄棕壤性土
		黄褐土	黄褐土、黏盘黄褐土、白浆化黄褐土、黄褐土性土
	湿温暖淋溶土	棕壤	棕壤、白浆化棕壤、潮棕壤、棕壤性土
	湿温淋溶土	暗棕壤	暗棕壤、白浆化暗棕壤、草甸暗棕壤、潜育暗棕壤、暗棕壤性土
		白浆土	白浆土、草甸白浆土、潜育白浆土
	湿寒温淋溶土	棕色针叶林土	棕色针叶林土、灰化棕色针叶林土、表潜棕色针叶林土
		漂灰土	漂灰土、暗漂灰土
		灰化土	灰化土
半淋溶土	半湿热半淋溶土	燥红土	燥红土、褐红土
	半湿温暖半淋溶土	褐土	褐土、石灰性褐土、淋溶褐土、潮褐土、塿土、褐土性土
	半湿温半淋溶	灰褐土	灰褐土、暗灰褐土、淋溶灰褐土、石灰性灰褐土、灰褐土性土
		黑土	黑土、草甸黑土、白浆化黑土、表潜黑土
		灰色森林土	灰色森林土、暗灰色森林土

第二章 土壤分类

(续)

土壤	亚纲	土类	亚 类
钙层土	半湿温钙层土	黑钙土	黑钙土、淋溶黑钙土、石灰性黑钙土、草甸黑钙土、盐化黑钙土、碱化黑钙土
	半干温钙层土	栗钙土	栗钙土、暗栗钙土、淡栗钙土、草甸栗钙土、盐化栗钙土、碱化栗钙土、栗钙土性土
	半干温暖钙层土	栗褐土	栗褐土、淡栗褐土、潮栗褐土
		黑垆土	黑垆土、黏化黑垆土、潮黑垆土、黑麻土
干旱土	温干旱土	棕钙土	棕钙土、淡棕钙土、草甸棕钙土、盐化棕钙土、碱化棕钙土、棕钙土性土
	暖温干旱土	灰钙土	灰钙土、淡灰钙土、草甸灰钙土、盐化灰钙土
漠土	温漠土	灰漠土	灰漠土、钙质灰漠土、草甸灰漠土、盐化灰漠土、碱化灰漠土、灌耕灰漠土
	温暖漠土	灰棕漠土	灰棕漠土、石膏灰棕漠土、石膏盐盘灰棕漠土、灌耕灰棕漠土
		棕漠土	棕漠土、盐化棕漠土、石膏棕漠土、石膏盐盘棕漠土、灌耕棕漠土
初育土	土质初育土	黄绵土	黄绵土
		红黏土	红黏土、积钙红黏土、复盐基红黏土
		冲积土	饱和冲积土、不饱和冲积土、石灰性冲积土
		新积土	新积土、珊瑚砂土
		龟裂土	龟裂土
		风沙土	荒漠风沙土、草原风沙土、草甸风沙土、滨海沙土
	石质初育土	石灰（岩）土	红色石灰土、黑色石灰土、棕色石灰土、黄色石灰土
		火山灰土	火山灰土、暗火山灰土、基性岩火山灰土
		紫色土	酸性紫色土、中性紫色土、石灰性紫色土
		磷质石灰土	磷质石灰土、硬盘磷质石灰土、盐渍磷质石灰土
		石质土	酸性石质土、中性石质土、钙质石质土
		粗骨土	酸性粗骨土、中性粗骨土、钙质粗骨土、硅质粗骨土
半水成土	暗半水成土	草甸土	草甸土、石灰性草甸土、白浆化草甸土、潜育草甸土、盐化草甸土、碱化草甸土
		砂姜黑土	砂姜黑土、石灰性砂姜黑土、盐化砂姜黑土、碱化砂姜黑土
	淡半水成土	山地草甸土	山地草甸土、山地草原草甸土、山地灌丛草甸土
		潮土	潮土、灰潮土、脱潮土、湿潮土、盐化潮土、碱化潮土、灌淤潮土
水成土	矿质水成土	沼泽土	沼泽土、腐泥沼泽土、泥炭沼泽土、草甸沼泽土、盐化沼泽土
	有机水成土	泥炭土	低位泥炭土、中位泥炭土、高位泥炭土
盐碱土	盐土	草甸盐土	草甸盐土、结壳盐土、沼泽盐土、碱化盐土
		漠境盐土	干旱盐土、漠境盐土、残余盐土
		滨海盐土	滨海盐土、滨海沼泽土、滨海潮滩土
		酸性硫酸盐土	酸性硫酸盐土、含盐酸性硫酸盐土
		寒原盐土	寒原盐土、寒原硼酸盐土、寒原草甸盐土、寒原碱化盐土
	碱土	碱土	草甸碱土、草原碱土、龟裂碱土、盐化碱土、荒漠碱土

(续)

土壤	亚纲	土类	亚类
人为土	人为水成土	水稻土	潴育水稻土、淹育水稻土、渗育水稻土、潜育水稻土、脱潜水稻土、漂洗水稻土、盐渍水稻土、咸酸水稻土
	灌耕土	灌淤土	灌淤土、潮灌淤土、表锈灌淤土、盐化灌淤土
		灌漠土	灌漠土、灰灌漠土、潮灌漠土、盐化灌漠土
高山土	湿寒高山土	高山草甸土	高山草甸土、高山草原草甸土、高山灌丛草甸土、高山湿草甸土
		亚高山草甸土	亚高山草甸土、亚高山草原草甸土、亚高山灌丛草甸土、亚高山湿草甸土
	半湿寒高山土	高山草原土	高山草原土、高山草甸草原土、高山荒漠草原土、高山盐渍草原土
		亚高山草原土	亚高山草原土、亚高山草甸草原土、亚高山荒漠草原土、亚高山盐渍草原土
		山地灌丛草原土	山地灌丛草原土、山地淋溶灌丛草原土
	干寒高山土	高山漠土	高山漠土
		亚高山漠土	亚高山漠土
	寒冻高山土	高山寒漠土	高山寒漠土

(五) 土属

土属主要根据成土母质的成因类型与岩性、区域水文控制的盐分类型等地方性因素进行划分。例如运移性的母质可粗略地分为残积物、坡积物、洪积物、冲积物、湖积物、海积物、黄土状物质等；残积物根据岩性的矿物学特征细分为基性岩类、酸性岩类、石灰岩类、石英岩类、页岩类；洪积物和冲积物多为混合岩性，可根据母质质地再细分为砾石的、砂质的、壤质的和黏质的等。对不同的土类或亚类，所选择的土属划分的具体标准不一样。例如红壤性土可按基性岩类、酸性岩类、石灰岩类、石英岩类、页岩类划分土属；盐土可根据盐分类型可划分为硫酸盐盐土、硫酸盐-氯化物盐土、氯化物盐土、氯化物-硫酸盐盐土等。如果说土属以上的高级分类主要反映的气候和植被这样的地带性成土因素及其结果的话，土属的划分主要反映母质和地形（地下水）的影响。

(六) 土种

土种是低级分类单元，是根据土壤剖面构型和发育程度来划分的。一般土壤发生层的构型排列反映主导成土作用和次要成土作用的结果，由此决定了该土壤的土类和亚类的分类地位。但在土壤发育程度上，则因成土母质、地形等条件的差异，形成了在土层厚度、腐殖质层厚度、盐分含量、淋溶深度、淀积程度等方面的不一致性。根据这些量或程度上的差别，划分土种。例如山地土壤根据土层厚度，分为薄层（<30 cm）、中层（30～60 cm）和厚层（>60 cm）3 个土种。粗骨性（各土类中的"性土"亚类）土根据砾石含量分为：少砾质（>3 mm 的砾石含量<10%），多砾质（直径>3 mm 的砾石含量为 10%～30%）和砾石土直径（>3 mm 的砾石含量>30%）3 个土种。盐化土壤的土种根据盐分含量以及缺苗程度划分为 3 级：轻度盐化（缺苗 30% 以下）、中度盐化（缺苗 30%～50%）和重度盐化（缺苗 50% 以上）。冲积性平原土壤，例如潮土可根据土壤剖面的质地层次变化而划分土种，对于夹砂或夹黏土层，可根据该砂土或黏土层出现的部位高低分为浅位（距地表 20～40 cm）、中位（距地表 40～70 cm）和深位（距地表>70

cm)，也可根据该夹层的厚度分为薄层（10～20 cm）、中层（20～50 cm）和厚层（>50 cm）。

（七）变种

变种是土种范围内的变化，一般以表土层或耕作层的某些差异来划分，如表土层质地、砾石含量、岩石露头的多少等，这些对土壤耕作影响大。

中国土壤分类系统的高级分类单元主要反映的是土壤在发生学方面的差异，而低级分类单元则主要考虑到土壤在其生产利用方面的不同。高级分类用来指导小比例尺的土壤调查制图，反映土壤的发生分布规律；低级分类用来指导大中比例层的土壤调查制图，为土壤资源的合理开发利用提供依据。

三、中国土壤分类系统命名

现行的中国土壤分类系统采用连续命名与分段命名相结合的方法。土纲和亚纲为一段，以土纲名称为基本词根，加形容词前缀构成亚纲名称，亚纲段名称是连续命名，如半干温钙层土，含土纲与亚纲名称。土类和亚类为一段，以土类名称为基本词根，加形容词前缀构成亚类名称，如盐化棕钙土、草甸黑土，可自成一段单用，但它是连续命名法。土属名称不能自成一段，多与土类、亚类连用，如氯化物滨海盐土、酸性岩坡积物草甸暗棕壤，是典型的连续命名法。土种和变种名称也不能自成一段，必须与土类、亚类、土属连用，如黏壤质厚层黄土性草甸黑土。名称既有从国外引进的，如黑钙土；也有从群众名称中提炼的，如白浆土；也有根据土壤特点新创造的，如砂姜黑土。

第三节　世界主要土壤分类体系

由于自然条件和知识背景的不同，目前还没有世界统一的土壤分类系统。下面介绍的是当今世界几个影响大的土壤分类体系。其中美国土壤分类系统的影响越来越大，所以重点介绍。

一、美国土壤诊断分类体系

1951 年，美国农业部土壤保持局以 G. D. 史密斯为首着手建立新的定量化的土壤分类系统。这个分类系统经过一系列的草案，在广泛征求国际同行意见，反复试验修改后，于 1975 年正式出版了《土壤系统分类》（Soil Taxonomy）一书。该分类的最大特点是将过去惯用的发生学土层和土壤特性给予定量化，建立了一系列的诊断层和诊断特性，用其来划分鉴定土壤，并以检索形式列出了各级分类单元之间的关系，给鉴别分类土壤提供确切的标准，便于使用。

其实，将《Soil Taxonomy》译成《土壤系统分类》并未反映出美国土壤分类的特点，美国土壤分类的代表特征实际是诊断定量分类。而且也不只是美国的土壤分类是系统分类，中国土壤分类（包括第二次全国土壤普查所用分类系统和现今称为《中国土壤系统分类》的诊断定量分类）和前苏联的土壤分类都是系统分类，只要分类是多阶层的，各阶层之间有逻辑归属关系都属于系统分类。不过,已经将《Soil Taxonomy》译成《土壤系统分类》,只好约定俗成了。

(一) 美国土壤诊断分类体系的分类思想

美国《土壤系统分类》也遵循发生学思想,在定义诊断层和诊断特性时力求将有着共同发生特性的土壤归集到一起。例如松软表层有 8 条定义,每条定义都是为了将过去称为湿草原土、黑钙土的一类草原土壤归集到软土纲中(软土纲是根据松软表层来鉴别分类的),这类草原土壤的共同特征就是有一个暗色松软的高盐基饱和度的具有团粒结构的腐殖质表层,即松软表层。

但美国的土壤学家认为,成土过程是看不见摸不着的,土壤性质也不见得与现代的成土条件完全相符(比如古土壤遗迹),如果以成土条件和成土过程来分类土壤必然会存在不确定性,而只有以看得见测得出的土壤性状为分类标准,才会在不同的分类者之间架起沟通的桥梁,建立起共同鉴别确认的标准。因此尽管在建立诊断层和诊断特性时,考虑到了它们的发生学意义,但在实际鉴别诊断层和诊断特性,以及用它们划分土壤分类单元时,则不以发生学理论为依据,而以土壤性状本身为依据。

美国《土壤系统分类》的另一个指导思想是,分类标准必须定量化,以求在不同的分类者之间有共同的比较基础。

(二) 美国土壤诊断分类体系的诊断层和诊断特性

1. 诊断层 所谓诊断层,是指用于识别土壤分类单元,在性质上有一系列定量说明的土层。1999 年发表的《土壤系统分类》(第二版)中共定义了 8 个诊断表层 (epipedon) 和 20 个诊断表下层 (diagnostic subsurface horizon)。诊断表层不一定正好相当于发生学的表土层(A 层),它可能也包括了发生学意义上的心土层(B 层),或可能是埋藏了的心土层。诊断表下层也不一定正好相当于发生学的心土层(B 层),它可能包括了发生学意义上的表土层(A 层)。诊断层是土壤剖面中,在土壤性质上有定量说明的一个土层,从而有别于传统的只有定性说明的发生学土层,它用于高级分类。例如淀积黏化层 (argillic horizon) 的规定,当上覆淋溶层的黏粒含量<15%时,淀积黏化层的黏粒含量至少比上覆淋溶层的黏粒含量多 3%;当上覆淋溶层的黏粒含量为 15%~40%时,它至少为上覆淋溶层的黏粒含量的 1.2 倍;并规定当剖面有岩性不连续(沉积间断)时,只要在土壤结构体面上发现黏粒淀积现象(包括大形态或微形态观察),就可定义为淀积黏化层。再如钙积层,规定其碳酸盐的含量至少比母质层(C 层)高 5%,并且该层的厚度≥15 cm。

2. 诊断特性 诊断特性是指有定量说明的土壤性质,例如土壤水分状况的级别,不但规定了是在土壤剖面中间层段(控制层段)的水分状况,而且规定了在这个层段中<1500 kPa 的土壤水分的周年变化情况。关于土壤温度状况,有明确的平均土壤温度区间规定。诊断特征也是用于鉴别区分土壤高级分类单元的标准。表 2-2 列出了美国《土壤系统分类》(第二版,1999)中的诊断层和诊断特性。

表 2-2 美国《土壤系统分类》(第二版,1999)中的诊断层和诊断特性

诊断表层	诊断表下层	诊断特性
人为松软表层 (anthropic epipedon)	耕作淀积层 (agric horizon)	质地突变 (abrupt textural change)

(续)

诊断表层	诊断表下层	诊断特性
水分饱和型有机表层（histic epipedon）	漂白层（albic horizon）	火山灰土壤特性（andic soil property）
水分不饱和型有机表层（folistic epipedon）	淀积黏化层（argillic horizon）	线性延伸系数（coefficient of linear extensibility）
松软表层（mollic epipedon）	钙积层（calcic horizon）	硬结核（durinode）
淡色表层（ochric epipedon）	雏形层（cambic horizon）	黏土微地形（gilgai）
黑色表层（melanic epipedon）	硬盘（duripan）	石质不连续（lithologic discontinuity）
堆垫表层（plaggen epipedon）	脆盘（fragipan）	准石质接触面（paralithic contact）
暗色表层（umbric epipedon）	石膏层（gypsic horizon）	彩度≤2的斑纹（mottle, chroma≤2）
	高岭层（kandic horizon）	n 值（n value）
	碱化层（natric horizon）	永冻层（permafrost）
	氧化层（oxic horizon）	石化铁质接触界面（petroferric contact）
	石化钙积层（petrocalcic horizon）	聚铁网纹体（plinthite）
	石化石膏层（petrogypsic horizon）	线性延伸势（potential linear extensibility）
	薄铁盘层（placic horizon）	层序（sequum）
	积盐层（salic horizon）	滑擦面（slickenside）
	腐殖质沉积层（sombric horizon）	可鉴别次生碳酸钙（identifiable secondary carbonate）
	灰化淀积层（spodic horizon）	土壤水分状况（soil moisture regime）
	含硫层（sulfuric horizon）	土壤温度状况（soil temperature regime）
	舌状延伸层（glossic horizon）	干寒状况（anhydrous condition）
	灰化铁盘层（ortstein horizon）	可风化矿物（wetherable mineral）
		漂白物质层（albic material）
		脆盘物质（fragic soil material）
		漂白物质指状延伸（interfingering of albic material）
		薄片层（lamellae）
		灰化淀积物质（spodic material）
		抗风化矿物（resistant material）

（三）美国土壤诊断分类系统

美国《土壤系统分类》是一个6等级的多阶层土壤分类系统。从最高分类等级到最低分类等级依次是：土纲、亚纲、土类、亚类、土族和土系。各分类等级的划分原则和划分依据如下。

1. 土纲 土纲反映成土过程，依据诊断层或诊断特性划分。这些诊断层或诊断特性是一系列在种类和程度上不同的主导成土过程所产生的。1999年发表的《土壤系统分类》（第二版）中共有12个土纲。

2. 亚纲 亚纲反映控制现代成土过程的成土因素，一般依据土壤水分状况划分。

3. 土类 土类综合反映在成土条件（包括古成土条件）作用下，成土过程的组合作用结果，根据诊断层的种类、排列和发育程度以及其他诊断特性划分。

4. 亚类 亚类以上土纲、亚纲和土类主要用以反映主导成土过程的结果或控制成土过程的因素，而亚类则反映次要的或附加的成土过程的结果。因此亚类依据对土类来说不是主要的，但对其他土类或亚纲或土纲来说是重要的土壤性质划分。

亚类的划分有下述3种情况。

（1）典型亚类 典型亚类是土类的中心概念，是除土类定义性质之外，不再有其他附加特征的亚类，一般也是最广泛分布的亚类。

（2）过渡亚类 过渡亚类是向其他土纲或亚纲或土类过渡的类型，具有向其他土纲或亚纲或土类过渡的一些性质。

（3）其他亚类 其他亚类是指该亚类所具有的某些性质既非土类的典型特征，又非向任何其他土壤过渡的中间特征。例如在坡麓地带上发育的一个软土，因不断接受新沉积物而发育了一个过厚的松软表层，就定义为堆积亚类。

5. 土族 这个分类等级的目的，是在一个亚类中归并具有类似的物理性质和矿物化学性质的土壤。主要根据剖面控制层段内的颗粒大小级别（与质地分级不同）、矿物学特性、土壤温度状况等性质划分。

6. 土系 土系是为了反映和土壤利用关系更为密切的土壤物理性质和化学性质，在土族以下分类出性质更为均一的分类单元。土系的划分依据主要是在土族和土族以上各级分类中还未使用过的土壤性质，如质地、pH、结构、结持性等。土族主要反映1 m土体内的土壤物理性质、矿物学性质和化学性质，而土系则要考虑到距地表1～2 m间的土壤性质。土族和土系划分的主要目的是反映土壤的生产性状。

虽然在上述各级分类的原则中有发生学的思想，但在各级分类单元的定义中决无发生学方面的论述，只能看到一个分类单元具有什么样的诊断层或诊断特性的描述。

（四）美国土壤诊断分类系统的检索系统

为了便于应用《土壤系统分类》在实际工作中鉴别分类土壤，《土壤系统分类》中还设计了一个检索系统。该检索系统以单行本或手册的形式印刷，以便携带。1975年出版《土壤系统分类》之后，美国每2年修改出版一次新版《土壤系统分类检索》（Keys to Soil Taxonomy），到1998年，共出版了8版《土壤系统分类检索》（包括1975年的），每次都有修改完善。1999年出版了完整的《土壤系统分类》（第二版）。

检索系统实际上是采取的排除分类法，避免了由于土壤具有多种诊断层或诊断特性时，不易确定土壤的分类地位问题。例如冻土（Gelisols）是第一个检索出的土纲，只要土壤剖面一定深度内有永冻层，无论它还有什么其他诊断层或诊断特性，都先把它分类为冻土。有机土（Histosols）是第二个检索出的土纲，只要一个土壤具有有机土壤物质，而且该有机土壤物质的累积达到一定厚度，无论它还有什么其他诊断层或诊断特性，都先把它分类为有机土纲，它所具有的其他诊断层或诊断特性放在土纲以下分类等级中作为分类依据，当然有机土不能具有冻土所要求的永冻层。第三个检索出来的土纲是灰化土（Spodosols），灰化土必须具有灰化淀积层，但不满足有机土纲和冻土纲的定义条件，它还可能具有其他诊断层或诊断特性，但只作为灰化土土纲以下各级分类的划分依据。以下依次按这种排除法检索出火火山灰土（Andisols）、氧化土（Oxisols）、变性土（Vertisols）、干旱土（Aridisols）、老成土（Ultisols）、软土（Mollisols）、淋溶土（Alfisols）、始成土（Inceptisols）、新成土（Entisols）等土纲。新成土是最后一个检索出来的土纲，它不具有上述其他 11 个土纲定义中所具有的诊断层或诊断特性。

土纲以下的亚纲、土类、亚类都是采取的检索排除分类法，以便统一全国的土壤调查制图。而土族和土系的划分则是根据区域性土壤特点由当地土壤分类者灵活选用分类标准划分，但全国设立了土族、土系评比机构，并将土系的资料数据统一输入了计算机，以保证不出现同土异名、异土同名的情况。

（五）美国土壤诊断分类系统命名

美国《土壤系统分类》的土壤分类单元的命名采用拉丁文及希腊文词根拼缀法，试图国际化。实际上这是一种连续命名法，即以土纲名称为词根，累加形容词，分别依次构成亚纲、土类、亚类、土族的名称。这种连续命名法最好地体现了分类特性逐级累积的分类逻辑。因为每一个形容词都赋予了一定的意义，所以从名称上不但可以知道该分类单元的分类等级，而且可以由名称联想到它上属什么分类单元以及各级分类所使用的分类性质。例如 loamy、mixed、mesic 和 typic paleustalf 分别表示壤质的、混合矿物的、中温的和典型强发育半干润淋溶土，其中 alf 取之土纲名称（Alfisol，淋溶土）作为土纲词根，ust 表明该亚纲的土壤水分状况是半干润的（ustic），pale 表示该土壤的黏化层发育程度高、深厚，typic 表示亚类是典型亚类；loamy、mixed 和 mesic 则分别表明土族所用的分类标准中颗粒大小级别是壤质的、矿物学类型是混合型的和土壤温度状况是中温性的。土系的名称用首先发现它的地方命名（如 Miami loam，迈阿密壤土土系）。我国在历史上也曾采取这种叫法和分类法，如砖红壤的兔耳关系、红壤的徐闻系、黑土的哈尔滨系等。

在美国应用诊断层和诊断特性分类以后，许多国家和国际组织争相效仿。到 20 世纪 80 年代初，已有 45 个国家直接引用了美国的《土壤系统分类》，80 多个国家把它作为自己国家的第一或第二分类，在国际会议上和一些出版物中，《土壤系统分类》中的分类单元名称常成为交流的共同语言。

二、前苏联的土壤分类及其动向

B. B. 道库恰耶夫的土壤发生分类思想在十月革命以后得到了继承和发展，在 20 世纪 50 年代这个学派的发展达到了鼎盛时期。虽然这个学派内部又逐渐形成了 3 个分支派系：土壤地理发生学分类、成土过程发生学分类和土壤历史发生学分类，但这 3 个分类都将发生学土类作为最基本的分类单元，它们的差别在于土类以上各级分类中如何组合或归集各个土类。划分土类的标准是：①有相同的水热状况特征及物质的地球化学迁移；②具有相同的生态条件和植物类型；③具有作为确定土壤发育过程的土壤发生层次的相同的土壤剖面类型；④由水热状况及有效的植物营养元素浓度所决定的土壤自然肥力也大致相同。

对于土类以下亚类、土属、土种等各等级的划分，各派系也是基本一致的。

在 3 个分类派系中，以 E. H. 伊万诺瓦和 H. 罗佐夫建立的土壤地理发生学分类体系（1976）具有较大影响，实际上它也是作为前苏联统一的土壤分类系统在国家土壤调查中得到了普遍应用。这个分类系统在最高一级分类中，首先把前苏联土壤类型归入 10 个地带生态组；然后（第二级）在每个地带生态组内根据土壤受地下水的影响特征划分为自成型（地带性）、半水成型、水成型和冲积型4个系列；第三级为土壤的生物、物理、化学特征系列，根据有机质的分解特点、吸收性复合体的饱和度、阳离子组成及可溶性盐来划分，共分出5个系列；第四级为发生学土类，是该分类体系的基本分类单位。土类以下根据亚地带（纬度划分）或自然条件的相性变化（经度）划分不同亚类，以便反映土类间的过渡。

土壤地理发生学分类体系清楚地揭示了土壤的地带性分布规律，按地理条件将土壤在空间上全部控制起来，使土壤分类与土壤分区相结合，比较好地处理了地带性土壤和非地带性土壤的问题。但由于它将土壤地带性概念绝对化和过分注重成土条件在分类中的作用，没有定量化的分类标准，在实际鉴别分类土壤时遇到了困难。土壤学家们常因对于土壤的发生认识不同，对同一土壤产生不同的分类。因此在前苏联，关于以土壤本身的性质作为分类标准和分类标准定量化的呼声越来越高。

20世纪80年代末，苏联也出现了诊断土壤分类的动向。道库恰耶夫土壤研究所所长L. L. 谢硕夫和莫斯科大学土壤系主任B. G. 罗扎诺夫等人提出的新的苏联土壤分类体系中，建立了26个诊断层，基本上涉及了美国土壤分类中的诊断层，用诊断层划分土纲和土类；以前以地带划分土类、亚地带划分亚类的纯地理发生分类不见了。但前苏联土壤分类的这种转变还仅仅是开始，而且仅限于中央一级的研究所和高等学校，还未普及到基层土壤研究单位。

三、西欧土壤分类

W. L. 库比纳将俄国土壤发生分类学的思想引入德国，在欧洲首创土壤形态发生分类学派（1953）。现代西欧形态发生分类学派的3大代表，是联邦德国E. 莫根浩森（1962）的土壤分类系统、英国B. W. 艾弗里（1956）的土壤分类系统和法国G. 奥博特（1956）的土壤分类系统及其以后的法国"发生土壤学与土壤制图委员会"的土壤分类系统（1967），他们均受W. L. 库比纳形态发生分类学的影响。

西欧土壤形态发生分类有如下三个特点：①由于地理环境的关系，特别注重水成和半水成土壤的分类，将土壤水分条件放在最高一级分类中，设立水成土壤和半水成土壤分类单元。②根据土壤剖面形态分异或剖面发育状况，按土壤发育程度由幼年土壤到老年土壤依次排列划分土壤，即（A)-C型、A-C型、A-(B)-C型、A-B-C型及B/ABC型系列。③重视人为土壤的研究，在不同的分类等级均设立了人为土壤分类单元。

美国《土壤系统分类》发表以来，西欧土壤分类深受影响，都在不同的程度上接受了诊断土壤分类的方法。例如英国土壤学家B. W. 艾弗里1980年提出的新的英国土壤分类体系，虽然仍旧保持了重视水成土壤和人为土壤分类的传统，但在分类方法上却是采用了诊断土壤分类的方法。其主要土类（major soil group）根据关键诊断层类型划分，土类（soil group）根据诊断特性、成土物质类型或次要诊断层划分，亚类根据反映次要成土过程作用的诊断层、诊断特性划分。其诊断层虽然大多是根据英国土壤实际定义的，但有相当一部分是仿照美国的。法国新的土壤分类系统（1979）也采用了美国《土壤系统分类》中的许多诊断层。例如将美国的暗色表层称为暗色腐殖质层，将淡色表层称为淡色腐殖质层，将灰化淀积层称为螯合淋淀层等，含义一样，只是名称不同；有些诊断层是直接引用，也新创立了一些诊断层，如铁硅铝层、单硅铝层、铁铝层等。

四、FAO/UNESCO 的土壤分类

为编制 1∶500 万世界土壤图，联合国粮食与农业组织及教科文组织（FAO/UNESCO）拟定了一个世界土壤图例系统，虽自称不是分类系统，但在识别土壤制图单元时，却用了诊断层和诊断特性。

FAO/UNESCO 的世界土壤图图例系统（1974）中，第一级分为 26 个土壤单元，相当于土类；第二级分为 105 个土壤单元，相当于亚类。在命名上尽可能地采用了现有的已获得国际公认的土壤名称，如黑钙土、栗钙土、碱土、盐土、变性土等。但每一个土壤单元都重新用诊断层或诊断特性精确定义了。为便于实际鉴别分类土壤，还采用检索排除分类法。

由于编图的比例尺要求，FAO/UNESCO 把引自美国《土壤系统分类》中的诊断层和诊断特性的定义做了概括和简化，并将诊断层在命名上加以 A、B、C 发生层化，以突出其发生学含义。例如把松软表层称为松软 A 层，把黏化层称为黏化 B 层。

目前，国际土壤学会（IUS）下设的国际参比基础（WRB）组织，在联合国粮食与农业组织（FAO）的支持下，正在通过修订 1974 年的 FAO/UNESCO 1∶500 万世界土壤图图例系统，企图建立统一的图例系统。如为了绘制比例尺大于 1∶500 万的土壤图，在第二级土壤单元之下增加第三级土壤单元（WRB，2014）。从几个修订版本看，FAO/IUSS 的土壤分类实际上也在向美国《土壤系统分类》靠近，并且借助于它国际化的优势，不断丰富《世界土壤图例系统》的内容。

第四节　中国土壤系统分类及其与其他土壤分类系统的对比

一、中国土壤系统分类概述

在美国《土壤系统分类》的影响下，由中国科学院南京土壤研究所牵头，全国有关土壤研究机构和高等院校的土壤分类学家参加的"中国土壤系统分类研究"课题组，从 20 世纪 80 年代中期开始着手新的中国土壤系统分类研究，在吸收国内外土壤分类研究经验和中国土壤分类与土壤调查成果的基础上，不断修改补充，相继于 1985 年完成《中国土壤系统分类初拟》（《土壤》，1985 年第 6 期），1991 年完成《中国土壤系统分类》（首次方案），1995 年完成《中国土壤系统分类》（修订方案），2001 年完成《中国土壤系统分类》（第三版）。

《中国土壤系统分类》是一个主要参照美国土壤系统分类的思想原则、方法和某些概念，吸收西欧、原苏联土壤分类中的某些概念和经验，针对中国土壤而设计的，以土壤本身性质为分类标准的定量化分类系统，属于诊断分类体系。

《中国土壤系统分类》（第三版）拟订了 11 个诊断表层、20 个诊断表下层、2 个其他诊断层和 25 个诊断特性。就诊断层而言，36.4% 直接引用美国系统分类的，27.2% 是引进概念加以修订补充的，而有 36.4% 是新提出的。在诊断特性中，则分别为 31.0%、32.8% 和 36.2%。

《中国土壤系统分类》（第三版）高级分类级别包括土纲、亚纲、土类、亚类。土纲根据

主要成土过程产生的或影响主要成土过程的性质（诊断层或诊断特性）划分，亚纲主要根据影响现代成土过程的控制因素所反映的性质（水分、温度状况和岩性特征）划分，土类多根据反映主要成土过程强度或次要成土过程或次要控制因素的表现性质划分，亚类主要根据是否偏离中心概念、是否有附加过程的特性和母质残留的特性划分，除普通亚类外，还有附加过程的亚类。这个分类系统采取了美国土壤系统分类的检索方法。第一步根据诊断层和诊断特性检索其土纲的归属（表 2-3），然后往下依次检索亚纲、土类和亚类。

表 2-3　中国土壤系统分类中 14 个土纲检索简表

诊断层和/或诊断特性	土纲（Order）
1. 有下列之一的有机土壤物质［(土壤有机碳含量≥180 g/kg 或≥120 g/kg) + (黏粒含量 g/kg×0.1)]：覆于火山物质之上和/或填充其间，且石质或准石质接触面直接位于火山物质之下；或土表至 50 cm 范围内，其总厚度≥40 cm (含火山物质)；或其厚度≥2/3 的土表至石质或准石质接触面总厚度，且矿质土层总厚度≤10 cm；或经常被水饱和，且上界在土表至 40 cm 范围内，其厚度≥40 cm (高腐或半腐物质，或苔藓纤维<3/4) 或≥60 cm (苔藓纤维≥3/4)	有机土（Histosols）
2. 其他土壤中，有水耕表层和水耕氧化还原层；或肥熟表层和磷质耕作淀积层；或灌淤表层；或堆垫表层	人为土（Anthrosols）
3. 其他土壤中，在土表下 100 cm 范围内有灰化淀积层	灰土（Spodosols）
4. 其他土壤中，在土表至 60 cm 或至更浅的石质接触面范围内 60%或更厚的土层具有火山灰特性	火山灰土（Andosls）
5. 其他土壤中，在上界土表至 150 cm 范围内有铁铝层	铁铝土（Ferralosols）
6. 其他土壤中，土表至 50 cm 范围内黏粒含量≥30%，且无石质或准石质接触面，土壤干燥时有宽度>0.5 cm 的裂隙，和土表至 100 cm 范围内有滑擦面或自吞特征	变性土（Vertosols）
7. 其他土壤中，有干旱表层和上界在土表至 100 cm 范围内的下列任一诊断层：盐积层、超盐积层、盐盘、石膏层、超石膏层、钙积层、超钙积层、钙盘、黏化层或雏形层	干旱土（Aridosols）
8. 其他土壤中，土表至 30 cm 范围内有盐积层，或土表至 75 cm 范围内有碱积层	盐成土（Halosols）
9. 其他土壤中，土表至 50 cm 范围内有一厚度≥10 cm 土层有潜育特征	潜育土（Gleyosols）
10. 其他土壤中，有暗沃表层和均腐殖特性，且矿质土表之下到 180 cm 或至更浅的石质或准石质接触面范围内盐基饱和度≥50%	均腐土（Isohumosols）
11. 其他土壤中，土表至 125 cm 范围内有低活性富铁层	富铁土（Ferrosols）
12. 其他土壤中，土表至 125 cm 范围内有黏化层或黏盘	淋溶土（Argosols）
13. 其他土壤中有雏形层；或矿质土表至 100 cm 范围内有如下任一诊断层：漂白层、钙积层、超钙积层、钙盘、石膏层、超石膏层；或矿质土表下 20~50 cm 范围内有一土层（≥10 cm 厚）的 n 值<0.7；或黏粒含量<80 g/kg，并有有机表层；或暗沃表层；或暗瘠表层；或有永冻层和矿质土表至 50 cm 范围内有滞水土壤水分状况	雏形土（Cambisols）
14. 其他土壤	新成土（Primosols）

二、中国土壤系统分类与其他主要土壤分类体系的对应关系

鉴于当前国内土壤系统分类和发生分类系统并存的现状，前者代表着定量化分类的方向，后者代表着历史积淀，因此这两个系统的参比具有现实意义。

因为分类的依据不同，从严格意义上，这两个系统很难做简单的比较，然而做近似的参比还是可能的，但必须注意下列几个方面。

1. 把握特点　系统分类的重点是土纲，发生分类中高级分类的基本单元是土类。发生分类中土类是相对稳定的，土纲和亚纲并不稳定。因此在全国范围内对两者参比时，主要以发生分类的土类与系统分类的亚纲或土类进行比较。

2. 占有资料　不管两个系统的分类原则和方法有多大不同，只要取得有关分类单元的具体土壤个体（剖面）的资料和数据，即可进行参比。相反，没有资料数据就难于进行。例如没有黏粒数据就无法进行淋溶土的分类，没有有机碳含量的数据也无法进行均腐土的分类，没有有效阳离子代换量（ECEC）和阳离子代换量（CEC）的数据不能进行铁铝土和富铁土的分类。如果要划分到亚类则必须具有灰化、漂白、黏化、龟裂、潜育、斑纹、表蚀、耕淀、堆垫、肥熟等相关资料，不然就缺乏根据。总之，掌握资料数据越充足，其参比就越具体，越确切。若只有名称，而无具体资料数据，只能是抽象参比。

3. 着眼典型　如上所述，在发生分类制的某个土类中可包含不同发育程度的亚类，除反映土类概念的典型亚类和附加过程的亚类外，有很多"未成熟亚类"，如赤红壤性土、红壤性土、黄壤性土、黄棕壤性土、黄褐土性土、棕壤性土、暗棕壤性土、褐土性土，甚至还有棕钙土性土。因为发生分类边界模糊，这些幼年亚类与典型亚类在性质上相差甚远，甚至不具备土类要求的土壤发生层；从系统分类观点看，这种差异可能是土纲水平上的差异。因此两个系统在土类水平上参比时，只能以土类概念或典型亚类进行参比，否则涉及范围太广而无从下手。

表2-4列出了现行中国土壤分类系统与中国土壤系统分类以及与世界其他3个主要土壤分类体系的大致对应关系，实际上各个分类体系中的多数分类单元不是正好对应的关系而是相互交叉包含的关系。

表2-4　几个土壤分类系统中主要分类单元的对应关系

中国土壤地理发生分类（1998）	联合国世界土壤图图例系统（1974）	美国土壤系统分类（1999）	前苏联土壤地理发生分类（1977）	中国土壤系统分类（2001）
砖红壤	正常酸性土 铁质酸性土	高岭湿润老成土 高岭弱发育湿润老成土		暗红湿润铁铝土 简育湿润铁铝土 富铝湿润富铁土 黏化湿润富铁土 铝质湿润雏形土 铁质湿润雏形土
赤红壤	正常酸性土 铁质酸性土	高岭弱发育湿润老成土 高岭湿润老成土	红壤	强育湿润富铁土 富铝湿润富铁土 简育湿润铁铝土
红壤	正常酸性土 艳色淋溶土	高岭湿润老成土 高岭弱发育湿润老成土 强发育湿润老成土 高岭湿润淋溶土	红壤	富铝湿润富铁土 黏化湿润富铁土 铝质湿润淋溶土 铝质湿润雏形土
黄壤	正常酸性土 腐殖质酸性土	高岭腐殖质老成土 高岭弱发育老成土 弱发育腐殖质老成土	红壤	铝质常湿淋溶土 铝质湿润雏形土 富铝常湿富铁土
黄棕壤	艳色淋溶土 饱和强风化黏盘土	强发育湿润淋溶土 弱发育湿润淋溶土	黄壤	铁质湿润淋溶土 铁质湿润雏形土 铝质常湿雏形土

(续)

中国土壤地理发生分类（1998）	联合国世界土壤图图例系统（1974）	美国土壤系统分类（1999）	前苏联土壤地理发生分类（1977）	中国土壤系统分类（2001）
黄褐土	艳色淋溶土 艳色始成土	弱发育湿润淋溶土 湿润始成土	黄壤	黏盘湿润淋溶土 铁质湿润淋溶土
棕壤	艳色始成土 艳色淋溶土	弱发育湿润淋溶土 饱和湿润始成土 弱发育半干润始成土 不饱和半干润始成土	棕色森林土	简育湿润淋溶土 简育湿润雏形土
栗褐土	石灰性始成土	弱发育半干润始成土	灰褐土	简育干润雏形土
褐土	艳色始成土 钙积始成土 艳色淋溶土	弱发育半干润始成土 弱发育半干润淋溶土	褐土	简育湿润雏形土 简育干润淋溶土 简育干润雏形土
暗棕壤	艳色始成土 饱和始成土	冷凉淋溶土 冷凉软土 饱和湿润始成土	棕色森林土	冷凉湿润雏形土 暗沃冷凉淋溶土
棕色针叶林土	不饱和始成土 永冻始成土	饱和冷凉始成土 不饱和冷凉始成土	生草灰化土	漂白滞水湿润均腐土 漂白冷凉淋溶土
黑土	淋溶湿草原土 典型湿草原土	黏淀冷凉软土 弱发育冷凉软土	草甸黑钙土	简育湿润均腐土 黏化湿润均腐土
黑钙土	钙积黑钙土 典型黑钙土	钙积冷凉软土	黑钙土	暗厚干润均腐土 钙积干润均腐土
栗钙土	栗钙土 钙积始成土	钙积半干润软土 钙积半干润始成土	栗钙土	简育干润均腐土 钙积干润均腐土 简育干润雏形土
棕钙土	干旱土	钙积干旱土 始成干旱土	半荒漠棕钙土	钙积正常干旱土 简育正常干旱土
灰钙土	干旱土	钙积干旱土 始成干旱土	灰钙土	钙积正常干旱土 黏化正常干旱土
灰漠土	漠境土	始成干旱土	灰棕色荒漠土	钙积正常干旱土 简育正常干旱土 灌淤干润雏形土
棕漠土	漠境土	始成干旱土	棕色荒漠土	正常干旱土
冲积土	冲积土	冲积新成土	浅色草甸土	冲积新成土
潮土	饱和始成土 潜育始成土	弱发育半干润始成土 盐化潮湿始成土		淡色潮湿雏形土 底锈干润雏形土
砂姜黑土	变性土 变性始成土	弱发育湿润变性土 始成土中的变性亚类		砂姜钙积潮湿变性土 砂姜潮湿雏形土
草甸土	潜育湿草原土	泞湿软土	草甸土	暗色潮湿雏形土 潮湿寒冻雏形土
沼泽土	潜育土	泞湿始成土 泞湿新成土 泞湿软土	草甸沼泽土	有机正常潜育土 暗沃正常潜育土 简育正常潜育土
泥炭土	有机土	有机土	低位沼泽土	正常有机土

第二章 土壤分类

(续)

中国土壤地理发生分类（1998）	联合国世界土壤图图例系统（1974）	美国土壤系统分类（1999）	前苏联土壤地理发生分类（1977）	中国土壤系统分类（2001）
白浆土	饱和黏盘土 松软黏盘土	黏淀漂白软土		漂白滞水湿润均腐土 漂白冷凉淋溶土
盐土	正常盐土	积盐干旱土 盐化潮湿始成土	自成型盐土	干旱正常盐成土 潮湿正常盐成土
碱土	碱土	碱化黏淀干旱土 碱化半干润淋溶土	草原柱状碱土 草甸碱土	潮湿碱积盐成土 简育碱积盐成土 龟裂碱积盐成土
滨海盐土	潜育盐土	积盐干旱土	水成型盐土	潮湿正常盐成土
脱碱土			草甸脱碱土	
水稻土				水耕人为土 除水耕人为土以外其他类别中的水耕亚类
灌淤土	冲积土	冲积新成土		灌淤旱耕人为土 灌淤干润雏形土 灌淤湿润砂质新成土 淤积人为新成土
菜园土	人为土	各土类的人为松软亚类		肥熟旱耕人为土 肥熟土垫旱耕人为土 肥熟富磷岩性均腐土
高山草甸土	黑钙土 栗钙土	冷凉软土	高山草甸土	草毡寒冻雏形土 暗沃寒冻雏形土
亚高山草甸土	黑钙土 栗钙土	冷凉软土	亚高山草甸土	草毡寒冻雏形土 暗沃寒冻雏形土
高山草原土	栗钙土	冷凉软土 冷凉始成土		寒性干旱土
亚高山草原土	栗钙土	冷凉软土 冷凉始成土		寒性干旱土
山地灌丛草原土	栗钙土	冷凉软土 冷凉始成土		
高山寒漠土	漠境土	冷冻正常新成土		寒冻正常新成土
风沙土	沙成土	砂质新成土		干旱砂质新成土 干润砂质新成土
黄绵土	饱和始成土	弱发育半干润始成土		黄土正常新成土 简育干润雏形土
红色石灰土	艳色淋溶土	弱发育湿润淋溶土		钙质湿润淋溶土 钙质湿润雏形土 钙质湿润富铁土
黑色石灰土	黑色石灰软土	黑色石灰软土		黑色岩性均腐土 腐殖钙质湿润淋溶土
紫色土	艳色始成土 饱和始成土 粗骨土	饱和湿润始成土 正常新成土		紫色湿润雏形土 紫色正常新成土

（续）

中国土壤地理发生分类（1998）	联合国世界土壤图图例系统（1974）	美国土壤系统分类（1999）	前苏联土壤地理发生分类（1977）	中国土壤系统分类（2001）
石质土	石质土	正常新成土		石质正常新成土
粗骨土	粗骨土	正常新成土		石质湿润正常新成土 石质干润正常新成土
火山灰土	火山灰土	火山灰土		简育湿润火山灰土 火山渣湿润正常新成土

注：前苏联土壤地理发生分类是1977年道库恰耶夫土壤研究所完成的《苏联土壤分类与诊断》一书中的分类系统。

尽管由于自然环境、科学文化等方面的差异，目前世界上还存在着各种各样的土壤分类系统，但总的土壤分类的国际趋势是：接受诊断分类思想和方法的越来越多；通过相互交流，诊断层和诊断特性的概念在进一步补充和完善的前提下逐步靠近融合。

地理、环境、农业、工程等相关学科都对土壤分类学科提出了建立统一的土壤分类体系，以便供它们使用的要求；土壤学科内部的这种呼声更高；现代科学的计算机技术已广泛应用于土壤学研究与实践，为了使信息处理和传输标准化，也必须建立统一标准的定量化的国际土壤分类体系。在使用现行中国土壤分类系统时，也要为建立统一的世界土壤分类系统的远大目标而做出贡献。

第五节　土壤分类的应用

一、土壤分类单元与土壤制图单元

如本章第一节所述，土壤分类单元是概念化的，它是依据现有知识所能允许的程度尽可能精确定义的，从而给土壤调查与制图以及土壤评价提供一个通用的标准。在自然界存在着与土壤分类单元概念相吻合的土壤实体，如果一个调查区的土壤性质与某一分类单元的概念相一致，或被包含，在勾绘土壤图时，就以这个分类单元的名称命名该区域的土壤，从而成为制图单元。对于同一区域的土壤，如果使用不同的土壤分类体系作为制图图例系统的基础，会得出不同的制图单元。这不仅意味着图斑的名称和含义不一样，也意味着图斑的形状界线不同，即形成不同的图斑。例如北京山前地带黄土状物质上发育的土壤，第二次全国土壤普查分类称其为普通褐土，大致沿山前呈较宽的带状分布；若用美国的土壤系统分类为基础调查制图，则分为强发育半干润淋溶土、弱发育半干润淋溶土和半干润淡色始成土3种土壤，图斑呈镶嵌式分布。因此若用某一分类体系为基础编制制图图例，去修改根据另一个分类体系而绘制的一个区域的土壤图，仅仅概念套概念改变图斑名称，不修改图斑界线是行不通的。

实际上，一个制图单元或图斑内，并非只包括用来命名该制图单元的土壤分类单元所定义的土壤，可能还包括符合其他土壤分类单元定义的土壤或非土壤的东西。其原因有三：①实际的土壤自然界线有许多不规则之处，当绘制土壤图时由于技术要求绘成平滑曲线，使所划界线内免不了包括不符合该图斑土壤名称的土壤；②由于制图比例尺的限制，那些面积小于上图单位的土壤不能单独表示而被包含进去，使图斑内的土壤并非纯正，与图斑名称有出入；③人们是以研究土壤样本（土壤剖面）来鉴别土壤的，由于取样少或不具代表性，可能对土壤的鉴别不确切，从而使图斑界线也不准确。特别是因为土壤的变化是连续的，虽然土壤野外调查时采用内插法寻找边界，但仍然不可能百分之百准确。

总之，分类单元与制图单元是两回事，尽管它们有相同的名称。分类单元是分类学上的纯粹概念性的东西，而制图单元则是制图者根据分类单元的概念和客观存在的土壤所采取的一种主观性的综合，但制图单元的划分与分类体系的关系是密切的。无论是以一个分类单元的名称命名一个制图单元还是以两个或两个以上的分类单元名称采取组合制图法命名一个制图单元，该制图单元内并非仅存在符合命名分类单元概念的土壤。随着制图比例尺的缩小，命名分类单元的等级提高，制图单元内的土壤的均一性进一步降低。即使在以最低级的分类单元命名的大比例尺土壤图上，也很难保证制图单元所表示的区域中的土壤全部属于所命名的分类单元的范畴。

应该指出，制图单元未必一定要用一个土壤分类体系中的分类单元名称命名。土壤分类和土壤调查有密切的关系，但又是不同的两类事物。制图单元可以用某一土壤性质的级别命名（如质地），不必一定用某一分类单元命名。让一个土壤调查员精通整个土壤分类体系，难免要求过高。第二次全国土壤普查中就是没有很好地区分土壤分类单元和土壤制图单元，有些土壤普查人员始终没弄清土壤分类系统和分类概念，致使普查质量受到一定影响，而且也丧失了许多在野外可以获取的土壤信息。如果调查时不是依据土壤分类单元的定义填图，改用以各种土壤性质填图，例如绘出土壤质地图、pH 图、黏化层位图等，对于一般土壤调查员来说是可以较准确地做到的。有了这些基本土壤性质的大量信息，分类学家再根据他所熟悉的分类体系不难将它们综合转绘成一个以土壤分类单元为制图基础的土壤图。有了丰富的第一手有关土壤性质的资料数据，即使改变原来的分类体系，也很容易转换成新的分类，这会促进土壤分类学的研究，使分类体系不断完善。

二、土壤分类与土地评价

以上介绍的各国土壤分类系统，都可称为自然分类。自然分类的目的和作用主要是表明研究对象的各种性质间的相互关系，它不针对任何特殊的应用目的，但可转化为各种应用性或技术性分类，如土壤分类可转化为土地评价（分类），而土地评价却不能转化为土壤分类。

土地评价实际上是土壤调查成果的解释，而土壤调查则必须以土壤分类为基础。因此土壤分类单元为土地评价提供了土地评价单元的基础性资料数据，即一提到分类名称，就明白了这个分类单元或制图单元具备什么土壤性质，从而为科学评价土地的适宜性奠定了基础。

三、土壤分类与农业生产实践经验的交流

所有的农业生产实验和实践都是在一定的土壤上进行的，如果土壤分类混乱，彼此不统一，那就在生产和实验的土壤资料之间得不到共同理解的语言，结果是无法将生产实验与实践的结果总结，也就无法推广土壤利用与改良的经验。

教学要求

一、识记部分

识记类别、分类单元、分类等级、诊断层、诊断特性、制图单元、图斑。

二、理解部分

①为什么说土壤分类是土壤科学发展水平的反映？
②第二次全国土壤普查所用中国土壤分类系统的思想原则与分类命名方法。
③美国《土壤系统分类》和《中国土壤系统分类》的分类原则与命名方法。
④国际土壤分类的发展趋势。
⑤联合国粮食与农业组织及教科文组织的土壤分类和美国《土壤系统分类》的异同点。
⑥土壤分类的生产应用。
⑦分类单元与制图单元的关系及其异同点。

三、掌握部分

掌握第二次全国土壤普查分类系统各高级分类单元的划分依据、土属和土种的划分依据

 主要参考文献

全国土壤普查办公室.1998.中国土壤［M］.北京：中国农业出版社.
张凤荣，马步洲，李连捷.1992.土壤发生与分类学［M］.北京：北京大学出版社.
中国科学院南京土壤研究所土壤系统分类课题组，中国土壤系统分类课题研究协作组.2001.中国土壤系统分类［M］.3版.北京：中国科学技术出版社.
SOIL SURVEY STAFF.1999.Soil taxonomy［M］//USDA Agriculture handbook No 436.Washington：Government Printing Office.

第三章

我国土壤形成的地理基础

我国地域辽阔，北起黑龙江省漠河北面的黑龙江江心（北纬53°31′），南达南海南沙群岛南缘的曾母暗沙（北纬3°58′），南北纵贯约5 500 km；西抵新疆维吾尔自治区乌恰县西缘的帕米尔高原（东经73°40′），东至黑龙江省抚远县境黑龙江和乌苏里江汇合处（东经135°05′），东西横延约5 200 km；全国陆地（含内陆水域）领土面积$9.60×10^6 km^2$。东部濒临太平洋，大陆海岸线北起中朝交界的鸭绿江口，南至中越边境的北仑河口，长达$1.8×10^5 km$。沿海岛屿5 000多个，岛屿岸线约$1.4×10^5 km$。漫长的海岸线以及岛屿向海洋延伸200海里决定了我国还有广阔的领海海域，海域面积$4.73×10^6 km^2$。

我国土壤形成于我国特定的地理空间，是历史自然过程和现代自然过程以及人类活动共同作用的结果。我国土壤的特征是其气候、地形、地质、水文、生物、人类活动等诸多因素相互联系、相互作用、相互制约的综合效应和系统反映。地理位置和广阔地理空间内复杂的自然环境因素决定了我国土壤类型丰富多样。认识我国土壤，对其进行科学合理的开发利用，就应当认清我国土壤形成的自然地理环境各要素的基本特征及其地域分异规律。

第一节 气候因素

气候因素中的水热条件的分布和空间分异主要取决于纬度位置（它决定着气温的南北差异）、距海远近（引起气候湿润程度的差异）和地形（造成水热再分配，出现垂直景观差异）。这几个因素对水热条件的分布是综合起作用的，但在不同的地区，三者作用的强度却有很大的差异。一般认为，东部季风区以纬度地带性为主，西北干旱区以经度地带性为主，青藏高原区以垂直地带性为主。

一、光热条件

光热资源是土壤资源形成、发展和演化的动力，也是作物布局和耕作制度选择的重要决定因素。

我国北起寒温带，南至热带，而大部地区位于北纬20°～50°之间的中纬度地带。全年太阳辐射总量，各地的变化较大，其范围为$3.56×10^6～1.005×10^7 J/cm^2$。一般来说，西部多于东部，高原多于平原。西藏达$6.70×10^6～1.005×10^7 J/cm^2$，仅次于北非的撒哈拉沙漠；西北地区及黄河流域亦达$5.02×10^6～6.70×10^6 J/cm^2$；长江流域也较日本和西欧高。

我国的温度分布，东半部因太阳辐射的纬度差异，自南向北降低；西半部因地形的影响超过纬度影响，非季风区西北内陆干旱大盆地的温度大致和东部华北平原相当；青藏高原地势高峻，大部地区气温较低。就年平均温度而言，华南沿海地区在 22 ℃以上，长江流域多为 16～18 ℃，华北平原为 12～14 ℃，东北北部在 0 ℃以下，藏北高原和阿里地区低至 -4 ℃以下，但南疆塔里木盆地却为 10～12 ℃。季风的更替和地形的作用使这种温度变化更为复杂。

冬季，受干冷的冬季季风影响，使各地气温普遍较低，等温线主要受纬度影响大致与纬线平行延伸，自北向南迅速递减，纬度相差 1°则气温相差 1.5 ℃，1 月等温线十分密集（图 3-1）。0 ℃等温线通过淮河至秦岭一线，向西经过青藏高原东坡折向西南，终止于江孜附近。0 ℃等温线以北，1 月份平均气温东北地区大多在 -10 ℃以下，大兴安岭北部低于 -30 ℃，是我国最寒冷的地区；华北地区为 -2 ℃～-10 ℃，青藏高原大部分 -10～-20 ℃，新疆、内蒙古一带亦达 -10～-22 ℃。0 ℃等温线以南，1 月份平均气温长江流域为 0～8 ℃，南岭以南、台湾、云南南部均在 10 ℃以上，至台湾南部和海南南部已超过 18 ℃。由于冬季寒潮侵袭频繁猛烈，各地均可以出现最低温或极端低温，长江流域以南历年最低温也在 0 ℃以下，甚至海南岛北部个别年份也出现 0 ℃以下的低温。

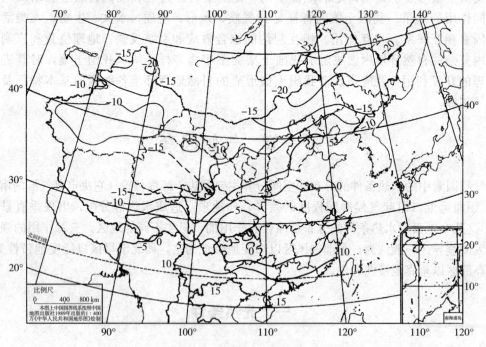

图 3-1　全国不同地区最冷月平均气温（℃）分布
（引自中国自然区划概要，1984）

夏季，我国来自海洋的夏季风盛行时期，各地气温持续升高，大部分地区 7 月份最热，东部沿海受海洋影响显著的一些地区则最热月延迟至 8 月份，而西南季风地区最热时期出现在雨季来临前的 6 月份或 5 月份。夏季北方的白昼时间比南方长，在一定程度上弥补了因太阳高度角偏低所造成的太阳辐射量小，南方与北方温度相差远较冬季为小，7 月份纬度相差 1°平均温度仅差 0.2 ℃左右，等温线显得非常稀疏，并在东部地区受海洋影响呈与海岸相平行的分布形式（图 3-2）。7 月份平均气温，大部分地区为 20～28 ℃，东北平原为 22～24 ℃，华北平原为 26～30 ℃，仅大兴安岭、小兴安岭和青藏高原因海拔高而低于 20 ℃，尤其是西藏高原内部更低于 10 ℃。因受地形影响，鄱阳湖附近和新疆吐鲁番盆地是全国著名的两个最高温中心，7 月份平均气温都在 30 ℃以上，吐鲁番的绝对最高温曾达 47 ℃，为全国最高纪录。除青藏高原地区以外，全国各地极端最高温都在 35 ℃以上，即使在海拔 4 000～5 000 m 的高原上也能升至 25 ℃左右。

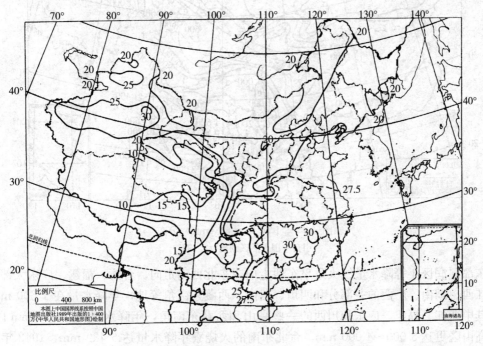

图 3-2　全国不同地区最热月平均气温（℃）分布
(引自中国自然区划概要，1984)

热量条件，除了占国土面积 1.2% 的寒温带以及占国土面积 26.7% 的青藏高原，因其特殊的地形条件大多属高寒气候外，其余 72.1% 的地区都较好。其中，温带占 25.9%，暖温带占 18.5%，亚热带占 26.1%，热带占 1.6%，赤道带占 0.1%。全年日平均气温稳定通过 10 ℃期间的积温，由北到南自 2 000 ℃升至 9 000 ℃，无霜期自 100 d 至全年无霜。如仅就热量条件而言，夏半年都可以种植多种喜温作物，从一年一熟至一年三熟，可以复种的地区面积比较大。

二、水分条件

我国大部分地区降水的水汽来自太平洋，因而东南多雨，西北干旱。北冰洋水汽和随着西风而来的大西洋水汽，对新疆降水有显著影响，因此其降水西部多于东部，北部多于南部。总的来说，全国降水量的地域分布是东南多于西北，南方多于北方（图 3-3）。

400 mm 等降水量线从大兴安岭起，经过通辽、张北、榆林、兰州、玉树至拉萨西，自东北斜贯西南，将全国划分为东西两大部分。

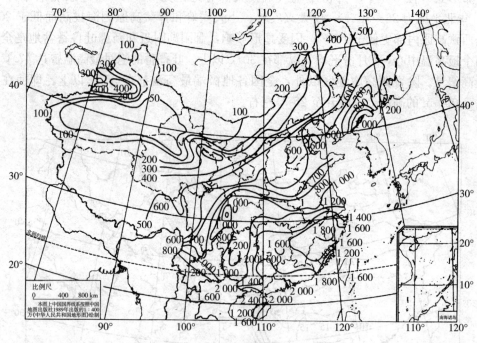

图 3-3 全国年降水量（mm）分布
（引自中国自然区划概要，1987）

东部湿润区年等降水量线大致呈东西走向或东北西南走向。台湾、福建、广东大部、浙江、江西、湖南、广西的一部分和四川、云南、西藏东南角等地，年降水量在 1 600 mm 以上，其中浙江、福建、广东和川西的一些高山和西藏东南角，年降水量在 2 000 mm 以上，台湾高山区更达 3 000～4 000 mm。台北东南的火烧寮年降水量达 6 489 mm，1942 年曾达 8 404 mm，是我国降水量最多的地方。长江中下游地区年降水量 1 000～1 600 mm，秦岭至淮河一线约相当于 800 mm 等降水量线，黄河下游年降水量为 500～700 mm，黄河上游年降水量为 200～500 mm，东北年降水量为 500～700 mm。

西部干旱区又以 200 mm 等降水量线为界分为半干旱和干旱区。200 mm 等降水量线以西除少数高山外，正常年份年降水量都在 200 mm 以下。塔里木盆地、柴达木盆地年降水量不足 50 mm，位于塔里木盆地东南边缘的且末，年降水量为 18.3 mm，若羌仅为 15.6 mm。200 mm 等降水量线以西的植被景观属荒漠草原和荒漠。200 mm 等降水量线以东年降水量 200～400 mm 的地区，属于干草原，是农畜交错区。

在年降水量自东南向西北递减的总趋势中，地形条件也显示了其影响。我国年等降水量线在东部呈东西走向或东北西南走向，一方面是受气旋、台风路径的影响，另一方面也受到山脉走向的影响。山地降水一般多于附近低地，特别是山地迎风坡，往往是多雨水中心。例如川西山地、太行山、长白山、东南沿海山地、台湾、海南岛等山地，以及西北干旱地区的阿尔泰山、祁连山、天山等都是相对多雨水区。而盆地、河谷受高山阻挡，往往是降水较少的地区。塔里木盆地、柴达木盆地、四川盆地、两湖盆地等都是相对少雨水区。这种因地形所产生的降水增减作用，增强了我国降水量分布的不均匀性。

三、季风气候

由于海陆分布、大气环流、地形等因素的影响,季风现象十分明显。我国的季风气候区主要是指大兴安岭、阴山、贺兰山、乌鞘岭、巴颜喀拉山、唐古拉山、冈底斯山连线的东南部(若包括高原季风区,其界线应当包括青藏高原)。在季风区中,冬季近地面层受高压系统控制,盛行偏北风,气候干冷。夏季受低压系统控制,盛行偏南风,气候湿润。受季风的影响,我国冬季各地气温较同纬度国外地区明显偏低,夏季各地气温较同纬度国外地区明显偏高,雨热同期。夏季是全国各地降水最大的季节,除长江与南岭之间的地区夏季降水不及全年降水量的30%以外,其他地区夏季降水均占全年降水量的40%以上,华北、东北大于60%,西北和西藏高原多数在70%以上,拉萨以西雅鲁藏布江谷地更高达80%以上。

季风气候对我国自然景观的形成和发展起着重要的作用。我国广大的亚热带地区不但不像世界同纬度许多地区那样表现为荒漠和干草原,而且由于夏季季风在高温季节带来丰沛的降水,气候温暖湿润,自然植被以常绿阔叶林为主,成为世界上著名的农业发达地区。季风气候条件下,我国夏半年南北之间温差较小,一年生喜温作物的种植北界大大向北推移;冬半年南北之间温差较大,冬小麦等越冬作物和多年生喜温植物的种植北界大大向南推移。雨热同期有利于岩石风化和成土过程,也有利于作物生长。但季风气候存在着不稳定性,夏季季风各年间的进退时间、影响范围和强度各年都不相同,温度年较差大和降水年内分配不均,年际变化都很大,造成水土流失、洪涝、干旱、寒潮、台风等灾害频繁,土地利用防灾抗灾任务艰巨。

四、气候分区

气候带的划分,按照温度条件可以划分出寒温带、温带、暖温带、亚热带、热带等温度带,其中,以温带和亚热带占有面积最大,共约占全国陆地面积的59%(表3-1)。我国亚热带从南到北跨纬度12°之多,是世界上亚热带面积最为广阔的地区。按年均干燥度可分为湿润区、半湿润区、半干旱区、干旱区等气候区,其中湿润地区面积最大,占全国陆地面积的32.2%(表3-2)。

表3-1 我国温度带的划分

(引自周立三等,中华人民共和国国家农业地图集,1989)

自然区域	自然带和亚带	温度指标(℃)			主要植被和地带性土壤	农业特征
		≥10℃积温	最冷月气温	年平均极端最低气温		
Ⅰ东部季风区域	温带	<4 500	<0	<-10		
	1. 寒温带	<1 700	<-30	<-45	针叶林,棕色针叶林土	一季极早熟作物
	2. 中温带	1 700~3 500	-30~-10	-45~-25	针阔混交林,暗棕壤	一年一熟,春小麦、玉米为主
	3. 暖温带	3 500~4 500	-10~0	-25~-10	落叶阔叶林,棕壤、褐土	二年三熟,或一年两熟,冬小麦、玉米为主,苹果、梨

(续)

自然区域	自然带和亚带	温度指标（℃）			主要植被和地带性土壤	农业特征
		≥10 ℃积温	最冷月气温	年平均极端最低气温		
Ⅰ 东部季风区域	亚热带	4 500~8 000	0~15	−10~5		冷季种喜凉作物，热季种喜温作物
	4. 北亚热带	4 500~5 300	0~5	−10~−5	常绿落叶阔叶林，黄棕壤	稻麦一年二熟，茶，竹
	5. 中亚热带	5 300~6 500	5~10	−5~0	常绿阔叶林，黄壤、红壤	双季稻二年五熟，柑橘，油茶
	6. 南亚热带	6 500~8 000	10~15	0~5	季风常绿阔叶林，赤红壤	双季稻一年三熟，龙眼、荔枝
	热带	≥8 000	≥15	≥5		喜温作物全年都能生长
	7. 边缘热带	8 000~8 500	15~18	5~8	半常绿季雨林，砖红壤性土	喜温作物一年三熟，咖啡
	8. 中热带	≥8 500	≥18	≥8	季雨林，砖红壤	木本作物为主，橡胶
	9. 赤道热带	≥9 000	≥25	≥20	珊瑚岛常绿林，磷质石灰土	可种热带作物
Ⅱ 西北干旱区域	10. 干旱中温带	<4 000	<−10	<−20	草原与荒漠，棕钙土	一年一熟，有冬麦和棉花
	11. 干旱暖温带	>4 000	>−10	>−20	灌丛与荒漠，棕漠土	二年三熟或一年两熟
		≥0 ℃积温（℃）	最暖月气温（℃）			
Ⅲ 青藏高寒区域	12. 高原寒带	<500	<6		高寒荒漠，高山荒漠土	"无人区"
	13. 高原亚寒带	500~1 500	6~10		高寒草原，高山草原土	只有牧业
	14. 高原温带	1 500~3 000	10~18		山地针叶林，山地森林土	有农业和林业

在同一气候带内，由于地形、水域等的影响，也造成小气候的差异。例如垂直地带的形成是气温随海拔高度升高而降低的结果；山谷与山间盆地，有的冷空气易进难出，冷空气积滞谷底，形成逆温；有的山谷与山间盆地冷空气难进，气温高于周围地区；大的水域对冬季气温的影响可形成局部冬暖区。城市地区出现热岛、雨岛等效应的城市地方气候。

表3-2 我国温润程度的变化
(引自周立山等，中华人民共和国国家农业地图集，1989)

名称	占全国陆地面积的比例（%）	干燥度	景观特征（土壤、植被）
温润区	32.2	<1.0	森林植被；土壤无石灰积聚，呈酸性反应
半温润区	15.3	1.0~1.5	森林草原和比较干旱的森林；部分土壤有石灰积聚，中性至微碱性反应
半干旱区	21.7	1.5~2.0	干草原；土壤有大量石灰积聚并有盐渍化
干旱区	30.8	>2.0	荒漠草原与荒漠；土壤普遍盐渍化

第二节 地势与地貌

一、地　势

我国地势西高东低，自西向东逐渐下降，构成巨大的阶梯状斜面。全国主要由3个阶梯所构成。自昆仑山至祁连山以南，自岷山经邛崃山至横断山脉以西的青藏高原是第一级阶梯，由极高山和大高原组成，平均海拔为4 000~5 000 m，有"世界屋脊"之称。

青藏高原的外缘至大兴安岭、太行山、巫山和雪峰山之间，为第二级阶梯，海拔大都在1 000~2 000 m，主要由广阔的高原和大盆地组成。从青藏高原向东有内蒙古高原、黄土高原、四川盆地和云贵高原，向北则为高大山系所环抱的大盆地，包括昆仑山与天山之间的塔里木盆地、天山与阿尔泰山之间的准噶尔盆地。

第二级阶梯向东为最低的一级阶梯，地势降到500 m以下，主要由广阔的平原和丘陵组成。主要的平原有东北平原、华北平原、淮河平原和长江中下游平原，其地势大多在200 m以下，沃野千里，是我国最重要的农业区。长江中下游平原以南为低山丘陵。从大陆外伸的浅海大陆架，面积广阔。第三级阶梯范围内散布着一些山地，除台湾山地、长白山、武夷山的一些高峰外，大多低于1 500 m。

我国陆地平均海拔较世界大陆平均海拔（875 m）高125 m，其中海拔3 000 m以上的面积占全国陆地总面积的24.7%，海拔1 000 m以上的面积占全国陆地总面积的54.6%，海拔500 m以下的面积占全国陆地总面积的30.9%，海拔100 m以下的面积占全国陆地总面积的9.5%。

上述地势对土壤的形成和土地开发利用影响很大。从西向东逐级下降的大陆斜面，加强了东部地区季风的强度，抑制了西部地区南北暖冷气流的交换，从而使我国气候的地域差异更加显著。山地显著多于平地的地形特点对土地利用一般是弊多利少。山地海拔高，气温低，生长期短；坡度大，土地生态系统极其脆弱，容易造成水土流失和破坏生态平衡；山地的岩石和坡度也是土壤发育受阻、土层浅薄、土层分异不明显的原因。此外，山地地形崎岖，交通不便，不利于土地开发。

二、大地构造地貌格局

我国大陆的主体属于欧亚板块的东南部，由地球自转形成的离心力，使欧亚板块总体向南移动，印度板块向北和北东推进，太平洋板块向西北和向西推移，三者相互挤压的结果，在我国东部发生左旋扭动，造成了东北、东北偏北向构造；西部发生右旋扭动，而形成了西北、西北偏北向构造；中部则产生南北向的挤压剪切带。它们是我国山地走向的控制基础。山地按一定的方向规则排列，大致以东西走向和东北至西南走向的为多，部分为西北至东南走向和南北走向（图3-4）。

从历史发展来看，我国山脉大多经过多次造山运动，是多旋回性的。但中生代以前的地壳运动，与现代地形一般已很少直接联系。中生代燕山运动使我国大地构造轮廓基本定形。经过燕山运动，除喜马拉雅山等个别地区外，海水撤出了我国大陆，分散的地块互相连接起来，奠定了全国地貌格局。但新生代的喜马拉雅隆起运动，对我国现在大地貌格局的形成有

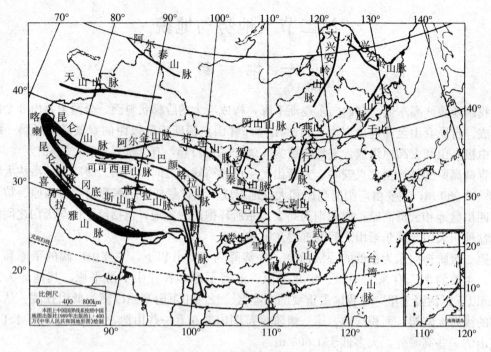

图 3-4 我国主要山系分布
(引自中国自然地理纲要, 1979)

重大影响。它除形成巨大的喜马拉雅山脉和台湾山地外，还产生了普遍的断裂活动，引起了大幅度的垂直升降，造成一些高差很大的地堑型山间盆地，例如天山山地中的吐鲁番盆地。此外，我国西南部几个高原，也是上新世以来隆起的，因为在不同高度的高原面上，均可见到残留的红色风化壳。例如在贵州高原（海拔1 050 m）、云南高原（海拔2 000 m），甚至在青藏高原面（海拔4 100 m）上，均见到红色风化壳。这是早期低海拔和高温多雨条件下形成的风化产物，后随大陆抬升而得以残留下来。太行山、大青山和秦岭，也是在上述新构造运动的作用下，断断续续地隆起的。它们的一侧，常以高峻的断层崖陡立于附近平原之上。

东西走向的山脉主要有3列，最北的一列是天山经阴山至燕山，中间一列是昆仑山经秦岭至大别山，最南一列是南岭。其中以前两列反映纬向构造体系最为明显，南岭则受华夏构造体系的干扰，走向变化较大。这些山脉都是我国地理上的重要界线，例如阴山构成了内蒙古高原的边缘，天山是南疆和北疆的分野，昆仑山是南疆和青藏高原的界线，秦岭是黄河和长江水系的分水岭，南岭是珠江水系和长江水系的分水岭。

东北至西南走向的山脉，多分布在东部，山势较低，主要有3列，最西一列是从大兴安岭经太行山和巫山至雪峰山，中间一列为自长白山经辽东丘陵和山东丘陵至闽浙一带的山地丘陵，最东一列则是崛起于海洋的台湾山脉。

西北至东南走向的山脉分布于西部，由北而南依次为阿尔泰山、祁连山和喜马拉雅山。南北走向山脉纵贯我国中部，主要包括贺兰山、六盘山和横断山脉。

按地貌类型划分，全国陆地面积中山地占33.33%，高原占26.04%，丘陵占9.90%，盆地占18.75%，平原仅占11.98%。我国广义的山地，包括山地、高原和丘陵，占全国陆地总面积的69.27%，是世界上山地面积比例最大的大国。

三、中 地 貌

中地貌的分异是指山地或平原等大地貌单元内部的差异,其因相对位置、相对高度、组成物质的差别而产生中尺度的地貌类型差异。

在山地,首先是海拔高度和阴阳坡的变化导致了自然环境的变化。例如山地坡向对水热条件的影响,最显著地表现在阳坡和阴坡、迎风坡和背风坡的差别。阳坡太阳照射的时间长,热量丰富,有较强的蒸发力,一般相对温暖干燥;阴坡太阳照射的时间短,热量较差,蒸发力弱,一般相对荫凉湿润。因此一般阳坡比较陡峭,阴坡相对平缓。迎风坡降水丰富,地表径流发达,侵蚀作用强,易造成水土流失;背风坡降水较少,地表径流不发达,易产生干旱生境。由于这种自然景观分异作用形成的土壤类型不同,农业利用方式也不一样。

其次,山地地貌也受岩石类型影响。一般说来,巨大的花岗岩体因垂直节理特别发育,往往形成奇峰林立、陡峭高耸的雄伟山地,如华山、黄山等;但在我国湿热的南方,花岗岩球状风化和层状剥落进行迅速,以致许多山地的形态浑圆,缺少尖陡的山脊,如武夷山、天台山、衡山、大容山等。大面积的玄武岩熔岩通常形成熔岩高原、熔岩台地、堰塞湖等,例如内蒙古高原锡林郭勒盟、张北与集宁之间、长白山地、雷州半岛与海南岛北部、小兴安岭德都附近的五大连池、牡丹江上的镜泊湖等。古老的结晶岩都比较坚硬,具有较强的抗蚀力,通常构成褶皱山系的核心部分,成为高峻的山地,如天山、昆仑山、祁连山、阴山、秦岭等山系,以及五台山、泰山等著名山峰。中生代红色岩层固结性较差,易受侵蚀,多构成波状起伏的丘陵地貌,如华中和华南的丘陵、四川盆地中部丘陵等。在红层中砾岩单层厚度大的地区,由于出露的地层胶结坚固,垂直节理发育,往往形成红层峰林状地貌,这以广东仁化县的丹霞山为代表,故常称此为"丹霞地貌"。在干旱地区,地表缺乏植被覆盖,洪冲积物在强大风力作用下形成流动沙丘,这不仅在西北干旱内陆盆地内颇为常见,在雅鲁藏布江上游河谷亦有出现。我国境内受地表组成控制而形成大面积特殊地貌,如黄土高原的塬、梁、峁地貌类型和西南的峰林、岩溶丘陵和洼地等岩溶地貌。

在平原由于地形、地表组成物质的差异,也造成土壤地域分异。例如在内蒙半干旱区湖泡周围,由水面向外围依次是盐化草甸土、草甸土、草甸栗钙土和栗钙土;在华北山前平原,从高到低,依次是褐土、潮褐土、褐潮土和潮土。河谷地貌中,河漫滩雨季受河流泛滥影响,土壤依然不时接受新鲜沉积物,土壤发育受阻,形成冲积土;阶地已经脱离河流泛滥影响,但地下水的季节升降造成土壤发生氧化还原潴育化过程;山坡排水良好,发育成地带性土类。

第三节 成土母质

成土母质指陈铺于地球陆地表面的松散土状物质,或为就地风化形成的残积物,或为各种类型的搬运沉积物。

一、主要风化壳类型

这里的风化壳指地表岩石就地风化形成的松散物质。水热状况的变化,直接影响地表裸露岩层的风化，形成很多类型的风化壳。

（一）富铝风化壳与第四纪红色黏土

在我国热带、亚热带地区，可见到多种就地从岩石风化形成的红色风化壳，其中以花岗岩、片麻岩一类岩石的残积风化物最具有代表性。例如华南南岭山系常见的厚层花岗岩红色风化壳剖面可厚达 30~50 m；在浅薄的表土层下可见均匀的富含铁铝氧化物的红色黏土，厚为 2~5 m，夹有少量白色石英砂粒；逐渐向下，亦为红色黏土，厚 5~10 m，但夹杂有大量半风化的灰白色砂粒；再下为深厚的灰白色砂粒和灰白色岩屑层，厚达 10 m 以上，偶见红色、黄色黏土夹杂其间；底部为初步物理崩解的花岗岩体，保持花岗岩的原状，在其基底为固结的花岗岩体。

所谓第四纪红色黏土，既包括由基岩就地风化形成的富铝风化壳，也包括搬运物质形成的富铝红色黏土，主要见于江南低矮丘陵区，成为丘陵、岗地的重要组成物质。一般第四纪红色黏土指后者。因此，第四纪红色黏土也可归类为沉积型母质。

第四纪红色黏土的最表层，是均质的红色黏土，其厚度一般在 15 m 以上或更厚，但因侵蚀关系，也可能趋薄。中部可见厚层红色、黄色、白色相间的网纹红土层，可达 10~15 m 厚，其形成系红黏土层长期积水，引起氧化还原交替进行，使土体内局部还原性亚铁化合物发生位移，大部分移出土体形成白色漂白土体，局部在土体内淀积氧化，形成红色、黄色相间斑纹，有时还见铁质结核夹杂于红色土层间。下部为夹砾石红色黏土，可见到红色黏土夹滚圆的石英岩和花岗岩砾石（直径 3~5 cm）的沉积层，土层厚薄不一，系经长距离滚动搬运形成的夹砾层。

长江以南的红色黏土，属于第四纪漫长时期的富铝风化形成物，即使在西南热带、亚热带地区亦广泛见及。如贵州高原面（海拔 1 050 m）的马场坪就可见。在华南地区不同高度地文期阶地面上，亦可见红色黏土残存。云南高原面（海拔 1 800~2 200 m）可见残存的红色黏土组成起伏丘陵及阶地。即使在更高的原面上，如云贵高原向青藏高原过渡区，以及青藏高原海拔 4 100 m 的平缓高原面上，均见红色黏土残存，在云南海拔约 3 000 m 的山坡缓平处，还可见到上述从基底起的夹砾石红色黏土层、网纹红土层和均质红色黏土层构成的完整的第四纪红色黏土断面。

富铝风化壳或第四纪红色黏土属第四纪漫长时期的形成物，其上发育的红壤、黄壤与砖红壤，因与它们直接相连接，因而不易区分。

（二）硅铝风化壳

与上述热带、亚热带富铝风化壳相比较，温带与暖温带花岗岩体上所形成的风化壳，相对薄，一般仅约 1 m 或略厚，土体呈现棕色，属硅铝质风化壳类型。例如山东半岛和燕山山系的降水量 500~700 mm，≥10 ℃年积温为 3 500~4 500 ℃地区，属于暖温带水热条件，因而其风化壳类型仍处于硅铝质风化阶段。

在极干旱的新疆天山花岗岩石质山坡上的风化壳，花岗岩体大都未经风化，仅在地表见初经风化的极薄土层和白色盐霜累积。由此说明在不同水热条件下，即使为同一类岩层（如花岗岩体），其风化壳的性状、类型亦有很大的差异。

（三）紫红色砂页岩形成的风化壳

紫色岩层，包括三叠纪、侏罗纪、白垩纪等紫红色岩层，固结程度较差，在亚热带湿热条件下，极易就地风化，加之所处地面均有一定坡度，侵蚀亦较强，故风化与侵蚀同步进行，裸露的岩层不断遭到迅速风化，大部仍保持岩层的色泽与性状，土层中的碳酸钙、pH、色泽、黏土矿物特性均与母岩极其近似，仅盐基物质遭到轻度淋溶而已，形成松散的紫红色风化壳。这类风化壳在四川盆地周围的山地丘陵区广泛分布，在云南、贵州、浙江、福建、江西、湖南、广东、广西等地也有零星分布。但在干旱条件下，紫色岩层的风化物仍处于岩石碎片状态，为屑粒状崩解物。

（四）石灰岩岩溶风化物

富含碳酸盐的岩石，在丰水的热带、亚热带地区，岩石的风化是以溶解作用为主，深厚的石灰岩层经溶蚀后，残留的土层甚薄，但富含黏粒成分，其中亦含有石灰岩碎片或细粒小型结核，局部土层仍呈石灰反应，这是不同于一般红色风化壳的特征之处。石灰岩岩溶风化物只有在溶蚀峰丛洼地间才可见小片残留地表。在云南、贵州、四川的石灰岩山地中，石灰岩风化壳呈棕色至黄色，此外，在喀斯特残丘区的坡麓尚见厚层石灰岩红色风化壳，不过可能含硅质石灰岩风化碎片或仍呈石灰反应，而不同于非石灰岩形成的红色风化壳。北方的石灰岩风化壳则主要表现为物理风化碎屑型。

（五）碎屑状风化壳

碎屑状风化壳是岩石风化的最初阶段，由各种火成岩或水成岩的机械崩解块状物组成，生物风化和化学风化微弱，风化层甚薄；质地粗，砾石含量多达60%以上，细粒含量低。此种风化壳多见于干旱、寒冷地区，或严重剥蚀的山坡地，岩层裸露，以物理风化为主，无明显的土壤发生层。

二、河流沉积物

河流沉积物的特性与上游来源物质以及沉积环境有关。

黄河中挟带大量泥沙下移，年平均输沙量达1.6×10^9 t，在下游平原形成厚层沉积层。据钻探资料，最厚沉积层达1 300 m。黄河每次决口先沿决口急流地段形成厚层沉积层，为砂土岗地；然后向两侧漫淹沉积，为厚层均质粉砂壤土层；洪水流入平浅碟形洼地中，细粒黏土大量沉积，为厚层黏土层。黄河多次改道的结果，形成黏土、砂土、壤土交互成层的多种组合的层状沉积层，对土壤水盐运动与肥力状况有很大的影响。

黄河的泥沙主要来自中上游黄土区，颗粒大小均匀，以粉砂壤土为主，也含一定数量的细砂粒和黏粒，甚少或不见砾石和粗砂粒，并且含碳酸钙高达100～120 g/kg。

黄河沉积物广泛分布在华北平原、汾河和渭河河谷平原及黄河流域的大大小小的河谷平原。

长江的泥沙运行与含量情况和上述的黄河情况有很大的差别。长江的上游多为高大陡峭的山地，岩石崩塌后，岩砾堆积于上游江中，较大砾石和粗砂粒在上游河段随急流滚动位移，并在上游河滩中大量沉积。长江上游及其有关支流沉积层中，多见大砾石和粗砂。

位于长江中游的宜昌水文站所测得的长江年平均输沙量为5.4×10^8 t，主要是悬移于江中细粒物质，这种悬移质以黏粒、粉砂和细砂粒为主。在其下游河道沉积层中，在急流与主流段，可形成砂粒含量较高的砂土层，如江汉平原和苏北平原所见高砂田多属急流沉积层。在平浅低洼平原及湖泊洼地边缘的沉积层中，属于缓流沉积的土层，以中等质地的沉积物为主，群众称其为潮砂泥。当然，在湖泊、洼地的静水沉积层，则以质地黏重的沉积物为主。

长江及其支流的沉积层中,大多含石灰质,不过,碳酸钙含量至多达 10~20 g/kg。

三、风成堆积物

(一) 黄土

我国的黄土分布最广、堆积也十分深厚,因而是一类重要的成土母质。在黄土高原 $5.8×10^5 km^2$ 的广阔范围里,降落的黄土沉积物,一般厚 30~50 m,最厚可达 280 m。深厚的黄土层多见于吕梁山以西、秦岭以北、长城沿线以南的甘肃、陕西、山西等省境内,在青海东部、山西太行山以西,亦可见厚层黄土堆积。此外,秦岭以南的汉中盆地,向东延伸至襄樊谷地以至长江下游的江淮丘陵岗地,亦有细粒黄土层沉积,分布在江南沿江地区的细粒黄土称为下蜀黄土。

我国黄土堆积是间隙性的,最有力的证据是黄土层中见多层红色条带,说明在黄土层堆积的间隙期间,曾进行过土壤形成过程,红色条带夹层是埋藏的古土壤,记录了当时的土壤形成特征。红色条带的数量各地不一,在陕西中部黄土层中可见 13~15 层古土壤埋藏层;在晋南盆地可见到多达 26~27 层的古土壤埋藏层;在黄土高原西缘,埋藏层较少,一般只有 3~5 层;而近代黄土的堆积,分层不明显。

关于黄土地层划分,可分为下述几种。

1. 马兰黄土 马兰黄土系黄土层上部,是近 10 万年来至最近的黄土沉积层,属全新世至晚更新世沉积层,其厚度一般在 10 m 上下。

2. 离石黄土 离石黄土系马兰黄土下所见的褐红色黄土,属中更新世沉积层,其厚度可达 100 m。

3. 午城黄土 午城黄土系指红棕色的黄土,属早更新世沉积层。

黄土下可见第三纪保德期红土埋藏,当其裸露地表后,也作为成土母质。

(二) 沙质堆积物

从西北干旱区到内蒙古高原一带,广泛分布着风成沙丘、沙垄,系由西北漠境地区吹起砂粒,一俟风力减缓后堆积而成。在堆积甚厚的地段,可见相连的沙丘链和密集的沙丘群。在阿尔金山与祁连山强风口地段,常年风力强盛,风沙堆积起厚度达 200~400 m 的沙山,有时可达近 500 m 高。这种风力移动堆积的砂土,可直接作为成土物质。

第四节 植被因素

我国丰富的植物资源充分反映了我国自然环境的多样性和复杂性。它们作为生态系统的有机构成要素,是土壤形成、发展和演替最积极的力量,对于生态平衡起着良好的促进作用。

一、自然植被的水平分布规律

我国植被的分布,主要取决于水热条件,遵循着自然环境地域分异规律(图 3-5)。

受季风气候的强烈影响,降水量一般自东南向西北递减,东南半部(大兴安岭—吕梁山—六盘山—青藏高原东缘一线以东)是森林区,西北半部是草原和荒漠区。我国的气温分

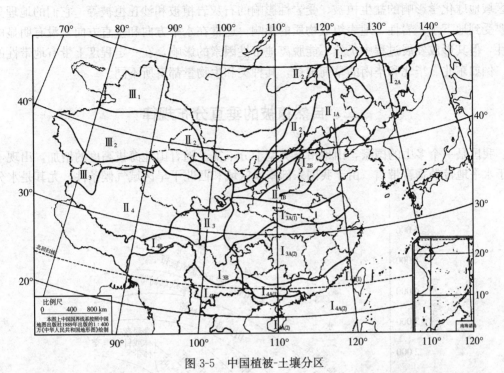

图 3-5 中国植被-土壤分区

Ⅰ. 森林区域
  Ⅰ₁. 寒温带落叶针叶林-棕色针叶林土区
  Ⅰ₂. 温带落叶阔叶林-暗棕壤、棕壤区
    Ⅰ₂ₐ. 温带常绿针叶树与落叶阔叶树混交林-暗棕壤
    Ⅰ₂ᵦ. 暖温带落叶阔叶林-棕壤、褐土亚区
  Ⅰ₃. 亚热带常绿阔叶林-黄棕壤、黄壤、红壤区
    Ⅰ₃ₐ. 东部常绿阔叶林区
      Ⅰ₃ₐ₍₁₎. 凉亚热带常绿阔叶树的落叶阔叶林-黄棕壤、黄褐土小区
      Ⅰ₃ₐ₍₂₎. 暖亚热带常绿阔叶林-红壤、黄壤小区
    Ⅰ₃ᵦ. 西部干性常绿阔叶林-山原红壤亚区
  Ⅰ₄. 热带季雨林-赤红壤、砖红壤区
    Ⅰ₄ₐ. 东部热带季雨林亚区
      Ⅰ₄ₐ₍₁₎. 准热带季雨林-赤红壤小区
      Ⅰ₄ₐ₍₂₎. 热带季雨林-砖红壤小区
    Ⅰ₄ᵦ. 西部准热带、热带季雨林-赤红壤、砖红壤亚区

Ⅱ. 草原区域
  Ⅱ₁. 温带森林草原-黑钙土、黑垆土亚区
    Ⅱ₁ₐ. 温带森林草原-黑钙土亚区
    Ⅱ₁ᵦ. 暖温带森林草原-黑垆土亚区
  Ⅱ₂. 温带草原-栗钙土、灰钙土区
  Ⅱ₃. 高寒森林草甸-高山草甸土区
  Ⅱ₄. 高寒草原-高山草原土区

Ⅲ. 荒漠区域
  Ⅲ₁. 温带荒漠、半荒漠-灰棕漠土、风沙土区
  Ⅲ₂. 温带荒漠、裸露荒漠-棕漠土、风沙土、盐土区
  Ⅲ₃. 高寒荒漠-高山寒漠土区

(引自中国经济地理，1985)

布由北向南递增，自北而南由寒温带向温带、暖温带、北亚热带、中亚热到南亚热带直到热带，与温度变化最直接相联系的是由最北端寒温带的针叶林向南，依次是温带的针阔（落）叶混交林、暖温带的落叶阔叶林、北亚热带的常绿阔叶与落叶阔叶混交林、中亚热带的常绿阔叶林、南亚热带的季雨林，直到最南端热带的季雨林与雨林。由于海陆分布的地理位置所引起的水分差异，在昆仑山至秦岭、淮河一线以北的广大温带和暖温带地区由东向西，即从沿海的湿润区经半湿润区到内陆的半干旱区、干旱区，表现出明显的植被类型的经度方向更替顺序，出现森林带、森林草原带、草原带和荒漠带。

我国在不同的水平地带内还有隐域性植被分布，它们主要是受地下水影响的草甸植被、受区域地球化学影响的盐生植被、受岩性影响的石灰岩植被和沙丘植被等。它们的地理分布主要受到地下水、岩性、地表组成物质的影响，通常在水平方向和垂直方向上没有明显的递变性，但其形成发展过程中仍然不能脱离地带性因素的影响，在一定程度上带有地带性的烙印。例如东北、华北和华南的草甸植被，其种类和生物量都有所不同。

二、自然植被的垂直分布规律

我国是一个多山的国家，山地植被类型十分丰富。随着山地海拔高度的增加，出现了类似于水平地带的垂直带谱。由于我国东部季风区域和西北干旱区域气候条件，尤其是水分差

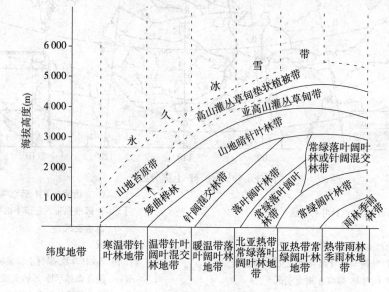

海洋性山地垂直带谱

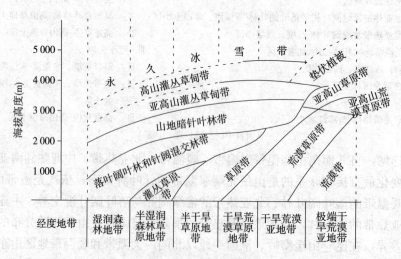

大陆性山地垂直带谱

图 3-6　中国山地植被垂直地带性分异
[引自中国自然地理（上册），1979]

异明显，山地垂直带谱也有很大的不同，东部为海洋性山地垂直带谱，西部则为大陆性山地垂直带谱（图3-6）。青藏高原其地势特别，高原面植被是在垂直地带性的基础上又出现水平分布规律。在青藏高原面上，其植被以高原中部的冈底斯山、念青唐古拉山为界分为南北两带。青藏高原北带自东向西，由高原边缘到高原内部，依次出现山地森林草原、高山草甸、高山草原、高山寒荒漠植被类型。青藏高原南带，自东而西分布着沟谷森林灌丛、亚高山草甸、亚高山草原等植被类型。在其某些谷地甚至有下垂带谱存在。

第五节 人类活动

我国是世界4大文明古国之一，早在6 000多年以前，新石器时期就栽培了黍、粟、小麦、高粱、麻、桑等作物。可以说，在我国领土上几乎无处不有人类活动的痕迹。人类活动在很大程度上可以加速或延缓自然景观和土壤的演变过程。某些活动有利于土壤熟化，提高土壤资源质量，而某些活动则造成土壤资源的破坏。

一、人类活动的积极影响

几千年以来，我国劳动人民以农事活动为中心，将东部大片低湿地改变成连绵分布的肥沃良田，在广大的丘陵山地上修筑了层层梯田，沿海、沿湖地区修塘筑堤围垦了大片淤积滩涂，甚至在极端干旱的西北内陆盆地内也利用附近的高山冰雪融水建立了许多绿洲，以及营造防护林、兴建水库等。我国劳动人民的土地开发利用实践，不仅成功地培育出了许多栽培植物，建立了人工植被，作物栽培也改变了土壤的成土过程，创造了各种耕作土壤，如水稻土、黄潮土、娄土、黑垆土、灌淤土、海绵土等，也改变了自然环境的植被和土壤地域分异规律。

二、人类活动的消极影响

人们对于土壤认识的片面性和土地利用的盲目性，还会破坏土地的生态平衡，导致物种的消亡，土地质量退化，出现水土流失、沙漠化、盐碱化、沼泽化、土壤肥力下降等不利后果。例如黄土高原水土流失严重，固然有其自然因素，更和历史上砍伐森林、滥垦草原、破坏植被等人为因素有关。它也是引起黄河下游的河道演变和洪水泛滥，华北平原旱、涝、盐、碱、风沙等灾害的主要原因。乌兰布和沙漠、毛乌素沙漠、小腾格里和科尔沁等地沙丘的出现，仍是人类破坏草原使草场退化，风沙蔓延的结果。人类对土壤资源的开发利用，不能违背自然规律，只能因地制宜，才能保护土壤资源的生产潜力，并获得经济效益。

第六节 我国土壤的地理分布规律

一、土壤的纬度地带性分布规律

土壤的纬度地带性分布规律是指地带性土壤类型沿经线东西方向延伸，按纬度南北方向逐渐变化的规律。

我国土壤的纬度地带性分布是一种海洋性的土壤纬度地带性分布，即东部受太平洋副热带高压暖湿气流影响的湿润森林土壤的南北变化。在一定的生物、气候条件下，自北而南发生着隐灰化过程、淋溶黏化过程、残积黏化过程、铁硅铝化过程、富铁铝化等一系列成土过程，特定的发生过程形成了一系列的地带性土壤，自北而南分布着棕色针叶林土、暗棕壤、棕壤、褐土、黄棕壤与黄褐土、红壤、黄壤、赤红壤和砖红壤。表 3-3 总结了我国东部的，自北向南，各种土壤类型及其基本特性和生物气候条件。

表 3-3 我国东部的森林土壤类型的形成条件及其基本特性

	棕色针叶林土	暗棕壤	棕壤	褐土	黄棕壤	红壤	黄壤	赤红壤	砖红壤
气候带	寒温带湿润	温带湿润	暖温带湿润半湿润	暖温带半湿润	北亚热带湿润	中亚热带湿润	中亚热带湿润	南亚热带湿润	热带湿润
年平均气温（℃）	<−4	−1～5	5～15	10～14	15～16	16～20	14～16	19～22	21～26
年降水量（mm）	450～750	600～1100	500～1200	500～800	1 000～1 500	1 000～2 000	2 000 左右	1 000～2 600	1 400～3 000
干燥度	<1	<1	0.5～1.4	1.3～1.5	0.5～1	<1	<1	<1	<1
植被	针叶林	针叶与落叶阔叶混交林	落叶阔叶林	森林灌木	常绿与落叶阔叶混交林	常绿阔叶林	常绿阔叶林	季雨林	雨林与季雨林
土体构型	O-A_h-AB-(B_{hs})-C	O-A_h-AB-B_t-C	A_h-B_t-C	A_h-B_{tk}-C	A_h-B_{ts}-C	A_h-B_s-C_s	A_h-B_s-C	A_h-B_s-C	A_h-B_s-B_{sv}-C
有机质含量（%）	3～8	5～10	1～3	1～3	2～3	1.5～4	3～8	2～5	3～5
pH	4.5～5.5	5.5～6.0	5.5～7.0	7.0～8.4	5.0～6.7	4.2～5.9	4.5～5.5	4.5～5.5	4.5～5.0

二、土壤的经度地带性分布规律

土壤的经度地带性分布规律是指地带性土类沿纬线南北方向延伸，按经度东西方向逐渐变化的规律。

我国土壤的经度地带性分布是一种大陆性的土壤经度地带性分布，即随着太平洋副热带高压暖湿气流的影响自沿海向欧亚大陆腹地的逐渐减弱，湿度逐渐减小，大陆性干旱气候逐渐增强，温带草原植被的覆盖度和草的高度越来越低。相应的成土过程是腐殖质积累过程逐渐减弱，碱土金属和碱金属盐类在土体中逐渐增加而形成积钙和积盐过程。与其相对应的土壤剖面特征的变化是，腐殖质层越来越薄，且其有机质含量越来越低；钙积层位越来越高，直至出现石膏和其他易溶盐的积累。土壤类型自东而西分布着黑土（温带湿润草原化草甸）、黑钙土（温带半干旱半湿润草甸草原）、栗钙土（温带半干旱干草原）、棕钙土（温带干旱荒漠草原）和灰漠土（温带荒漠）。表 3-4 总结了我国温带地区的，自东向西，主要土壤类型及其基本特性和生物气候条件。

表 3-4 我国温带草原土壤类型的形成条件及其基本特性

	黑土	黑钙土	栗钙土	棕钙土	灰钙土	灰漠土	棕漠土
气候带	温带湿润、半湿润	温带半干旱半湿润	温带半干旱	温带干旱	暖温带干旱	温带极干旱	暖温带极干旱
年平均气温（℃）	0~6.7	−2~5	−2~6	2~7	5~9	5~8	10~12
年降水量（mm）	500~650	350~500	250~400	150~280	200~300	100~200	<100
干燥度	0.75~0.90	>1	1~2	2~4	2~4	>4	>4
植被	草原化草甸	草甸草原	干草原	荒漠草原	荒漠草原	荒漠	荒漠
土体构型	A_h-B_t-C	A_h-B_k-C_k	A_h-B_k-C_k	A_h-B_w-B_k-C_{yz}	A_h-B_w-B_k-C_{yz}	A_{l1}-A_{l2}-B_w-C_{yz}	A_r-A_{l2}-B_w-C_{yz}
有机质含量（%）	5~8	5~7	1~4.5	0.6~1.5	0.9~2.5	<1	0.3~0.6
钙积层位	无钙积层	B层或C层	B层	不明显	不明显		
石膏、易溶盐层位	无	无	无	底部	底部	中部	中部
pH	6.5~7.0	7.0~8.4	7.5~8.5	8.5~9.0	8.4~9.5	8.4~10	7.5~9.0

三、土壤的垂直地带性分布规律

在一定高程范围内，随着山体海拔高度的增加，温度下降，湿度增高，生物气候类型也发生相应改变。这种因山体的高程不同，引起生物气候带的分异所产生的土壤类型的变化，就称为土壤垂直变化规律。

山地土壤垂直分布规律或者垂直带谱的结构取决于山体所在的地理位置（基带）的生物气候特点。一般而言，气温与湿度（包括降水）随海拔的变异，在不同的地理纬度与经度地区的变幅是不一样的。在中纬度的半湿润地区，海拔每上升 100 m，气温下降 0.5~0.6 ℃，降水增加 20~30 mm；而且当到 2 500 m 以上时，地形对流雨就可能下降。所以地理纬度与经度的气温与降水差异影响山体垂直带的基带及垂直带谱的结构。

山体的迎风面与背风面的气候也有差异，这些差异势必影响土壤垂直带谱的结构。特别是我国许多东西走向和东北向西南走向的山体往往是一些土壤区域气候的分界线（如秦岭、燕山等）。由于山体两侧基带土壤类型不同，这种坡向性的垂直带结构差异就更大。

四、隐地带性土壤

由于土壤侵蚀、成土母质、地下水等区域成土因素的影响，还有一些土壤与地带性土壤不一样，称为隐地带性土壤，如紫色土、石灰岩土、黄绵土、风沙土、潮土、草甸土等。这些土壤虽然因为区域成土因素的影响而没有发育成地带性的土壤，但仍然有着地带性的烙印，例如潮土和草甸土都是受地下水影响，在心土或底土具有潴育化过程形成的锈纹锈斑层，土壤剖面有些冲积层理，但因为它们的气候温度不同，腐殖质层的有机质含量不一样，潮土因地处暖温带（黄淮海平原），其有机质含量低于地处温带（东北平原）的草甸土。

如果控制隐域土的区域成土因素发生变化，经过一定时期，也会逐渐发育成地带性土壤。例如潮土和草甸土的地下水位不断下降，脱离地下水的影响，它们将逐渐发育成褐土或黑土；紫色土和石灰岩土如果不再发生土壤侵蚀，会逐渐发育成红壤或黄壤；黄绵土如果停止了侵蚀，重新退耕还草，会逐渐发育成黑钙土或栗钙土。

即使像冲积土这样的在各个地带都可能存在的所谓泛地带性土壤，其实也有地带性，即它们所在的气候条件影响着开发利用。

教学要求

一、理解部分

①理解我国气候条件与土壤形成与土壤分布之间的关系。
②理解大地构造地貌格局对水热分布的影响。
③理解我国地貌对水热条件与土壤的影响。
④理解我国主要成土母质类型。
⑤理解人类活动对我国土壤形成的影响。
⑥理解我国植被分布规律
⑦理解水热条件对我国土壤开发利用的利弊影响。

二、掌握部分

掌握土壤的纬度地带性、土壤的经度地带性、土壤的垂直地带性和隐地带性土壤。

主要参考文献

全国土壤普查办公室．1998．中国土壤［M］．北京：中国农业出版社．
任美锷，等．1979．中国自然地理纲要［M］．上海：商务印书馆．
张凤荣．2000．中国土地资源及其可持续利用［M］．北京：中国农业大学出版社．
中国科学院《中国自然地理》编辑委员会．1985．中国自然地理（总论）［M］，北京：科学出版社．

第四章
棕色针叶林土、暗棕壤和白浆土

棕色针叶林土和暗棕壤是我国东北地区的主要森林土壤，它们都是地带性土类，都是我国的重要林业生产基地。棕色针叶林土与暗棕壤的共性是具有针叶林森林植被，形成枯枝落叶层，发生酸性淋溶，土壤呈酸性反应。但它们的地理分布区、气候条件和植被类型又有所区别，从而造成土壤性状上的一些差别。白浆土也分布在东北温带地区，但因存在强黏化层而有滞水潴育过程，目前白浆土绝大部分已开垦为农田。

第一节 棕色针叶林土

棕色针叶林土是在寒温带针叶林下，冻融回流淋溶型（夏季表层解冻时铁、铝随下行水流淋溶淀积；秋季表层冻结时夏季淋溶淀积物随上行水流表聚）的棕色土壤。棕色针叶林土曾被命名为山地灰化土（1954）、棕色灰化土（1956）、灰化土（1979）。

一、棕色针叶林土的分布与形成条件

棕色针叶林土在世界范围内主要分布在亚洲东北部和北美洲西北部的原始针叶林区。在我国，棕色针叶林土主要分布在东北地区，分布在北纬46°30′~53°30′，集中分布在大兴安岭北段，以楔形向南段延伸，最后以岛状退到一些中山顶部海拔800~1 700 m范围内。北靠黑龙江畔，隔江与东西伯利亚棕色针叶林土相邻，南达牛汾台与索伦—阿尔山地区，西北部到额尔古纳河，东北部约至呼玛；在长白山和小兴安岭，棕色针叶林土分布于阴坡800 m以上和阳坡1 200 m以上的山地土壤垂直带谱中。除此之外，在新疆阿尔泰山的西北部、川西和滇北的高山、亚高山地区的山地土壤垂直带谱中也有分布。据1978年开始，历经10余年完成的第二次全国土壤普查结果[①]，全国棕色针叶林土总面积为$1.165 \times 10^7 hm^2$，以内蒙古自治区面积最大，占48.52%；其次是黑龙江省，占37.86%；四川省（包括重庆市）占6.40%；云南省占5.48%；其他省、直辖市、自治区均不足1%。

大兴安岭棕色针叶林土区的气候属于寒温带大陆性季风气候。年平均气温低于−4 ℃，平均气温在0 ℃以下的时间长达5~7个月，≥10 ℃积温为1 400~1 800 ℃，无霜期仅80 d左右。年降水量为450~750 mm，冬季积雪覆盖厚度可达20 cm以上，湿润度约为1.0。气候特点是寒冷湿润。土壤冻结期长，冻层深厚，冻层达2.5~3 m，并有岛状永冻层存在。冻层造成特殊的土壤水文条件，温度梯度引起汽化水上升，在土体上部随温度下降而凝结，

---

① 不包括我国台湾省、香港、澳门和西藏印控区，以后各章提到"第二次全国土壤普查"均如此。

在冻融过程中可使水分大量集聚于表层，使表层呈现过湿状态。另一方面，春天化冻或雨季来临时，因为冻层的存在，阻碍物质向土壤深处淋溶，甚至在冻层之上形成上层滞水而发生侧向移动。低温和冻层对棕色针叶林土形成有显著影响。

棕色针叶林土的自然植被为明亮针叶林伴有暗色针叶林。明亮针叶林的主要树种为兴安落叶松、樟子松，林下地被灌草层主要有兴安杜鹃、杜香、越橘和各种蕨类，混有少量的桦、山杨等阔叶树。暗色针叶林的建群树种是云杉和冷杉。草本植物主要有大叶章、红花鹿蹄草等。植被组成比较单一，属于达乌里植物区系。树叶灰分组成中，针叶含硅量较高，盐基含量较低。

棕色针叶林土的成土母质多为岩石风化的残积物和坡积物，还有少量洪积物。残积物和坡积物质地粗松，风化度低，土层浅薄，混有岩石碎块。

棕色针叶林土分布的地形一般为中山、低山和丘陵，坡度较为和缓。

由于所处地势起伏，土层浅薄，有效积温少，仅适于发展林业，以至棕色针叶林土几乎全部是原始森林区，以兴安落叶松面积最大，其次为樟子松。

二、棕色针叶林土的成土过程、剖面形态特征和基本理化性状

（一）成土过程

1. 针叶林毡状凋落物层和粗腐殖质层的形成 针叶林及其树冠下的灌木和藓类，每年有大量枯枝落叶等植物残体凋落于地表，凋落物中灰分元素含量低，呈酸性，凋落物主要靠真菌的活动进行分解，形成富里酸，而冻层本身又阻碍水分自凋落物中把分解产物淋走。在一年中只有 6～8 月的较短的时期内真菌能够进行分解活动，因此不能使每年的凋落物全部分解，年复一年地积累，便形成毡状凋落物层。在凋落物层之下，则形成分解不完全的粗腐殖质层，甚至积累成为半泥炭化的毡状层。

2. 有机酸的络合淋溶 在温暖多雨的季节，真菌分解针叶林凋落物时，形成酸性强、活性较大的富里酸类的腐殖酸下渗水流，含有富里酸类的下渗水流导致盐基及铁、铝的络合淋溶，使土壤盐基饱和度降低，土壤呈酸性。但由于气候寒冷，淋溶时间短，淋溶物质受冻层的阻隔，这种酸性淋溶作用并不能像灰化土一样有显著发展，与此相伴生的淀积作用也不明显。因此棕色针叶林土的有机酸的络合淋溶过程只能称为隐灰化过程，这有别于欧亚同纬度的海洋性气候地区的灰化土带。

3. 铁铝的回流与聚积 当冬季到来时，表层首先冻结，土体中下部温度高于地面温度，上下土层产生温差，本已下移的可溶性铁铝锰化合物等水溶性胶体物质又随上升水流回流重返表层。由于地表已冻结，铁铝锰化合物因土壤冻结脱水而析出，以难溶解的凝胶状态在表层土壤中积聚。在可溶性铁铝锰化合物等水溶性胶体物质回流过程中，遇到土体中的石块、砾石时，即附着于其底面，故棕色针叶林土土体中的石块底面常见附着大量暗红棕色胶膜。上部土壤也多被染成棕色。在表层积聚的着色物质主要是有机质和活性铁。

4. 圆丘有产生 在较低地形处，由于土壤水分过饱和而产生冻层凸起的圆丘，其直径约 1 m 左右，高 10～20 cm，圆丘周围凹陷处经常积水而产生泥炭化和潜育化的附加过程。

（二）棕色针叶林土的剖面形态特征

棕色针叶林土的剖面形态特征可以概括为：土层较浅薄，一般在 40 cm 左右；土层内多

砾质岩屑；质地较轻，无论坡上坡下多以壤质为主；全层呈棕色或暗棕色；分层不明显；表层腐殖质处于半分解状态。其剖面构型为 O（O_1，O_2）-A_h-AB-（B_{hs}）-C。

1. 枯枝落叶层 枯枝落叶层即 O 层，包括两个具体的亚层（O_1 和 O_2），0～2 cm 厚的新鲜未分解的枯枝落叶（O_1 层），常与藓类混合，潮润，亮棕色（7.5YR 5/4），疏松富有弹性，局部可见白色真菌菌丝体。其下为半分解的植物残体，厚度为 2～10 cm 左右（O_2 层），比上层紧密，有时微显泥炭化，暗棕色（7.5YR 4/4），可见细根和白色真菌菌丝体，向下呈明显过渡。

2. 腐殖质层 腐殖质层（或毡状泥炭层）即 A_h（或 H）层，厚约 10 cm，腐殖质含量为 40～80 g/kg，为不稳定的团块结构，暗棕灰色（7.5YR 6/2），较疏松，多木质粗根，局部可见白色真菌菌丝体。或该层为泥炭层，为毡状凋落物与矿物质混合物，暗棕色（7.5YR 4/3），中壤，有白色菌丝体。向下层呈逐渐过渡。

3. 过渡层 过渡层即 AB 层，厚约 6 cm，暗棕（7.5YR 5/2），质地多为中壤，为核块状结构，含有石块，石块底部可见少量铁锰胶膜，较紧实，有木质粗根。

4. 淀积层 淀积层即 B_{hs} 层，厚度变化较大，一般为 10～30 cm，黄棕色（10YR 7/6），为核块状结构，较紧实，根极少。土层薄处，含有大量砾石，层内或砾石面上可见铁锰和腐殖质胶膜及 SiO_2 粉末，该层一般淀积现象不明显。

5. 母质层 母质层即 C 层，棕色（7.5YR 5/4）或同母岩颜色，以石块为主，在石块底面，大都可见铁、锰和腐殖质胶膜。母质多为花岗岩及石英粗面岩的风化物，质地粗糙，酸性反应。

（三）棕色针叶林土的基本理化性状

1. 棕色针叶林土的机械组成 棕色针叶林土的全剖面含有石砾，质地多为轻壤到重壤，B/A 的黏化率（<0.001 mm 黏粒）略高于 1.2 或小于 1.2，黏粒有下移趋势，但不显著。

2. 棕色针叶林土的有机质与养分 腐殖质（A_h）层有机质含量可达 80 g/kg 或以上；而泥炭层（H 层）有机质含量极高，一般大于 200g/kg，以粗有机质为主，呈泥炭状。腐殖质层以下有机质含量急剧下降，可降至 30 g/kg 以下。腐殖质组成以富里酸为主，HA/FA<1，E_4/E_6[①]为 5 左右。土壤 C/N 变化范围宽，表层可达 20～40 或>40，下层逐减。棕色针叶林土土壤肥力较低，由于土温低，呈粗有机质状态，营养成分多为有机态存在，有效性低；土壤全磷含量与有效磷含量亦均低。

3. 棕色针叶林土的 pH 与盐基饱和度 棕色针叶林土呈酸性反应，各层水浸 pH 为 4.5～5.5，腐殖质（A_h）层交换性 Ca^{2+}、Mg^{2+} 含量较高，盐基饱和度为 20%～60%，B 层一般>50%，但在交换性 Al^{3+} 含量高的土壤中，盐基饱和度可下降到 50%以下（表 4-1）。

4. 棕色针叶林土的矿物全量组成 棕色针叶林土的表层和亚表层 SiO_2 明显聚积，淀积层 R_2O_3 相对累积。SiO_2/R_2O_3 表层全土为 4.3～5.8，亚表层为 3.2～4.8。黏粒的 SiO_2/R_2O_3 也有同样变化趋势，表层为 2.6～2.7，淀积层为 2.3～2.5。活性铁铝含量较高，在剖面中有明显分异（见表 4-2）。

[①] E_4 与 E_6 分别是在 465 nm 和 665 nm 波长下测定的消光系数，其比值说明腐殖质的芳构化和缩合程度，其大小与芳构化缩合程度呈相关。

表 4-1 棕色针叶林土的化学性质

(引自《中国土壤》1998)

发生层次	深度 cm	有机质含量 (g/kg)	水浸液 pH	交换性 H^+ 含量 [cmol(+)/kg]	交换性 Al^{3+} 含量 [cmol(+)/kg]	交换性盐基总量 [cmol(+)/kg]	盐基饱和度 (%)
小兴安岭	0~10	96.0	5.7	8.6	6.1	3.3	18.1
(黑龙江)	20~30	22.0	6.9	3.5	10.8	4.1	22.3
大兴安岭	0~10	32.0	5.5	5.9 (交换性 H^+ 与 Al^{3+} 总量)		22.6	79.3
(内蒙古)	20~30	18.0	6.9	3.6 (交换性 H^+ 与 Al^{3+} 总量)		25.2	87.5

5. 棕色针叶林土的黏土矿物 棕色针叶林土的剖面上层以高岭石、蒙脱石为主，下层以水云母、绿泥石、蛭石为主，矿物发生了明显的酸性蚀变。

6. 棕色针叶林土的水分物理性质 棕色针叶林土的表层有机质含量高，因而容重低，腐殖质（A_h）层的容重仅为 0.9~1.0 g/cm³，总孔隙度为 64%~74%，随深度的增加，土层间变化显著。土壤持水力以 0~30 cm 的平均毛管持水量计算，草类-落叶松林为 143.0%，杜鹃-落叶松林为 137.7%，杜香-落叶松林为 94.6%。在一定程度上充分说明了为保持水土而保护枯枝落叶层的重要性。

三、棕色针叶林土的亚类划分及其特征

根据棕色针叶林土主要成土过程在程度上的差异及附加的成土过程的有无和影响，棕色针叶林土分为 3 个亚类，各亚类剖面形态特征见图 4-1。

（一）棕色针叶林土

它是最接近棕色针叶林土类概念的典型亚类，其在我国的总面积占棕色针叶林土类总面积的 66.14%，其剖面特征及理化特性如前棕色针叶林土类所述。

（二）灰化棕色针叶林土

它分布在大兴安岭北段地势较高、土层浅薄的残积物母质上。在剖面形态上，有灰白色的淋溶层或灰白色斑块，B、C 层

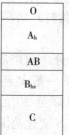 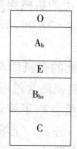 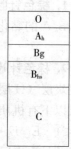

棕色针叶林土　灰化棕色针叶林土　表潜棕色针叶林土

图 4-1 棕色针叶林土各亚类剖面形态

含有大量石块，石块底面有明显的铁、锰和腐殖质胶膜及 SiO_2 粉末。铁、铝活性强、含量高，并有下移趋势。其剖面构型为 $O(O_1,O_2)$-A_h-E-(B_{hs})-C 或 $O(O_1,O_2)$-A_h-E-B_{hs}-C。棕色针叶林土的主要特征如下。

1. 土层浅薄 土层厚度一般只有 30~40cm，含有砾石和岩屑。剖面分化明显，具有厚为 5~20cm 清晰可见的灰白色灰化层和棕黄色的淀积层，灰化层与淀积层之间有明显的质地突变，黏粒淋淀指数大于 2，即淀积层的黏粒含量是灰化层的 2 倍以上。

2. 土壤呈强酸性 水浸液 pH 为 4.0~4.5，盐基离子受腐殖酸（富里酸）的影响被大量淋溶淋洗，交换性阳离子组成中 Al^{3+} 和 H^+ 含量较高，导致土壤水解酸度显著增高，盐基高度不饱和，盐基饱和度只有 21%~32%。

3. SiO_2 在灰化层明显富集　全土 SiO_2/R_2O_3 达 9~10，表层为 7~8，而淀积层只有 4~5。黏粒的 SiO_2/R_2O_3 率在表层和亚表层达 3.5~4.0，淀积层为 2.0~2.5。可见硅铁铝率在剖面上有较大分异，铁、铝氧化物在淀积层相对积累。

4. 黏土矿物发生强蚀变　黏土矿物在强酸性有机螯合物淋溶下，发生强蚀变，底层以蛭石、水云母和绿泥石为主，灰化层以高岭石、蒙脱石和次生石英为主。

5. 土壤肥力特性　表层有机质含量达 200~300 g/kg，多呈半腐解状态，C/N 高达 20~30，灰化层有机质含量急剧降低，淀积层又有所回升，表明有机质有向下淋溶淀积过程。腐殖质组成以富里酸为主，HA/FA 为 0.08~0.61。土壤全磷缺乏，速效磷极缺，土壤肥力很低。

（三）表潜棕色针叶林土

它与棕色针叶林土在形态上的差别，主要是表层有潜育化作用，呈现蓝灰色，而且底土层亦因铁的水化程度较高而显黄色，铁、铝在下部有增高趋势，而锰则明显减少，这表明表潜与酸度对 R_2O_3 在土体中分布的影响。表潜棕色针叶林土主要分布在山间低平洼地，其在我国的总面积占棕色针叶林土类总面积的 3.09%。

四、棕色针叶林土与相关土类的区别

（一）棕色针叶林土与暗棕壤的区别

棕色针叶林土不似在温带湿润大陆性季风气候针阔混交林下发育的暗棕壤具有明显的淋溶过程，因此它在 B 层没有明显黏粒增多现象；棕色针叶林土土壤结构体表面常有无定形 SiO_2 粉末，腐殖质组成以富里酸为主，腐殖质（A_h）层的盐基饱和度较暗棕壤的低，土壤 pH 也较低，自然肥力较低。

（二）棕色针叶林土与世界各地所公认的灰化土的区别

灰化土是寒温带或温带针叶林下，于酸性母质上产生的强烈酸性络合淋溶作用（灰化过程）下形成的土壤，其剖面中灰白色富硅的灰化淋溶层（E）明显，灰化土具有明显的铁、铝与腐殖质结合在一起的暗棕色灰化淀积层（B_{hs}），盐基饱和度更低。棕色针叶林土在剖面上与灰化土有些相似，但棕色针叶林土的灰化程度较低，灰化淀积层不明显。

五、棕色针叶林土的合理利用

（一）棕色针叶林土的利用

棕色针叶林土区，过去是，目前依然是国家的主要针叶用材林生产基地。但是棕色针叶林土存在气候寒冷潮湿、地势较高、地表多起伏、土层浅薄、土壤酸度大、活性铝含量高等不利因素。因此棕色针叶林土的利用要以发展林业为主，培育中径级用材林；不适合大力发展农业。

（二）棕色针叶林土林业管理的注意问题

棕色针叶林土区由于过度采伐，原始林区已不复存在，纯天然林仅存在于岛状的自然保护区内。落叶松的成熟年龄需要 60 多年，天然更新速度很慢，许多森工企业目前已经无林可采，而棕色针叶林土区无霜期短，一般的大田作物不能成熟，不适宜传统种植业，林业处境艰难。为促进林业生产的发展，逐渐提高土壤肥力，在林业管理中需注意以下几点。

1. 成过熟林的管理 现有的成过熟林，生长已成颓势，有的衰退严重，其病腐枯损量已超过生长量，这样徒耗地力。从充分利用森林土壤资源出发，应尽快采伐更新。由于各种采伐迹地水土流失均不明显，因此采伐方式可根据土壤地力及林冠下幼树多少，采取小面积块状皆伐或带状间隔皆伐，以防止陡坡土壤的侵蚀及平地土壤的沼泽化。

2. 采伐迹地和火烧迹地的管理 对于采伐迹地或火烧迹地要及时更新造林，以保持原有土壤蓄水性能及自然生产能力。森林采伐后，由于水热环境条件的改变，原有土壤粗腐殖质及枯枝落叶分解加速，土壤腐殖质及某些营养元素（如氮、磷、钾等）都有增加的趋势，土壤酸度降低，土壤肥力有所改善，这种变化对迹地的更新造林和幼树生长均较为有利，应该不失时机地更新造林；肥力高的营造速生丰产林，肥力低的可人工整地促进更新或天然更新，造林树种以兴安落叶松为主，适当配置樟子松、鱼鳞云杉等。否则，草本植物迅速滋生，土壤表层草根盘结度显著提高，这给落叶松林的天然更新及人工植树造林带来困难。因此在采伐迹地应采取二个措施：①依靠人工造林的迹地，尽可能在采伐后2年内进行整地造林，这样可大大减少投入，收到事半功倍之效果；②依靠天然更新的迹地，按母树落种规律，在种子丰产前1年进行人工块状整地，促进天然更新。

3. 多种经营 在林间空地、居民点附近及交通方便的无林荒地，在地势平坦土层较厚地方，发展林区的蔬菜生产，如马铃薯、萝卜、白菜、甘蓝等耐低温冷凉蔬菜品种，解决林区吃菜难的问题；还可因地制宜地开辟林间牧场，可种植牧草、饲料，发展特种畜牧业；也可种植药材。

4. 防止水土流失 在人口稠密地区及采伐迹地要注意防止水土流失，保持水土和水源涵养，确保森林的再生产。

5. 合理开发，保护生态屏障 棕色针叶林土区是嫩江、黑龙江、额尔古纳河等河流的起源地，是肥沃的东北平原的生态屏障。国家的天然林保护工程，注入资金，将森工企业由砍林变成营林，暂时缓解了林业职工的生活困难问题。但是若从根本上解决问题，还得靠合理开发利用这块土地，包括合理采伐，加强抚育更新措施；变出售原木初级产品为售木材加工成品，提高木材的附加值；充分开发利用森林内药材、蘑菇等经济作物，多种经营。

6. 做好森林防火工作 棕色针叶林土区春季有很长的旱季，容易发生火灾，要加强森林防火系统建设。

7. 提高土温 由于表潜棕色叶林土持水力强，下部存在冻土层，土温低，妨碍林木生长，因此应开沟排水，清除地面密生耐湿植物和藓类，提高土温，以促进林木生长。

第二节 暗 棕 壤

暗棕壤是在温带湿润季风气候和针叶与阔叶混交林植被条件下发育形成的，剖面构型为 $O-A_h-AB-B_t-C$ 型，表层腐殖质积聚，全剖面呈中性至微酸性反应，盐基饱和度为60%～80%，剖面中部黏粒和铁、锰含量均高于其上下两层的淋溶型土壤。

暗棕壤也称为暗棕色森林土，过去曾一度被称为棕色灰化土（1956）、灰化棕色森林土

(1958)、灰棕壤（1958）、山地棕壤（1958）、灰棕色森林土（1958）等。直到 1960 年，经第一次全国土壤普查，才正式确定暗棕色森林土为暗棕壤。

一、暗棕壤的分布与形成条件

暗棕壤在世界范围内主要分布在太平洋两岸的北部，即亚洲的东北部和北美洲西部棕色针叶林土带以南的广大针阔混交林区。

暗棕壤在我国分布范围很广，第二次全国土壤普查结果显示，我国暗棕壤总面积为 4.019×10^7 hm²，主要分布在东北地区，其次为青藏高原边缘的高山地带，在亚热带山地的垂直带谱中也有少量分布。在全国暗棕壤总面积中，黑龙江省占 36.69%，内蒙古自治区占 19.92%，吉林省占 19.21%，四川省占 10.08%，西藏自治区占 7.94%。暗棕壤向北（向上）过渡为棕色针叶林土，向南（向下）过渡为棕壤。

暗棕壤是东北地区分布面积最大的一种土壤（土类），主要分布于大兴安岭东坡、小兴安岭、张广才岭和长白山山地。分布范围北起黑龙江南至辽宁省铁岭、清源一线，西起大兴安岭东坡东至乌苏里江。

暗棕壤在其他地区属于垂直分布，如喜马拉雅山分布于海拔 3 200～3 300 m，在横断山分布于 3 200～4 000 m，在秦岭的南坡分布于海拔 2 200～3 200 m，在鄂西神农架分布于海拔 2 200～3 200 m。

暗棕壤地区在气候上属于温带湿润季风气候类型，年平均气温为 -1～5 ℃，一年中最热的 7 月份月平均气温 15～20 ℃，≥10 ℃积温为 2 000～3 000 ℃，无霜期为 115～135 天，季节冻层深度 1.0～2.5 m，最深可达 3 m，冻结时间为 120～200 d；年降水量为 600～1 100 mm，干燥度小于 1.0。总的说来，暗棕壤地区的气候特点是，一年中有一个水热同步的夏季和漫长严寒的冬季以及短暂的春秋两季。

暗棕壤地区的原生植被为以红松为主的针阔混交林，林下灌木和草本植物生长繁茂。针叶树种主要有红松、沙松、鱼鳞云杉、红皮云杉等阴性和半阴性树种。阔叶树种主要有白桦、黑桦、枫桦、蒙古柞、春榆、胡桃楸、黄菠萝、水曲柳等。灌木主要有毛榛子、山梅花、刺五加、卫矛、丁香等。此外林中还有攀缘植物如猕猴桃、山葡萄、五味子等。草本植物主要有薹草、木贼、轮叶百合、银线草等。但是，由于长期采伐、火烧后，形成以山杨、白桦等为主的次生阔叶林或杂木阔叶林，林下灌草更加繁茂。

暗棕壤所处的地形多为中山、低山和丘陵。海拔高度一般为 500～1 000 m，高度在 1 000 m 以上的山峰不多，最高峰白头山海拔高度 2 744 m，在此高度的土壤已经是山地草甸土。

暗棕壤的母质为各种岩石的残积物、坡积物、洪积物及黄土。其中花岗岩分布的范围最广，另有变质岩和新生代玄武岩覆盖，在小兴安岭北部有第三纪陆相沉积物黄土的分布。

二、暗棕壤的成土过程、剖面形态特征和基本理化性状

（一）暗棕壤的成土过程

暗棕壤的成土过程，主要表现为弱酸性腐殖质累积和轻度的淋溶与黏化过程。

1. 腐殖质累积 在暗棕壤地区自然植被为针阔混交林，林下有比较繁茂的草本植被。因雨季同生长季节一致，生物累积过程十分活跃，每年都有大量的凋落物残留于地表。据观测，每年每公顷有 4～5 t 残落物归还土壤。加之该地区气候冷凉潮湿，土壤表层积累了大量的有机质，其有机质含量可高达 100～200 g/kg。

由于阔叶树的加入和影响，森林归还物中灰分含量较棕色针叶林土高，灰分中钙、镁等盐基离子较多，约占灰分总量80%。这些盐基离子的存在，足以中和有机质分解过程中释放的有机酸。因此暗棕壤腐殖质层的盐基饱和度较高，土壤不至于产生强烈的酸性淋溶过程。

2. 盐基与黏粒淋溶过程 暗棕壤地区的年降水量一般为 600～1 100 mm，而且70%～80%的降水集中在夏季（7、8两月），使暗棕壤的盐基和黏粒的淋溶淀积过程得以发生，具体表现为：①对一价 K^+、Na^+ 和二价 Ca^{2+}、Mg^{2+} 盐基离子及其盐类的淋洗淋失；②黏粒向下的淋溶和淀积；③表层和亚表层土壤中的铁在雨季嫌气条件下被还原成亚铁向下淋溶，在淀积层重新氧化而沉淀包被在土壤结构体的表面，使淀积层土壤具有较强的棕色。

森林土壤的枯枝落叶层在雨季的保水能力很强，能够抑制土壤水分的蒸发，会使雨季土壤上部土层水分达到饱和状态，从而造成还原条件，使土壤中的铁还原，还原性铁向下运动在土体的中下部以胶膜的形式包被在土壤结构体的表面，使土壤染成棕色。

3. 假灰化过程 暗棕壤溶液中来源于有机残落物和岩石矿物化学风化产生的硅酸，由于冻结作用成为 SiO_2 粉末析出，以无定形 SiO_2 粉末的形式着附在土壤结构体的表面。因此称为假灰化现象，它不同于灰化过程，灰化过程中有铁、铝的络合移动与淀积。

（二）暗棕壤的剖面形态特征

暗棕壤剖面的土体构型是 $O-A_h-AB-B_t-C$。

1. 枯枝落叶层 枯枝落叶层（O层）厚一般 4～5 cm，主要由针阔乔木、灌木的枯枝落叶和草本植物的残体所组成，有大量的白色真菌菌丝体。也可以将该层具体划分为 O_1、O_2 两个亚层。

2. 腐殖质层 腐殖质层（A_h 层）厚度 8～15 cm，平均为 10 cm 左右，为棕灰色、团粒状或屑粒状结构，有大量根系且多为草本植物根系，有蚯蚓、蚂蚁聚居。

3. 过渡层 过渡层（AB层）厚度不等，一般小于 20 cm，为灰棕色，与腐殖质层（A_h 层）相比较为紧实。

4. 黏粒和铁的淀积层 黏粒和铁的淀积层（B_t 层）厚度为 30～40 cm，为棕色，质地黏重、紧实，结构块状，在结构体表面有不明显的铁、锰胶膜。

5. 棕色母质层 母质层（C层）的石砾表面可见铁、锰胶膜。

（三）暗棕壤的基本理化性状

1. 拥有较高的有机质含量 暗棕壤表层有机质含量为 50～100 g/kg，有的甚至可高达 20 g/kg，向下锐减，腐殖质层（A_h）与淀积层（B）腐殖质含量比值为 3∶1，腐殖质层厚度一般为 20 cm 左右，表层腐殖质以胡敏酸为主，HA/FA>1.5；淀积层 HA/FA<1（0.5～0.6），活性胡敏酸和富里酸的含量随剖面深度的增加而增多，反映了森林土壤腐殖质组分的特点（见表4-2）。

表 4-2　暗棕壤腐殖质及其组成

(引自《黑龙江土壤》1992)

植被	深度（cm）	有机质含量（g/kg）	腐殖质组分（占土壤全碳的比例，%）			HA/FA
			胡敏酸	富里酸	胡敏素	
椴树红松林	6～13	87.1	22.57	12.67	38.61	1.78
	13～21	29.0	11.31	17.86	32.74	0.63
	21～32	16.7	12.37	22.68	34.02	0.57
枫桦红松林	3～21	85.1	31.36	18.61	32.99	1.68
	21～33	35.2	30.39	20.09	27.94	1.51
	33～45	22.7	26.98	23.01	23.09	1.17

2. 阳离子交换量、盐基饱和度及 pH　表层土壤（腐殖质层）阳离子交换量为 25～35 cmol/kg，盐基饱和度为 60%～80%，随剖面深度的增加而降低；与盐基饱和度有关的 pH 亦有大致相同的变化规律，表层 pH 为 6.0，下层 pH 只有 5.0 左右。

3. 土体中铁和黏粒有明显的淋溶淀积，而铝的移动不明显　腐殖质层（A_h 层）的 SiO_2/R_2O_3 多在 2.2 以上，SiO_2/Al_2O_3 则在 3.0 以上；淀积层（B_t 层）SiO_2/R_2O_3 多为 2.70 左右，SiO_2/Al_2O_3 则多为 3.40 左右；底土层硅铁铝率和硅铝率则又有所增大（表 4-3）。黏土矿物鉴定表明，暗棕壤黏土矿物以水化云母为主，并含有一定量的蛭石和高岭石。

4. 土壤水分状况终年处于湿润状态，季节变化不明显　土壤表层含水量较高，向下骤然降低，相差可达数倍。枯枝落叶层含水量可高达 40%～80%，50 cm 以下土壤含水量只有 20%～30%。由于湿度较高，土壤温度低，土壤冻结期较长，冻层厚度较深，有的地区 6 月 20～30 cm 土层尚未融化，有的地区甚至到 8 月土层尚不能完全融化。因此造成的土壤上层滞水现象比较严重。

5. 土壤质地　暗棕壤质地大多为壤质，从表层向下石砾含量逐渐增多，黏粒在淀积层（B 层）有所增加，但与棕壤相比并不十分明显。

表 4-3　暗棕壤胶体化学组成

(黑龙江土壤，1992；吉林土壤，1998)

地点	深度（cm）	胶体矿物全量（占灼烧土的比例，%）				黏粒分子比	
		SiO_2	Fe_2O_3	Al_2O_3	R_2O_3	SiO_2/R_2O_3	SiO_2/Al_2O
黑龙江延寿	2～12	45.38	10.16	21.26	31.42	2.78	3.64
	12～25	47.62	11.19	21.77	32.96	2.81	3.73
	25～80	48.73	10.72	24.07	34.79	2.68	3.44
	80～110	46.82	12.24	23.26	35.50	2.56	3.42
吉林磐石	0—21	49.96	8.50	25.78	34.28	2.62	3.27
	21～45	49.76	8.67	25.53	34.20	2.73	3.32
	45～120	51.43	8.29	25.73	34.02	2.82	3.40

三、暗棕壤的亚类划分及其特征

根据暗棕壤的发生学特点和理化特征，可将其划分为暗棕壤、白浆化暗棕壤、草甸暗棕壤、潜育暗棕壤和灰化暗棕壤共五个亚类（图 4-2）。

(一) 暗棕壤

暗棕壤亚类是暗棕壤土类的典型亚类，具有暗棕壤的典型特征，主要分布在山地缓坡顶部及山腰处，面积最大，其在我国的总面积占暗棕壤土类总面积的60%以上；以黑龙江面积最大，占黑龙江全省总面积的27.26%。

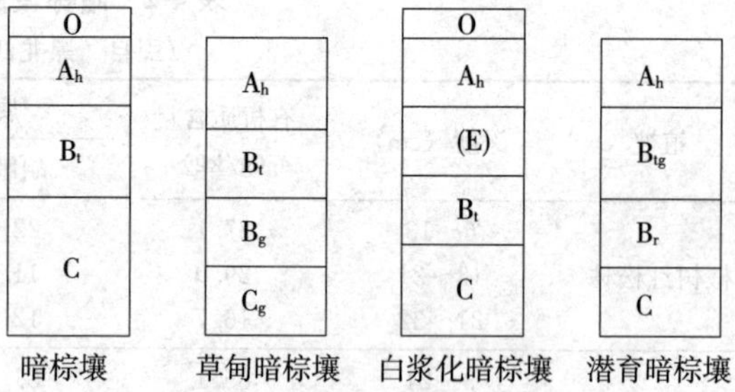

图4-2 暗棕壤各亚类剖面构型

(二) 草甸暗棕壤

草甸暗棕壤是暗棕壤向草甸土过渡的过渡性亚类，其在我国的总面积约占暗棕壤土类总面积的5.38%。草甸暗棕壤主要分布在平缓的地形上，多为坡脚或河谷阶地。植被多为次生阔叶林或疏林草甸植被。表层为富含腐殖质的暗灰色黏壤土，略有团粒结构。表层以下为AB层，呈灰棕或灰色、屑粒结构，再向下为棕黄色的B层，在此层中常出现铁锈、铁锰结核或灰色的条纹，具有草甸化（潴育化）过程的特征。草甸暗棕壤腐殖质层深厚，有机质含量较高，呈微酸性反应，盐基饱和度较高，铁的还原淋溶较强，但黏粒移动弱，黏粒在剖面中的分化不明显。

(三) 白浆化暗棕壤

白浆化暗棕壤是暗棕壤向白浆土过渡的过渡性亚类，其在我国的总面积约占暗棕壤土类总面积的17.72%。白浆化暗棕壤主要分布在暗棕壤地区的平缓阶地、平山、漫岗顶部等排水较差的地形部位上。植被多为针阔混交林，母质较黏，多为冲积、洪积物，也有部分黄土状沉积物。剖面中具有 A_h-(E)-B_t-C 的发生学层次组合。与典型暗棕壤亚类的区别在于表层之下有一个明显的呈黄白或黄白相间的白浆化层（E）。

(四) 潜育暗棕壤

潜育暗棕壤主要分布在河谷、坡麓、高阶地中的低平处，其在我国的总面积约占暗棕壤土类总面积的0.64%。潜育暗棕壤多生长红皮云杉、臭冷杉、赤杨和林下草甸植被。潜育暗棕壤含水较多，排水不良，甚至部分地区有岛状永冻层的存在，以至土壤发生明显的潜育化过程，常形成腐殖质泥炭层。表层以下的土层中常有水分渗出，或有潜育斑块，呈酸性反应，盐基饱和度低，质地较黏。剖面由 A_h-B_{tg}-B_r-C 等层次组成。

(五) 暗棕壤性土

暗棕壤性土多分布在海拔较高的山地，由于受到水土流失的影响，土壤发育弱，属于暗棕壤中的幼年土壤。我国暗棕壤性土的总面积约占暗棕壤土类总面积的13.13%。

四、暗棕壤与相关土类的区别

(一) 暗棕壤与棕色针叶林土的区别

棕色针叶林土的酸性淋溶比暗棕壤强，因此暗棕壤剖面的灰化现象较弱，如 SiO_2 粉末及灰化淀积现象等均不如棕色针叶林土明显。

(二) 暗棕壤与白浆土的区别

白浆土在剖面中有明显的白浆层和质地特别黏重的黏化淀积层。虽然也有一部分暗棕壤有白浆化过程的发生，但层次分化不如白浆土明显，并且土层不厚，全层呈暗棕色，多含棱角分明的砾石。

(三) 暗棕壤与棕壤的区别

棕壤主要分布在暖温带。暗棕壤与棕壤相比，暗棕壤有铁锰胶膜和较多的 SiO_2 粉末，而棕壤一般无 SiO_2 粉末。暗棕壤虽为温带针叶林下的淋溶土壤，但由于受大陆性季风气候的影响，低温时间较长，虽有利于土壤有机质积累，但黏化现象不如棕壤明显，因而也有别于一般的棕壤。

(四) 暗棕壤与灰化土的区别

暗棕壤与灰化土相比，只是存在黏粒和铁在土壤剖面中轻度淋溶淀积的假灰化过程；而灰化土的灰化过程除了黏粒和铁以外，还有铝、锰、腐殖质等的淋溶淀积，同时其淋溶淀积的强度也大得多。

五、暗棕壤的合理利用

暗棕壤是我国最为重要的林业基地。它以面积最大（占东北总面积的 42%），木材蓄积量高（红松平均树高为 24~28 m，平均胸径为 30~40 cm）而著称，是红松的主产地。暗棕壤区除红松、云杉、冷杉、柞、榆、椴等优势树种外，尚有水曲柳、黄菠萝、胡桃楸等伴生树种。这些丰富的林木资源，在我国国民经济中占有及其重要的地位。为此，必须对暗棕壤进行科学合理的利用，充分发挥暗棕壤地区林业资源在社会、经济、生态等诸多方面的功能和作用。林业管理经营应注意如下几点。

(一) 合理采伐，注重森林在保护生态环境中的作用

合理采伐可以理解为根据地形部位、林木长势确定不伐、择伐或皆伐。具体做法是：山顶幼林不能伐；陡坡（>25°）或石塘林因作为保安林，应择伐，其采伐强度不能大于 40%；其他地段的采伐强度不能大于 70%。要遵守的一个原则是：留小的，伐老的，种新的。只有这样做才能把生长旺盛的幼林合理地保存下来，使之很快成材，缩短轮伐周期。只有单层同龄过熟林才能采用小面积皆伐，并在皆伐之后立即进行人工营造针阔混交林，加强科学管理，使之一步到位，达到顶极群落的最佳状态。总之，只有做到合理采伐，科学管理，综合经营才能使森林资源不断增长，充分发挥暗棕壤地区林业资源在社会、经济、生态等诸多方面的功能和作用。

暗棕壤地处山区，坡度通常较大，利用时要注意利用方式和利用强度。否则水土流失一经发生，土壤则失去生产能力。所以山区经营与管理的一个重要的前提与手段就是千方百计地预防和治理水土流失。

(二) 抚育更新，适地适树

对于大面积采伐迹地及火烧迹地，应迅速采用人工种植的办法，结合天然更新，尽快恢复其成林状态。但要注意适地适树。

1. 适地适树种植

①落叶松、红松、水曲柳、胡桃楸等喜肥喜阴，应安排在山坡中下部腐殖质层深厚的典型暗棕壤或草甸暗棕壤上，尤其是红松，它是材质优良的树种，要求土壤条件较高，最适合在草甸暗棕壤和典型暗棕壤上种植。

②云杉、桦树等适应性强，耐瘠薄，可以种植在土壤肥力条件较差的白浆化暗棕壤和暗

棕壤性土上。

2. 抚育更新注意事项　抚育更新应注意采取以下几项措施。

①潜育暗棕壤造林前必须注意开沟排水。

②对于速生丰产林和种子林，应考虑施用氮磷肥和石灰，以增加其营养和改善其生长的环境条件。

③造林前必须整地，清除地被物。整地最好在植树的前一年的秋季进行，这样不仅可以促进土壤有机质的分解，提高了地温，缩短造林时间，而且还能够显著提高造林的成活率。

(三) 适度发展种植业

暗棕壤作为林业基地，应主要用于发展林业之用。但是暗棕壤地区无霜期为 115~135 d，≥10 ℃积温为 2 000~3 000 ℃，年降水量为 600~1 100 mm，基本上满足了农作物和蔬菜中早熟品种对于水热条件的需求，可适度发展种植业，如小麦、马铃薯、甘蓝、白菜、萝卜等。这对于解决暗棕壤林区粮食和蔬菜的供给是非常重要的，对于维持林业职工和当地农民的生活也是必需的。目前，暗棕壤已经开垦为耕地接近 2.0×10^6 hm^2，约占暗棕壤土类的 4.98%，主要是暗棕壤、草甸暗棕壤和白浆化暗棕壤。但是，暗棕壤都是山地丘陵区，有水土流失的危险，开垦种植必须加强水土保持工作，发展农业时要避免开垦陡坡地，要农林兼顾，统筹安排，同时，注意施肥以保持土壤肥力。

(四) 大力发展副业，走多种经营全面发展之路

暗棕壤地区树种十分丰富，据统计，有树木 200 余种，如针叶的红松、落叶松、冷杉、云杉。阔叶的桦、柞、榆、槭、楸、椴等。

①柞树养蚕，是致富的好门路。

②桦、柞、榆、槭、楸、椴尚有花朵吐芬芳，灌木草本亦是争奇斗艳，如山梅花、丁香、轮叶百合等，对于养蜂产蜜都是很好的自然资源，可以发展养蜂业。

③暗棕壤天然林和人工林下，腐殖质层深厚，水分条件优越，适宜种植人参、灵芝、猴头、木耳等食用菌和名贵药材，亦是这个地区发展经济的捷径。

(五) 合理开发旅游资源

暗棕壤地区还蕴藏着丰富的旅游资源，例如长白山本身就是一条亮丽的风景线。国庆节前后，一片红彤彤，一片金灿烂，一片青翠，一层银色的树干，"霜染秋叶红似火"，甚是美丽。夏季凉爽，其山体经常为云雾所笼罩，可谓人间仙境，避暑胜地。

第三节　白　浆　土

白浆土是发育在温带湿润半湿润区森林、草甸植被下，在微度倾斜岗地的上轻下黏的母质上，经白浆化等成土过程形成的具有暗色腐殖质表层、灰白色的亚表层——白浆层（白浆层含有一些 SiO_2 粉末）及暗棕色的黏化淀积层（含有大量的铁锰结核），即土体构型为 A_h-E-B_t-C 的土壤。

白浆土曾经被认为是灰化土（潘德顿等，1935；索颇，1936），生草灰化土、脱碱土（Ю. А. Еровскии，1947）、脱碱潜育化草甸土（Ваковда），1956 年在中苏黑龙江流域综合考察中，曾昭顺和宋达泉曾指出该土壤的形成是由于潜育淋溶过程，即白浆化过程的结果，为区别于灰化土和脱碱土，曾昭顺和宋达泉建议使用群众名称白浆土。

一、白浆土的分布与形成条件

在世界范围内，白浆土主要分布在美国、加拿大、俄罗斯、德国、法国、日本等。

在我国，白浆土主要分布在黑龙江和吉林两省的东北部，北起黑龙江省的黑河，南到辽宁省的丹东—沈阳铁路线附近，东起乌苏里江沿岸，西至小兴安岭及长白山等山地的西坡，局部抵达大兴安岭东坡。在垂直分布上，最低为海拔 $40\sim50$ m 的三江平原；最高在长白山，海拔高度可达 $700\sim900$ m。地势上基本上呈现南高北低。近年来也有在淮北发现白浆土的报道。

第二次全国土壤普查结果显示，全国白浆土总面积为 5.272×10^6 hm^2，其中黑龙江省为 3.314×10^6 hm^2，吉林省为 1.958×10^6 hm^2；全国耕地白浆土总面积为 1.667×10^6 hm^2，其中黑龙江省为 1.164×10^6 hm^2，吉林省为 5.03×10^5 hm^2。东北三江平原是白浆土最为集中分布的地区。黑龙江省三江平原和东部山区的白浆土面积占全省白浆土面积的 86%；吉林省浑江、吉林、延边、通化市的白浆土占全省白浆土面积的 80%。

白浆土地区的气候特点是冬季寒冷干燥，夏季温暖湿润。年平均气温为 $-1.6\sim3.5$ ℃，$\geqslant10$ ℃积温为 $1\,900\sim2\,800$ ℃，无霜期为 $87\sim154$ d，土壤冻结深度为 $1.5\sim2$ m，表层冻结期为 $150\sim170$ d。年降水量为 $500\sim900$ mm，有的地方可达 $700\sim900$ mm，且 $70\%\sim75\%$ 的降水集中于夏季，作物生长期降水量可达到 $360\sim500$ mm，湿润度为 $0.73\sim1.02$。综上所述，白浆土在气候上属于温带湿润（半湿润）季风气候类型。

白浆土的原始植被为针阔混交林（岗地），由于人为砍伐和林火，逐渐为次生杂木林、草甸及沼泽化草甸等植被类型所取代。目前白浆土植被类型主要有红松、落叶松、白桦、山杨、柞等森林群落，沼柳、毛赤杨等灌丛群落，以及薹草、小叶章等草甸草本植物群落。上述植物群落多样性是由地形造成的土壤水分的多样性所形成的。白浆土植物生长十分繁茂，生物量较大，以丛桦群落为例，每公顷风干草可达 3 t，但 80% 的根系主要集中分布于土壤的表层（$0\sim25$ cm）。

白浆土分布的地形也具有多样性，从漫川漫岗的岗地到平地乃至洼地均有分布。主要的地貌类型有岗地、高河漫滩、河谷高阶地、平原、山间谷地、山间盆地、山前洪积台地等。因此白浆土主要分布小兴安岭、完达山、长白山山地的两侧，以东侧为多，大兴安岭东坡的山间盆地、谷地、山前台地及部分熔岩台地也有分布。值得注意的是，上述地貌类型有一个共同的特点即地面均有 5°左右的坡降。坡度大，排水良好的地形上不可能发育形成白浆土而形成黑土；地表积水的也不能形成白浆土而形成沼泽土或泥炭土。5°左右的坡降为白浆土土体内侧向径流的发生提供了可能。使白浆化过程得以发生而形成白浆土（张之一，1986）。但草甸白浆土、潜育白浆土地面坡降为 $1°\sim3°$（李天杰，1986）。

白浆土（草甸白浆土、潜育白浆土除外）的地下水位一般较深，一般在 $8\sim10$ m 以下。

白浆土的成土母质主要是第四纪河湖相沉积物，质地黏重，一般为轻黏土，且母质质地上下层之间具有上轻（壤土）下重（黏土）特征（也有人认为，这种质地的二重性是由于黏粒的淋溶淀积作用形成的），在地面大致 5°左右的坡降下，为上层土壤中可溶性还原性铁锰沿这个界面侧向移出土体创造了充分必要的条件。当然，可溶性还原性铁锰也有一定数量垂直向下淋溶淀积。

二、白浆土的成土过程、剖面形态特征和基本理化性状

(一) 白浆土的成土过程

白浆土的形成过程国内外曾提出许多看法,曾昭顺和宋达泉认为,白浆土的成土过程是由黏粒机械淋溶淀积、潴育淋溶和草甸腐殖化过程所组成,是 3 个具体过程的复合。又由于上述这些过程是在土体的上部进行的,因此又称为表层草甸—淋溶—潴育过程,或简称为白浆化过程。

1. 黏粒机械淋溶 在湿润季节,黏粒为水所分散,并随下渗水产生机械悬浮性位移,在土壤中下部,土壤水分减少处着附在土壤结构体的表面,是一个典型的黏粒机械淋溶淀积过程。在这个过程中,土体上下部的质地发生分异,而土壤的矿物组成和化学组成无明显变化。

2. 潴育淋溶 由于土壤质地上轻下重及季节冻层的存在,使土壤在融冻或雨季上层土壤处于滞水还原状态,土壤中铁锰被还原,随水移动,一部分随侧渗水(地面坡度为此创造了条件)淋洗出土体,大部分在水分含量减少时,重新氧化以铁锰结核或胶膜形式沉积固定在原地。由于铁锰的不断被侧向淋洗和在土层中的非均质分布使得原土壤亚表层脱色成为灰白色土层—白浆层,这个过程通常称为潴育淋溶过程。

3. 腐殖质化过程 白浆土地区在植物生长季内,雨热同步,有利于植物生长和土壤的有机物质积累,土壤腐殖质层有机质含量可达 60~100 g/kg,土壤矿质养分亦十分丰富。

(二) 白浆土的剖面形态特征

白浆土的土体构型是 A_h-E-B_t-C。

1. 腐殖质层 腐殖质层(A_h 层)厚度一般为 10~20 cm,腐殖质含量较高,湿时呈暗灰棕色(10YR 4/1),中壤至重壤,团粒或屑粒状结构,疏松,根系的 80%~90%分布于此层。

2. 白浆层 白浆层(E 层)厚度一般为 20 cm,灰白色(10YR 7/1),湿时呈橄榄黄色(5Y 6/3),雨后常会流出白浆。质地为中壤至重壤,片状或鳞片状结构,湿润状态下结构不明显。有较多的白色的 SiO_2 粉末,紧实。植物根系很少,有机质含量低,常常低于 10 g/kg。白浆层有大小不等的铁锰结核或锈斑(潜育白浆土)。

3. 黏化淀积层 黏化淀积层(B_t 层)厚度达 120~160 cm,棕色(10YR 5/3)至暗棕色(10YR 4/3),棱块状结构或小棱块状结构,群众称其为蒜瓣土或棋子土,结构表面上有大量的机械淋溶淀积的黏粒胶膜,棕褐色铁锰、腐殖质胶膜及 SiO_2 粉末,有少量的铁锰结核,潜育白浆土则有锈斑。质地黏重,轻黏土至中黏土,有的是重黏土,紧实,透水性不良。黏化淀积层植物根系极少。土壤薄片的微形态观察可见到光学定向性黏粒。

4. 母质层 母质层(C 层)为河湖相母质层。通常在 200 cm 以下出现,质地黏重,暗棕色(10YR 4/3)或黄棕色(10YR 5/6),某些母质层因受潴育化影响而橄榄黄色(5Y 6/1),而成为 C_g 层。潜育白浆土亚类该层多为 C_r 层,而母质层下有沙层时,往往有铁盘层。

(三) 白浆土的基本理化性状

1. 机械组成 白浆土的质地比较黏重,表层(A_h)及白浆层(E 层)的土壤质地多为重壤土,个别可达轻黏土,黏化淀积层(B_t 层)以下多为轻黏土,有些可达中黏土或重黏土。机械组成以粗粉粒(0.05~0.01mm)和细黏粒(<0.001 mm)为最多,黏粒在剖面上

的分布是，表层（A_h 及 E 层）为 100～200 g/kg，B 层（B_t 和 BC）一般为 300～400 g/kg，其黏化率（黏化淀积层的<0.001 mm 颗粒与腐殖质层的<0.001 mm 颗粒的比值）>1.2，高者达 2.0 以上。从表层与 B 层黏粒含量悬殊可见质地变化的不连续性，即上面所说的质地的两层性。白浆土颗粒组成详见表 4-4。

2. 白浆土的水分物理性状 白浆土腐殖质层（A_h 层）的容重为 1.0 t/m³ 左右，白浆层（E 层）的容重增加至 1.3～1.4 t/m³，至黏化淀积层（B_t 层），容重可达 1.4～1.6 t/m³。孔隙度除腐殖质层可达到 60% 左右外，白浆层和黏化淀积急剧降低至仅为 40% 左右。白浆土的透水性各层变化很大。腐殖质层的透水速度快，为 6～7 mm/min；白浆层透水极弱，透水率仅为 0.2～0.3 mm/min；黏化淀积层以下几乎不透水。因此白浆土的水分多集中在黏化淀积层以上，由于腐殖质层浅薄，容水量有限，1 m 以内土体的容水量即白浆土的"库容"（饱和持水量减毛管断裂含水量），仅为 148～264 mm，而黑土则为 284～476 mm。故白浆土怕旱又怕涝，是农业生产上一个重要的障碍因子。

3. 白浆土的化学性状

（1）白浆土的有机质含量及组成 白浆土有机质含量表现出上下高中间低的趋势（腐殖质层有机质含量最高，白浆层有机质含量最低，淀积层有机质含量又有所回升）。自然荒地白浆土腐殖质层的有机质含量为 60～100 g/kg，白浆层有机质含量只有 10 g/kg。开垦为农田后的头 3 年，土壤有机质含量锐减；开垦 30 年后，表层土壤有机质含量只有 30 g/kg 左右，即原来的 1/2 或 1/3。土壤腐殖质组成上腐殖质层（A_h）层以胡敏酸为主，HA/FA>1，白浆层（E 层）和黏化淀积层（B_t 层）的 HA/FA<1。

（2）白浆土的 pH 及交换性能 白浆土呈微酸性，pH 为 6.0～6.5，各层差异不大。白浆土交换性能受腐殖质和黏粒的分布影响很大，但总的趋势是腐殖质层和黏化淀积层高，代换性阳离子以 Ca^{2+} 和 Mg^{2+} 为主，有少量的交换性 K^+ 和 Na^+。盐基交换量腐殖质层为 20～30 cmol/kg，黏化淀积层为 21～29 cmol/kg，而白浆层仅为 11～15 cmol/kg。盐基饱和度腐殖质层为 70%～90%，白浆层为 70%～85%，黏化淀积层以下为 80%～90%，基本上也表现出上下大，中间小的特点。

（3）白浆土的养分状况 据统计，白浆土的全氮量，荒地腐殖质层为 4～7 g/kg，耕地耕作层（A_p 层）下降到 2.9 g/kg 左右，白浆层可急剧降低至 1 g/kg 以下。全磷量较低，腐殖质层为 1 g/kg，白浆层 0.7 g/kg。全钾量较高，腐殖质层为 21.6 g/kg，白浆层为 22.9 g/kg，黏化淀积层为 22.8 g/kg。微量元素的锌、锰、硼、钼等均以腐殖质层最高，但养分总储量仍为较低的水平。

表 4-4 白浆土的颗粒组成

(引自中国土壤，1998)

地点	土层	深度(mm)	颗粒（粒径，mm）组成（%）				粉黏比
			2～0.2	0.2～0.02	0.02～0.002	<0.002	
黑龙江牡丹江	A_h	0～20	9.29	26.64	40.08	23.59	1.72
	E	20～35	12.94	23.09	43.66	20.31	2.15
	B_{t1}	35～45	4.47	22.38	32.47	40.68	0.80
	B_{t2}	45～70	1.74	25.05	21.05	52.16	0.40
	BC	70～90	1.31	27.23	21.68	49.78	0.44
	C	90～110	0.66	18.76	40.81	39.77	1.03

(续)

地点	土层	深度(mm)	颗粒（粒径，mm）组成（%）				粉黏比
			2～0.2	0.2～0.02	0.02～0.002	<0.002	
吉林榆树	A_h	0～24	2.58	44.81	35.63	16.98	2.10
	E	24～38	1.82	45.27	39.98	12.93	3.09
	B_{t1}	38～46	4.09	39.33	39.23	17.35	2.26
	B_{t2}	46～105	1.55	31.76	38.66	28.03	1.38
	BC	105以下	0.64	30.37	49.10	19.89	2.47

4. 白浆土的矿物组成 白浆土黏土矿物以水化云母为主，伴有少量的高岭石、蒙脱石和绿泥石。土壤全量化学组成在剖面上有明显的分异，腐殖质层和白浆层 SiO_2 的含量较黏化淀积层高，而 Al_2O_3、Fe_2O_3 较少，黏化淀积层以下 Al_2O_3、Fe_2O_3 明显增高，硅铁铝率变化呈上层大下层小的趋势。黏粒部分化学组成在剖面上下差异不大，SiO_2/R_2O_3 为 2.55～3.65，这表明在白浆土形成过程中，黏粒下移并未受到破坏。白浆土铁的游离度较高，Fe_d/Fe_t 可达 20%～43%，说明铁有较多的蚀变。且表层高于底层。铁的活化度也较高，Fe_o/Fe_d 为 40%～70%，说明铁在土壤剖面中有一定的移动。

三、白浆土的亚类划分及其特征

白浆土土类之下可分为白浆土、草甸白浆土和潜育白浆土三个亚类。具体剖面如图 4-3 所示。

（一）白浆土

白浆土亚类又称为岗地白浆土，是代表白浆土土类概念的典型亚类，其在我国的总面积约占白浆土土类总面积的 67.09%。白浆土多分布在地势起伏的岗地上，地下水位一般在 20m 以下。植被有森林和草类，木本植物主要有柞、桦、椴、山杨、榛柴等落叶树次生杂木林，在森林植被下，地面有 2～3 cm 厚的森林残落物。腐殖质层一般小于 15 cm，白浆土层厚度较大，一般在 20 cm 左右，B_t/E 的黏化率为 2.92，剖面上有铁锰结核而无锈斑，开垦后易发生水土流失，逐渐变为瘠薄地。

（二）草甸白浆土

草甸白浆土又称为平地白浆土，其在我国的总面积约占白浆土土类总面积的 18.61%。草甸白浆土分布在平坦地形部位，植被为丛桦、柳毛子等灌丛及小叶章等草甸杂类草，草甸过程有一定的发展，腐殖质层腐殖质积累较典型白浆土多，一般厚度为 14～23 cm，白浆层厚度 20cm，黏化淀积层可见到铁锈斑，B_t/E 的黏化率为 1.33。其他性状如土类描述。

图 4-3 白浆土各亚类剖面构型

（三）潜育白浆土

潜育白浆土又称为低地白浆土，其在我国的总面积约占白浆土土类总面积的 14.30%。潜育白浆土分布的地形部位低平，一般雨后有积水，地下水位较高。植被为小叶章、柳毛子、三棱草等草甸沼泽植物。腐殖质层厚度一般为 15～22 cm，比前两个亚类都厚，暗灰黑色（10YR 3/1），有机质含量在 3 个亚类中最高。白浆层较薄，一般为 15 cm 左右，有锈斑。黏化淀积层多呈暗灰色（10YR 4/1），小棱块状结构，表面有大量黏粒胶膜，锈斑，并具有蓝灰色（5Y 6/1）潜育斑。往下有明显的潜育层，其他性状如土类描述。

四、白浆土与相关土类的区别

（一）白浆土与棕色针叶林土的区别

白浆土在白浆层（E层）之下有明显的黏粒淀积层，而棕色针叶林土的黏粒淀积不明显，而且淀积层淀积的物质是铁、铝与腐殖质的复合体。

（二）白浆土与棕壤、暗棕壤的区别

白浆土在黏化层之上有明显的白浆层，而后两者则无，即使有也不明显。

白浆土也可以说是形成于一定地形和母质条件下的潴育淋溶的土壤，而棕色针叶林土、棕壤和暗棕壤是地带性淋溶土。

五、白浆土的合理利用与改良途径

白浆土是吉林和黑龙江两省的主要耕地土壤之一，黑龙江省白浆土面积为 $3.314\times 10^6 hm^2$，占全省土地总面积的7.47%，占全省耕地总面积的10.08%。白浆土比黑土的产量低 $235\sim 375 kg/hm^2$，增产潜力大。改良和利用好这类土壤，对于提高该地区农业总体生产水平具有重要意义。

（一）白浆土的利用现状及低产原因分析

1. 白浆土的利用现状 白浆土是黑龙江和吉林两省的主要农业土壤之一，占两省耕地总面积的9%～10%。首先开垦的是白浆土亚类，可占耕地白浆土的一半以上，由于地势较高，水分条件较为适宜，垦后易熟化。当白浆土亚类开垦完后，人们不得不开垦草甸白浆土；潜育白浆土因土壤过湿，开垦更晚；草甸白浆土和潜育白浆土分别占耕地白浆土的32.45%和12.45%。现在黑龙江省已有1/3以上白浆土开垦为农业用地，昔日的北大荒，如今已成为国家重要的商品粮基地；不足1/3的白浆土为林业用地，生长着自然林和人工林，一般不宜农用；全省尚有一定数量的白浆土可垦荒地，主要分布在三江平原，其中草甸白浆土和潜育白浆土约各占一半，也是目前后备耕地资源中质量较好的。

2. 白浆土低产原因分析

（1）土体构造不良 白浆土的腐殖质层较薄，其下面是水分物理性质不良的白浆层，是托水、隔水、阻碍作物根系生长的障碍性层次。再往下便是黏紧不透水的淀积层，根系难以向下伸展。这样的土体构造，使土壤储水量小，容易造成表涝、表旱。绝大部分根系分布在很薄的表层内，养分容积小，作物生长后期供肥不足。所以白浆土种植作物，一般植株矮小，产量低而不稳。

（2）养分总储量不高，分布不均衡 白浆土的腐殖质层肥力状况较好，土壤有机质、氮、磷、钾等养分主要分布在腐殖质层，含量较高，但有效性较低，有效磷更是如此。但腐殖质层较薄，其下面是养分贫瘠的白浆层，白浆层养分迅速下降，表现为特别贫瘠；B_t 层有所好转。由于养分分布不均，总储量不高，有效性低，难以满足作物生长过程对于养分的需求。

(3) 水分物理性质差 由于白浆土土体构型不良,白浆层透水性很弱,黏化淀积层几乎不透水,致使土体容水量小,春天化冻时不渗水,夏秋雨季不下渗,容易产生上层滞水的内涝和地表积水的表涝。土壤上层干湿交替频繁,春季降水少就出现明显的旱象。水分状况十分不稳定,既不耐旱,也不耐涝。由于质地黏重,群众说"雨后水汪汪,干时硬邦邦",难以耕作。春天融冻时,土壤过湿冷浆,影响种子萌发和幼苗生长,也常常影响春季的适时播种。作物生长季节正值雨季,易感染锈病,造成减产。改良白浆土不良的物理状况是提高白浆土对于水分的调节能力、生产能力的首要问题。

(二) 白浆土合理利用与改良途径

1. 因土用地,合理布局

(1) 垄作花生 白浆土土层浅、土性冷,实行花生起垄种植,可提高地温,增加通气透水性,提高抗旱抗涝能力。

(2) 种稻改良 白浆土种稻可以避害趋得,白浆土低的通透性有利于节约用水;种稻的还原条件可以促进铁的还原,有利于磷酸铁的溶解,提高土壤磷的有效性;开垦成为水田后还有利于土壤腐殖质积累。

(3) 发展果林 在瘠薄缺水的白浆土上发展果林,开深沟(1.5~2 m)建条田,排水降渍,挖大穴(直径和深度在 70 cm 以上),施足肥,果树高栽(高培土防渍水),收入可超过良田。

2. 深翻改土,保水保肥 白浆土的剖面构型是上砂下黏,因此可以用土壤剖面下部的黏粒改良上部的砂性。大量实践证明,合理的深翻改土,可增加耕层深度,减少旱涝包浆现象,提高土壤保肥能力。

深翻白浆应请注意:①深度以 50 cm 左右为宜,深翻时表土不能翻入底土,白浆不能翻作表土;②深翻要结合增施有机肥或压绿肥,确保当季增产;③平田整地,开好降渍沟;④以利冬进行为好,以利冬冻风化土壤,春翻不宜深。

3. 种植绿肥与施用石灰 种植绿肥的目的是增加土壤有机质;而施用石灰的目的,一是可以改善土壤结构;二可以调节土壤酸碱度;三可以提高土壤磷的有效性。据黑龙江省农场总局的 852 农场和云山农场试验,在白浆土上施用石灰 150~750 kg/hm²,大豆增产 11.7%~22.3%。

4. 水土保持与排水 岗地的典型白浆土开垦历史较长,因地形因素的作用,水土流失较为普遍,造成地力衰减,因此要做好水土保持工作。潜育白浆土有季节性过湿的特点,除了要排除地表积水外,还要排除土体内积水,群众俗称"哑巴涝",有条件时应采用明沟排水或暗管排水。

教学要求

一、识记部分

识记棕色针叶林土、灰化棕色针叶林土、表潜棕色针叶林土、暗棕壤、白浆化暗棕壤、草甸暗棕壤、白浆土、草甸白浆土、潜育白浆土、有机酸的络合淋溶、白浆层、灰化层、黏淀层。

二、理解部分

①为什么棕色针叶林土没有发生典型的灰化过程,而仅发生了隐灰化过程?
②白浆土的E层与灰化土的E层有什么不同?
③暗棕壤与白浆土都有黏化层,它们有何异同之处?
④白浆土的低产原因何在?如何改良?
⑤棕色针叶林土、暗棕壤、白浆土的形成条件和形成过程上有什么异同?
⑥棕色针叶林土、暗棕壤、白浆土的剖面特征与基本理化性质如何?
⑦根据棕色针叶林土、暗棕壤、白浆土的气候条件与土壤性质,它们的合理利用方向是什么?

三、掌握部分

掌握棕色针叶林土、暗棕壤和白浆土三者之间的相互区别。

主要参考文献

黑龙江省土地管理局,等.1992.黑龙江土壤[M].北京:农业出版社.
吉林省土壤肥料总站.1998.吉林土壤[M].北京:中国农业出版社.
林培.1994.区域土壤地理学[M].北京:北京农业大学出版社.
刘永春,陈喜全,崔晓阳.1987.塔河林业局土壤性质及其利用[J].东北林业大学学报(S4):16-22.
全国土壤普查办公室.1998.中国土壤[M].北京:中国农业出版社.
薛开银.1985.白浆土低产原因及其改良途径[J].土壤(03).
曾昭顺,等.1997.中国白浆土[M].北京:科学出版社.
张万儒,刘寿坡,李贻铨,等.1984.我国山地森林土壤资源及其合理[J].自然资源(4).
中国科学院林业土壤研究所.1980.东北土壤[M].北京:科学出版社.

第五章

棕壤和褐土

棕壤与褐土是分布于我国暖温带的湿润与半湿润地区的地带性土壤，自然景观分别是落叶阔叶林与森林灌木。这两种土壤在土壤形成、剖面形态与地理分布方面的关系是：

1. 都有黏化过程但又有差异　黏化过程是暖温带土壤风化与形成的特点，这种黏化也可称为硅铁铝化（fersiallitisation），但是棕壤以淋淀黏化（也可称为机械淋淀黏化）为主，而褐土则淋溶黏化和残积黏化均有之，但多以后者为主。两者在黏化层的层位、厚度及黏化层的色泽方面均有差异，这种差异与其成土条件紧密相关。

2. $CaCO_3$ 的淋溶与淀积方面　褐土与棕壤的区别就在 $CaCO_3$ 的积聚上，这与降水量有关。但绝不能忽视母质因素，特别是二者的相邻的过渡亚类，往往是碳酸盐母质发育为褐土，而非碳酸盐母质发育为棕壤，二者往往是镶嵌分布。

第一节　棕　壤

棕壤是在暖温带湿润和半湿润大陆季风气候、落叶阔叶林下，发生较强的淋溶作用和黏化作用，土壤剖面通体无石灰反应，呈微酸性反应，具有明显的黏化特征的淋溶性土壤。

一、棕壤的分布与形成条件

棕壤在欧洲分布广泛，如英、法、德、瑞典、巴尔干半岛和前苏联欧洲部分的南部山地等。在北美分布于美国东部，在亚洲主要分布于中国、朝鲜北部和日本。

据第二次全国土壤普查结果，全国棕壤总面积为 2.015×10^7 hm^2，以辽东半岛和山东半岛丘陵最为集中。华东地区的棕壤集中分布在江苏境内的徐州、淮阴、连云港一线以北低山丘陵。在水平分布上，棕壤与褐土、草甸土、潮土等构成多种土壤组合。在辽东山地、冀北山地、太行山、晋中南、豫西山地的垂直带，棕壤分布在褐土之上，暗棕壤之下。在中亚热带神农架和四川盆地盆边山地，棕壤下接黄棕壤，上承暗棕壤或黑毡土。亚热带云贵高原的湿润山地，棕壤下接黄棕壤，上承暗棕壤。在青藏高原，尼洋河流域和横断山地，棕壤均分布在黄棕壤之上。在一些山体陡峻土壤侵蚀严重地段，棕壤往往与石质土和粗骨土相间复区分布。但值得注意的是，在某些山地由于受富钙母质的影响，也可出现棕壤分布在褐土之下的倒置现象。

棕壤分布区具有暖温带湿润和半湿润季风气候特征，一年中夏秋多雨，冬春干旱，水热同步，干湿分明，从而为棕壤的形成创造了有利的气候条件。但由于受东南季风、海陆位置及地形影响，东西之间地域性差异极为明显。年平均气温为 $5 \sim 15\ ℃$，$\geq 10\ ℃$ 积温为 $2\,700 \sim 4\,500\ ℃$，无霜期为 $120 \sim 220\ d$；年降水量为 $500 \sim 1\,200\ mm$，降水量主要集中于夏季，干燥度为 0.5～1.4。

棕壤所处地形多属山地、丘陵。

棕壤的成土母质多为非石灰性的残积物、坡积物和土状堆积物。非石灰性残积物以岩浆岩为主，变质岩次之，而沉积岩较少。非石灰性土状堆积物包括黄土、洪积物等。非石灰性洪积物主要分布于山麓缓坡地段、洪积扇、山前倾斜平原和沟谷高阶地上。非石灰性土状堆积物主要分布于辽东山地丘陵的高阶地和低丘上。

棕壤分布区的暖温带原生中生落叶阔叶林植被残存无几，目前为天然次生林，主要植被类型有：①沙松、红松阔叶混交林，分布于辽东山地丘陵，此外还有蒙古栎林。②赤松栎林，主要分布于胶东半岛、辽东半岛、鲁中南南部山地，这里同时分布有三桠乌药、白檀等亚热带种属，山东半岛可见华中地区的凤尾蕨、全缘贯众等，崂山发现山茶。③油松林，主要分布于辽东山地西麓、医巫闾山脉南麓、鲁中南山地以及吕梁、五台、太岳等山地的海拔 1 100～1 600（1 800）m 地段，油松纯林是人为干预的暂时林相，林下多为湿润的灌木和草本植物。④落叶阔叶林中，辽东栎林主要分布于辽东地区北部的低山丘陵、千山山脉西麓、医巫闾山阳坡，北端的五台山 1 300～1 800 m 之间的地段；麻栎林主要分布于胶东半岛与辽东半岛，被用于养蚕；栓皮栎林除辽东半岛外，只有辽西绥中县、泰山等地有分布。⑤针叶-落叶阔叶林-常绿阔叶树混交林、落叶阔叶树-常绿阔叶树混交林主要分布于皖、鄂、黔、滇、川、藏等地的海拔 1 500～3 600 m 垂直带山地。

二、棕壤的成土过程、剖面形态特征和基本理化性状

（一）棕壤的成土过程

棕壤具有明显的淋溶与黏化和生物富集成土过程。

1. 淋溶与黏化 在湿润气候下，成土过程中所产生碱金属、碱土金属等组成的易溶性盐类均被淋溶，棕壤土体中已无游离碳酸盐存在，土壤胶体表面部分吸附氢铝离子，因而产生交换性酸，土壤呈微酸性至酸性反应。但在耕种或自然复盐基的影响下，土壤反应接近中性，盐基饱和。

原生矿物风化所形成的次生硅铝酸盐黏粒，以悬浊液形态随土壤渗漏水下移并在心土层因物理或化学原因淀积形成黏化层，其黏粒（<0.002 mm）含量与表层之比>1.2。据微形态观察，剖面中下部常在粗颗粒表面、土壤结构体面和孔壁上有岛状、带状、指纹状、梳状、泉华状定向黏粒胶膜。在粗颗粒表面、孔壁上也有纤维状光性定向胶膜。因此，棕壤的黏化层是由残积黏化与淀积黏化共同作用的结果。

在黏粒形成和黏粒悬移过程中，铁锰氧化物也发生淋移。全量铁锰、游离铁锰和活性铁锰自表层向下层略有增加的趋势，表明铁锰氧化物有微弱向下移动的特征（表5-1）。因此棕壤的心土呈鲜艳的棕色，所以棕壤的成土过程也可称为棕壤化过程（brunification）。

值得注意的是，在某些受地下水活动影响的棕壤剖面中，底部常见铁锰锈斑或结核新生体，这是干湿交替引起氧化还原的结果，甚至有的是矿物分解过程中就地释放的产物，而并非淋溶淀积物所致。

2. 生物积累作用 棕壤在湿润气候条件和森林植被下，生物富集作用较强，累积大量腐殖质，土壤有机质含量一般约 50 g/kg 左右。但耕垦后的棕壤，生物富集明显减弱，表土

有机质含量锐减到 10~20 g/kg。棕壤虽然因淋溶作用而使矿质营养元素淋失较多，但由于阔叶林的存在，枯枝落叶分解后向土壤归还的 CaO、MgO 等盐基较多，可以不断补充淋失的盐基，并中和部分有机酸，因而使土壤呈中性和微酸性，没有灰化特征。这种在土壤上部土层中进行着的灰分元素的积聚过程，使棕壤在其形成过程中，保持了较高的自然肥力；在木本植物及湿润气候条件下，形成的腐殖质以富里酸为主，HA/FA 为 0.47~0.82；开垦耕种后胡敏酸的量则有所增加。

（二）棕壤的剖面形态特征

棕壤在上述成土条件和成土作用下，形成的剖面基本层次构型是 O-A-B_t-C。

1. 枯枝落叶层 开垦以后，枯枝落叶层（O层）即消失。

2. 腐殖质层 腐殖质层（A层）厚度一般为 15~25 cm，暗棕色（7.5YR3/4），有机质含量为 10~30 g/kg，多为细砂壤土，粒状或屑粒状结构，疏松，根多，无石灰反应。

3. 黏化淀积层 黏化淀积层（B_t层）厚度为 50~80cm，亮棕色（7.5YR4/6），质地为壤土至黏壤土，棱块状结构，紧实，根系少，结构体表层有黏粒胶膜和铁锰胶膜，有时结构体中可见铁锰结核，无石灰反应。

4. 母质层 母质层（C层）因母质类型不同而有较大差异，但多是非石灰性母质。

（三）棕壤的基本理化性状

1. 棕壤的土壤机械组成 棕壤土壤质地因母质类型不同而变化较大，发育于片岩、花岗岩等岩石风化残积物上的棕壤质地较粗，表土层多为砂壤土或壤质砂土，剖面中部多为壤土。而由洪积物或黄土状母质发育的棕壤，质地较细，表层为粉质壤土，剖面中部为黏壤土或更黏。但总体来说，在发育良好的棕壤中，由于黏化作用而使淀积层质地较黏（表5-1）。

表 5-1 棕壤铁锰氧化物形态的剖面分异

（引自中国土壤，1998）

地点	深度 (cm)	全量氧化物含量 (g/kg)		游离氧化物含量 (g/kg)		活性氧化物含量 (g/kg)		游离度（%）		活化度（%）	
		Fe_2O_3	MnO	Fe_2O_3	MnO	Fe_2O_3	MnO	Fe_2O_3	MnO	Fe_2O_3	MnO
辽宁锦县天桥街	0~16	51.6	0.46	12.1	—	1.8	0.32	23.4	—	15.2	—
	16~47	29.0	0.62	11.4	0.43	2.2	0.37	42.7	69.4	18.0	86.0
	47~82	31.6	0.49	13.7	0.46	2.1	0.34	43.4	93.9	15.4	73.9
	82~125	42.7	0.59	17.3	0.44	2.6	0.34	40.5	74.6	15.2	77.3
	125~230	39.0	0.55	18.3	0.47	2.4	0.35	46.7	85.5	13.2	74.5
辽宁建昌县大黑山	0~10	43.6	0.8	15.2	0.56	2.9	0.37	34.9	70.0	19.1	66.1
	10~31	51.3	0.5	21.2	0.25	3.7	0.15	41.3	50.0	17.6	60.0
	31~87	54.5	0.9	19.5	0.56	5.2	0.36	35.8	67.5	26.6	64.8
	87~115	53.0	1.1	18.9	0.86	5.4	0.81	35.7	79.5	28.4	93.1
	115~130	49.1	0.8	16.0	0.56	3.0	0.56	32.6	71.5	18.7	98.2
山东泰安市峭峪花马湾	0~12	53.1	0.89	13.4	0.45	2.2	0.52	25.2	50.6	16.5	—
	12~30	54.5	0.98	14.7	0.47	2.6	0.53	27.0	48.0	17.1	—
	30~80	57.5	0.97	15.6	0.55	2.9	0.68	27.1	57.7	18.6	—
	80~170	58.0	1.15	16.5	0.54	2.2	0.71	28.4	51.3	13.3	—

2. 棕壤的黏土矿物 棕壤的黏土矿物处于硅铝化脱钾阶段，以水云母和蛭石为主，还有一定量的绿泥石、蒙脱石和高岭石。但因成土母质的差异和地区的差异，黏土矿物的伴生

组合也有一定的差异。辽宁比山东的棕壤地球化学风化程度低,其水云母转化为蛭石的蚀变程度较低,高岭石相对含量较少。而江苏连云港地区棕壤,高岭石较山东棕壤明显增多,水云母、蛭石和高岭石成为主要组合类型。白浆化棕壤基本上以高岭石和蒙脱石为主,水云母已不是主要黏土矿物,这反映了我国棕壤南北分异的特点。

3. 棕壤的土壤水分物理性状 发育良好的棕壤,特别是发育于黄土状母质上的棕壤,质地比较细,凋萎系数高,达10%左右;田间持水量亦高,达25%~30%,故保水性能好。棕壤的透水性较差,尤其是经长期耕作后形成较紧的犁底层,透水性更差。强降雨时,在坡地上降水由于来不及全部渗入土壤而产生地表径流,引起水土流失,严重时,表土层全部被侵蚀掉,黏重心土层出露地表,肥力下降。在平坦地形上,如降水过多,表层土壤水分饱和,会发生渍、涝现象,作物易倒伏,生长不良。

4. 棕壤的土壤化学性状 棕壤的土壤阳离子交换量(CEC)为15~30 cmol(+)/kg,交换性盐基以Ca^{2+}为主,其次为Mg^{2+},而K^+、Na^+甚少;盐基饱和度多在70%以上,同一剖

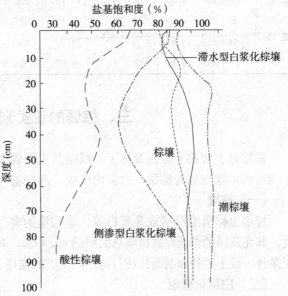

图5-1 棕壤盐基饱和度的剖面变化

面没有明显变化,而不同亚类之间变化较大(图5-1和表5-2)。土壤呈中性至微酸性反应,pH为5.5~7.0,无石灰反应。

表5-2 棕壤理化特性

亚类	地点	母质	深度(cm)	有机碳含量(g/kg)	pH 水溶液	pH KCl溶液	阳离子交换量[cmol(+)/kg]	黏粒含量(<0.002 mm,g/kg)	粉砂/黏粒	黏化率	盐基饱和度(%)	游离铁含量(Fe_d,%)	铁游离度(Fe_d/Fe_t,%)	黏粒分子比 SiO_2/R_2O_3	SiO_2/Al_2O_3
山东棕壤	山东邹县	花岗岩	0~15	3.5	6.1	5.2	12.05	158	2.01	1.00	77.84	—	—	—	3.27
			15~33	2.4	6.4	5.2	12.34	175	1.43	1.10	87.60	—	—	—	3.21
			33~45	3.3	6.7	5.5	21.05	382	1.12	2.42	97.48	—	—	—	3.22
			45~80	2.5	6.7	5.7	23.30	366	1.11	2.31	94.38	—	—	—	3.21
			80~100	0.9	6.7	5.7	17.88	302	1.27	1.19	94.02	—	—	—	3.23
			100~120	0.9	6.8	5.8	14.37	149	1.45	0.94	98.54	—	—	—	3.18
白浆化棕壤	江苏东海	片麻岩	0~18	5.4	7.1	—	10.42	56	8.46	1.00	—	14.7	49.2	2.95	3.71
			18~23	2.2	7.0	—	9.98	52	8.81	1.02	—	21.5	53.8	3.11	3.85
			23~31	5.8	7.0	—	8.00	116	3.78	2.28	—	55.6	44.0	2.46	3.04
			31~65	1.7	6.6	—	22.85	326	0.97	6.39	—	—	—	—	—
			65~85	0.5	6.3	—	20.89	359	0.62	7.04	—	—	—	—	—

（续）

亚类	地点	母质	深度（cm）	有机碳含量（g/kg）	pH 水溶液	pH KCl溶液	阳离子交换量[cmol(+)/kg]	黏粒含量（<0.002mm,g/kg）	粉砂/黏粒	黏化率	盐基饱和度（%）	游离铁含量（Fe_d,%）	铁游离度（Fe_d/Fe_t,%）	黏粒分子比 SiO_2/R_2O_3	黏粒分子比 SiO_2/Al_2O_3
潮棕壤	辽宁灯塔县	黄土	0~15	10.00	7.5		17.13	88.1	5.07	1.00	88.85			8.39	9.94
			15~24	4.58	7.8		15.76	200.9	1.78	2.28	90.16			8.39	9.92
			24~56	4.29	7.3		16.49	227.7	0.60	2.58	92.54			8.35	9.93
			56~95	4.93	6.9		19.31	257.4	1.81	2.92	87.15			7.25	8.70
			95~120	6.14	6.7		19.68	283.1	1.38	3.21	85.67			6.99	8.47

三、棕壤的亚类划分及其特征

棕壤过去曾称为棕色森林土。根据其主要成土过程所表现的程度和有关附加成土过程的影响可将棕壤划分为棕壤、白浆化棕壤、潮棕壤和棕壤性土4个亚类（图5-2）。

（一）棕壤

棕壤也称典型棕壤或普通棕壤，是棕壤的典型亚类，其在我国的总面积占棕壤总面积的67.49%，其成土条件、成土过程和剖面特征与特性同土类的描述。

（二）白浆化棕壤

白浆化棕壤是指腐殖质层或耕层以下具有"白浆层"（E）的棕壤，这是区别于棕壤其他各亚类最重要特征。

我国白浆化棕壤的总面积占棕壤总面积的1.63%，主要分布于山东、辽宁和江苏北部的低丘陵、高阶地、缓岗坡地，以及陕西的秦岭、陇山山地棕壤带的上部，并与普通棕壤呈镶嵌状分布。白浆化棕壤的成土母质为坡积物、洪积物、黄土状沉积物和冲积坡积物。其主要特征如下。

图5-2 棕壤各亚类的剖面构型

1. 剖面构型 白浆化棕壤的剖面层次构造为A-E-B_t-C或AE-B-C。在心土层之上有一个呈灰白或浅灰色的白浆层（E），为砂壤土或壤土，结构不明显或略呈片状结构；淀积层多呈棕色，质地黏重，棱块结构，结构面有明显的铁锰胶膜和SiO_2粉末。

2. 质地 白浆化棕壤的质地剖面呈明显的二层性，即表层和白浆层质地偏砂，而淀积层质地偏黏。淀积层与白浆层的黏粒比为1.45~4.77，这是造成土壤季节性滞水饱和或发生侧渗而发生白浆化过程的重要原因。

3. 化学性状 白浆化棕壤的阳离子交换量为7~25 cmol/kg，白浆层较上层和下层均低，这与表土层有机质和淀积层黏粒含量较高呈正相关。盐基饱和度偏低，通常为48%~92%。水解性酸和交换性酸均较普通棕壤高，分别为1.01~9.08 cmol/kg和0.01~1.51 cmol/kg，但低于酸性棕壤。水浸液pH为5.3~6.8，表层和白浆层略低于淀积层；而盐浸液pH则变化不大，说明淋溶作用不强。

4. 化学组成 白浆化棕壤的土体化学组成在剖面中分异明显，白浆层及其上层的硅铁铝率较淀积层的大，硅铝率也有同样的变化趋势。白浆化棕壤的黏粒硅铝率为 2.50～3.00，在同一剖面中比较一致，剖面无分异。

(三) 潮棕壤

潮棕壤的主要特征与普通棕壤相同，其在我国的总面积占棕壤总面积的 5.97%。但由于分布于丘陵坡地的坡脚和山前倾斜平原，地形平坦，地势较低，地下水位为 3～4 m，雨季可短期上升到 3 m 以内，使底土层产生潴育化过程，常有锈纹锈斑和铁锰结核。其主要特征如下。

1. 土层深厚 潮棕壤位于山前平原，土层深厚，上下层均为壤质土，通透性较好，易耕作。

2. 养分含量丰富，保肥性好 有机质含量较高，达 1.5%～2.0%，甚至更高；全氮和全磷均大于 0.1%，全钾大于 2.0%，阳离子交换量也超过 20 cmol/kg。

3. 土壤水分也较丰富，一般不出现旱涝现象 底层土壤受季节性地下水影响，故有锈斑出现。在辽宁东部山区部分地区，由于受侧渗水的影响，春季土壤发生冷浆现象。

(四) 棕壤性土

我国棕壤性土的总面积占棕壤总面积的 24.91%，主要分布于剥蚀缓丘、低山丘陵、中山坡及山脊，常与粗骨土、石质土镶嵌分布，是处于弱度发育阶段剖面分化不明显的一类棕壤。棕壤性土土体较薄，通常不超过 50 cm，其下为半风化母岩；剖面构型为 A-(B)-C；原生矿物风化弱，粗骨性强。

四、棕壤与相关土类的区别

(一) 棕壤与褐土的区别

褐土分布于暖温带半湿润地区，在剖面中有明显的 $CaCO_3$ 积聚；黏化作用以残积黏化为主，而淋溶淀积黏化作用较弱，黏化层出现部位稍高，层次厚度小；pH 中性到微碱性，SiO_2/Al_2O_3 大于棕壤，铁锰的游离度和活化度明显低于棕壤。

(二) 棕壤与暗棕壤的区别

暗棕壤分布于温带湿润地区，腐殖质层厚，土壤颜色暗；黏化率低于棕壤。

(三) 棕壤与黄棕壤的区别

黄棕壤处于北亚热带湿润地区，矿物质化学风化和淋溶、淋移作用较棕壤强烈，土壤具有弱富铝化特点，黏粒硅铁铝率低于棕壤，游离铁的含量高（大于 2%）。

第二节 褐 土

褐土是在暖温带半湿润季风气候、干旱森林灌木植被下，经过黏化过程和钙积过程发育而成的具有黏化 B 层、剖面中某部位有 $CaCO_3$ 积聚（假菌丝）的中性或微酸性的半淋溶性土壤。

一、褐土的分布与形成条件

褐土总面积的 2.51585×10^7 hm², 主要分布于北纬 34°～40°、东经 103°～122°，北起

燕山、太行山山前地带，东抵泰山、沂山山地的西北部和西南部的山前低丘，西至晋东南和陕西关中盆地，南抵秦岭北麓及黄河一线。

褐土分布区的年平均气温为 10~14 ℃，年降水量为 500~800 mm，年蒸发量为 1 500~2 000 mm，属于暖温带半湿润的大陆季风性气候。

褐土一般分布在海拔 500 m 以下，地下潜水位在 3 m 以下，母岩各种各样，有各种岩石的风化物，但以黄土状物质和石灰性成土母质为主。

自然植被是辽东栎、洋槐、榆、柏等为代表的干旱森林和酸枣、荆条、菅草为代表的森林灌木。褐土目前是我国北方的小麦、玉米、棉花、苹果的主要产区，一般二年三熟或一年二熟。

二、褐土的成土过程、剖面形态特征和基本理化性状

（一）褐土的成土过程

1. 干旱的残落物腐殖质积累过程 干旱森林灌木的残落物在其腐解与腐殖质积聚过程中有两个突出特点，第一是残落物均以干燥的落叶而疏松地覆于地表，以机械摩擦破碎和好气分解为主，所以积累的腐殖质少，腐殖质类型主要为胡敏酸；第二是残落物中 CaO 含量丰富，如残落物中的 CaO 含量一般可高达 2%~5%，生物归还率可高达 75%~250%，仅次于硅（10%~20%），保证了土壤风化中淋溶钙的部分补偿。

2. 碳酸钙的淋溶与淀积 在半湿润条件下，原生矿物的风化首先是大量的脱钙过程，这个过程的元素迁移特点是 CaO 和 MgO 大于 SiO_2 和 R_2O_3 的迁移。但由于半干旱半湿润季风气候的特点，一方面是降水量小，另一方面是干旱季节较长，由于 CO_2 分压随着土层深度的加大而下降，到达一定深度 CO_2 的量即少到可导致土体水流中带有的 Ca（HCO_3）$_2$ 生成 $CaCO_3$ 而沉淀。这种淀积深度，也就是其淋溶深度，一般与其降水量呈正相关。

3. 黏化作用 褐土的形成过程中，由于所处温暖季节较长，气温较高，土体又处于碳酸盐淋移状态，在水热条件适宜的相对湿润季节，土体风化强烈，原生矿物不断蚀变，就地风化形成黏粒，致使剖面中下部土层里的黏粒（<0.002 mm）含量明显增多。在频繁干湿交替作用下，发生干缩与湿胀，有利于黏粒悬浮液向下迁移，并在结构体面上与孔隙面上淀积。因此出现残积黏化与悬移黏化两种黏化特征。

褐土的黏化过程以残积黏化过程为主，这是因为夏季的高温与高湿同时出现，在土壤的一定深度常能保持相当稳定的土壤温度与湿度，因而有利于土体内的矿物进行原地风化而合成次生黏土矿物和氧化物晶质与非晶质化合物，它是土壤质地变细的物质基础。褐土残积黏化包括两个方面，一方面是矿物中的铁在当地水热条件下，于土体内进行铁元素的水解与氧化，形成部分游离氧化铁（有无定形与微晶型），它是染色物质的基础，所以土体颜色发褐，但是其总体含铁量不产生变异；残积黏化的另一方面表现是土壤原生矿物水化与脱钾的初步风化过程，形成了大量的水化云母等次生矿物，而且也有进一步风化而形成的蛭石等。

褐土的悬移黏化过程比较弱。褐土具有明显的干湿季节变化，形成土体裂隙，黏土矿物在雨季随重力水在结构体间隙向下移动，在一定深度由于钙质环境、孔隙密度等化学、物理等原因而淀积，这种悬移黏粒往往具有光性定向特征，但土壤结构表面上的黏粒胶膜不明

显。黏粒下移深度及黏化层的厚度往往与区域降水呈正相关。例如山东和河南褐土的黏化层位深度一般在 40～60 cm 以下，其厚度往往达 50 cm 左右；而山西和河北的黏化层位深度在 30 cm 以下，其厚度仅 30～40 cm。而且在同一地区，褐土黏化层的层位深度及厚度因土而异，一般是淋溶褐土＞褐土＞石灰性褐土亚类。

在褐土的黏化过程中一般以残积黏化为主，而伴有一定的淋淀黏化，它们在不同的亚类中的比重并不一样。一般石灰性褐土以前者为主，淋溶褐土以后者为主。然而，在一个剖面中两者常常同时存在。

4. 人为生产活动及气候变迁的叠加过程　褐土一般都发育于上更新世的马兰黄土母质上，在华北平原尚有称为马兰阶地的黄土沉积层，据地质年龄推算均起始于 3 万～5 万年以前。在这个地质历史时期里，特别是在全新世以来，人类生产活动进入文化历史时期以后，气候变迁及人类的生产活动，在土壤表面产生叠加过程，最明显的就是褐土的复钙过程和耕作层的叠加过程。首先，气候的演变和地质动力的叠加过程最明显表现为"降尘"，即风力吹来黄土尘埃的现代复钙过程，以及某些阶地上河水溢漫的复钙过程等，甚至也包括旱生植被中钙元素的生物归还复钙过程等。其次，人为耕作施肥，特别是华北地区及黄土高原的河谷地区，例如渭河谷地长期施用土粪（黄土垫圈堆肥），娄土的垫加过程主要来源于此。

（二）褐土的剖面形态特征

典型的褐土的剖面构型为 $A-B_t-C_k$ 或 $A-B_t-C$。

1. 腐殖质层或淋溶层　腐殖质层或淋溶层（A 层）厚度一般为 20～30 cm，在淋溶褐土中可达 30 cm 以上，土壤有机质含量为 10～20 g/kg，土壤呈亮棕色或暗棕色。质地多为壤质土，屑粒状至小团块状结构，疏松，有较多的植物根系及植株残体。如为耕层则多有瓦片、煤渣等侵入体，有石灰反应，向下呈逐渐过渡或水平状过渡，其下可能有 A/B 层。

2. 黏化淀积层　黏化淀积层（B_t 层）厚度一般为 30～50 cm，厚者可达 70 cm 以上（如淋溶褐土），颜色多为棕色，我国长期采用"褐色"一词来代表其特性特征。质地多为粉砂质壤土至黏壤土，多具块状或棱块状结构，某些褐土的土壤结构体表面有褐色或红棕色的胶膜，呈断续状或连续状覆盖，或仅位于结构体的交接处。通常有石灰质假菌丝状新生体，土壤石灰反应中等，中性至微碱性，一般情况下有少量植物根系沿结构体间的裂隙穿插。黏化淀积层（B_t 层）与钙积层（B_k 层）虽非同层，但也可在同一位置形成 B_{tk} 层。褐土的剖面特征，主要是淀积碳酸盐假菌丝体，可沿根系聚积并下移至更深的土层。部分褐土的表土层及黏化淀积层均无游离石灰存在，但 pH 仍在 7 左右，交换性盐基处于钙的饱和状态。发育于较新沉积黄土母质上的褐土，全剖面均含游离石灰，黏化淀积层发育微弱。

3. 母质层　母质层（C）的性状因母质来源而异。如果为黄土母质，则原黄土物质多有"变性"分异，例如脱钙作用、土体颜色分异、块状结构的形成及植物根系穿插等；如果为基岩风化的残积物，或残积坡积物，则原岩石碎屑还清晰可辨，而且裂隙中夹有较多的碎屑风化物及细土粒，且多有石灰质积聚，土壤呈中性至微碱性；如果为冲积母质发育的潮褐土，剖面底层往往因受潜水影响而具有因氧化还原作用而形成的锈纹锈斑等特征。

（三）褐土的基本理化性状

褐土的基本理化性状见表 5-3。

表 5-3 褐土理化性状

(引自中国土壤系统分类,1999;中国土壤,1998)

亚类	地点	母质	深度(cm)	有机碳含量(g/kg)	水浸液pH	$CaCO_3$含量(g/kg)	阳离子代换量[cmol(+)/kg]	盐基饱和度(%)	黏粒含量(<0.002 mm,g/kg)	黏化率	黏粒分子比 SiO_2/R_2O_3	黏粒分子比 SiO_2/Al_2O_3
褐土	北京房山	黄土	0～17	5.3	8.5	12.0	16.00	100.00	104.0	1.00	2.81	3.67
			17～41	4.4	8.4	4.0	17.31	100.00	176.0	1.69	2.77	3.61
			41～68	3.4	8.3	2.0	18.25	100.00	228.0	2.19	2.76	3.56
			68～96	3.0	8.2	1.0	15.24	100.00	252.0	2.42	2.71	3.47
			96～135	1.6	8.2	1.0	14.24	100.00	75.0	0.72	2.75	3.53
			135～155	0.7	8.4	—	15.96	100.00	315.0	3.04	2.82	3.64
淋溶褐土	山东昌乐	玄武岩	0～24	7.37	6.7	0.2	20.62	98.93	220.0	1.00	2.92	3.97
			24～39	4.76	7.1	0.2	19.58	100.00	228.0	1.04	2.91	3.98
			39～80	4.58	7.1	0.4	25.38	100.00	370.0	1.68	2.94	3.87
			80～112	2.78	7.3	0.2	25.56	100.00	304.0	1.38	3.07	4.04
			112～130	3.07	7.3	0.1	28.13	100.00	326.0	1.48	2.95	4.01
石灰性褐土	河北井陉	黄土	0～20	13.0	7.7	103.0	12.90	100.00	241.0	1.00	3.52	4.26
			20～38	5.7	7.8	53.1	13.50	100.00	204.0	0.87	—	—
			38～86	4.0	7.6	71.0	11.70	100.00	199.8	0.83	—	—
			86～150	3.2	7.8	110.0	12.10	100.00	199.5	0.83	—	—
潮褐土	辽宁建平	黄土	0～18	10.44	8.1	24.7	16.76	100.00	215.0	1.00	2.95	3.69
			18～40	9.34	8.2	45.0	20.84	100.00	259.0	1.20	2.86	3.55
			40～95	7.13	8.2	80.2	18.37	100.00	248.0	1.15	2.99	3.73
			95～155	5.63	8.1	83.6	16.33	100.00	279.0	1.30	3.04	3.83
			155～210	5.28	8.2	109.8	16.29	100.00	263.0	1.22	2.99	3.73
娄土	陕西杨陵	黄土	0～23	6.80	8.0	—	14.99	100.00	321.0	1.00	2.99	3.70
			23～35	3.79	8.2	—	14.66	100.00	321.0	1.00	3.17	3.79
			35～74	3.21	8.2	—	14.85	100.00	310.0	0.96	3.06	3.79
			74～95	3.46	8.2	—	20.20	100.00	385.0	1.20	2.90	3.73
			95～163	3.71	8.2	—	20.70	100.00	401.0	1.25	2.84	3.68
			163～196	3.11	8.1	—	19.26	100.00	388.0	1.21	2.82	3.66
			196以下	2.26	8.2	—	11.60	100.00	216.0	0.67	2.94	3.80
褐土性土	河南荥阳	黄土	0～16	3.02	8.9	87.8	6.25	100.00	115.0	1.00	2.97	3.82
			16～28	2.26	9.0	90.5	5.55	100.00	120.0	1.04	—	—
			28～50	1.68	9.0	95.2	5.18	100.00	125.0	1.09	2.98	3.92
			50～65	1.68	9.0	94.2	5.18	100.00	123.0	1.07	—	—
			65～120	1.62	8.6	90.6	4.63	100.00	118.0	1.03	3.00	3.90

1. 褐土的机械组成 褐土的土壤颗粒组成,除粗骨性母质外,一般均以壤质土居多。在这种质地剖面中,主要特征是在一定深度内具有明显的黏粒积聚,即黏化层,其黏粒(<0.002 mm)含量一般大于25%,黏化特征层的黏化值(B/A)>1.2。由于黏粒的积聚,

第五章 棕壤和褐土

碳酸钙含量也高，土壤呈中性到微碱性，盐基饱和度多在 80% 以上，钙离子饱和。黏粒的交换量一般为 40～50 cmol/kg。

2. 褐土的黏土矿物　褐土在暖温带季风气候条件下，虽然有一定量的黏土矿物的形成与悬移，但矿物的类型及元素的风化迁移变化不大，且各亚类间的矿物风化程度差异也不大。由于矿物风化处于初级阶段，其黏土矿物以水化云母或云母层间钾离子释放而形成的伊利石为主（含量为 20%～70%），蒙脱石次之（含量为 10%～50%），有少量的高岭石出现，这是由于矿物风化尚处于脱钾阶段，由云母层间钾离子释放而形成的蛭石并不多，仅淋溶褐土开始有少量的蛭石或绿泥石，可能为母质的残留性状。

胶膜的黏粒有光学定向特性，说明有淋溶淀积黏化发生，而且根据显微薄片研究，在少量的大孔隙中的石灰质成分有再结晶的大颗粒方解石。

3. 褐土的游离铁的活动与积聚　褐土处于季节性湿热气候条件下，黏土矿物中铁元素季节性水解、氧化和迁移均比较明显，而且在黏化淀积层（B_t）往往有微量积聚，因而导致剖面中硅铁率的变异。这种黏土矿物特征一方面可以说明褐土的矿物风化迁移的高价元素中仅有铁的移动，而二氧化硅与三氧化二铝均无迁移；另一方面也可视为褐土中褐色黏土矿物的物质基础。

4. 褐土的物理性状及水分物理性状　一般说来，土壤的物理性状及水分物理性状与土壤质地关系较大，一般表层容重为 1.3 g/cm³ 左右，底层为 1.4～1.6 g/cm³，砂性质地则稍大，黏性质地则稍小。褐土剖面中一般无特殊的障碍性层次，个别的石灰性褐土有石灰淀积层，但一般不影响水分物理特性。

5. 褐土的有机质及养分状况　一般耕种的褐土，0～20cm 的有机质含量为 1%～2%，非耕种的自然土壤有机质含量可达 3% 以上，特别是淋溶褐土与潮褐土亚类如此。石灰性褐土与受侵蚀的褐土的有机质含量均较低。褐土的含氮量为 0.4～1.0 g/kg，碱解氮含量为 40～60 mg/kg，供氮能力属中等水平。磷的有效形态低，其中淋溶褐土的铝磷和铁磷居高，而石灰性褐土的钙磷居高，这也比较符合其土壤地球化学规律。褐土有效钾含量一般均在 100 mg/kg 以上，所以钾比较丰富。至于微量元素，则与土壤的 pH 和母质关系较大。

6. 褐土的盐基饱和度 $CaCO_3$　一般褐土全剖面的盐基饱和度在 80% 以上，pH 为 7.0～8.2，根据不同亚类特征，其 $CaCO_3$ 出现于不同层次，如图 5-3 所示。

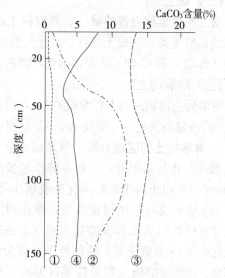

图 5-3　褐土的 $CaCO_3$ 剖面曲线
①淋溶褐土　②褐土　③石灰性褐土　④复石灰性褐土

三、褐土的亚类划分及其特征

1936 年，美国土壤学家 J. 梭颇在山东考察土壤时，首先将褐土称为山东棕壤，以有别于欧洲的棕壤。1955年,苏联土壤学家 B. A. 柯夫达与 И. Л. 格拉西莫夫,相继来我国北方及关中地区进行土壤考察,确定其相似于地中海区的干旱森林与灌木草原景观下的褐土,褐土的称谓由此得来。通过第二次全国土壤普查及相关条件下的大量研究,确定我国褐土属于半淋溶土纲下的一个土类。

褐土亚类划分主要根据土体所反映的淋溶程度及黏化特征相结合等划分为淋溶褐土、(普通)褐土和石灰性褐土等。其他则根据其主导成土过程及附加成土过程所表现的土壤剖面特征而划分出墣土、潮褐土与褐土性土,具体可参考图5-4。

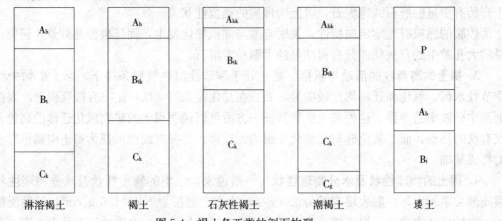

图 5-4 褐土各亚类的剖面构型

(一)褐土

褐土亚类也称为普通褐土、典型褐土,在我国其面积占褐土类总面积的 8.98%,是褐土类的典型亚类,其成土条件、成土过程和剖面特征与特性同土类的描述。剖面中的黏化淀积层(B_t 层)有 $CaCO_3$ 新生体出现,即所谓 $A-B_{tk}-C$ 剖面构型。

(二)淋溶褐土

淋溶褐土面积占褐土总面积的 18.75%,其主要特征是全剖面没有 $CaCO_3$ 出现,或在母质层(C 层)有少量石灰残余,形成 $A-B_t-C_k$ 剖面构型。

1. 淋溶褐土的区域分布 淋溶褐土分布于褐土区的东部、东北与东南等,一般是降水量偏高处(如>650 mm),所以土壤中矿物风化的脱钙作用比较强烈。淋溶褐土的形成与母质因素有关,即在相同气候条件下,非碳酸盐母质和弱碳酸盐母质(如花岗岩、片麻岩风化物及 Q_3 老黄土等)往往易于发育为淋溶褐土甚至棕壤。因而淋溶褐土在与棕壤区形成一种镶嵌分布模式。

2. 淋溶褐土的黏化层特征 淋溶褐土的黏化层具有较强的淋淀黏化特征,所以与褐土的其他亚类相比往往是黏化层的层位较低,而且黏化层的厚度较大,特别是在黄土母质上,其黏化层的厚度可达 1 m 以上,并有黏粒胶膜出现,这种剖面黏化曲线特征可参考图5-5。在北京地区,这种黏化层的表现与 Q_3 的黄土层

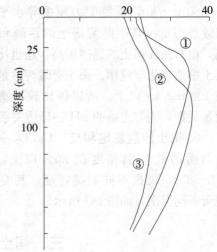

图 5-5 褐土的剖面黏粒分布曲线
①褐土 ②淋溶褐土 ③石灰性褐土

位有关，所以也可认为是一个古土壤过程。

3. 淋溶褐土的风化淋溶系数 它一般反映了矿物风化情况，因为在风化过程中往往随着 SiO_2 与 CaO 的淋失，而使 SiO_2/Al_2O_3 与土壤风化淋溶系数的（ba）逐渐减少。例如根据《辽宁土壤志》，其淋溶褐土一般分别为 7.94 和 0.58，而普通褐土则为 8.72 和 0.75，石灰性褐土则分别为 9.09 和 1.24。另一方面，K_2O/Na_2O 则随矿物的风化程度加深和 Na_2O 的淋失而比值加大，例如淋溶褐土为 0.85，普通褐土为 0.75，所以总的来说，淋溶褐土的风化淋溶系数较高。

（三）石灰性褐土

我国石灰性褐土的面积占褐土总面积的 20.06%，分布于褐土区西部，与上述两个亚类相比，石灰性褐土具有下述特点。

①石灰性褐土的 $CaCO_3$ 在全剖面分异不明显，土壤风化的脱钙过程处于初始阶段，如果剖面中有石灰结核层，那是古土壤过程的遗迹。

②石灰性褐土的黏化现象较弱，例如黏化层颜色的鲜艳程度，黏化层的棱块状结构等与普通褐土相比均较弱，$B_t/A \leqslant 1.2$ 者居多，黏化层位也偏高，厚度偏薄。

③石灰性褐土的表层有机质含量较低，但多在 1% 以上。

④石灰性褐土呈近弱碱性，pH 一般为 8.0~8.5，$CaCO_3$ 含量为 50~100 g/kg。

（四）潮褐土

我国潮褐土的面积占褐土总面积的 10.17%，其主要特征同褐土亚类，只是处于山前平原区，在雨季有可能短期使地下水位抬高到 3 m 左右，或者土体下层短时间的水分饱和，因而在底土中受一定时期的地下水升降作用影响，而具有潴育化现象。其主要特征如下。

①潮褐土表层有机质含量较为丰富，一般小于 2%，有碳酸钙反应。

②潮褐土黏化层表现较弱，特别是成土时间短，或土壤母质较轻者均表现如此，但 $B_t/A \geqslant 1.2$。

③潮褐土母质层（C 层）往往有一定数量的锈纹锈斑（7.5YR）与暗色的铁锰斑点或软质的小的（0.2~0.5 cm）铁锰结核。有时在底土层（如 1 m 以下）有由古土壤水文过程而遗留下的砂姜结核。

（五）堘土

堘的意思是指土壤像楼房一样，由人工堆垫形成两层，即在普通褐土表层以上形成一个人工堆垫的表层；它是人为长期旱耕熟化，施入土粪或富含有机质的农家肥并有风尘自然沉降而形成的人工土层（以 P 表示），厚度≥50 cm，具有多层耕种熟化层段，即在现耕层和犁底层之下具有埋藏的老耕作层。堘土也称为堆垫褐土，其形成过程包括土垫作用、复钙作用、双重淋淀作用和土垫培肥作用。

1. 土垫表层 堘土的土垫表层粉粒和黏粒（<0.002 mm）含量分别是 600 g/kg 左右和 270 g/kg 左右，土壤容重为 1.22~1.47 g/cm³，总孔隙度为 46.0%~54.8%，其中犁底层容重大，总孔隙度小，非毛管孔隙度小。土垫表层的此种物理性质有利于保水保肥，也为作物苗期生长创造了良好的土壤生态环境。

2. 黏化层 堘土黏化层粉粒和黏粒含量分别是 570 g/kg 左右和 300 g/kg，土壤容重为 1.42~1.50 g/cm³，总孔隙度为 45.3%~48.0%。总体而言，土质黏，物理性质不良。虽然如此，此层土壤呈棱块状结构，垂直节理发育，在一定的条件下有利于水分下渗，或者下渗急剧减缓等。

3. 钙积层和母质层 塿土钙积层和母质层粉粒、黏粒和物理黏粒含量分别为 674 g/kg、250 g/kg 和 515 g/kg 左右，土壤容重为 1.27～1.34 g/cm³，总孔隙度为 50%左右。这有利于承受上层渗透水、深层储水，可满足作物生长发育后期对水分的需要。

大部分塿土壤分布于我国古老农业区的关中平原，其他古老农业区也有点状分布。据研究，土垫表层的年龄为 2570±160 年至 2580±160 年，这个数据与此种土壤在陕西关中平原等地区农业发展历史是一致的，它是我国特有的褐土类型。

（六）褐土性土

褐土性土指褐土剖面中碳酸钙已开始分化脱钙，但尚未形成明显的黏化特征的土壤。其剖面呈 A-（B_k）-C 构型，广泛分布于褐土区的山丘地段，因为侵蚀的缘故，一直处于褐土发育的初级阶段，母质特征明显，无明显的黏粒移动与淀积，碳酸钙有轻微淋淀现象，全土壤剖面具石灰反应，土壤 pH 值在 7.5 以上，土壤养分含量不高。褐土性土是褐土中面积最大的亚类，占褐土总面积的 37.83%，说明了褐土区土壤侵蚀强烈。

四、褐土与相关土类的区别

（一）褐土与棕壤的区别

棕壤为暖温带湿润森林下的淋溶土，因此在剖面形态方面，棕壤的淋淀黏化明显。黏化的层次出现的层位稍低，层次厚度较大，黏化系数 $B_t/A>1.4$，SiO_2/R_2O_3 一般<2.5，近酸性，且剖面中无 $CaCO_3$ 积聚，这也是淋溶褐土与棕壤的主要区别。此外，在过渡地带的同一地区内，土壤剖面中的 $CaCO_3$ 的有无往往与母质关系密切，如钙质母质者多发育为褐土，反之，则发育为棕壤，所以往往在过渡地带形成褐土与棕壤的镶嵌分布。

（二）褐土与黄棕壤、黄褐土的区别

黄棕壤和黄褐土属于北亚热带淋溶土，淋淀黏化明显，并有一定的富铝化过程，铁的游离度较高，Fe_d/Fe_t 可达 40%。土体无石灰反应，所以褐土与黄棕壤、黄褐土的比较容易区分。

（三）褐土与栗褐土的区别

栗褐土属钙层土纲，全剖面为钙所饱和，$CaCO_3$ 含量一般为 5%～15%，pH 为 8.0 左右，所以脱钙黏化过程不明显，黏化比值<1.2，这是石灰性褐土与栗褐土的分类边界。

第三节 棕壤与褐土的合理利用

这两种土壤都是我国北方地区的主要农业土壤，耕作历史悠久。据第二次全国土壤普查结果，棕壤开垦耕地为 $3.8187×10^6$ hm²，占棕壤总面积的 18.95%；褐土开垦耕地为 $1.106\ 32×10^7$ hm²，占褐土总面积的 43.9%。但土壤侵蚀较为普遍，合理开发和保护这些土壤，发挥这些土壤生产潜力，也关系到下游和区域的生态环境问题。

一、棕壤与褐土的农业利用

（一）棕壤与褐土的一般农业利用

潮棕壤和潮褐土由于所处地形平坦，土体深厚，质地适中，地下水条件较好，基础肥力

高,生产性能好,是古老的耕种土壤,农业利用居各亚类之首。一般均有灌溉条件,耕作较精细,土壤熟化程度也较高。适种作物有玉米、小麦、高粱、大豆、花生、棉花等。辽宁为一年一熟,山东、河北、江苏为一年二熟或二年三熟。

塿土,地处渭河谷地,历史上就有灌溉之利,是我国西北区的主要粮食产区。

山丘区的棕壤和褐土分布地势较高,耕种后常有不同程度的水土流失;虽然排水条件好,但大部分无灌溉条件,产量不稳,适种作物有玉米、大豆、谷子、杂粮、黄烟等耐旱作物。

白浆化棕壤以山东和江苏两省最多,由于土体构型和生产性能不良,多属中低产旱地土壤,一年一熟或二年三熟。

棕壤性土与褐土性土有一部分辟为农业用地,由于土壤侵蚀严重,土薄石多,肥力瘠薄,耕作粗放,又无灌溉条件,故产量很低。

山地垂直分布带的棕壤与褐土的土层薄,石砾多,坡度大,耕作粗放;加之海拔高,温度低,积温少,日照不足,供肥能力差,生产水平很低。由于坡度大,易引起地表径流导致水土流失,滑坡和泥石流也时有发生。因此凡坡度大于25°者应一律退耕还林还草。但在人均耕地少,短期内难以退耕的农用地,必须平整土地加厚土层,修筑梯田,减轻水土流失,防止滑坡和泥石流发生,以保护生态环境。此外,改轮歇、撂荒为补肥轮作,实行保护性耕作,增施腐熟的热性有机肥、化肥,促进土壤养分释放,提高土壤供肥能力。

因地制宜综合治理与改造中低产棕壤和褐土。首要问题是挖掘水源扩大水浇地面积,发展节水灌溉;第二是广开肥源,培肥地力,如发展农区畜牧业并推广秸秆还田,或麦收留高茬还田;第三是合理施用化肥,特别是增施磷肥,补施钾肥,全面推广优化配方施肥技术。

(二)雨养农业的棕壤与褐土的利用

对于没有灌溉条件,必须实行雨养农业的棕壤与褐土区,农业的管理措施主要是:

1. 保墒耕作 将农民的经验与现代旱作农业的土壤少耕理论和措施相结合,采用镇压与耙地是保墒的主要措施。

2. 地面覆盖 包括塑料薄膜覆盖与干草覆盖等,对减少田面蒸发和早期提高地温等均具有明显效果。

3. 节水灌溉 例如果树的滴灌、大田作物的地下灌溉与喷灌等,既节约用水,又防止因灌溉冲刷而引起的土壤结构破坏。

二、棕壤与褐土的园艺利用

棕壤与褐土位于暖温带湿润和半湿润气候区,光热资源丰富,适宜栽培果树,是我国北方果树的重点产区。主要果树有苹果、梨、桃、葡萄、山楂等20余种。其中烟台苹果、莱阳的梨、大泽山葡萄、肥城佛桃、青州蜜桃、福山大樱桃、辽红山楂等均是名优果品。主要干果有核桃与板栗,燕山板栗和山西核桃均是名优果品。

果树分布高度一般在海拔500 m以下的丘陵和排水良好的坡地。目前存在的主要问题是,土壤有机质含量低,常受春旱和夏旱的威胁,致使果品产量低而不稳。改良利用的途径是,实行果园行间种草,积极推广草木樨、沙打旺等绿肥作物,有助于提高土壤肥力和保持水土。合理施用化肥,协调氮磷钾配比。对缺锌、硼的果园土壤,还应根外追肥。果树喷施稀土肥料,果实色泽好,果实酸度下降,含糖量增高,可作为提高果品质量的一项重要措施。在有条件的果园应建立喷灌、渗灌等多种方式的灌溉系统。此外,可在果产区及附近山区营造防护经济林和水土保持林,形成多层次的果林生态景观。

三、棕壤与褐土的林业利用

(一) 山地棕壤与褐土的林业利用

山地棕壤与褐土林地存在的主要问题是:①原生落叶阔叶林破坏严重,多为次生幼林替代,林相残败;②针阔叶混交林分布带坡度陡,土层薄且石砾含量高,林木产量低,林木采伐后土壤变干不易自然更新。此外,还有荒山、疏林地待改造。

棕壤与褐土区主要树种有油松、赤松、栎类、槭、椴、桦、水曲柳、花曲柳、核桃楸等。林分组成以中幼林居多,成熟林少,林分质量差,单位面积材积量低。

(二) 棕壤与褐土的抚育改造次生林

抚育改造次生林应采取下述综合技术管理措施。

①因林制宜划分营林类型,根据适地适树原则选择适生树种。土体深厚、湿润肥沃和排水良好的阴坡和半阳坡,适种树种有红松、长白落叶松、椴、枫、杨等;土体较薄、土壤干旱、肥力不高和质地较粗的阴坡和半阳坡,适种树种有油松、辽东栎、刺槐、白桦、山杨等;在海拔较高地以落叶松、油松为主,低海拔地带可以华山松、辽东栎、核桃等为主。

②采伐成熟林,留出保安林。在缓坡地采取块状或带状皆伐,陡坡地采取择伐,防止水土流失。

③应以封山育林为主,搞好水土保持,改善立地条件,实行一沟一坡地集中营造速生丰产用材林,逐步恢复和发展成落叶阔叶经济林和用材林。

(三) 丘陵棕壤区发展柞蚕养殖业

辽宁和山东丘陵棕壤区柞蚕资源丰富,天然次生柞树林疏密适宜,林下密生灌草,是理想的养蚕"天惠之地"。但是由于掠夺式的经营,水土流失加剧,柞蚕山场土壤退化严重,肥力下降,柞树生长衰弱,产叶量和产茧量日趋下降。改良利用途径是:①保护现有蚕场植被,养蚕期禁止清割草灌植物。对一等蚕场提倡柞蚕闲期清割,生育期只准清割作业道,以利植物自然繁衍。②人工种植草灌植物,如胡枝子、多花木兰等豆科植物进行保护带种植。③对于出现砂砾化斑块或侵蚀沟,应补植柞树,并用胡枝子、多花木兰等进行带状密植,必要时采取工程措施和生物措施相结合治理侵蚀沟。对水土流失严重的蚕场进行封场育柞,或停蚕还林。

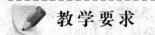
教学要求

一、识记部分

识记腐殖质累积、褐土、棕壤、残积黏化、淋淀黏化。

二、理解部分

①从淋溶褐土到典型褐土,再到石灰性褐土,淋溶强度或钙积层在剖面中的层位出现深

度有什么不同？它们这种差别仅仅是因为气候湿润度不同造成的吗？

②棕壤的黏化过程与褐土黏化过程的异同点是哪些？

③若按剖面形态特征和理化性状，棕壤是否都比褐土显现出淋溶强度大？母质在此起什么作用？

④褐土性土或棕壤性土在形态特征上都没有显现出褐土土类或棕壤土类概念要求的黏化特征，但它们依然算褐土或棕壤的一员，是否由此说明地理发生学分类更注重成土条件？

⑤褐土性土与棕壤性土均表现了其幼年性，也说明了该区土壤侵蚀的严重性。褐土性土与棕壤性土的主要利用方向是什么？

⑥褐土性土→淋溶褐土→褐土→潮褐土实际上反映了地形对土壤发生的影响，它们各自一般出现在什么地形部位？

⑦棕壤与褐土的主要利用方向与应注意的问题是什么？

⑧为什么说潮棕壤与潮褐土是棕壤与褐土中的农业高产土壤？

⑨怎样区分残积黏化和淋淀黏化？除微形态的光学定向特征以外，还有那些特征？

⑩棕壤或褐土的棕色或褐色的起因是什么？

三、掌握部分

掌握褐土与棕壤的典型概念、褐土与棕壤在土壤形成条件和土壤性质方面的差别。

 主要参考文献

丁鼎治．1994．河北土壤［M］．北京：农业出版社．

贾文锦．1992．辽宁土壤［M］．沈阳：辽宁科学技术出版社．

林培．1994．区域土壤地理学［M］．北京：北京农业大学出版社．

全国土壤普查办公室．1998．中国土壤［M］．北京：中国农业出版社．

张俊民．1986．山东省山地丘陵区土壤［M］．济南：山东科技出版社．

章明奎．2001．土壤地理学与土壤调查技术［M］北京．中国农业科学技术出版社．

中国科学院南京土壤研究所土壤系统分类课题组，等．2001．中国土壤系统分类检索［M］．3版．合肥：中国科学技术大学出版社．

第六章

黄棕壤与黄褐土

黄棕壤与黄褐土是北亚热带湿润的常绿阔叶与落叶阔叶林下的淋溶土壤,主要分布于我国黄河以南长江以北,于北纬27°~33°的东西窄长地带,也分布于江苏和安徽长江两侧,浙江北部低山、丘陵、阶地,江西北部、湖北北部海拔1 100~1 800 m的中山上部,以及四川、云南、贵州、广西等的中山垂直带。黄棕壤与黄褐土区是我国一年二熟的小麦、玉米、棉花与水稻的著名产区。

黄棕壤与黄褐土在土壤形成和土壤风化方面属于温带棕壤、褐土与亚热带黄壤、红壤之间的过渡性土壤;原生矿物分解比较强烈,易形成次生黏土矿物,有明显的黏化作用和弱富铝化作用,铁锰易发生淋溶与淀积。黄棕壤一般位于东部湿润区,而黄褐土则分布在西部半湿润区;黄棕壤由于淋溶作用较强,土壤一般呈酸性至微酸性反应,黄褐土则淋溶程度较弱。但在过渡地带的同一地区,钙质母质多发育为黄褐土,否则发育为黄棕壤,因而往往形成黄棕壤与黄褐土的镶嵌分布。

黄棕壤与黄褐土分布区由于气候特征具有自温带向亚热带的过渡性,分类命名有过许多变动。20世纪50年代中期苏联土壤学家И·Л·格拉西莫夫在我国南京进行土壤考察时,认为它是处于褐土与黄壤(红壤)之间的过渡地带,具有褐土黏化与黄壤(红壤)铁锰化合物含量较高的特征,因而命名为黄褐土。1957年马溶之等根据对安徽黄山的土壤研究,提出了黄棕壤的概念。此后经过很多土壤学家的研究,全国土壤普查修订的分类系统确定黄棕壤与黄褐土为湿暖淋溶土亚纲的两个土类。一般黄棕壤比黄褐土的淋溶程度大,分布于该土壤类型的东部和较湿润的地区。

第一节 黄棕壤

黄棕壤是北亚热带湿润气候、常绿阔叶与落叶阔叶林下的淋溶土壤,具有暗色但有机质含量不高的腐殖质表层和亮棕色黏化B层,通体无石灰反应,呈微酸性,土壤剖面构型为$O-A_h-B_{ts}-C$的淋溶性土壤。

一、黄棕壤的分布与形成条件

我国黄棕壤的总面积为$1.803×10^7 hm^2$,主要分布于江苏和安徽长江两侧及浙江北部地区。其气候条件属北亚热带湿润气候区,年平均温度为15~16 ℃,年降水量为1 000~1 500 mm。其地貌类型主要是丘陵、阶地等排水条件较好的部位。黄棕壤的母质为花岗岩、片麻岩、玄武岩等风化物的残积物和坡积物,以及第四纪晚更新世的下蜀黄土,表6-1中列出了发育在不同母质上的黄棕壤的主要理化性质。黄棕壤分布区的自然植被为常绿阔叶或落叶阔叶林，主要成分有槭属、枫杨属及栎属等阔叶树种，也有南方树种的青冈栎、女贞、石楠等，并广泛栽培有杉木、水杉、毛竹、油茶、油桐等人工林。黄棕壤的农业利用以旱作与水稻为主，是我国主要的粮食、茶叶与蚕桑的重要生产基地。

表 6-1 黄棕壤的理化性质

地点	母质	深度 (cm)	有机质含量 (g/kg)	pH 水溶液	pH KCl	阳离子代换量 [cmol(+)/kg]	有效阳离子代换量 [cmol(+)/kg]	黏粒 (<0.002 mm) 含量 (%)	粉砂/黏粒	盐基饱和度 (%)	游离铁含量 (Fe_d,%)	铁游离度 (Fe_d/Fe_t,%)	黏粒分子比 SiO_2/R_2O_3	黏粒分子比 SiO_2/Al_2O_3
南京中山陵	砂岩	0~5	29.1	5.60	4.30	10.65	8.64	17.50	1.82	73.3	1.95	66.60	—	—
		5~25	10.2	5.70	4.10	9.33	8.59	21.20	1.58	76.0	2.12	70.20		
		25~45	4.6	5.30	3.80	8.65	7.85	20.20	1.53	55.0	1.93	67.70		
		45~75	2.6	5.40			8.58	15.20		70.8		69.40		
		75~135	2.0	5.50	3.80	10.52	7.78	15.20	1.43	49.4	2.60	75.40		
安徽肥东	花岗岩	0~20	—	5.65	4.17	18.03	16.34	22.00	2.43	88.7	2.29	48.30	2.44	3.02
		20~45		5.96	4.58	17.89	15.40	21.30	2.90	85.0	2.33	49.30	2.44	3.00
		45~90		6.00	4.67			21.50	2.81	84.3	2.51	49.7	2.35	2.88
		90~125		6.31	4.82	17.14	14.42	19.80	3.50	83.8	2.48	51.70	2.36	2.92
湖北襄阳	页岩	0~16	25.5	5.17	3.92	14.36	9.06	30.90	2.13	60.45	2.21	49.30	2.77	3.47
		16~25	13.1	4.93	3.85	14.65	9.78	35.40	1.71	48.55	—	—		
		25~65	9.6	5.39	3.95	23.77	14.81	52.90	0.84	49.47	3.46	46.20	2.40	3.46
		65~75	7.9	4.17	3.44	23.47	17.58	51.70	0.54	61.36				
		75~100	4.3	5.77	3.38	19.21	15.60	49.10	0.84	65.80	3.90	65.70	2.95	3.90
江苏句容	下蜀黄土	0~10	18.4	4.74	3.26	13.39	10.41	25.54	2.71	34.95	1.76	41.22	2.41	3.11
		10~38	10.3	4.80	3.28	21.84	12.88	36.65	1.66	27.66	2.38	42.88	2.26	2.95
		38~88	5.7	5.41	3.55	21.59	13.34	41.48	1.51	51.37	2.77	43.62	2.21	2.88
		88~150	3.9	5.99	4.01	18.59	12.01	36.54	1.58	60.89	2.57	43.93	2.27	2.96

二、黄棕壤的成土过程、剖面形态特征和基本理化性状

（一）黄棕壤的成土过程

1. 黄棕壤的腐殖质积累过程 黄棕壤是在北亚热带生物气候条件下，在温度较高，雨量较多的常绿阔叶和落叶阔叶混交林或针阔叶混交林下形成的土壤。黄棕壤的生物循环比较强烈，自然植被下形成的枯枝落叶，在地面经微生物分解，可积聚成薄而不连续的残落物质，其下即为亮棕色土层，厚度因植被类型而异，一般针叶林下土壤的腐殖质层最薄，阔叶林下居中，而灌丛草类下最厚，腐殖质类型以富里酸为主。

2. 黄棕壤的黏化过程 由于具有较高的温度和降水量，为母质风化提供了有利条件，原生矿物变成黏土矿物的过程较快，处于脱钾和脱硅阶段，黏粒含量高，常形成黏重的心土层，甚至形成黏盘。土壤结构体面上可见明显的黏粒淀积胶膜，微形态更见孔隙壁

有大量黏粒胶膜和大量铁质淀积胶膜。这说明黄棕壤不仅具有残积黏化，而且以淋淀黏化过程为主。

3. 黄棕壤的弱富铝化过程　黄棕壤的弱富铝化相近于铁红化阶段，含钾矿物快速风化，SiO_2 也开始部分淋溶，并形成 2∶1 或 2∶1∶1 或 1∶1 型的黏土矿物；铁明显释放，形成相当数量的针铁矿或赤铁矿为主的游离氧化铁，在黏化 B 层的游离氧化铁含量≥2%，游离度≥40%。因为铁的水化度较高，故呈棕色。土体中的铁锰形成胶膜或结核，聚集在结构体面上，接近地表的结核较软，易碎；而下层则较坚硬。

(二) 黄棕壤的剖面形态特征

从以上所述的土壤形成过程可以知道黄棕壤的剖面构型为 O-A_h-B_{ts}-C 或 A_h-B_t-C 等。

1. 枯枝落叶层　在自然植被下枯枝落叶层（O 层）为残落物层，其厚度因植被类型而异。一般针叶林下较薄，约 1 cm；混交林下较厚，灌丛草类下最厚，可达 10~20 cm。

2. 腐殖质层　腐殖质层（A_h 层）呈棕色（7.5YR5/4），质地多壤质土，屑粒状或团块状结构，疏松，根系多，向下逐渐过渡。耕种黄棕壤则为耕作表层（A_p）。

3. B_{ts} 层　此层亮棕色（7.5YR4/6），因母质不同而色泽不一，一般呈棱块状或块状结构，结构面上覆盖有棕色或暗棕色胶膜或有铁锰结核，由于黏粒的聚积，质地一般较黏重，有的甚至形成黏盘层。

4. 母质层　基岩上发育的黄棕壤，其母质层（C 层）仍带基岩本身的色泽；而下蜀黄土母质上发育的土壤，则呈大块状结构，结构面上有铁锰胶膜，并有少量的灰白色（2.5Y8/1）网纹。

(三) 基本理化性状

1. 黄棕壤的颗粒组成及交换性能　黄棕壤的质地一般为壤土至粉砂黏壤土，但黏化层多为壤质黏土至粉砂质黏土，黏化率 B_t/A 大多＞1.2，下蜀黄土上发育的比花岗岩上发育的质地较重（图 6-1）；块状结构；B 层粉砂/黏粒之比较 A 层小，质地偏黏。黏粒的阳离子交换量一般为 30~50 cmol/kg。有效阳离子交换量与黏粒之比（即 $ECEC$/clay）≥0.25 或 CEC_7/clay≥0.4。

2. 黄棕壤的黏土矿物　黄棕壤的黏粒指示矿物为水云母、蛭石、高岭石等，充分反映了这种风化的过渡特征。但因母质不同，矿物组合也有差异；花岗岩、辉长岩上发育者高岭石含量增加，水云母有所减少；砂页岩所发育的水云母含量最多，高岭石次之；而下蜀黄土上发育者除水云母、蛭石、高岭石外，也有一些蒙脱石和绿泥石。此种矿物组成决定其黏粒硅铝率，一般为 2.4~3.0。

3. 黄棕壤的化学性状　黄棕壤不含游离碳酸盐，pH 为 5.0~6.7，盐基饱和度为 30%~75%，交换性盐基以钙和镁为主，含有 1~13 cmol/kg 的交换性氢、铝，一般铁的游离度（Fe_d/Fe_t）≥40%（图 6-1）。

4. 黄棕壤的微形态特征　黄棕壤 B 层一般都具有光性定向黏粒胶膜，分布于孔隙壁上，表明淋移黏化明显；并具有一定量的铁质淀积黏粒胶膜，呈带状、层状或流质状；土壤中还存在凝团和无定形凝聚物等新生体，物质组成多是铁质-有机质-黏粒混合物。骨骼颗粒以石英、长石、云母为主。细粒物质以黏土矿物占优势，亦有无定形和晶形铁、铝、锰等氧化物和氢氧化物、腐殖质和小于 2 μm 的原生矿物。

5. 黄棕壤的腐殖质和养分　黄棕壤的表层腐殖质有一定的积聚，林草覆被好的，有机质含量就高，反之则低（图6-2）。有机质含量一般为30~50 g/kg，松林、灌丛及旱地下仅为15~20 g/kg。腐殖质层（A层）向下，有机质含量普遍不足15 g/kg，全氮一般不足0.7 g/kg。土壤全磷含量多为0.2~0.4g/kg，全钾含量多为10 g/kg左右，速效磷的含量不足5 mg/kg，速效钾的含量多为50~100 mg/kg。微量元素含量水平，则因母质的不同而有一定差异，以含钾黑色矿物高的基岩风化物发育的土壤中，各种微量元素含量均较为高。

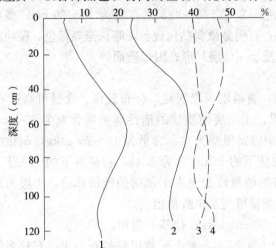

图6-1 黄棕壤中黏粒(<0.002 mm)和铁游离度沿剖面分布
1. 安徽金寨花岗岩黏粒含量 2. 江苏句容下蜀黄土
3. 安徽金寨花岗岩铁游离度 4. 江苏句容下蜀黄土铁游离度

图6-2 黄棕壤有机质沿剖面分布

三、黄棕壤的亚类划分及其特征

根据成土条件和剖面特征，可将黄棕壤划分为黄棕壤、暗黄棕壤、黏盘黄棕壤和黄棕壤性土四个亚类（现已将黏盘黄棕壤均入黄棕壤亚类，因而分成3个亚类），参见图6-3。

（一）黄棕壤

黄棕壤亚类是黄棕壤土类的典型亚类，即具有 O-A_h-B_{ts}-C 的剖面构型。我国的黄棕壤亚类的总面积为 $7.81×10^6 hm^2$，占黄棕壤土类总面积的43.3%。黄棕壤集中分布于江苏和安徽两省的长江两岸以及湖北北部、河南南部和陕西南部的低山丘陵区。

（二）暗黄棕壤

我国暗黄棕壤的总面积为 $7.19×10^6 hm^2$，占黄棕壤总面积的39.9%。分布于安徽南部和江西北部海拔

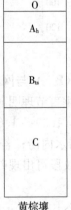
黄棕壤

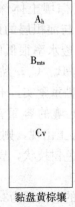
黏盘黄棕壤

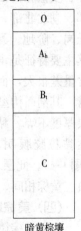
暗黄棕壤

图6-3 黄棕壤的主要亚类剖面构型

1 100~1 800 m 的中山上部，以及四川、云南、贵州、湖南、湖北和广西海拔 1 000~2 700 m 的中山区，属垂直带谱中黄壤向棕壤的过渡类型，多位于黄壤之上。暗黄棕壤分布区年平均

气温为10～13℃，比黄壤区低3～4℃。暗黄棕壤所在的地段，自然植被覆盖较好，植被组成为落叶阔叶林、常绿阔叶和针叶林，主要树种有甜槠、青冈栎、罗浮栲、大穗鹅耳枥、中华械、黄山松、金钱松等，林下灌木有杜鹃、箭竹等，草本植物有芒草、野古草、珍珠菜、桔梗等。林相比较郁蔽整齐，林下草灌繁茂。

暗黄棕壤土体较薄，一般为40 cm左右，剖面构型为$O-A_h-B_t-C$。土表一般有一层不足10 cm厚的枯枝落叶层。腐殖质层橄榄棕色（2.5Y5/2～4/2），厚度为15～20 cm，多壤土质地，屑粒状结构。B_t层厚为20～30 cm，有明显微弱黏化现象，暗棕至亮棕色，棱块状结构，结构面可见铁质胶膜，质地较粗。母质层（C层）形态因母质而异。

主要化学性状如下。

①地表普遍有数厘米厚的枯枝落叶层，腐殖质积累明显，分布较深，含量可高达60～140 g/kg，C/N为13～15。根据分析结果，土壤腐殖质层的活性腐殖质含量为20～40 g/kg，总碳量为40～90 g/kg。腐殖质组成中以富里酸为主，含量为10～20 g/kg，胡敏酸含量为3～10 g/kg，HA/FA<1，其中栎树林下的HA/FA为0.42，杉树林下的HA/FA为0.39，灌木丛下HA/FA为0.37。但由自然植被改变为人工栽培的经济林后，土壤的总碳量趋于中下等水平，而腐殖质组成中胡敏酸量可与富里酸量相当。

②pH为5～5.6，阳离子交换量为9～30 cmol/kg，盐基不饱和。

③硅铝率（<0.001mm黏粒）变幅为1.9～3.0，黏土矿物以高岭石为主，有较多的伊利石、蛭石和绿泥石，还有少量针铁矿、皂石及蒙脱石。

（三）黏盘黄棕壤

黏盘黄棕壤曾经作为黄棕壤的一个亚类，在第二次全国土壤普查成果汇总时，将其归入黄棕壤亚类中，不再作为一个亚类，而将其作为母质影响因素。黏盘黄棕壤主要分布于江苏、安徽和江西的长江两侧及浙江北部、湖北北部、河南南的第四纪黄土丘岗、阶地。黏盘黄棕壤土体深厚，其主要特征是淋溶层与淀积层的黏粒含量差很大，而形成透水率很低的黏盘。其剖面构型为$A_h-B_{mts}-C_v$，黏盘层（B_{mts}）与网纹层（C_v）多系古成土过程的遗迹，每层厚度不等。黏盘层黏重紧实，干缩时垂直节理明显，为棱块状、柱状结构，结构体面上铁锰黏粒胶膜明显。土壤的容重范围是1.39～1.62 g/m³，透水率一般远低于60mm/h（图6-4）。此层若在心土出现，则造成滞水内涝；若出露地表，会影响耕作。下部网纹层灰白、黄棕相间、呈杂色树枝状，局部网纹段可出现砂姜体。

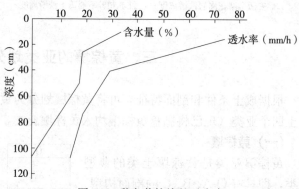

图6-4 黏盘黄棕壤的透水率

（四）黄棕壤性土

我国黄棕壤性土的总面积为3.0335×10^6 hm²，占黄棕壤土类总面积的16.8%。黄棕壤性土多在黄棕壤区植被覆盖差和坡度较陡峻的地段出现，其母质多为基岩风化物，但土壤的发育程度差，除酸化特征外，土壤的弱富铝化、黏化以及生物富集等特征均不够明显，剖面为A-(B)-C构型。黄棕壤性土常与粗骨土、石质土构成复区。

四、黄棕壤与相关土类的区别

(一) 黄棕壤与棕壤的区别
棕壤为暖温带落叶阔叶林下的淋溶土壤，与黄棕壤相比，它的表层腐殖质积累较强，而黏化较弱，铁的风化移动性较差，而黏粒的 SiO_2/Al_2O_3 较高。

(二) 黄棕壤与黄褐土的区别
黄褐土的淋溶作用较弱，pH 为 6.8～7.5，盐基饱和度＞75％，且常有少量 $CaCO_3$ 物质，黏粒的 SiO_2/Al_2O_3＞3.0。

(三) 黄棕壤与褐土的区别
褐土为暖温带的半淋溶土亚纲，全剖面的盐基饱和度＞80％，常有一定的 $CaCO_3$ 新生体存在，pH 一般为 7.0～8.5。

(四) 黄棕壤与红壤、黄壤的区别
红壤与黄壤为亚热带的铁铝土纲，它们由于富铝化作用而形成较多的 1∶1 型高岭石类黏土矿物和铁铝氧化物，SiO_2/Al_2O_3 为 2.0～2.5，pH 为弱酸性和强酸性，盐基饱和度＜35％。

第二节 黄 褐 土

黄褐土是北亚热带半湿润常绿阔叶与落叶阔叶混交林或针阔混交林下发育于第四纪更新统黄土母质上，剖面构型为 A_h-B_{ts}-C_k 型，母质中常有石灰结核，但 B 层无石灰性，pH 为 6.8～7.5 的淋溶土。

一、黄褐土的分布与形成条件

黄褐土主要分布在北亚热带、中亚热带北缘以及暖温带南缘的低山丘陵或岗地。其地域范围大致在秦岭—淮河以南至长江中下游沿岸，与黄棕壤处于同一纬度区域。据统计，我国黄褐土的总面积为 $3.8097×10^6$ hm^2，以河南和安徽的面积最大，其次为陕南、湖北、江苏和四川；在江西北部九江地区沿长江南岸丘岗地也有小面积分布，这是黄褐土分布的南界。

黄褐土在河南多分布于海拔 300 m 以下的岗丘和沿河阶地，其中以南阳地区面积最大。安徽省的黄褐土集中分布在江淮丘陵岗地，以及沿江沿淮低岗阶地。黄褐土在陕西分布于秦岭以南海拔低于 900 m 的河谷阶地、丘陵和低山区，主要集中在汉中、安康地区的汉江及其支流两岸。黄褐土在湖北分布于北部南阳盆地南缘岗地（襄阳、枣阳）、汉江和唐白河河谷阶地、山间盆地、郧阳大部和襄阳东南部平缓低丘。黄褐土在江苏分布于西部长江两岸黄土岗地，北起泗阳和泗洪，南至宜兴和溧阳。

黄褐土区年平均气温为 15～17 ℃，但年内温度变幅较大，如冬季常出现−5℃的低温天气，而 ≥10 ℃积温则可达 5 500 ℃。年降水量为 800～1 200 mm，气候的大陆性有所增强，表现在自然植被的组成上则是干旱的成分增加。因此土壤的淋溶程度有所下降，母质中可以

有残存的砂姜结核。黄褐土虽处于湿热环境,但黄土为含碳酸钙丰富的地质形成物,延缓了土壤中物质移动与累积,在剖面深处仍可见石灰结核残存。例如在长江下游南京一带的黄褐土中,于土体的 3~4 m 深处可偶见直径约 5cm 的圆球状石灰结核;愈向西,石灰结核愈接近地表,例如陕西南部可在 1 m 深左右见到;南阳盆地石灰结核接近地表。因此曾将黄褐土称为残余碳酸盐黄棕壤;如果突出反映黏盘特征,也曾有黏盘土命名。

这些土壤特征的获得与黏质黄土母质有密切的关系。黄褐土的成土母质主要是第四纪晚更新世的黏质黄土(下蜀黄土)及黄土状物质,在陕西南部、河南西部和四川还有洪积冲积物、石灰岩残坡积物以及含钙质的黄色黏土和红棕色黏土。黄土层均较深厚,一般为 10~15 m,深厚处可达 30~40 m,在北亚热带组成低丘、缓岗、盆地等主要地貌单元。

由于在这种特定成土母质条件下,而又处于湿热的北亚热带环境,东部年平均降水量为 1 000 mm,西部逐渐减少,也有的为 760~850 mm,因而剖面中的游离碳酸钙已遭淋溶,全剖面无石灰反应,土体强度黏化,逐步形成厚层黏盘。黄褐土已现弱富铝化,剖面中游离铁累积,结构面可见铁锰斑块淀积,由于这些特征与黄棕壤的性状有某些混淆,因而在分类命名上出现过多次变动情况。

二、黄褐土的成土过程、剖面形态特征和基本理化性状

(一)黄褐土的成土过程

1. 黄褐土的黏化过程 黄褐土处于北亚热带,但 R_2O_3 没有发生明显的剖面分异,土壤的风化仍以硅铁铝化的黏化为主。所以在 B 层中有黏粒的明显积累,其黏化过程表现为黏粒的淋溶迁移、遇 B 层的钙、镁盐基而絮凝淀积,黏化也来自母质(下蜀黄土)的黏粒的残遗特征。总体上,黄褐土由于土体透性差,黏粒移动的幅度不大,细黏粒($<0.2~\mu m$)与总黏粒($<2~\mu m$)之比在层次间分异不太明显。微形态薄片中仅见少量老化淀积黏粒体,故黄褐土中黏粒含量、层次分化及黏盘层的出现大部分受母质残遗特性的影响。

2. 黄褐土的弱富铝化过程 含钾矿物的快速风化,SiO_2 也开始部分淋溶,并形成 2∶1 或 2∶1∶1 或 1∶1 型的黏土矿物。黏粒的硅铝分子率低于褐土,略高于黄棕壤,而明显高于红壤和红壤。

3. 黄褐土的铁锰淋淀过程 矿物风化过程形成次生黏土矿物过程中,铁锰变价元素被释放所形成的氧化物在土壤湿时被还原为可溶性的低价化合物而随下渗水移动;土壤干旱失水后便重新氧化成高价铁锰化合物在土体一定深度淀积下来。因低价铁锰多沿裂隙下移,失水后形成凝胶,紧贴在结构面上,表现出暗棕色或红褐色的胶膜,这种铁锰淀积层往往与黏化层同时出现。也有铁结核出现;有的为绿豆状软铁子,有的为比较坚实的硬铁子,这与淀积的时间长短有关。这种干湿交替自然受季风气候影响,但较黏重的土层造成土体上层滞水也加剧了还原过程。

(二)黄褐土的剖面形态特征

黄褐土土体深厚,典型的剖面构型为 A_h-B_{ts}-C_k。

1. 腐殖质层 腐殖质层(A_h 层)厚度一般为 20~25 cm,呈棕色(7.5YR5/4),块状

结构，质地为壤土至粉砂黏壤土，植物根系较多，疏松，有少量铁锰结核，与下层呈平直状模糊过渡。

2. B_{ts} 层 此层暗棕（10YR4/3），棱块状结构，表面覆着非常暗的棕色（7.5YR2/2）铁锰—黏粒胶膜，内部夹有铁子，质地一般为壤质黏土至粉砂质黏土，黏重滞水，透水率<1 mm/min，孔隙壁有少量纤维状光性定向黏粒胶膜。

3. C_k 层 此层暗黄橙色（7.5YR6/8），常出现砂姜，呈零星或成层分布，大小形状不一，还有的呈"钙包铁"或呈中空的方解石晶体。

(三) 黄褐土的基本理化性状

1. 黄褐土的颗粒组成与主要水分物理性状 黄褐土全剖面质地层间变化不大。由下蜀黄土发育的土壤，质地为壤质黏土至黏土，<0.002 mm 黏粒的含量为 25%～45%，粉粒（0.02～0.002 mm）含量为 30%～40%。黏粒在 B 层淀积，含量明显增高，一般均超过 30%，高者可达 40% 以上，质地黏重（黏壤土至黏土），中到大棱块状结构，结构体间垂直裂隙发达，表面有暗棕色黏粒胶膜和铁锰胶膜，土层致密黏实，有时可形成胶结黏盘，根系不易穿透。据土壤微形态观察，淀积层的细土物质明显分离，孔壁多有胶膜状光性定向黏粒分布。

表土层和底土层质地稍轻，尤其是受耕作影响较深的土壤和白浆化（漂洗）黄褐土，表土质地更轻，多为黏壤土，甚至壤土。底土色泽稍浅于心土，质地也略轻于心土，仍有较多老化的棕黑色铁锰斑和结核。向下更深部位可出现石灰结核和暗色铁锰斑与灰色或黄白色相间的枝状网纹。

黄褐土土壤凋萎含水量与黏粒含量呈正相关。下部土层的物理性黏粒含量较上部土层的高，因此田间持水量较上部土层小，凋萎含水量却增大，土壤有效水降低到田间持水量（200～300 g/kg）的 50% 以下，并随剖面深度有逐渐降低的趋势。由于黏化层或黏盘层的存在，土体透水性差，导致季节性易旱易涝的不良水分物理特性。

2. 黄褐土的黏土矿物及交换性能 黄褐土的土矿物组成以 2∶1 型水云母为主，相对含量在 40% 以上，1∶1 型高岭石含量一般为 15%～25%，还有一定量的蛭石及少量蒙脱石，黏粒部分的硅铝率>3.0。黏粒（<0.001 mm）的交换量为 30～40 cmol（+）/kg，$ECEC/clay \geqslant 0.3$ 或 $CEC/clay \geqslant 0.4$。表 6-2 中列出了 3 个代表性剖面的主要理化性质。

3. 黄褐土的化学性状 黄褐土的表层 pH 为 6.5～7.0，底层 pH 为 7.5；个别表层已酸化，但 pH 仍在 6 以上。$Fe_d/Fe_t \geqslant 40\%$。土层中虽已脱钙，剖面不含游离石灰，碳酸钙相当物<0.5%，但是胶体上仍以交换性钙占主要地位，盐基饱和度>75%，见图 6-5。

4. 黄褐土的养分状况 黄褐土的有机质和氮素含量偏低，钾素较丰富，磷素贫乏。据各地多点剖面表层土壤养分测定统计资料，除少数非耕地土壤有机质含量高于 20 g/kg 外，耕地多在 10～15 g/kg，下层含量陡降。土壤钾素主要来自水云母，全钾含量为 15～20 g/kg，剖面层间变化不大。全磷含量为 0.3～0.6 g/kg。湖北省资料证实，黄褐土的速效磷含量低，心底土几乎不含速效磷，与土壤中钙磷和闭蓄态磷含量高有关。由于闭蓄态磷在土壤中相对集中于黏粒部分，而下蜀黄土本身黏粒含量高，故土壤中闭蓄态磷量亦高，这也是黄褐土普遍缺乏有效磷的重要原因之一。另外，黄褐土有效微量元素中铁和锰含量丰富，锌和钼属低值范围，硼极缺。因此在配方施肥时，注意因土因作物不同。补施硼、钼和锌肥均可获增产效果。

表 6-2 黄褐土的理化性状

地点	母质	深度(cm)	有机质含量(g/kg)	pH 水溶液	pH KCl	阳离子代换量[cmol(+)/kg]	有效阳离子代换量[cmol(+)/kg]	黏粒(<0.002mm)含量(%)	粉砂/黏粒	盐基饱和度(%)	游离铁含量(Fe_d,%)	铁游离度(Fe_d/Fe_t,%)	ba	黏粒分子比 SiO_2/R_2O_3	黏粒分子比 SiO_2/Al_2O_3
河南南阳	下蜀黄土	0~22	—	6.90	4.40	20.10	20.11	28.99	2.20	98.35	2.55	39.17	0.79	2.88	3.63
		22~69	—	7.10	4.40	18.05	18.03	37.14	1.51	99.89	2.50	41.67	0.70	2.71	3.41
		69~110	—	7.20	4.40	21.18	22.34	35.23	1.61	饱和	2.70	47.62	0.68	2.86	3.60
		110~130	—	7.30	4.60	21.36	20.95	28.86	2.40	98.08	2.52	40.00	0.69	2.95	3.70
湖北襄阳	下蜀黄土	0~15	12.1	6.60	5.12	24.65	23.34	51.13	0.86	94.48	2.96	44.98	0.55	2.47	3.13
		15~40	5.5	6.88	5.30	25.77	25.17	60.69	0.59	97.51	3.09	41.98	0.46	2.46	3.09
		40~90	4.6	6.88	5.30	23.59	23.34	45.85	1.12	饱和	2.83	42.45	0.57	2.53	3.13
		90~135	2.7	7.11	5.11	24.54	25.99	45.37	1.20	饱和	—	—	0.67	2.51	3.18
陕西汉中	下蜀黄土	0~12	11.5	6.53	4.40	21.70	—	37.38	1.54	—	2.27	41.00	0.79	2.75	3.66
		12~33	6.7	7.30	5.19	22.83		40.42	1.43		2.33	39.50	0.78	2.72	3.56
		33~120	4.3	7.26	4.65	22.20		42.06	1.33		2.27	39.10	0.79	2.76	3.59
		120~250	2.2	7.52	4.65	22.02		42.83	1.23		1.69	30.70	0.75	2.97	3.88
		250~400	2.1	7.56	4.75	22.84		42.99	1.28		2.30	36.90	0.80	2.83	3.72

注:$ba=(K_2O+Na_2O+CaO+MgO)/Al_2O_3$。

5. 黄褐土的形态特征 黄褐土的 B 层孔隙壁上存在光性定向黏粒胶膜,还可见到颜色偏红的铁锰黏粒胶膜;剖面下部普遍存在铁锰有机质凝团或铁锰凝聚物,还能见到碳酸盐黏粒复合胶膜或隐晶状方解石。此外,在黄褐土许多剖面中,还发现碳酸钙包裹铁锰结核(钙包铁)的现象。经土壤微形态鉴定,这种砂姜的内核为隐晶质碳酸钙,沿孔壁有结晶方解石析出物。钙包铁的现象说明,该地区黄褐土中的石灰结核是在铁锰结核生成之后现代成土作用下的产物。同时,也证明曾一度有含石灰的物质叠加沉积覆盖于古土壤之上,在成土过程中,上覆母质中的碳酸钙随水向下淋溶,以古土壤中的

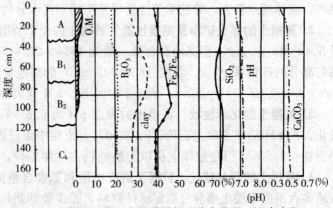

图 6-5 黄褐土的理化性质沿剖面分布状况(河南南阳)

铁锰结核为核心,不断包裹于表面浓缩聚积成由小渐大的砂姜。这种于古土壤之上的成土作用所反映的土壤重叠剖面发育特征,是黄褐土多元发生发育特征的重要标志之一。

三、黄褐土的亚类划分及其特征

根据成土条件和剖面特征可将黄褐土划分为黄褐土、白浆黄褐土、黏盘黄褐土和黄褐土

性土 4 个亚类，参见图 6-6。

（一）黄褐土

黄褐土也称为普通黄褐土，是黄褐土土类中分布面广的亚类，其在我国的总面积为 2.286×10^6 hm^2，占黄褐土土类总面积的 60%，具有与土类相同的基本形态特征。

黄褐土的成土母质主要是第四纪晚更新世的黏质黄土（下蜀黄土）及黄土状物质，在陕南、河南西部和四川还有洪积冲积物、石灰岩残坡积物以及含钙质的黄色黏土和红棕色黏土。

黄褐土的剖面形态随地形部位、侵蚀程度和土地利用的不同而各具差异。一般而言，由下蜀黄土发育的黄褐土，全剖面呈棕色，质地黏重，1 m 土体内具黏化层而无黏盘层，

黄褐土的剖面构型为 $A-AB-B_t-C$；表土层较疏松，灰棕或暗棕色，团块或屑粒状结构；过渡层厚薄不一；其下黏淀层明显，黏粒含量可达到 35% 以上，色泽深暗，棱块状结构发达，有较多褐色铁锰胶膜并伴铁锰结核，可一直深入到下部底土。全剖面无石灰反应，在更深的底部有时可见残留石灰结核。土壤呈中性，底部有时呈微碱性。

（二）白浆化黄褐土

白浆化黄褐土是表层滞水还原态铁和黏粒不断被侧渗漂洗导致土壤质地变轻、颜色淡化而发育成的一类黄褐土，在我国其面积为 1.3×10^5 hm^2，占黄褐土土类总面积的 3.42%。

本亚类仅在河南和湖北两省分类中正式列出，在江苏和安徽均在黄褐土和黏盘黄褐土的土属一级分类中划出，并命名为岗白土、白岗土（江苏）和黄白土、白黄土（安徽）。白浆化黄褐土以安徽和河南面积最大，江苏省也有分布。一般分布在丘岗地顶部或缓坡地段，其上多与黄褐土或黏盘黄褐土相接，其下与河谷水稻土交互共存。白浆化黄褐土由于表土层质地较轻（黏壤土或壤土），耕性良好，绝大部分已垦为农地，垦殖利用系数 0.9 以上。

白浆化黄褐土区别于黄褐土和黏盘黄褐土的重要标志是具有灰白色或灰色壤质表土和亚表土层（白土层）。其剖面为 $A_h-E-B_{mts}-C$ 构型，全剖面无石灰反应。由于土壤质地黏重，年降水量达 800 mm 以上，形成上层滞水而引起铁锰还原，低价铁锰因其倾斜地形面而在土体内形成侧渗水排出土体，黏粒也随水侧渗，造成白土层粉粒/黏粒比增大，呈灰白色（7.5YR8/1）或黄（10YR8/1），质地多为粉砂壤土，粉砂含量在 55% 左右，黏粒（<0.002 mm）含量在 15% 以下。白浆化黄褐土结构性差，有铁锰结核和斑纹，厚度因白浆化程度不同而异，一般为 10~35 cm，该层铁质由于遭受漂洗而减少，故具有较底土为大的 SiO_2/Fe_2O_3 和 Al_2O_3/Fe_2O_3，向下过渡明显。淀积层呈暗棕色（7.5YR3/3~3/4）或棕色（7.5YR4/6），以小棱块状结构为主，质地多为粉砂质黏土，有大量铁锰结核，在裂隙及结构面上有暗棕色胶膜，透水性差，母质层多为黄棕色，质地黏重。土壤呈中性反应，阳离子交换量多为 20~30 cmol/kg，而漂白层阳离交换量仅为 10 cmol/kg 左右。此种土壤群众称为白散土（河南、湖北）、岗白土（江苏）、澄白土（安徽）。

（三）黏盘黄褐土

我国黏盘黄褐土的总面积为 1.23×10^6 hm^2，占黄褐土土类总面积的 32.29%，以河南和江苏面积最大，主要分布再丘陵岗地中上部或侵蚀平台顶部，一般均有不同程度水土流失，土地利用不太稳定。

黏盘黄褐土的形态特征是在 1 m 土体内具有比黏化层更僵实的黏盘层（黏粒与铁锰胶

结体），其厚度大于 30 cm。其剖面为 A_w-B_{mts}-C 构型。黏盘黄褐土 pH>6.8，盐基饱和度>80%。黏盘层具醒目的暗棕褐色，土体黏重坚实，棱块状结构发达，结构面光滑明亮，群众称之为死马肝土层。黏盘层对作物生长发育极为不利，也是导致土壤易旱易渍（涝）的主要障碍因素，特别是高位黏盘黄褐土性状更差。

黏盘黄褐土的养分状况与前述黄褐土亚类类似，均表现土壤有机质含量和全氮含量不足，磷素缺乏而钾素丰富的特点。各种土壤养分自上而下明显减少，尤以黏盘层陡减更为突出。

黏盘黄褐土多处丘顶岗坡地，起伏明显，表土层易受侵蚀，加之一般均缺乏灌溉条件，质地黏重且有黏盘层存在，既不耐旱又不耐涝（渍），养分含量低而又转化慢，因此绝大多数土壤属低产土壤类型。

（四）黄褐土性土

我国黄褐土性土总面积为 $1.6×10^5 hm^2$，占黄褐土土类总面积的 4.33%。黄褐土性土多在黄褐土区植被覆盖差和坡度较陡峻的地段出现，由于受侵蚀影响，土壤的发育程度差，黏化等黄褐土特征均不够明显。

四、黄褐土与相关土类的区别

（一）黄褐土与黄棕壤的区别

黄棕壤为北亚热带湿润森林下的淋溶土壤，pH 低于黄褐土，多为 5.0~6.7，盐基饱和度大多数<75%，即使母质为下蜀黄土者，也无石灰结核存在。

（二）黄褐土和褐土的区别

褐土是暖温带的半淋溶土，一般土壤剖面构型为 A_h-B_t-C_k 或 A_h-B_{tk}-C_k，即土体中有明显的石灰质形成物，且 pH 可以大于 7，其 B 层铁的游离度<30%。

（三）黄褐土与黄壤的区别

黄壤为中亚热带湿润淋溶的铁铝土，pH 为 4.5~5.5，为强酸性，且 SiO_2/Al_2O_3 为 2.0~2.5，黏土矿物中有三水铝石出现。

第三节　黄棕壤与黄褐土的合理利用

黄棕壤与黄褐土地区的水热条件优越，自然肥力较高，是重要的农作区，盛产多种粮食和经济作物，也很适宜多种林木的生长。

一、黄棕壤与黄褐土的农业利用

（一）黄棕壤与黄褐土的生产特点

黄棕壤与黄褐土地区水热条件比较优越，土体深厚，酸碱度适中，宜种性广，是一类生产潜力大、农业综合开发利用有广阔发展前景的土壤资源，是北亚热带重要的农业区，可种植小麦、棉花、水稻、烟草、甘薯等粮食及经济作物。一年两熟。黄棕壤开垦耕地 $1.7225×10^6 hm^2$，垦殖率为 9.6%。黄褐土开垦耕地 $2.8035×10^6 hm^2$，垦殖率为 73.6%。

黄棕壤与黄褐土的主要问题是土质黏重，紧实僵硬，胀缩性强，耕性和通透性差，养分贫瘠，加之该类土壤又多分布在起伏丘岗，绝大多数地区缺乏农田水利灌溉条件，一般作物产量水平不高，特别是黏盘层部位高的土壤，强漂型土壤以及一些受侵蚀的土壤，更是中低产土壤。

大部分岗顶、坡地上的耕种黄棕壤与黄褐土，均有程度不同的水土流失，加之耕作管理粗放，土壤熟化度不高，有机质含量比一般林草地土壤减少，颜色由暗变淡，土体亦趋紧实。相反，地形平缓地段以及庄户地或菜园地，灌溉、施肥、耕作条件较好的黄棕壤与黄褐土，熟土层增厚，色泽深暗，理化性状及营养状况有显著改善。

（二）黄棕壤与黄褐土利用注意事项

针对黄棕壤与黄褐土的生产特点，在农业利用上应注意以下几点。

1. 因地制宜兴修水利，调整作物布局　在地形平缓而又有水源保证的区段，应重点兴修农田水利，抓好塘、库、坝、渠配套建设，扩大水浇地面积，减少小麦、甘薯种植面积，发展高产作物玉米、水稻和油菜种植。水稻生育季节正与本区高温多雨季节相匹配，对水稻生长发育极为有利，而且也可以发挥土壤保水保肥的优点，逐步改良土壤黏、板、实的不良物理性状，大幅度提高作物产量。

在大面积因水源限制的地区，应当广泛开展旱作农业，旱地农田施用有机肥料，水的利用率可提高15%~55%，坡地等高耕作可比顺垄的水利用率提高30%，覆盖可提高20%~30%，翻压秸秆可提高14%等。除了通过灌溉增加水分输入、扩大循环外，还应调控土壤水，尽量减少非生产性损失，并提高作物的水分利用率。

2. 修筑梯地　黄棕壤与黄褐土一般分布在丘陵岗坡地，质地黏重，结构不良，透水性差，在地形起伏较大的垄岗中上坡，每当雨季其肥沃的表土易随水流失，使土层变薄，肥力下降，因此根据坡度大小和坡形坡向，修筑不同大小和形状的梯地，可以控制或减少地面径流，稳定土层厚度，防止水土流失。坡地改梯田，田埂栽种防护林，加上等高耕作和等高种植，对保持水土均有显著的效果。

3. 深耕改土、抢墒耕作、合理施肥　对于丘岗部位大面积分布的黏盘黄棕壤与黄褐土，因其质地黏重，水分物理性质不良（如容重大、孔隙度低），雨季滞水，旱季则保水供水能力差，一般采取浅翻深松相结合，逐步加深耕层，深松耕层以下土层。这样既可以疏松表层、减轻地表侵蚀，又可容蓄较多的降水，增强土壤抗旱能力。或施用煤渣、炉灰，以改善土壤的通气透水状况和耕作性能。深耕的同时增施有机肥和推广秸秆还田，可以逐步增厚熟土层，改善土壤通透性，提高蓄水抗旱能力。

黄棕壤与黄褐土湿时黏着性强，适耕期短，耕性差，湿时成条，干时板结，耕作阻力大，俗称"晴天赛金刚、下雨流黄汤"。因此要掌握宜耕期，在适耕的含水量范围内，抢墒耕作。

黄棕壤与黄褐土养分贫乏，氮素供应水平低，磷素更少，还缺乏锌、硼、钼等微量元素。要通过合理施肥调节土壤供肥能力，一般旱地重施有机肥，增磷补氮。对于心土层裸露的土壤，更要重点培肥，施磷结合种苎麻、田菁、紫穗槐、箭筈豌豆等绿肥作物，不仅可以广积有机肥料，还可以调整产业结构，发展畜牧业，改善农业生态环境。

黄褐土一般不缺钾素，但在水旱轮作高产区或耗钾作物（如甘薯、烟草）区，因长期重视施用氮肥而基本不施钾肥，目前土壤钾素亏损已有表现，因此采用增磷补氮加钾三要素配合施肥更能显示增产效果,但配肥比例必须根据土壤养分丰缺状况和不同作物需要确定。

二、黄棕壤与黄褐土的林业利用

黄棕壤适宜麻栎、小叶栎、白栎及湿地松、火炬松、短叶松等针阔叶林生长。麻栎生长优于马尾松和杉木。落叶栎类是当地乡土树种,其生长年限可高达50年以上,而马尾松在林龄15~25年后生长量就直线下降。例如南京灵谷寺附近厚层黄棕壤上的阔叶林中,一株90年生白栎,树高29 m,胸径3.35 m,单株木材蓄积量为113 m³,数十倍于马尾松。另据江苏省林业科学研究所资料,引种的湿地松、火炬松、短叶松,生长量均大于马尾松,虫害比马尾松轻。特别是立地条件较好的黄棕壤上,生长更比马尾松好得多。因此发掘和推广当地野生阔叶树和引种较好的外来树种,是提高黄棕壤林地生产率和发挥土壤潜力的重要措施。

暗黄棕壤多分布于亚热带中山上部,植被较密,为林业生产区,今后仍应以发展和保护好林木为主要利用方向。造林树种宜以落叶阔叶林为主,落叶常绿阔叶林及部分针阔叶混交林为辅。根据具体情况进行因土造林;在土层浅薄处,宜栽耐旱耐瘠的马尾松、刺槐、山杨等;土层厚、肥力好的地方,可大力发展栎类、杉木。

黄棕壤与黄褐土地处北亚热带,气候具有过渡特征,种植亚热带的柑橘在低温年份有冻害威胁,而发展苹果、梨等温带水果,因光照不足,色泽和甜度又差。因此黄棕壤与黄褐土区不宜发展水果,而应发展其他经济林,例如黄褐土区适种的经济林树种有油桐、桑、栎、板栗、山楂等,黄棕壤区适种的经济林树种有油茶、油桐、漆树、竹、茶、桑等经济林木,排水较差处可种植经济价值较高的油料作物乌桕。

三、搞好水土保持林

坡度较大的山地,由于过去滥伐森林及不合理开垦,引起严重的水土流失,使一些地区的土壤肥力大为降低,特别在大别山区尤为严重。因此应大力加强水土保持工作。首先应做好小流域规划,在那些土裸露、沟壑众多的地方,应选择速生和侧根发达的树种,营造护坡林(如马尾松、刺槐等)和沟底防冲林(如乌桕);在坡地上的茶、桑、果园,应采用等高种植、修筑梯田等方法,并结合绿肥覆盖,既能防止水土流失,又能达到林牧双丰收。

除因地制宜地规划用材林、水土保护型薪炭林外,特别要重视发展林果业和饲草业生产,发挥农牧林综合发展的效益。

 教学要求

一、识记部分

识记弱富铝化过程、铁锰氧化物淋淀过程、黄棕壤、黄褐土。

二、理解部分

①黄棕壤没有钙积现象,而黄褐土有,它们这种差别仅仅是因为气候湿润度不同造成的

吗，成土母质和土壤侵蚀在此起什么作用？

②黄棕壤的黏化过程与棕壤、褐土的异同点是哪些？

③黄褐土性土或黄棕壤性土在形态特征上都没有显现出其相应土类概念要求的典型特征，但它们依然算黄褐土或黄棕壤的一员，是否由此说明地理发生学分类更注重成土条件？

④比较黄棕壤、黄褐土与棕壤、褐土、红壤、黄壤的异同，理解黄棕壤与黄褐土是暖温带土壤与亚热带湿润土壤的过渡类型。

⑤如何发挥黄棕壤与黄褐土的综合肥力，开发这些区域的土壤资源？

⑥黏盘黄褐土与白浆化黄褐土的基本性质和改良利用上的差异是什么？

三、掌握部分

掌握黄褐土与黄棕壤的典型概念、黄褐土与黄棕壤在土壤形成条件和土壤性质方面的差别。

主要参考文献

龚子同．1999．中国土壤系统分类［M］．北京：科学出版社．

全国土壤普查办公室．1998．中国土壤［M］．北京：中国农业出版社．

林培．1994．区域土壤地理学［M］．北京：北京农业大学出版社．

章明奎．2011．土壤地理学与土壤调查技术［M］．北京：中国农业科学技术出版社．

中国科学院南京土壤系统分类课题组．2011．中国土壤系统分类检索［M］．3版．合肥：中国科学技术大学出版社．

第七章

红壤、黄壤、砖红壤和燥红土

红壤、黄壤、赤红壤和砖红壤统称为铁铝性土壤（以下简称铁铝土），燥红土属半淋溶土纲。它们广泛分布于我国的亚热带与热带，北起长江，南至南海诸岛，东起东南沿海和台湾诸岛，西到横断山脉南缘，包括广东、广西、福建、江西、湖南、湖北、安徽、江苏、浙江、云南、四川、贵州、台湾、海南及西藏的东南部。我国铁铝土的总面积为 $1.02 \times 10^6 \text{km}^2$，是我国热带与亚热带的稻、棉及经济作物、水果等重要产区。

铁铝土的形成特点是在高温与高湿的气候条件下，母岩发生强烈地球化学风化，土壤中进行脱硅富铝化过程，黏土矿物以高岭石和铁铝氧化物为主，土体中原生矿物和可蚀变矿物已经很少，土壤酸性强。红壤、黄壤和砖红壤由于所处地带的水热条件不同，其富铝化过程的强度或阶段不同，由红壤向砖红壤演替，土壤脱硅富铝化过程依次加强，并导致黏土矿物的风化加深与组成的变异、铁活化度增加和铝的富集，土壤pH、盐基饱和度、阳离子交换量则相应降低，土壤有机质含量有所增加。

黄壤因发育于相对湿凉地区，富铝化过程较弱，具有较强的生物富集并独具黄化过程。

燥红土虽然也处在亚热带与热带，但发育于相对干热的生境条件下，则以淋溶过程和弱的富铝化、铁红化过程为主，土壤的矿物风化度低，pH及盐基饱和度等均较高。

红壤、黄壤、砖红壤和燥红土的地理分布关系见图7-1。

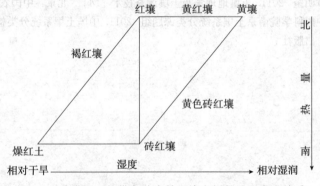

图 7-1 热带和亚热带各种森林土壤之间的地理发生关系
(引自中国科学院南京土壤所，中国土壤，1987)

第一节 红 壤

红壤是在中亚热带湿热气候和常绿阔叶林植被条件下，发生脱硅富铝过程和生物富集作用发育而成的红色、铁铝聚集、酸性、盐基高度不饱和的铁铝土。

一、红壤的分布与形成条件

红壤是我国铁铝土纲中位居最北、分布面积最广的土类，总面积达 $5.690\ 16 \times 10^7 \text{hm}^2$，约占全国土壤总面积的 5.9%。红壤多在北纬 25°~31°的广大低山丘陵地区，包括江西、福建、浙江的大部分，广东、广西、云南等的北部，以及江苏、安徽、湖北、贵州、四川、西藏等的南部，涉及 13 个省份。

红壤区的年平均气温为 16~20 ℃，≥10℃积温为 5 000~6 500 ℃，无霜期为 225~350 d，年降水量为 800~2 000 mm，干燥度<1.0，属于湿热的海洋季风型中亚热带气候区。其代表性植被为常绿阔叶林，主要由壳斗科、樟科、山茶科、冬青科、山矾科、木兰科等构成，此外尚有竹类、藤本、蕨类植物。一般低山浅丘多稀树灌丛及禾本科草类，少量为马尾松、杉木和云南松组成的次生林。湖南、江西和贵州东南有成片人工油茶林分布。红壤的成土母质主要有第四纪红色黏土、第三纪红砂岩、花岗岩、千枚岩、石灰岩、玄武岩等风化物，且较深厚。

二、红壤的成土过程、剖面形态特征和基本理化性状

（一）红壤的成土过程

红壤是在富铁铝化和生物富集过程相互作用下形成的。

1. 红壤的脱硅富铁铝化过程　在中亚热带生物气候条件下，土壤发生脱硅富铁铝化过程。红壤的脱硅富铁铝化的特点是：硅和盐基遭到淋失，黏粒与次生黏土矿物不断形成，铁、铝氧化物明显积聚（图 7-2）。据湖南省零陵地区的调查，红壤风化过程中硅的迁移量达 20%~80%，钙的迁移量达 77%~99%，镁的迁移量为 50%~80%，钠的迁移量为 40%~80%，铁、铝则有数倍的相对富集。红壤这种脱硅富铁铝化过程是红壤形成的一种地球化学过程，受风化过程中风化液的 pH 影响（图 7-3）。

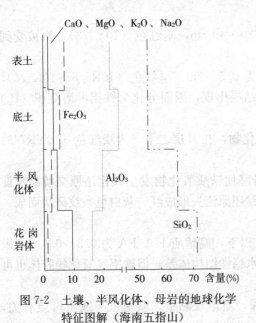
图 7-2　土壤、半风化体、母岩的地球化学特征图解（海南五指山）

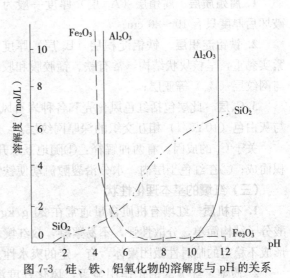
图 7-3　硅、铁、铝氧化物的溶解度与 pH 的关系

2. 红壤的生物富集过程　在中亚热带常绿阔叶林的条件下，红壤中物质的生物循环过程十分强烈，生物和土壤之间物质和能量的转化和交换极其快速。其表现特点是在土壤中形

成了大量的凋落物和加速了养分循环。在中亚热带高温多雨条件下，常绿阔叶林每年有大量有机质归还土壤。每年常绿阔叶林的生物量约40 t/hm²，温带阔叶林的生物量为8～10 t/hm²。我国红壤地区的常绿阔叶林对元素的吸收与生物归还作用强度较大，其中钙镁的生物归还率一般超过200％（表7-1）。同时，土壤中的微生物也以极快的速度矿化分解凋落物，使各种元素进入土壤，从而大大加速了生物和土壤的养分循环并维持较高水平而表现强烈的生物富集作用。

表 7-1 常绿阔叶林下红壤的生物归还率

地点	项目	SiO_2	Al_2O_3	Fe_2O_3	CaO	MgO	K_2O	Na_2O
广东仁化	残落物化学组成（g/kg）	35.7	3.2	0.5	10.8	5.9	1.6	0.3
	表土化学组成（g/kg）	595.5	197.5	—	1.0	2.2	43.9	—
	生物归还率（％）	6	2		1080	268	4	
云南昆明	残落物化学组成（g/kg）	21.8	3.7	1.8	16.6	1.1	1.4	0.1
	表土化学组成（g/kg）	721.3	128	51.2	7.6	0.5	15.4	
	生物归还率（％）	3	3	4	218	220	9	—

注：生物归还率＝残落物化学组成/表土化学组成×100％。

以上说明，红壤虽然进行着脱硅、盐基淋失和富铁铝化过程，但同时也进行着生物与土壤间物质、能量转化交换和强烈的生物富集过程，这丰富了土壤养分物质来源，促进了土壤肥力发展。

（二）红壤的剖面形态特征

红壤的典型土体构型为 A_h-B_s-C_{sv} 型或 A_h-B_s-B_{sv}-C_{sv}。红壤剖面以均匀的红色（10R5/8）为其主要特征。

1. 腐殖质层 腐殖层（A_h 层）厚度一般为 20～40 cm，暗红色（10Y3/3），植被受到破坏后厚度只有 10～20 cm；

2. 铁铝淀积层 铁铝淀积层（B_s 层）厚度为 0.5～2m，呈红色（10R5/8～10R5/6），紧实黏重，呈核块状结构，常有铁、锰胶膜和胶结层出现，因而分化为铁铝淋溶淀积（B_s）与网纹层（B_{sv}）等亚层；

3. C_{sv} 层 此层包括红色风化壳和各种岩石风化物，在 B 层之下，为淡红色（10YR7/8）与灰白色（10Y5/1）相互交织的深厚网纹层。

关于 C_{sv} 的成因，有两种解释：①随地下水升降使铁质氧化物发生氧化还原交替凝聚淀积而成；②在红色土层内，水分沿裂隙流动使铁锰还原流失形成红、灰白色条纹斑块而成。

（三）红壤的基本理化性状

1. 有机质 红壤有机质含量通常在 20 g/kg 以下，腐殖质 HA/FA 为 0.3～0.4，胡敏酸分子结构简单，分散性强，不易絮凝，故红壤水稳性结构体差。但铁铝氢氧化物胶体也可形成不稳定的临时性微团聚体，有一定的爽水性。

2. 质地 红壤富铝化作用显著，风化程度深，质地较黏重。质地也与成土母质有关，石灰岩发育的红壤黏粒含量为 46％～85％，第四纪红色黏土上发育的红壤黏粒含量为 43％～52％，玄武岩发育的红壤黏粒含量为 60％以上；其他母质发育的红壤的质地黏重程度依次为板岩与页岩＞凝灰岩＞花岗岩＞砂岩与石英砂岩。一般粉砂（0.02～0.002 mm）

代表未遭风化的原生矿物土粒，而黏粒（<0.002 mm）则代表风化成土过程中比较稳定的次生矿物，粉砂/黏粒比值愈小，土壤的风化度愈高。据13个省份103个红壤剖面B层颗粒组成分析统计结果，粉砂（0.02～0.002 mm）与黏粒（<0.002 mm）的比值为0.81。红壤的几个亚类中以粉砂/黏粒比表示的风化度变化趋势为红壤＞黄红壤＞棕红壤＞红壤性土。

3. 酸碱性 红壤呈酸性至强酸性反应，心土的pH为4.2～5.9，表土的pH为4.0。红壤交换性铝可达2～6 cmol/kg，占潜在性酸的80%～95%或以上，其变化趋势是红壤性土＞红壤＞黄红壤＞棕红壤。由于大量盐基淋失，盐基饱和度很低，以有效阳离子交换量计算的盐基饱和度低于25%。

4. 黏粒 红壤黏粒的SiO_2/Al_2O_3为2.0～2.4，黏土矿物以高岭石为主，一般可占黏粒总量的80%～85%，赤铁矿（hematite）占5%～10%，有少量蛭石、水云母，少见三水铝石。阳离子交换量不高（15～25 cmol/kg），与氢氧化铁结合的SO_4^{2-}或PO_4^{3-}可达100～150 cmol/kg，表现出对磷具有较强的固定作用。红壤的有效阳离子交换量（ECEC）很低，仅6.57 cmol/kg。这是因为红壤的黏土矿物以负电荷较少的高岭石为主，加之铁铝氧化物包被了层状铝硅酸盐，导致有效阳离子交换量低。

三、红壤的亚类划分及其特征

根据成土条件、附加成土过程、属性及利用特点将红壤划分为红壤、黄红壤、棕红壤、山原红壤和红壤性土5个亚类。其中4个亚类剖面特征可参考图7-4。

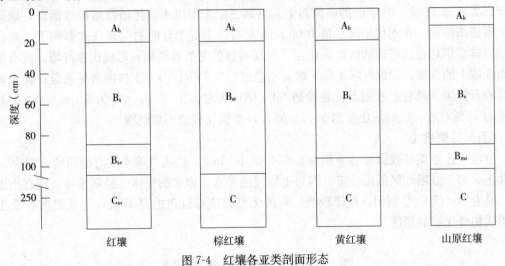

图7-4 红壤各亚类剖面形态

（一）红壤

红壤也称为普通红壤或典型红壤，具有红壤土类的典型特征，主要分布在江西、福建、湖南等8个省份的低山丘陵区。红壤亚类在我国的总面积为$3.072\,63\times10^7\,hm^2$，约占红壤土类总面积的54%，大部分已开垦利用，是红壤地带重要的农林基地。黏粒的SiO_2/Al_2O_3为1.9～2.2，SiO_2/R_2O_3为1.7～1.9，铁的活化度＞10%，质地黏重，保水、保肥力强，耕性较差；pH为4.5～5.2，盐基饱和度为40%左右；表土有机质含量一般为10～15 g/kg，熟化度高的可达20g/kg，一般养分含量不高，有效磷极少。

(二) 棕红壤

棕红壤是红壤向黄棕壤过渡的一个红壤亚类,在我国的总面积为 2.7626×10^6 hm^2,约占红壤土类总面积的 4.86%。棕红壤分布于中亚热带北缘,气候温暖湿润,干湿交替、四季分明,土层厚薄不一,土体构型多为 A_h-B_{st}-C_s。A_h 层暗棕(10YR3/3)至红棕色(5YR6/8);B_s 层红棕色,有少量铁锰斑,底土有铁锰胶膜;C 层如为红色风化壳,可达 1 m 至数米;但如为基岩者则较薄。黏土矿物以高岭石、伊利石为主,伴有石英;黏粒硅铝率 SiO_2/Al_2O_3 为 2.8~3.0,SiO_2/R_2O_3 为 2.0~2.3,风化淋溶系数(ba)0.2~0.4(典型红壤<0.2);pH 为 6.0 左右;铁的活化度为 30%~70%,盐基饱和度为 40%~60%;故棕红壤的富铝化作用强度不如红壤,但比黄棕壤强。

(三) 黄红壤

黄红壤是红壤向黄壤过渡的一个红壤亚类,在我国的总面积为 1.74337×10^7 hm^2,约占红壤土类总面积的 30.64%。黄红壤主要分布于红壤区山地垂直带中,上与黄壤相接,下与红壤相连,水分状况比红壤湿润;在较湿的条件下,盐基易淋失,氢铝累积,盐基饱和度和交换性钙镁较红壤低;pH 为 4.9~5.8,比红壤略低。黄红壤的富铝化发育程度较红壤弱,土体中铁铝量稍低,硅量稍高,黏粒的硅铝率为 2.5~3.5;黏土矿物以高岭石和蛭石为主,伴有水云母和少量三水铝石,黏粒含量较红壤低;剖面呈棕色(10YR7/6)或黄棕色(10YR7/8)。

(四) 山原红壤

山原红壤亚类在我国的总面积为 2.9742×10^6 hm^2,约占红壤土类总面积的 5.23%,分布于云贵高原 1800~2000 m 的高原面上。自第三纪末期以来,伴随着新构造运动,地面抬升,形成高原面,在现代年降水量 1000 mm 左右,干湿季分明的气候条件影响下,残存的早期脱硅富铝化过程形成的红色风化壳,出现明显的复盐基现象,形成山原红壤,其有别于江南丘陵上的红壤。山原红壤土体干燥,土色红(2.5YR4/8),主体内常见铁盘;黏土矿物以高岭石为主,伴有三水铝石;黏粒的 SiO_2/Al_2O_3 为 2.2~2.3;pH 为 5.5~6.0,盐基饱和度为 70%左右;铁的活化度为 60%~65%,富铝化程度不如红壤。

(五) 红壤性土

红壤性土亚类在我国的总面积为 3.0048×10^6 hm^2,约占红壤土类总面积的 5.28%。红壤性土分布于红壤地区低山丘陵,因为土壤侵蚀强烈,原来的土体已经剥蚀掉,现在土层浅薄,具有 A-(B)-C 剖面,色泽较淡,有或无红棕或棕红色的薄 B 层,与铁铝质石质土及铁铝质粗骨土组成复区。

四、红壤与相关土类的区别

(一) 红壤与黄棕壤的区别

黄棕壤系北亚热带地带性淋溶土,淋溶黏化较红壤明显,但富铝化作用不如红壤强而具弱度富铝化过程;黏粒的 SiO_2/Al_2O_3 为 2.5~3.9,黏土矿物既有高岭石、伊利石,也有少量蒙脱石;pH 为 5.0~6.7,盐基饱和度较高。

(二) 红壤与黄壤的区别

黄壤分布区比红壤分布区年平均气温低而潮湿,故水化氧化铁含量和铁活化度较高

（10%～25%），呈黄色（2.5Y8/6）或橙黄色（2.5Y7/8），黏土矿物因风化度低，故以蛭石为主，高岭石和水云母次之，有较多的针铁矿和褐铁矿；且有机质含量亦较高（50～100 g/kg）。

（三）红壤与砖红壤的区别

砖红壤系热带铁铝土，富铝化作用比红壤强，因此风化度和酸性更强。

第二节 黄　　壤

黄壤是亚热带暖热阴湿常绿阔叶林和常绿落叶阔叶混交林下，氧化铁高度水化的土壤，黄化过程明显，富铝化过程较弱，具有枯枝落叶层、暗色腐殖质层和鲜黄色富铁铝B层的湿暖铁铝土。

一、黄壤的分布与形成条件

黄壤广泛分布于我国北纬 30°附近亚热带、热带山地、高原，在我国的总面积为 $2.324\ 73\times10^7\ hm^2$，以贵州省最多，有 $7.037\ 9\times10^6\ hm^2$，占黄壤总面积的 30.27%；四川占 19.45%，云南占 9.87%，湖南占 9.06%，西藏、湖北、江西、广东、海南、广西、福建、浙江、安徽等地也有分布。

黄壤分布区的年平均气温为 14～16 ℃，≥10℃积温为 4 000～5 000 ℃，年降水量为 2 000 mm左右，年降水日数长达 180～300 d，日照少（每年仅 1000～1400 h），云雾大，相对湿度高达 70%～80%，属暖热阴湿季风气候，夏无酷暑，冬无严寒。黄壤的成土母质为酸性结晶岩、砂岩等风化物及部分第四纪红色黏土。黄壤的植被主要为亚热带湿润常绿阔叶林与湿润常绿落叶阔叶混交林。在生境湿润之处，林内苔藓类与水竹类生长繁茂。黄壤分布区主要树种有小叶青冈、小叶栲等各种栲类、樟科、山茶科、冬青、山矾科、木兰科等，此外尚有竹类、藤本、蕨类植物。黄壤分布区大面积均为次生植被，一般为马尾松、杉木、栓皮栎、麻栎等。

二、黄壤的成土过程、剖面形态特征和基本理化性状

（一）黄壤的成土过程

在潮湿暖热的亚热带常绿阔叶林下，黄壤除普遍具有亚热带、热带土壤所共有的脱硅富铝化过程外，还具有较强的生物富集过程和特有的黄化过程。

1. 黄壤的黄化过程　这是黄壤独具的特殊成土过程，即由于成土环境相对湿度大，土壤经常保持潮湿，致使土壤中的氧化铁高度水化形成一定量的针铁矿（lepidocrocite，$FeO\cdot OH$），并常与有机质结合，导致剖面呈黄色（2.5Y8/6）或蜡黄色（5Y7/8），其中尤以剖面中部的淀积层明显。这种由于土壤中氧化铁高度水化形成水化氧化铁的化合物致使土壤呈黄色的过程称为黄壤的黄化过程。

2. 黄壤的脱硅富铝化过程　黄壤在潮湿暖热条件下进行黄化过程的同时，其碱性淋溶较红壤差而具弱度脱硅富铝化过程，但螯合淋溶作用却较红壤强。因具有较好的土壤水分条件，淋溶作用较强。

3. 黄壤的生物富集过程 在潮湿温热的水热条件下，林木生长量大，有机质积累较多，一般在林下有机质层厚度可达 20～30 cm，有机质含量一般为 50～100 g/kg，高者可达 100～200 g/kg，因螯合淋溶，甚至在 5 m 处有机质含量仍可达 10 g/kg 左右，但在林被破坏或耕垦后，有机质含量则急剧下降至 10～30 g/kg。又因土壤滞水而通气不良，有机质矿化程度较红壤差，故腐殖质积累比红壤强。

（二）黄壤的剖面形态特征

黄壤的土体构型为 $O-A_h-AB_s-B_s-C$。基本发生层仍为腐殖层和铁铝淀积层，其中最具标志性的特征乃是其铁铝淀积层，因黄化过程而呈现鲜艳黄色或蜡黄色。

1. 枯枝落叶层 枯枝落叶层（O层）厚为 10～20 cm 左右，受到不同程度的分解。

2. 表层 表层（A层）为暗灰棕色（5YR4/2）至暗橄榄色（5Y3/1）的富铝化的腐殖质层（A_h），厚 10～30 cm，具屑粒状或团块状结构，动物活动活跃。有时，在 A_h 层之下有过渡性亚层 AB_s。

3. 铁铝淀积层 铁铝淀积层（B_s 层）呈鲜艳黄色或蜡黄色的铁铝聚积层，厚 15～60cm，较黏重，块状结构，结构面上有带光泽的胶膜，为黄壤独特土层。

4. 母质层 母质层（C层）多保留母岩色泽的母质层，色泽混杂不一。

（三）黄壤的基本理化性状

①因富铝化过程较弱，黄壤的黏粒硅铝率为 2.0～2.5，硅铁铝率为 2.0 左右；黏土矿物以蛭石为主，高岭石和伊利石次之，亦有少量三水铝石出现。

②因黄化和弱富铝化过程使黄壤的土体呈黄色而独具鲜黄铁铝淀积层。

③由于中度风化和强度淋溶，黄壤呈酸性至强酸性反应，pH 为 4.5～5.5。交换性酸含量为 5～10 cmol/kg 土，最高达 17 cmol/kg 土。交换性酸以活性铝为主，交换性铝占交换性酸的 88%～99%。土壤交换性盐基含量低，B 层盐基饱和度小于 35%。开垦耕种后的黄壤盐基饱和度提高，表层可达到 100%。

④因湿度大，黄壤表层有机质含量可达 50～200 g/kg，较红壤高 1～2 倍，且螯合淋溶较强，表层以下淀积层亦在 10 g/kg 左右。腐殖质组成以富里酸为主，HA/FA 为 0.3～0.5；开垦耕种后表层有机质含量可急剧下降至 20～30 g/kg，而盐基饱和度和 pH 均相应提高。

⑤黄壤质地一般较黏重，多黏土、黏壤土；加上有机质含量高，阳离子交换量可达 20～40cmol/kg。

三、黄壤的亚类划分及其特征

依据特定成土条件的变异和附加成土过程可将黄壤分为黄壤、表潜黄壤、漂洗黄壤和黄壤性土 4 个亚类，其中 3 个亚类的剖面构型特征如图 7-5 所示。

（一）黄壤

黄壤也称为普通黄壤或典型黄壤，具有黄壤土类的典型特征，其成土条件、成土过程与属性特征如前述黄壤土类。黄壤是黄壤土类中面积最大的亚类，在我国的总面积为 $2.096\,09\times10^7$ hm^2，约占黄壤土类总面积的 90.16%。该亚类多处在海拔较低、地形较平缓的部位。

（二）表潜黄壤

表潜黄壤在我国的总面积仅约 666 hm², 面积很小，多分布于亚热带、热带山地顶部及山脊地带低洼处。表潜黄壤区常年云雾弥漫，日照少，气候十分湿润，相对湿度达 85% 左右；植被为喜湿性常绿阔叶林、常绿落叶阔叶混交林，山顶植物株型矮小，并附生大量苔藓，林下为莎草科、蕨类及水竹类等喜湿性植物。由于枯枝落叶层较厚，其下又有盘结密织的根层，具弹性，吸水强烈，出现表层滞水潜育现象，土体内铁锰还原物质多。

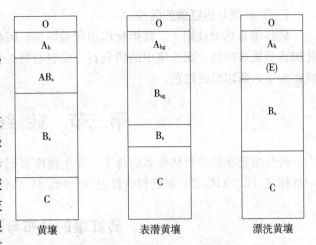

图 7-5 黄壤各亚类剖面构型

在黄壤 A 层中形成浅灰色 (5Y6/1) 的表潜层，这是表潜黄壤的附加过程与主要特征。

表潜黄壤土层较薄，一般为 60～80 cm，其土体构型为 O-A_{hg}-B_{sg}-B_s-C 型。表层有机质含量可达 200 g/kg，心土层也在 50 g/kg 以上，土壤质地多为粉砂黏壤至黏土。

（三）漂洗黄壤

漂洗黄壤在我国的总面积为 1.022×10^5 hm²，约占黄壤土类总面积的 0.44%。该亚类多处在坡度较平缓的低山丘陵、台地和坡麓前缘地段，以及河流 2 到 3 级阶地边缘，由于不厚的土体下伏基岩或质地黏重的底土，使土体中水分下渗受阻，形成渗水侧流，在还原条件下，铁锰还原淋洗，结果形成暗灰色 (5Y4/1) 的表土层和灰黄色 (2.5Y7/3) 至灰白色 (5Y7/1) 的侧渗漂洗层 (E)，其下为灰黄色 (2.5Y7/3) 的 B_s 层及半风化的母质层 (C)。因漂洗作用使土中盐基贫乏，pH 为 4.8～5.5。

（四）黄壤性土

黄壤性土在我国的总面积为 $2.184\ 1 \times 10^6$ hm²，约占黄壤土类总面积的 9.40%。分布于严重侵蚀地区，土层薄，剖面一般为 A-C 型，B 层发育弱，心土多含有较多半风化的岩石碎片，硅铝率与典型黄壤相比也较大，黏土矿物组成以 2∶1 型占优势。

四、黄壤与相关土类的区别

（一）黄壤与红壤的区别

红壤地区比黄壤地区年平均气温高而土壤排水较好，故红壤水化氧化铁含量与铁的活化度均较黄壤低，以赤铁矿为主，土壤通体呈红色 (10R5/8) 至棕红色 (10R5/6)，矿物风化度较黄壤高且富铝化过程较强，故黏土矿物以高岭石为主，伴有蛭石和三水铝石，红壤含较少褐铁矿 (limonite) 和针铁矿 (goethite)。

（二）黄壤与黄棕壤的区别

黄棕壤属淋溶土纲，其淋溶黏化较黄壤明显，而矿物风化度或弱脱硅富铝化过程不如黄壤深，故黏土矿物既有高岭石和伊利石，也有少量蒙脱石；盐基饱和度较高，pH 为 5～6，较黄壤高。

(三) 黄壤与砖红壤的区别

砖红壤系热带铁铝土，富铝化作用比黄壤强，因此黏土矿物以高岭石为主，氧化铁和氧化铝含量较黄壤高，而土壤中的伊利石、蒙脱石等 2∶1 型黏土矿物含量很少，氧化铁以赤铁矿为主，所以呈砖红色。

第三节 砖 红 壤

砖红壤是在热带雨林或季雨林下，发生强度富铝化和生物富集过程，具有枯枝落叶层、暗红棕色（2.5YR3/2）表层和砖红色（10R5/6）铁铝残积 B 层的强酸性的铁铝土。

一、砖红壤的分布与形成条件

砖红壤是我国最南端热带雨林或季雨林地区的地带性土壤，水平分布在北纬 22°以南热带北缘，包括海南省、雷州半岛，以及广西、云南和台湾南部的部分地区。砖红壤的垂直分布，海南在 450 m 以下，云南南部在 800～1 000 m 以下。在海南、广东和广西，砖红壤主要分布在古浅海沉积物阶地、玄武岩台地和砂页岩、花岗岩形成的缓坡丘陵。在云南南部，砖红壤主要分布在海拔 800 m 以下山间谷地和盆地。砖红壤分布区的年平均气温为 21～26 ℃，≥10 ℃积温为 7 500～9 000 ℃，年降水量为 1 400～3 000 mm，属高温高湿、干湿季节明显的热带季风气候。砖红壤的成土母质多为数米至十几米的酸性富铝风化壳，母岩为花岗岩、玄武岩，浅海沉积物等。砖红壤的自然植被为热带雨林、季雨林，树冠茂密，常见老茎生花和板根现象，主要树种有黄枝木、荔枝、黄桐、木麻黄、桉树、台湾相思、橡胶、桃金娘、岗松，还有鹧鸪草、知风草等草本植物。

二、砖红壤的成土过程、剖面形态特征和基本理化性状

(一) 砖红壤的成土过程

由于热带砖红壤区水热条件较红壤高，故砖红壤进行着强度富铝化与高度生物富集的成土过程。

1. 砖红壤的强度脱硅富铝化过程 砖红壤中硅（SiO_2）的迁移量可高达 80％以上，最低也在 40％以上；钙、镁、钾、钠的迁移量最高可达 90％以上，而铁（Fe_2O_3）的富集系数为 1.9～5.6，铝（Al_2O_3）的富集系数为 1.3～2.0；铁的游离度，红壤为 33％～35％，赤红壤为 53％～57％，砖红壤为 64％～71％（表 7-2）。玄武岩发育的砖红壤富铝化作用最强，故称为铁质砖红壤；浅海沉积物发育的称为硅质砖红壤；花岗岩发育的称为硅铝质砖红壤。

表 7-2 砖红壤化学组成与迁移量比较

地点	母岩与地形	标本类别	土体（<1mm）及母岩化学组成（％）							风化及成土过程中的迁移量（％）				
			SiO_2	Al_2O_3	Fe_2O_3	CaO	MgO	K_2O	Na_2O	SiO_2	CaO	MgO	K_2O	Na_2O
广东、海南	花岗岩丘陵	土壤	60.23	21.55	4.63	痕量	0.56	3.61	0.55	40.9	100	60.8	39.1	88.4
		风化体	66.92	17.88	3.05	0.18	0.36	4.00	0.16	20.9	93.0	69.1	18.7	96.0
		母岩	69.92	14.78	1.62	2.15	0.97	4.07	3.28					

(续)

地点	母岩与地形	标本类别	土体（<1mm）及母岩化学组成（%）							风化及成土过程中的迁移量（%）				
			SiO_2	Al_2O_3	Fe_2O_3	CaO	MgO	K_2O	Na_2O	SiO_2	CaO	MgO	K_2O	Na_2O
广东雷州半岛	玄武岩老阶地	土壤	31.57	31.53	15.95	痕量	0.46	0.10	0.08	67.8	100	97.2	93.5	98.9
		风化体	42.55	23.15	15.79	0.62	2.47	0.55	0.78	41.0	99.6	80.4	54.6	85.1
		母岩	49.28	15.83	2.82	8.84	8.13	0.77	3.59	—	—	—	—	—

2. 砖红壤的生物富集过程 在热带雨林下的凋落物干物质每年可高达 11.55 t/hm², 比温带高1~2倍。在大量植物残体中，灰分元素占17%，氮（N）占1.5%，磷（P_2O_5）占0.15%，钾（K_2O）占0.36%。以 11.55 t/hm² 计，则每年每公顷通过植物吸收的灰分元素达1 963.5 kg，N 为173.3 kg，P_2O_5 为17.3 kg，K_2O 为41.6kg。而热带地区生物归还作用亦最强，其中 N、P、Ca、Mg 的归还率大。从而表现出生物富盐基、生物自肥等在热带最强的生物富集作用。

（二）砖红壤的剖面形态特征

砖红壤土体构型为 O-A_h-B_s-B_{sv}-C。

1. 枯枝落叶层 枯枝落叶层（O层）一般在林下有几厘米的枯枝落叶层。

2. 腐殖质层 腐殖质层（A_h 层）一般厚 15~30 cm，暗棕色（7.5YR4/4），屑粒、团粒状结构，疏松多根，有机质含量可达 50 g/kg。

3. 淀积层 严格讲，砖红壤无淀积层（B层）可言，因为表层和淀积层原生矿物被高度风化，能溶和可悬移物已淋出土体，此后表层和淀积层均属高岭石及部分三水铝石和铁铝氧化物的残体，所以淀积层用 B_s 表示，它形成铁铝聚集层，紧实黏重，呈核状块状结构，结构面上有暗色胶膜，呈砖红或赭红色（10R5/8、10R4/8），厚度数十米不等。有些砖红壤具有聚铁网纹层（B_{sv}）和或铁盘层（B_{ms}）。由砂页岩发育的砖红壤常出现铁子层或铁盘层，此层厚度不一，厚者可达 3~5 cm。

4. 母质层 母质层（C层）为暗红色（2.5YR4/8）风化壳，夹半风化母岩碎块，厚度为 1~2 m。

（三）砖红壤的基本理化性状

①在铁铝土中，砖红壤的原生矿物分解最彻底，盐基淋失最多，硅迁移量最高，铁铝聚集最明显。据海南澄迈发育在玄武岩母质上的含量分析结果，钙、镁、钾、钠、氧化物含量都在 7 g/kg 以下，铁氧化物和铝氧化物含量分别可达 100~160 g/kg 和 200~330 g/kg，氧化钛含量高达 10 g/kg 以上，硅迁移量高达 42%~83%。

②砖红壤黏粒的硅铝率（1.5~1.8）和硅铁铝率（1.1~1.5）最小，黏土矿物的63%~80%为高岭石，其余为三水铝石和赤铁矿。

③砖红壤土壤质地黏重，土层（风化层）深厚。黏粒含量多在50%以上，且红色风化层可达数米乃至十几米，一般土体厚度多在 3 m 以上。

④土壤呈强酸性反应。由于盐基大量淋失，砖红壤交换性盐基只 0.34~2.6 cmol/kg，土壤有效阳离子交换量低，淀积层（B层）黏粒的有效阳离子交换量仅为 10.36 cmol/kg 左右，盐基饱和度多在20%以下。土中铁铝氧化物多，交换性酸总量为 2.5 cmol/kg 土左右，交换性酸以活性铝为主，交换性铝占交换性酸的 90% 以上；土壤呈强酸性，pH 为

4.5~5.4。

⑤植被茂密地区的砖红壤表土有机质含量可达 50 g/kg 以上，含氮量为 1~2 g/kg，但腐殖质品质差，HA/FA 为 0.1~0.4，故不能形成水稳性团聚体；速效养分含量低，速效磷极缺。

三、砖红壤的亚类划分及其特征

根据砖红壤成土条件、成土过程和过渡性特征，可将其分为砖红壤和黄色砖红壤两个亚类。其剖面构型可参见图 7-6。

（一）砖红壤

砖红壤亚类是砖红壤土类的典型亚类，在我国的总面积为 $3.044\ 3\times10^6\ hm^2$，约占砖红壤土类总面积的 77.46%。其剖面构型、土壤属性见前述砖红壤土类。

（二）黄色砖红壤

我国黄色砖红壤的总面积为 $8.858\times10^5\ hm^2$，约占砖红壤土类总面积的 22.54%。我国黄色砖红壤的主要分布在云南东南部及海南东南部，受季风影响，年降水量比砖红壤区高 500 mm 左右，土壤含水量较高，黏土矿物以高岭石及针铁矿为主，其针铁矿含量较砖红壤多 15%，而赤铁矿含量比砖红壤少 20%，显示有黄化特征。同时我国黄色砖红壤的淋洗程度高于砖红壤，盐基饱和度也较低。

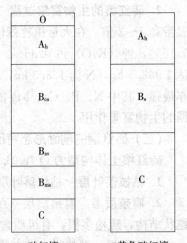

图 7-6 砖红壤各亚类剖面形态

四、砖红壤与相关土类的区别

（一）砖红壤与红壤的区别

红壤位于砖红壤北部的中亚热带，其水热条件、富铝化、生物富集以及矿物风化度均较砖红壤低，故红壤的硅铝率较高、铁的活化度较低，黏土矿物以高岭石为主而少三水铝石与赤铁矿，且阳离子交换量、盐基饱和度均较砖红壤高。

（二）砖红壤与赤红壤的区别

赤红壤位于红壤与砖红壤之间，是我国南亚热带常绿季雨林地带性土壤，因水热差异使富铝化、矿物风化度、生物富集量比红壤高而低于砖红壤。过去称之为砖红壤性红壤，第二次全国土壤普查后设立为一个土类。赤红壤的黏粒硅铝率为 1.7~2.0，铁活化度为 40%~58%，黏土矿物以高岭石和埃洛石为主，其矿物风化度高于红壤低于砖红壤；阳离子交换量为 10~25 cmol/kg；盐基饱和度为 30% 左右；pH 为 5.0 左右，低于红壤但高于砖红壤。

赤红壤总面积为 $1.778\ 72\times10^7\ hm^2$，占全国土壤总面积的 2.18%。赤红壤水平分布在北纬 22°~25° 之间的狭长地带，大致与南亚热带界线吻合，主要在广西西南部、福建、台湾南部以及云南西南低山丘陵和阶地区，垂直分布在 450 m 以下。赤红壤分布区年平均气温为 20~23 ℃，≥10 ℃积温为 6 500~8 200 ℃，年降水量为 1 200~1 800 mm，属湿热季风气候。赤红壤的成土母质以花岗岩风化物及第四纪红色风化壳为主，其他多为浅海沉积物。赤红壤的自然植被主要有木荷、榕树、杜英、云木香、厚朴等，草本有野古草、白茅等。

(三) 砖红壤与燥红土的区别

燥红土地区年平均气温为 20~25 ℃，年降水量为 750~1 000 mm，因焚风效应使蒸发量高于降水量 2~3 倍而呈现热带稀树草原成土环境与成土作用，由于干旱，淋溶作用弱而归属半淋溶土纲，故矿物风化度低，脱硅富铝化作用不明显，有蛭石和蒙脱石，不含三水铝石，阳离子交换量大于 20 cmol/kg，盐基饱和度 80% 左右，pH 为 6~7，较砖红壤明显增高。

(四) 砖红壤与黄壤的区别

黄壤是亚热带暖热阴湿常绿阔叶林和常绿落叶阔叶混交林下形成的，黄化过程明显，富铝化过程较弱，具有鲜黄色 B 层的土壤。

第四节 燥 红 土

燥红土是发育于热带和南亚热带干旱的稀树草原性植被下的土壤，具有灰棕色的腐殖质层（A 层）和红褐色、块状结构的深厚 B 层，黏土矿物以水云母和高岭石为主，盐基饱和度高，pH6.0~6.5，甚至有石灰反应的半淋溶性土壤。

一、燥红土的分布与形成条件

我国燥红土的总面积为 6.979×10^5 hm^2，以云南面积最大，次为海南。燥红土分布于我国热带与南亚热带相对干旱地区，如海南西南部的海成阶地或低丘台地，云南南部的金沙江、红河、南盘江等深切峡谷区，前者主要是由于五指山形成的雨影区，后者主要是由于焚风效应。这些地区年平均气温为 21~25 ℃，≥10 ℃积温达 6 000~9 000 ℃，年降水量为 750~1 000 mm，年蒸发量为降水量的 2~3 倍。干湿季节明显，旱季长达 6~7 个月，这种气候条件下生长着热带稀树草原植被。草本植物高达 1 m，禾本科以旱生的扭黄矛为主，灌丛树种主要有刺篱木、刺针木、酒饼簕、仙人掌、刺毒木等。燥红土的植物都具有多刺、富蜡质、具茸毛等耐旱特征。燥红土的成土母质有花岗岩、砂页岩、安山岩以及古老河流沉积物和浅海沉积物（海南西南部）。

二、燥红土的成土过程、剖面形态特征和基本理化特性

(一) 燥红土的成土过程

1. 燥红土的淋溶过程和铁质化过程 燥红土分布区虽然气候比较干热，但有明显的雨季，所以矿物风化比较强烈，产生明显的碱土金属淋溶过程，在淋溶基础上产生了铁红化过程，即含铁矿物水解形成游离铁，氧化为铁质胶体。而在干旱季节，这些铁质胶体随毛管水上升，并覆于黏粒表面（或与有机质胶体结合），并固化和结晶化，形成赤铁矿，使土壤红化，所以使土壤形成具有盐基饱和及一定富铁铝化特征的特点。

2. 燥红土的腐殖质化过程 在热带和亚热带的稀树草原和灌木草原的植被条件下，当雨季来临时，植物生长旺盛，但旱季来临时，植物干旱缺水而逐渐死亡，故表土有机质含量20g/kg左右，但以饱和的粗有机质为主。

(二) 燥红土的剖面形态特征

1. 腐殖质层 腐殖质层（A_h层）的厚度一般为10～15 cm。在自然植被下，表面具有一定的干残落物。腐殖质层暗棕色（7.5YR3/4），有机质含量一般为20～40g/kg左右；呈粒状或团块状结构，疏松；pH为6.5～7.5，可能有石灰反应。

2. 铁铝淀积层 铁铝淀积层（B_s层）厚度一般为50～80 cm；红棕或红褐色（2.5YR6/8或5YR5/6），即铁质化在颜色上表现比较明显的层次；质地为砂壤至壤质，呈小块状或棱块状结构。

3. 母质层 母质层为化学风化度较大的母质层（C层）。

(三) 燥红土的基本理化性状

①燥红土的矿物全面化学分析表明有脱钾，钙镁有移动，脱硅不明显，而Fe_2O_3在腐殖质层和淀积层产生明显富集。

②燥红土的矿物组成以水云母和高岭石为主，有石英和少量蒙脱石。

③燥红土的土壤盐基饱和度高，可达70%～100%；pH为6.5～8.0；有机质含量则因土壤利用方式而异。

燥红土的理化性状可参考图7-7。

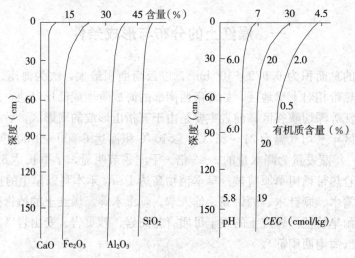

图 7-7 燥红土剖面形态及性状

三、燥红土的亚类划分

(一) 燥红土

燥红土亚类有暗色弱腐殖质表土层，1 m土体内无淋淀黏化层，其余特征同土类。燥红土亚类在我国的总面积为5.28×10^5 hm^2，占燥红土土类总面积的75.65%。分布于海南西南的燥红土亚类曾称为褐色砖红壤。

(二) 褐红土

褐红土分布于云贵高原腹地及其边缘金沙江深切河谷和残丘。剖面中钙镁有向表层聚积的趋势，但一般无石灰反应，盐基饱和度为80%以上。心土层核块状结构面上有老化胶膜淀积，并可出现铁质结核。黏土矿物以伊利石和绿泥石为主，伴少量高岭石。全剖面氧化铁移动不明显，黏粒硅铁率变化不大。土壤有机质含量不足 20 g/kg，一般无石灰反应，土壤pH为6.5~7.5。

四、燥红土与相关土类的区别

(一) 燥红土与红壤和砖红壤的区别

红壤与砖红壤系亚热带与热带的铁铝土，具有明显的脱硅富铝化过程，土壤黏土矿物以高岭石为主，呈弱酸性至强酸性，因此它们与燥红土的区别甚为明显。

(二) 燥红土与热带变性土的区别

热带变性土是分布在非洲的以蒙脱石为主的黑色黏土，往往具有小的石灰质结核，具有强烈湿胀干缩特性，干燥时能形成宽超过 1 cm、深度达 50 cm 的裂隙，因此它与燥红土的区分也十分明显。

第五节　红黄壤类土壤的利用

新中国成立以来，我国红黄壤利用改良事业取得了巨大成就。首先是广泛开展了资源考察和土壤基本属性及发生分类的研究，为大面积开发利用和改良土壤资源提供了科学依据；在此基础上各地都开垦了大面积荒地，如江西开垦了 2.0×10^5 hm^2 以上，建立了157个综合垦殖场；浙江开垦 1.2×10^4 hm^2，贵州开垦了 4×10^4 hm^2，为国家创造了大量物质财富与经验。特别是专门成立了农垦机构开发海南、雷州半岛、西双版纳等地的砖红壤，为发展我国的橡胶和甘蔗、果、药等其他热带作物，以及速生丰产林、防风林做出了重大贡献。并且 6.67×10^6 hm^2 以上低产地得到了初步改造，实现了大面积均衡增产。据第二次全国土壤普查，砖红壤耕地面积为 1.074×10^6 hm^2，占砖红壤土类面积的26.97%；赤红壤耕地面积为 1.072×10^6 hm^2，占赤红壤土类面积的6.03%；红壤耕地面积为 3.131×10^6 hm^2，占红壤土类面积的5.50%；燥红土耕地面积 8.9×10^4 hm^2，占燥红土土类面积的12.75%。

一、红黄壤类土壤在利用中存在的共性问题

(一) 红黄壤类土壤普遍存在酸、黏、瘦等障碍因素

红黄壤类土区，高温多雨，风化淋溶作用强（燥红土地区例外），土壤有机质矿化速度快，当自然植被破坏后，在耕种的条件下忽视有机肥的投入与精耕细作，土壤有机质明显下降，有效磷的铁铝固定明显加强，大多数微量元素进一步贫乏，因而质地黏重，物理性状恶化，耕性变差等进一步明显化。

(二) 水土流失严重

据统计，我国红黄壤类土壤分布地区，水土流失面积达 6.0×10^5 km^2，占该地区土

地面积的 30%。第二次湖南省土壤普查资料表明，全省红黄壤类土壤水土流失面积为 $4.4\times10^4\,\mathrm{km}^2$，被侵蚀的表土相当于每年损失 $5.3\times10^4\,\mathrm{hm}^2$ 耕地的耕作层；江西省每年冲蚀表土 $1.6\times10^8\,\mathrm{t}$，因而土壤退化，地力减退。由于水土流失，季节性干旱和农业上的粗放经营，致使红黄壤区耕地中的低产田占 66.4%，其单产在 20 世纪 90 年代仅为 2 000～3 000 $\mathrm{kg/hm}^2$。

（三）土壤资源尚未充分合理利用

还有一定数量未被利用的红黄壤类土壤的荒山荒坡。据统计，本区荒山荒坡地共有 $4.666\,7\times10^7\,\mathrm{hm}^2$，其中宜农地有 $3.33\times10^6\,\mathrm{hm}^2$，宜林地 $2.667\times10^7\,\mathrm{hm}^2$，宜牧地 $1.067\times10^7\,\mathrm{hm}^2$，宜种植热带作物地 $4.0\times10^5\,\mathrm{hm}^2$。另一方面因为产业结构比例失调，农业占 68%，林业仅占 4.2%，牧业仅占 4.5%，而红黄壤区山地丘陵占 80% 以上，平地不足 20%，土地资源利用不合理。

二、红黄壤类土壤的合理开发利用

（一）发挥热带土壤资源优势

首先必须从宏观优势出发，发挥区域的气候与土壤优势，一般除适种水稻、棉花、玉米等粮食作物外，更要发挥热带土壤资源优势。如在砖红壤地区可种植橡胶、咖啡、可可、剑麻、香茅、油棕、椰子等。在赤红壤地区可种龙眼、荔枝、甘蔗、洋桃、木瓜、香蕉、菠萝、芒果等水果，以及何首乌、砂仁、杜仲、灵芝、益智、三七等药材。在红壤、黄壤地区可种植杉木、马尾松、竹子以及茶叶、柑橘、油茶和油桐。燥红土地区可种植腰果、剑麻、番麻等。

（二）根据地形条件，发展立体农业

必须采用生物措施与工程措施相结合，进行小流域规划，根据土壤和母岩特点及地形条件，采用不同利用方式，发展立体农业。一般顶部土地薄、旱、瘦，宜种植抗旱性强、耐瘠薄、保水土的林草。坡麓土层深厚、较肥、湿润，可栽培对土壤条件要求较高的水稻、蔬菜和饲料。腰（中）部土、肥、水、热状况介于两者之间，主要发展高效又能吸收心土层水、肥的多年生果、茶、桑园。丘塘水库放养鱼、珍珠。这样，构成红壤坡地利用的"顶林、腰园、谷农、塘渔"的立体布局模式。

（三）改进耕作制度，提高红黄壤类土壤的生产力

地处亚热带、热带区的红黄壤类土壤，水热条件好，要充分利用这个有利条件，因地制宜采用能达到用地养地相结合的耕作制度。在红黄壤旱地中，经济效益较高的有粮食作物与经济作物复种、粮食作物与油料作物复种、粮食与饲料作物复种、粮食多熟制等。在湖南采用各种复种制进行轮作，复种指数可以达到 210%～220%。在套作、轮作制度的安排中，要增豆科绿肥比重，做到用地养地密切结合。在改进耕作制度中，配合适当的深耕与深松，增施有机肥和精细耕作，集约经营，努力提高红黄壤类土壤的生产力。

（四）有针对性地克服红黄壤类土壤的酸、瘦、黏、板等障碍

酸、瘦、黏、板是红黄壤类土壤共有的障碍因素，有的是水土流失的结果，它直接限制红黄壤肥力的发挥和产量的提高，应通过增施有机肥料、合理施用磷肥、石灰以及其他化学措施，配合其他农业措施和水利措施以逐步转化这些障碍因素，并增加物质与人力投入，以

达到综合治理的目的。

1. 增施有机肥料 红黄壤低产的重要原因之一是土壤中缺乏有机质。在正常施用农家肥料时，还必须多种绿肥作物，才能把用地和养地结合起来。红黄壤地区绿肥种类很多，把冬季与夏季绿肥、豆科绿肥与非豆科绿肥、高秆绿肥与矮秆绿肥、宽叶绿肥与窄叶绿肥、浅根绿肥与深根绿肥等不同绿肥种类因地制宜地进行搭配，既可充分利用光热资源和营养条件，还可增加绿肥产量，改良土壤。此外，大力推行秸秆还田，夏季收割山青、秋季挑塘泥都可增加土壤有机质，培肥红黄壤。

2. 施用化肥，中和酸度 红壤地区，不仅缺少氮素，而且普遍缺磷。这不仅与土壤中全磷含量较低有关，而且和土壤中磷素的形态密切相关。在土壤酸性，土壤中活性铁铝含量较多的情况下，土壤中的磷素多以难溶解的磷酸铁、磷酸铝等形式存在，有效性低；施用的磷肥也转化为此种形态残留于土壤中，降低了肥效。因此酸性强的红壤要适当地施用石灰，以中和酸度，提高施用磷肥的肥效。在红黄壤类土壤上施用石灰是传统的有效措施，可改变红黄壤酸黏等不良性状。施石灰中和酸性，可增强土中有益微生物和活性，促进养分转化，改良土壤结构，从而改变红黄壤的酸、黏、板等不良性状。石灰施用量要因土而定。施用磷矿粉，不但可供给磷素，而且可中和土壤酸度。

由于高度风化淋洗作用，红壤也普遍缺乏钾素，需要施用钾肥。红壤上种植水稻，施用硅肥的效果也是非常明显的。江西红壤地区进行油菜施用硼肥试验，油菜籽增产 $31\sim34\%$。

3. 深耕晒垡、客土掺沙 这是红黄壤类土壤地区群众常用的改土措施。深耕晒垡（炕土）结合施用有机肥料是熟化红黄壤的重要措施。黏土熟化重在深耕，但深耕深度要因土制宜。晒垡可以改良土壤耕性，加速养分的转化与释放，增产效果显著，特别是较冷湿黏重的黄壤，晒垡效果更好。客土掺沙，也是改良土壤黏重耕性不良的好办法。贵州采取施用白云石灰岩、砂质石灰岩风化物的油砂的方法，四川采取施用紫色砂页岩风化物的油石骨子客土掺沙的办法，对改善红黄壤的不良物理性状、增加土壤养分、降低土壤酸度均有良好效果。

4. 发展灌溉事业 红黄壤地区，特别是燥红土地区，季节性干旱比较严重，影响当地农业生产，应兴修水利以彻底解决干旱威胁，这样可充分发挥当地气候资源的优势。

发展中小型山塘、水库，充分挖掘利用好径流水资源，对旱坡地修建等高水平梯田，平整土地，修灌溉渠系以及沿丘陵山脚开挖环山截流沟，借以防止山洪侵蚀农田等，都是建设高产稳产农田十分重要的措施。特别要指出的是，有水源的地区，旱地改水田是利用改良红黄壤，提高作物产量的有效途径。它从根本上解决危害最大的水土流失问题，并为红黄壤培肥打下基础。因为一般水田有机质含量比旱地增长快，从而可加速土壤熟化；在淹水和施肥的情况下，盐基物质逐步增多，酸性减弱，土壤肥力提高。所以旱改水既是灌排结合的标准比较高的水利土壤改良工程措施，又是变低产为高产、利用与改良相结合的增产途径。

（五）因地种植，适地适树

在区域开发时要根据具体土壤性状进行因土种植，如土壤环境湿润且肥力较高的砖红壤丘陵缓坡，可等高种植橡胶、油棕、胡椒、咖啡等热带经济林木，而云南大叶茶、三七、萝芙木等喜阴作物应种植在阴坡或间作在其他经济林内。对于地面覆盖条件差，易受干旱威胁的缓坡地，适于发展耐旱的剑麻、菠萝、香茅、甘蔗、木薯等。在土壤瘠薄植被稀疏的地方，可间种无蔓豆类、葛藤、猪屎豆、玫瑰茄等。在黄壤山地，在林间种植药材当归、天麻、灵芝等。开发利用燥红土荒地种植腰果等。发育在第四纪红土上的红壤，适宜树种为马尾松、火炬松、枫香、樟、木荷、油茶、白栎、刺槐等；在燥红土地可种植木麻黄、小叶桉等。

适地适树，以提高林木成活率及成林成材速度。据湖南、湖北和江西的经验，坡度在15°以上的红黄壤荒山草坡，可以修筑梯田种植茶叶，柑橘等果树和烟叶，或种油茶、油桐等经济林木；16°~25°的山丘营造杉木、檫树；大于25°的山坡可种植马尾松、火炬松等用材林。

（六）加强水土保持工作

山丘地区普遍有土壤侵蚀的发生，因此农田有必要采取水土保持措施。有条件的地方尽可能修筑水平梯田；土层较薄的地方，先可辟为顺坡梯田，或起埂种植草、灌木，拦截水土。

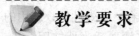

教学要求

一、识记部分

识记富铁铝化过程、黄化过程、砖红壤、赤红壤、红壤、黄壤、燥红土。

二、理解部分

①黄壤的形成的气候条件与黄壤特征之间有何关系？

②黄壤与红壤基本处于同一纬度带，它们的异同点是哪些？

③燥红土虽与砖红壤、红壤和赤红壤分布的纬度大致相同，但燥红土归属半淋溶土纲，为什么？

④比较红壤、黄壤、赤红壤、砖红壤和燥红土5个土类性质的异同以及它们之间的地理发生关系，理解土壤地带性理论。

⑤脱硅富铝化的实质及其形成条件各是什么？黄壤、红壤、赤红壤、砖红壤的脱硅富铝化强度的变化如何？

⑥红黄壤类土壤的酸、黏、瘦等不良性状的原因是什么？如何改良？

⑦红黄壤类土壤具有酸、黏、瘦等不良性状，可又为什么说红黄壤类土壤生产潜力大？

三、掌握部分

①掌握黄壤与红壤在土壤形成条件和土壤性质方面的差别

②掌握红壤、赤红壤、砖红壤在土壤发生条件、富铝化过程的强弱以及黏土矿物类型或风化度方面的差异。

 主要参考文献

龚子同.1999.中国土壤系统分类[M].北京：科学出版社.

红黄壤利用改良区划协作组.1985.中国红黄壤地区土壤利用改良[M].北京：科学出版社.

林培.1994.区域土壤地理学.北京：北京农业大学出版社.

全国土壤普查办公室.1998.中国土壤[M].北京：中国农业出版社.

熊毅,等.1987.中国土壤[M].2版.北京：科学出版社.

第八章

黑土、黑钙土和栗钙土

黑土、黑钙土与栗钙土分布在温带自东向西由半湿润向半干旱过渡的狭长地带，景观上由草原化草甸向干草原或灌木草原过渡（图8-1）。从广义的范围来说，这些土壤基本上属于草原土壤系列，反映出了草原土壤特征，即有机质含量自表层向下逐渐减少，土体一般均有碳酸盐积聚，且与大气干燥度呈正相关。黑土、黑钙土与栗钙土的分布地区包括东北地区、内蒙古高原与黄土高原，行政区包括黑龙江、吉林、内蒙古、辽宁、陕西、山西、甘肃、新疆等省份。第二次全国土壤普查分类系统将黑土列入半淋溶土纲，而将黑钙土和栗钙土归入钙层土纲。

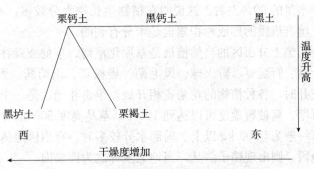

图8-1 黑土、黑钙土等土壤分布的地理关系

黑土和黑钙土地区是我国东北的主要粮食产区，以玉米和大豆为主。栗钙土则是我国北方的主要草原牧区与旱作农区，即农牧交错区。较温暖的栗褐土和黑垆土则主要为旱作农区。目前由于垦殖不当，随着自然植被的破坏，土壤侵蚀在不断发展，生态环境趋于恶化。

第一节 黑 土

黑土是在温带湿润或半湿润气候草甸植被下形成的，具有深厚腐殖质层，黏化B层或风化B层，通体无石灰反应，中性反应的土壤。黑土曾称为退化黑钙土、变质黑钙土、淋溶黑钙土、灰化黑钙土、黑钙土型土、湿草原土、暗色草甸土等。1958年第一次全国土壤普查采用农民土名，改称为黑土。1963年中国土壤分类系统（草案）把黑土和黑钙土分为两个独立的土类。在1978年的中国土壤分类中将黑土列入半水成土纲；第二次全国土壤普查则将其划归半淋溶土纲。

一、黑土的分布与形成条件

在世界范围内，黑土主要分布在美国、俄罗斯、巴西和阿根廷。

我国黑土的总面积为7.3465×10^6 hm²，集中分布在北纬44°～49°、东经125°～127°之

间，以黑龙江和吉林两省的中部最多，多见于哈尔滨—北安、哈尔滨—长春铁路的两侧，东部、东北部至长白山、小兴安岭山麓地带，南部至吉林省公主岭市，西部与黑钙土接壤。在辽宁、内蒙古、河北、甘肃也有小面积的分布。大约有65.67%的黑土分布在黑龙江，14.99%的黑土分布在吉林，14.63%的黑土分布在内蒙古。

黑土分布区的气候属于温带湿润、半湿润季风气候类型，年平均气温为0～6.7 ℃，≥10 ℃积温为2 000～3 000 ℃，无霜期为110～140 d；有季节性冻层的存在，冻层深度为1.5～2.0 m，北部可达到3 m，冻层延续时间长达120～200 d。年降水量为500～600 mm，干燥度为0.75～0.90；雨热同季，绝大多数的降水集中在4～9月，4～9月的降水量占全年降水量的90%左右。这说明在植物生长季水分较多，有利于植物生长发育，同时对于促进土壤有机质的形成和积累也是十分有利的。

黑土分布区的自然植被是草原化草甸、草甸或森林草甸，主要植物有小叶章、地榆、裂叶蒿、野豌豆、野火球、风毛菊、唐松草、山芍药、野百合、日阴菅等。每当5～6月春暖花开时，各种植物的花朵竞相开放，争奇斗艳，是一个天然的大花园，当地群众称之为五花草塘。草被覆盖度可以达到100%，草丛高度50 cm以上，一般为50～120 cm，每公顷产干草一般为7 500 kg以上。局部水分较多时，有沼柳灌丛的出现。地势较高，水分含量较低的地段，则出现榛子灌丛，当地老乡称之为榛柴岗。

黑土分布区的地形多为受到现代新构造运动影响的、间歇性上升的高平原或山前倾斜平原，但这些平原实际上又并非平地，波状起伏，坡度一般为3°～5°，群众名称为漫川漫岗，海拔高度为200～250 m。

黑土分布区的地下水位一般在5～20 m，地下水矿化度为0.3～0.7 g/L，水质为HCO_3^--SiO_2型水。

黑土的成土母质主要是第三纪、第四纪更新世和第四纪全新世的沉积物，质地从砂砾到黏土，以更新世黏土或亚黏土母质分布最广，有文献称其为黄土性黏土，一般无碳酸盐反应。黑土曾称为淋溶黑钙土，是指其土体无石灰性反应，其原因可能是比黑钙土淋溶条件较好，碳酸盐淋洗强度大，而成土母质本身无碳酸盐可能是更重要的原因。

黑土分布区种植的农作物主要有玉米、大豆和春小麦，一年一熟，是我国重要的商品粮基地之一。

二、黑土的成土过程、剖面形态特征和基本理化性状

（一）黑土的成土过程

黑土的成土过程是由腐殖质累积和淋溶淀积两个过程所组成的。

1. 黑土的腐殖质累积过程 黑土在温带半湿润气候条件下，草甸草原植物生长十分旺盛，形成相当大地上地下生物量。据有关资料，黑土上的草甸草原年生物量可高达15 000 kg/hm²左右，温暖丰水季节产生的如此大的生物量，因漫长的寒冷冬季，限制了微生物对有机物质分解，故黑土腐殖质积累强度大，具体表现在腐殖质层深厚和腐殖质含量高。

随着生物残体的分解和腐殖质的合成，土壤有机质、营养元素、灰分元素的生物小循环

规模是很大的。据嫩江地区九三农场测定,五花草塘的地上部分有机质累积量(干物质量)多达4 500 kg/hm²。另据调查,地上部分参与生物小循环的灰分元素为300~400 kg/hm²,其中 SiO_2 和 CaO 的比重较大,由于土壤质地黏重和下部冻层影响,除一少部分随地表水和下渗水流出土体外,绝大部分在土体内1~3 m 间运行,致使黑土养分丰富,代换量高,盐基饱和度大,形成了自然肥力很高的土壤。

黑土在腐殖质累积和灰分元素的生物循环过程中,由于胡敏酸类腐殖质含量多,黏粒和钙离子含量高,自然植物根系发达,因而相应地形成了良好的团粒状结构。

2. 黑土的由质地黏重和季节冻层形成的上层滞水而造成的潴育淋溶淀积过程 在质地黏重、季节冻层的影响下,黑土的土壤透水性较弱。夏秋多雨时期土壤水分较丰富,致使铁锰还原成为可以移动的低价离子,随下渗水与有机胶体、灰分元素等一起向下淋溶,在淀积层以胶膜、铁锰结核或锈斑等新生体的形式淀积下来。土壤一部分硅铝酸盐经水解产生的 SiO_2,也常以 SiO_4^{2-} 溶于土壤溶液中,待水分蒸发后,便以无定形的 SiO_2 白色粉末析出,附于 B 层土壤结构体表面。

(二)黑土的剖面形态特征

黑土剖面的土体构型是 A_h-AB_h-B_{tq}-C。

1. 腐殖质层 腐殖质层(A_h 层)一般厚30~70 cm,厚者可达100 cm 以上,黑色,黏壤土,团粒结构,水稳性团粒含量一般在50%以上,潮湿时松软,疏松多孔;pH 为 6.5~7.0,无石灰反应。

2. 过渡层 过渡层(AB_h 层)厚度不等,一般为30~50 cm,暗灰棕色,黏壤土,小块状结构或核状结构,可见明显的腐殖质舌状淋溶条带,有时见黄色或黑色的填土动物穴;无石灰反应,pH 为 6.5 左右。

3. 淀积层 淀积层(B_{tq} 层)厚度不等,一般为 50~100 cm,颜色不均一,通常是在灰色背景下,有大量黄色或棕色铁锰的锈纹锈斑、结核,黏壤土,小棱块或大棱块结构,结构体面上可见胶膜及 SiO_2 粉末,紧实;pH 为 7.0 左右,无石灰反应。

4. 母质层 母质层(C 层)为黄土状堆积物。

黑土主要性状指标在剖面上的分异情况见图8-2。

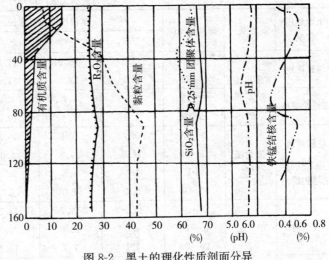

图 8-2 黑土的理化性质剖面分异

(三)黑土的基本理化性状

1. 黑土的机械组成 黑土的机械组成比较均一,质地黏重,一般为壤土或黏壤土,以粗粉砂和黏粒两级比重最大,分别占30%左右和40%左右。通常土体上部质地较轻,下层质地较重,黏粒有明显的淋溶淀积现象(表8-1)。黑土的机械组成受母质的影响很大,如母质为黄土状物质者,则以粉砂和黏粒为主;若母质为红黏土者,则黏粒含量明显增多。

表 8-1 黑土的颗粒组成

(引自中国土壤，1998)

地点	深度（cm）	颗粒（粒径，mm）组成（%）				质地
		2~0.2	0.2~0.02	0.02~0.002	<0.002	
吉林德惠	0~20	0.77	44.89	26.05	28.29	壤质黏土
	20~54	0.66	44.79	26.39	28.20	壤质黏土
	54~76	0.39	43.68	24.32	31.61	壤质黏土
	76~111	0.67	47.00	24.35	27.98	壤质黏土
	111~160	0.66	44.96	30.53	23.85	黏壤土
黑龙江克东	0~19	0.36	30.01	42.35	27.28	壤质黏土
	19~40	0.08	27.28	40.34	32.30	壤质黏土
	40~100	0.36	19.65	51.83	28.16	粉砂质黏土
	100~110	0.40	25.49	52.61	21.50	粉砂质黏壤土
吉林榆树	0~21	2.04	36.65	43.08	18.23	黏壤土
	21~49	2.14	37.96	42.28	17.62	黏壤土
	49~75	0.73	34.43	40.90	23.94	黏壤土
	75~102	0.84	36.66	41.98	20.52	黏壤土
	102 以下	1.32	32.44	47.70	18.54	粉砂质黏壤土

2. 黑土的结构 黑土结构良好，自然土壤表层土壤以团粒为主，其中水稳性团粒含量一般在 50% 以上。黑土开垦后随种植时间的延长，团粒结构变小，数量变少（表 8-2）。

表 8-2 黑土的水稳性团粒状况

(引自中国土壤，1998)

土地利用状况	地点	深度（cm）	水稳性团粒（粒径，mm）组成（%）					水稳性团粒含量（%）
			>5	5~2	2~1	1~0.5	0.5~0.25	
培肥耕地	黑龙江哈尔滨	0~15	11.3	18.9	11.9	18.7	11.3	72.1
		15~30	9.5	13.8	11.0	18.2	11.8	64.3
未培肥耕地		0~15	1.6	1.3	4.4	15.0	13.5	35.8
		15~30	1.3	7.4	10.0	18.5	13.2	50.4
培肥耕地	黑龙江巴彦	0~15	0.6	12.8	10.8	22.5	11.9	58.6
		15~30	11.5	14.3	9.6	20.0	10.7	66.1
未培肥耕地		0~15	1.3	1.8	3.8	15.5	11.9	34.3
		15~30	5.4	1.0	2.5	13.5	12.8	35.2
牧草地		0~10	11.0	11.2	14.8	22.9	18.6	78.5
		10~20	4.0	12.6	20.3	28.6	18.4	83.9
		20~30	1.1	7.7	16.1	31.0	20.4	76.3
耕地	黑龙江嫩江九三农场	0~10	3.1	5.7	9.7	26.0	21.9	66.4
		10~25	4.6	10.4	14.0	15.8	14.5	59.3
		25~50	0.5	6.9	12.0	17.3	26.3	63.0
荒地		0~10	9.1	9.9	13.2	14.2	20.1	65.8
		10~25	4.6	10.4	14.0	15.8	14.5	59.3
		25~50	0.5	6.9	12.0	17.3	26.3	63.0

3. 黑土的容重和孔隙性 黑土容重为 1.0～1.4，随着团粒结构的破坏，耕垦后土壤容重有增大的趋势。另外开垦后通常有腐殖质含量降低、淀积层位置提高的趋势（侵蚀的结果）。总孔度一般多在 40%～60%，毛管孔度所占比例较大，可占 20%～30%，通气孔度占 20% 左右。因此黑土透水性、持水性、通气性均较好。

4. 黑土的有机质 黑土的有机质含量相当丰富，自然土壤为 50～100 g/kg，在草原土壤中是最高的。腐殖质类型以胡敏酸为主，HA/FA>1，胡敏酸钙结合态比例较大，通常可占 30%～40%（表 8-3）。开垦后土壤有机质含量逐渐降低，农田黑土有机质含量一般只有自然土壤的一半。

表 8-3 黑土的腐殖质组成
（引自中国土壤，1998）

地点	深度（cm）	有机碳含量（g/kg）	腐殖酸碳含量（g/kg）	胡敏酸碳含量（g/kg）	胡敏素碳含量（g/kg）	富里酸碳含量（g/kg）	胡敏酸/富里酸	E_4/E_6
吉林榆树	0～21	23.2	6.9	3.6	16.3	3.3	1.09	2.88
	21～49	21.4	8.2	3.9	13.2	4.3	0.91	3.23
	49～75	11.5	5.1	2.5	6.4	2.6	0.96	3.08
吉林公主岭	0～18	16.7	6.3	3.1	10.4	3.2	0.97	4.08
	18～59	19.0	7.0	3.5	12.0	3.5	1.00	3.61
	59～85	8.4	3.5	1.7	4.9	1.8	0.94	3.82
	85～106	6.3	2.6	1.3	3.7	1.3	1.00	3.53
	106～130	5.7	2.7	1.1	3.0	1.6	0.69	3.79
内蒙古阿荣旗	0～38	24.6	7.8	4.9	16.8	2.9	1.69	—
	38～89	8.9	8.9	4.2	14.1	4.7	0.89	—
	89～110	3.8	3.8	1.3	1.0	2.5	0.52	—
甘肃临夏	0～18	27.7	11.9	7.6	15.8	4.3	1.77	3.98
	18～73	27.8	11.6	7.3	16.2	4.3	1.68	4.27
	73～95	38.1	18.5	13.6	19.6	4.9	2.78	3.82
	95 以下	12.1	7.3	4.6		2.7	1.70	4.18
辽宁昌图	0～25	7.8	4.0	1.8	3.8	2.3	0.78	5.13
	25～75	12.7	5.0	1.2	7.6	3.8	0.33	3.32
	75～110	12.9	5.8	2.0	7.1	3.8	0.53	3.72

5. 黑土的酸碱性 黑土呈微酸性至中性反应，pH 为 6.5～7.0，剖面分异不明显，通体无石灰反应；腐殖质层阳离子交换量（CEC）一般为 30～50 cmol/kg，以钙镁为主；盐基饱和度为 80%～90%。

6. 黑土的黏土矿物 黑土的黏土矿物组成以伊利石和蒙脱石为主，含有少量的绿泥石、赤铁矿和褐铁矿，黏粒硅铁铝率为 2.6～3.0。化学组成较为均匀，铁锰氧化物在剖面上略有分异，淀积层有增加的趋势（表 8-4）。

表 8-4 黑土的黏粒化学组成

(引自中国土壤,1998)

地点	深度 (cm)	SiO_2含量 (g/kg)	Al_2O_3含量 (g/kg)	Fe_2O_3含量 (g/kg)	R_2O_3含量 (g/kg)	黏粒分子比		
						SiO_2/R_2O_3	SiO_2/Al_2O_3	SiO_2/Fe_2O_3
黑龙江富锦	0~27	415.6	213.8	93.6	307.4	2.59	3.31	11.93
	27~57	430.2	218.5	89.2	307.7	2.67	3.35	13.04
	57~110	441.0	232.4	91.3	323.6	2.59	3.24	12.89
	110~150	453.4	226.0	79.2	305.6	2.80	3.42	15.41
	150~200	446.6	226.0	75.2	301.2	2.78	3.37	15.83
吉林榆树	0~21	511.0	243.7	93.1	336.8	2.87	3.47	14.63
	21~49	514.3	245.1	92.0	337.1	2.88	3.25	14.91
	49~75	514.0	239.5	91.3	330.8	2.94	3.36	15.00
	75~102	513.6	251.7	89.9	341.6	2.82	3.38	15.23
	102以下	502.9	232.6	86.2	318.8	2.97	3.37	15.55
辽宁昌图	0~25	500.0	222.8	100.9	32.37	2.95	3.81	13.17
	25~75	492.0	226.4	101.2	32.76	2.87	3.69	12.92
	75~110	499.5	223.3	101.8	32.51	2.94	3.80	13.04

7. 黑土的肥力水平 黑土养分含量丰富,表层全氮含量为 1.5~2.0 g/kg,全磷含量为 1.0 g/kg 左右,全钾含量为 13 g/kg 以上。

三、黑土的亚类划分及其特征

根据主导成土过程在程度上的差异、附加成土过程的有无及属性上的差异,黑土土类可以划分黑土、白浆化黑土、草甸黑土和表潜黑土 4 个亚类。在总面积 7.3465×10^6 hm^2 的黑土土类中,这 4 个亚类分别占 79.82%,4.77%,15.18% 和 0.23%。黑土各亚类之间的发生学层次及过渡关系如图 8-3 所示。

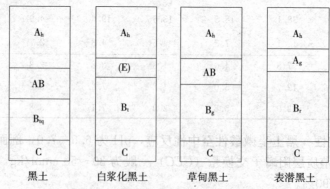

图 8-3 黑土各亚类剖面的发生层次

(一) 黑土

黑土是黑土类中最接近土类概念的亚类,在我国的总面积为 5.8640×10^6 hm^2,主要分布在波状起伏的漫川漫岗的上中部，地形部位较高，排水条件较好，生物小循环的规模较大。但由于地表易遭受侵蚀，黑土层较薄，一般不超过 50 cm，局部侵蚀严重地带，黑土层剥失，黄土底土露出地表，形成黄黑土（俗称破皮黄）。黑土表层为松软的暗色腐殖质层，向下逐渐过渡，下部淀积层发育良好，紧实，为核块状结构或棱块状结构，有大量的 SiO_2 粉末和铁锰胶膜。

（二）白浆化黑土

白浆化黑土亚类是黑土向白浆土的过渡性亚类，在我国的总面积为 3.503×10^5 hm^2，主要分布在黑土的东侧，即长白山低山丘陵区向松辽平原过渡的山前洪积平原上（山麓台地地带）。在东北的阿城、宾县、榆树、双阳等市（县）均有分布。

白浆化黑土的主要特征是腐殖质层之下可见发育不明显的白浆层，颜色干时近于灰白色，湿时灰黄色，轻壤，片状结构或鳞片状结构，pH 为 6.5 左右，盐基饱和度较黑土的其他亚类低，具有白浆土白浆层的某些特征，说明受到了一定的还原漂洗淋溶作用。此外，由于受到的淋溶作用较强，三二氧化物在剖面上有一定分异，黏化淀积层发育明显，并可见大量铁锰淀积物。

（三）草甸黑土

草甸黑土亚类是黑土向草甸土的过渡性亚类，我国的总面积为 $1.115\ 2 \times 10^6$ hm^2，广泛分布在台地向河谷平原过渡的坡麓地带及台地间局部低平地带，该地形被当地老乡称为二洼地。

草甸黑土分布区地势平坦，地下水位适中，水分条件充足，自然植被生长繁茂，腐殖质层深厚，多大于 50 cm，个别可达 100 cm 以上。分布在坡麓、沟口地带的草甸黑土，因受坡积、淤积的影响，上层经常可见厚度不等而具有层次性的淤积层。

草甸黑土亚类土壤的上部具有黑土特征，土体受到一定的淋溶作用，腐殖质和可溶性物质有下移现象，并在下部有相应的淀积层出现。土体下部因受地下水毛管上升水的作用，经常处于氧化还原交替的状态，有锈纹锈斑，具有半水成土壤的特征。

（四）表潜黑土

表潜黑土亚类是黑土向沼泽土的过渡性亚类，我国的总面积为 1.71×10^4 hm^2，分布在台地间局部地势低洼地带或洪积扇扇缘间的局部低洼地。

表潜黑土质地黏重，滞水层位较高，亚表层有潜育现象，淀积层以下有明显的潜育特征，整个土体水分含量高。

四、黑土与相关土类的区别

（一）黑土与暗棕壤的区别

暗棕壤是在温带湿润气候、森林植被下形成的森林系列土壤，其土体淋溶强度较大，表层和淋溶层酸度比黑土大，pH 为 6.0~6.5，三氧化物、二氧化物、黏粒在土壤剖面上有一定程度的分异，有机质含量和盐基饱和度比黑土低。

（二）黑土与白浆土的区别

白浆土是半水成土壤，腐殖质层之下可见由漂洗作用形成的明显的白浆层，该层酸度偏大，pH 为 5.5~6.0，盐基饱和度偏低。且白浆土腐殖质层较黑土薄，向下呈水平整齐过渡。

(三) 黑土与黑钙土的区别

黑钙土分布区的气候条件较黑土分布区干燥，因此淋溶作用较弱，土体内有 $CaCO_3$ 淀积或钙积层，被划入钙层土纲，黑钙土的 pH 为 7.0~8.0，呈中性至微碱性，盐基饱和度高达 90% 以上。

五、黑土的合理开发利用

黑土肥沃，虽然在 20 世纪 50 年代以前，这里还是大片荒原，但昔日的"北大荒"，今天已经成为"北大仓"。据第二次全国土壤普查资料，黑土中耕地约占黑土土类总面积的 65.6%，其中，黑土、草甸黑土、白浆化黑土和表潜黑土 4 个亚类的耕地面积分别占各亚类总面积的 68.7%、52.7%、56.0% 和 75.8%。目前黑土基本已经开垦完。黑土在自然状态下，有自然植被的保护，土壤有机质多、团粒结构好，很难发生地表径流和水土流失。但在开垦农田后，耕层裸露，直接遭受风雨袭击和频繁耕作影响，土壤结构受到破坏，孔隙急剧减少，土壤板结，容易产生径流，更因本区农田耕作粗放，极易产生水土流失，往往造成大量面蚀和沟蚀，使大量物质转移到农田生态系统外。据估计，每年流失的黑土为 60.0~70.5 t/hm^2，相当于损失了有机碳 1 050~1 200 kg/hm^2、氮素 97.5 kg/hm^2、磷素（P_2O_5）52.5 kg/hm^2。

(一) 农田生态保护

黑土分布地区地势较为平坦开阔，光热水资源丰富或适宜，土质肥沃，盛产玉米、小麦、大豆、高粱等，是我国重要的商品粮生产基地。黑土具有良好的自然条件和较高的土壤肥力，生产潜力很大。今后应加强农田基本建设，改良农业生产条件，建立高效的人工农业生态系统，建立旱涝保收的高产稳产农田。黑土分布区应在综合规划的基础上，进一步搞好"三北"防护林建设，广大农田区要营造农田防护林，以林划方，使大地方田化，并做好林、渠、路规划和农田内部规划。在此基础上，搞好黑土的培肥。天然存在的沼柳灌丛、榛子灌丛都要予以保护，它们是自然界造就的抑制黑土风蚀的屏障。

(二) 水土保持

黑土开垦后，由于地形起伏，坡长较长，垦后失去自然植被的保护，在夏秋雨水集中的季节，易形成地表径流，发生水土流失。春季多风季节，还容易发生风蚀。因此广大的台地与阶地的面蚀和沟蚀严重，许多地区由于黑土层剥蚀，黄土裸露地表，使黑土向黄黑土、黄土演替。台地、阶地的台坎和集水地带，沟蚀经常发生，浅沟、切沟、冲沟、坳沟密布，使大地和土壤遭受严重的切割，群众称之为鸡爪子岗或鸡爪子沟。对于坡耕地应注意修建过渡梯田或水平梯田，等高耕作等高种植，注重生物护埂。沟蚀严重时，应封沟育林，并应在沟内修建谷坊，拦蓄水土。侵蚀严重区可退耕还林、还草。

(三) 培肥土壤

开垦后的黑土腐殖质含量明显降低，目前耕地黑土土壤有机质含量仅为 20~40 g/kg，比自然黑土 50~80 g/kg 降低一半左右。据第二次全国土壤普查统计资料分析，黑土区土壤有机质含量约以每年 0.01 g/kg 的速度降低。此外，在土壤腐殖质组成中活性胡敏酸的含量也在降低。为培肥土壤，保持良好的团粒结构，应增施有机肥，积极提倡并推广秸秆还田，特别是秸秆过腹还田,做好配方施肥和平衡施肥。

(四)保墒耕作与灌排配套

黑土区春季干旱多风,春季抗旱保墒,力争一次保全苗是增产的关键性措施。为保墒要秋耕秋耙,减少蒸发,春季顶凌(浆)打垄,适时早播。有条件时,应扩大水浇地面积。

黑土局部地区,因夏秋雨水集中,有时出现内涝,影响小麦收获。因此低洼地应修建排水工程。在此基础上,实施农艺综合措施,搞好土壤改良。克服土壤过湿的方法有:①加宽现有拖拉机和联合收割机的链轨和轮带宽度,减轻单位面积压力;②增加单位面积平均使用农机具的数量,以便在土壤、气候条件出现异常情况下,能集中较多的机具力量在短期内迅速抢收完毕。

(五)从农耕技术上改变原来的粗犷经营和不合理利用,加强农田基本建设

改变原来单一种植为多种作物轮作、轮耕制度。坡耕地采用横垄,防止水蚀;并且改良耕翻制度,调整种植业结构,在耕地中尽量避免在春季起垄,改在上年的秋季进行,并及时镇压,防止风蚀。加强黑土区的农田水利建设,修建小型水库,提高黑土区的抗旱灾、涝灾的能力。加强城市垃圾治理,利用生物措施防止农业病虫害,及时清理农田地膜,防止黑土的污染退化。

(六)农业产业结构调整与发展对策

适当减少种植业面积,加大畜牧业比重,大力发展粮牧产品的加工业,走粮牧型发展道路。减少劣质品种粮食种植面积,适当降低粮食总产,提高粮食等农产品品质。增加经济作物种植面积。扩大饲料作物面积和牧草的种植比例,保证畜牧业和外向型农业发展需求,走粮、经、饲三元化发展道路。

第二节 黑 钙 土

黑钙土是在温带半干旱半湿润气候,在草甸草原草本植被下经历腐殖质积累过程和碳酸钙淋溶淀积过程所形成的具有黑色腐殖质表层,下部有钙积层或石灰反应的土壤。黑钙土是一个古老的名字,B. B. 道库恰耶夫首次命名建立黑钙土,那时的黑钙土包括了本书第一节中的黑土。在第一次全国土壤普查(1958年)文献资料中曾用石灰性黑土和火性黑土表述黑钙土。第二次全国土壤普查分类系统把它划为钙层土土纲半湿温钙层土亚纲的一个土类。

一、黑钙土的分布与形成条件

黑钙土是欧亚大陆分布相当广泛的土类。黑钙土的地理分布,表现了明显的纬度地带性,自东欧的保加利亚北部、匈牙利东部、罗马尼亚、俄罗斯、乌克兰等地开始,经高加索北部、乌拉尔南部直到西西伯利亚,再向东则一直延伸到中国东北地区。由于受到东部西伯利亚山地的影响,而使远东部分的黑钙土呈断续带状。黑钙土在俄罗斯、乌克兰和哈萨克斯坦的面积尤大。北美洲的黑钙土,因受地形和气候的影响,呈南北带状分布在美国中部和加拿大境内。

我国黑钙土的总面积为$1.321\,06\times10^7\ hm^2$,主要分布于黑龙江、吉林两省和内蒙古自

治区的东部，即松嫩平原、大兴安岭东西两侧和松辽分水岭地区。地理坐标为北纬43°～48°，东经119°～126°。黑钙土的分布，东北以呼兰河为界，西达大兴安岭西侧，北至齐齐哈尔以北地区，南至西辽河南岸。在新疆昭苏盆地、华北燕山北麓、阴山山脉、甘肃祁连山脉东部的北坡、青海东部山地、新疆天山北坡、阿尔泰山南坡等山地土壤的垂直带谱中也有黑钙土分布。据《中国土壤》(1998年)一书提供的资料，内蒙古自治区的黑钙土面积占全国总面积的36.08%，吉林省占18.84%，黑龙江省占17.58%，新疆维吾尔自治区占9.00%。

黑钙土地区气候特点是冬季寒冷，夏季温和，年平均气温为-2～5 ℃，≥10 ℃积温为1 500～3 000 ℃，无霜期为80～120 d；年降水量为350～500 mm，年蒸发量为800～900 mm，干燥度>1。春季干旱，多风，大部分降水集中在夏季，春旱较为严重，对于农业生产十分不利，同时又为土壤盐渍化提供了气候条件。

年平均风速为2.5～4.5 m/s，大兴安岭西侧风速尤大，黑钙土开垦后在无农田防护林的条件下土壤风蚀沙化十分普遍。

黑钙土的自然植被属于草甸草原，主要植物有贝加尔针茅、大针茅、羊草、线叶菊、地榆、兔毛蒿、披碱草等，草丛高度为40～70 cm，覆盖度为80%～90%，每公顷年产干草2 250 kg。

黑钙土区也是我国重要农区，主栽作物有玉米、大豆、小麦、甜菜、马铃薯、向日葵等，基本上一年一熟。

黑钙土分布区的地形在大兴安岭西侧主要是低山、丘陵和台地，且以丘陵为主，即大兴安岭向内蒙古高原的过渡，海拔高度为1 000～1 500 m；在大兴安岭东侧的黑钙土分布区的地形地貌主要是岗地（丘陵），海拔高度为150～200 m。

黑钙土主要的母质类型有冲积母质、洪积母质、湖积物、黄土及少量的各种石灰性岩石的残积物、坡积物等。大兴安岭西侧的黑钙土的母质质地较粗，土壤易发生风蚀沙化。大兴安岭东侧黑钙土质地较黏。

二、黑钙土的成土过程、剖面形态特征和基本理化性状

(一) 黑钙土的成土过程

黑钙土的成土过程中具有明显的腐殖质累积和钙积过程。

1. 黑钙土的腐殖质的累积过程 黑钙土处于温带湿润向半干旱气候过渡区，植被为具有旱生特点的草甸草原，草本植物地上部分干物质量每公顷可达1 200～2 000 kg，地下植物根系多集中于表层。据调查，0～25 cm 土层内占95%以上，植物根系的这种分布决定了腐殖质累积与分布的特点。

多数草甸草本植物，从春季解冻到秋季生长繁茂，到了晚秋土壤冻结时才停止生长。晚秋温度较低，微生物活动很弱，有机质不能很好分解矿化；冬季漫长寒冷，微生物分解有机质活动基本停止；只有第二年春季解冻，气温升高，微生物活动繁盛时才有可能分解有机质，但早春由于土壤冻融，土壤湿度较大，有机质矿化速度较慢。因此黑钙土土壤有机质累积较多。但是黑钙土区的气候比黑土干燥，因而其腐殖质的含量及腐殖质层的厚度均不如黑土，黑钙土的有机质分布以20～30 cm 土层为多，向下则呈舌状过渡或指状过渡。

2. 黑钙土的碳酸盐的淋溶与淀积　黑钙土分布区降水较少，渗入土体的重力水流只能对钾、钠等一价盐基离子进行充分淋溶淋洗，而对于钙、镁等二价盐基离子只能部分淋溶。淋溶与淀积过程内的生物化学过程是盐基与水以及土壤微生物和根系所产生的 CO_2 形成重碳酸盐，如 $Ca(HCO_3)_2$、$Mg(HCO_3)_2$ 等，淋溶到一定的土体深度，一方面是由于土粒的吸收作用使水分减少，另一方面是由于生物活动减弱，而 CO_2 分压降低，因而重碳酸盐放出 CO_2 而淀积，即

$$Ca(HCO_3)_2 \longrightarrow CaCO_3 \downarrow + CO_2 \uparrow$$

在冬季地表冻结以后，土壤水以水汽形式自下层向上层移动，下层的重碳酸盐亦可由于水分减少，浓度增大而淀积下来。

由于碳酸盐在剖面中的移动和淀积，形成石灰斑或各种形状的石灰结核，这是黑钙土剖面重要的发生学特征。碳酸盐淀积层位和深度与淋溶强度有关，气候愈干旱，其层位离地表愈近。

（二）黑钙土的剖面形态特征

黑钙土的剖面层次十分清楚。典型的剖面构型为 A_h-AB_h-B_k-C_k。

1. 腐殖质层　腐殖质层（A_h 层）厚度为 30～50 cm，黑色或暗灰色，黏壤土，多富含细砂，粒状或团粒状结构，不显或微显石灰反应，pH 为 7.0～7.5，向下呈舌状逐渐过渡。

2. 过渡层　过渡层（AB_h 层）厚度为 30～40 cm，灰棕色，黏壤土，小团块状结构，有石灰反应，pH 为 7.5 左右，可见到鼠穴斑，向下呈舌状或指状逐渐过渡。

3. 石灰淀积层　石灰淀积层（B_k 层）厚度为 40～60 cm，灰棕色，块状结构，砂质黏壤土，土体紧实，可见到白色石灰假菌丝体、结核、斑块淀积物，有明显的石灰反应，pH 为 8.0。

4. 母质层　母质层（C_k 层）多为第四纪中更新统（Q_2）黄土状亚黏土，黄棕色，棱块状结构，含少量碳酸盐，有石灰反应。

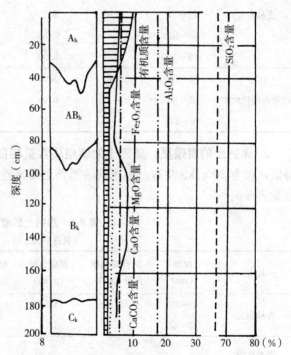

图 8-4　黑钙土的有机质、$CaCO_3$、SiO_2、R_2O_3 的剖面分异（呼伦贝尔）

黑钙土的有机质、$CaCO_3$、SiO_2、R_2O_3 在剖面上的分布情况如图 8-4 所示。

（三）黑钙土的基本理化性状

1. 黑钙土的质地　黑钙土的质地多为砂壤土到黏壤土，粉砂含量为 30%～60%，黏粒含量为 10%～35%，黏粒在剖面中部有聚积现象，但无明显黏化特征，可以认为黑钙土有弱黏化现象。值得注意的是，黑钙土的黏粒聚集层与其钙积层基本一致，表明黑钙土成土过

程存在残积黏化过程。黑钙土表层具有水稳性团粒结构,通气性、适水性、保肥性、耕性均较好(表8-5)。

表 8-5　黑钙土的颗粒组成

(引自中国土壤,1998)

地点	深度(cm)	颗粒(粒径,mm)组成(%)					质地
		>2	2~0.2	0.2~0.02	0.02~0.002	<0.002	
黑龙江依安	0~14	—	6.33	24.43	30.10	39.14	壤质黏土
	14~34	—	7.42	25.11	29.12	38.35	壤质黏土
	34~56	—	4.64	24.40	27.39	43.57	壤质黏土
	56~113	—	3.66	29.28	31.84	35.22	壤质黏土
	113~150	—	3.68	26.34	30.12	39.86	壤质黏土
吉林农安	0~20	—	0.78	39.95	28.42	30.85	壤质黏土
	20~55	—	2.86	45.76	22.89	28.49	壤质黏土
	55~84	—	1.23	46.48	38.83	13.46	壤土
	84~125	—	0.89	47.38	24.57	27.16	壤质黏土
	125~160	—	0.93	50.88	25.83	22.36	黏壤土
内蒙古呼伦贝尔	0~50	0.8	3.00	42.20	36.10	17.90	砂质黏壤土
	50~80	—	0.90	43.90	31.30	23.90	黏壤土
	80~125	—	0.60	36.20	35.20	28.00	壤质黏土

2. 黑钙土的腐殖质　黑钙土的腐殖质含量在自然土壤多为50~70 g/kg,耕作土壤明显降低,仅为20 g/kg左右。由东到西黑钙土腐殖质层逐渐变薄,含量逐渐减少。其腐殖质组成见表8-6。

表 8-6　黑钙土的腐殖质组成

(引自中国土壤,1998)

地点	深度(cm)	活性腐殖质含量(g/kg)	总碳含量(g/kg)	胡敏酸含量(g/kg)	富里酸含量(g/kg)	胡敏素含量(g/kg)	胡敏酸/富里酸
吉林农安	0~20	5.9	12.5	2.3	3.6	9.1	0.64
	20~55	4.4	12.6	1.9	2.5	8.2	0.76
青海达坂	0~15	—	—	10.5	12.4	—	0.85
	15~44	—	—	8.4	9.5	—	0.88
甘肃天祝	0~33	22.1	76.9	4.9	17.2	54.8	0.28
	33~60	14.3	43.1	6.6	7.7	28.8	0.86
	60~83	10.8	33.3	6.1	4.7	22.5	1.30
内蒙古呼伦贝尔	0~50	11.3	32.4	7.4	3.9	21.1	1.89
	50~80	7.8	11.3	3.6	4.2	3.5	0.86
	80~125	1.4	5.8	0.6	0.8	4.4	0.75
新疆昭苏军马场	0~6	—	52.2	10.56	7.21	34.43	1.46
	6~29	—	44.3	9.18	4.73	30.39	1.94
	29~60	—	21.83	4.64	1.89	15.30	2.46

3. 黑钙土的盐基交换量等 黑钙土的盐基交换量较高，多为 20~40 cmol/kg，盐基饱和度在 90% 以上，以钙、镁为主，土壤表层为中性，向下逐渐过渡到微碱性。这与黑土的 pH 曲线不同（黑土一般表现为自上而下减低，或上下比较一致），反映了二者淋溶程度上的差异。

4. 黑钙土的化学组成 黑土的 SiO_2、Fe_2O_3、Al_2O_3 在剖面分异不明显，上下均一。但 CaO 和 MgO 有一定分异，由上至下逐渐增多。黏土矿物以蒙脱石为主。黑钙土的化学组成见表 8-7。

5. 黑钙土的肥力水平 黑土的营养元素中氮钾较丰富，有效磷含量较低，微量元素中有效 Fe、Mn、Zn 较少，有时出现缺素症。黑钙土的养分状况见表 8-7。

表 8-7 黑钙土的化学组成
（引自中国土壤，1987）

土壤	地点	深度(cm)	pH	有机质含量(g/kg)	全氮含量(g/kg)	$CaCO_3$ 含量(g/kg)	烧失量(%)	土体化学组成（占灼烧土比例，%）				
								SiO_2	Al_2O_3	Fe_2O_3	CaO	MgO
淋溶黑钙土	内蒙古宝格达山	5~15	6.3	64.3	3.3	—	9.93	58.45	14.14	4.91	1.44	1.36
		35~45	6.5	48.3	2.3	—	5.09	59.73	14.60	4.73	1.38	1.46
		80~90	7.0	20.0	—	—	5.24	62.10	15.07	4.97	1.41	1.53
		110~120	7.4	7.6	—	—	3.85	62.45	15.26	5.22	1.51	1.77
		160~170	7.8	9.0	—	8.6	4.40	62.72	15.10	4.96	1.83	1.60
黑钙土	内蒙古呼伦贝尔	5~15	7.0	87.2	4.5	—	18.05	66.91	17.98	5.91	1.94	1.77
		30~40	7.2	52.8	2.7	—	14.07	67.22	18.00	6.12	1.77	1.72
		70~85	8.4	14.8	0.8	1.3	9.19	67.86	17.91	5.77	1.58	1.76
		100~130	8.7	11.9	—	28.8	10.56	65.07	17.22	5.70	4.90	1.82
		160~180	8.5	12.9	—	13.1	8.67	66.83	18.05	5.73	2.07	1.86
		205~215	8.6	7.6	—	12.5	7.57	66.30	18.11	5.84	2.53	1.85
石灰性黑钙土	内蒙古翁牛特旗	0~10	8.0	54.3	2.4	12.6	10.96	72.27	15.20	4.09	2.44	1.25
		25~35	8.5	13.2	0.7	74.7	8.96	68.38	14.57	4.21	5.94	1.02
		45~55	8.4	9.2	0.7	66.2	8.48	69.31	14.64	4.62	5.48	1.11
		78~85	8.4	10.3	—	63.5	8.37	69.23	14.55	5.44	1.11	
		100~110	8.3	—	—	39.3	7.06	70.70	15.45	4.26	3.59	1.02
		145~150	8.3	—	—	34.1	7.63	69.86	15.56	4.90	3.50	1.10
草甸黑钙土	内蒙古扎鲁特旗	0~10	7.8	70.0	3.3	1.4	12.75	72.73	14.70	4.33	1.77	1.22
		18~28	8.5	37.4	1.8	28.0	11.32	72.06	13.52	4.83	3.31	1.09
		35~45	8.6	17.1	0.8	174.0	14.84	63.64	13.26	4.62	12.29	1.41
		55~65	8.5	8.1	0.5	117.0	11.46	67.17	13.61	4.64	8.64	1.43
		75~85	8.6	2.6	—	29.8	5.95	74.28	12.32	3.66	2.91	0.91
		100~110	8.7	—	—	43.7	6.03	74.58	12.40	2.95	3.58	0.80

三、黑钙土的亚类划分及其特征

根据黑钙土腐殖质累积过程和钙积过程所表现的强度和有关的附加过程，黑钙土土类下划分为黑钙土、淋溶黑钙土、石灰性黑钙土、草甸黑钙土、盐化黑钙土和碱化黑钙土6个亚类,其中前4个亚类的具体剖面差异可参考图8-5,各亚类间的$CaCO_3$含量剖面差异可参考图8-6。

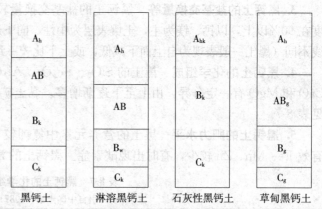

图8-5 黑钙土各亚类剖面的发生层次

(一) 黑钙土

黑钙土亚类为黑钙土土类的典型亚类,最接近黑钙土土类概念,是黑钙土土类中分布最广、面积最大的亚类,在我国其占整个土类总面积的47.88%。主要分布在大兴安岭中南段东西两麓和七老图山北麓丘陵台地,在大兴安岭东麓比较集中,北起甘南,南抵白城,形成一条狭长的带状。松嫩平原的平岗地上也有零星分布。$CaCO_3$遭到一定程度的淋溶,通常在B层60~100 cm深度可见到石灰淀积物。其他形态特征如黑钙土土类剖面特征所述。

(二) 淋溶黑钙土

我国淋溶黑钙土总面积为$8.649×10^5$ hm^2,占黑钙土土类总面积的6.55%,主要分布于大兴安岭东西两侧山麓剥蚀坡积平原的森林草原地区及北端西部三河地区,均为剥蚀坡积平原,是黑钙土向黑土或灰色森林土的过渡类型。淋溶黑钙土分布区气候较湿润,坡度较大,土壤中的$CaCO_3$受到淋溶作用

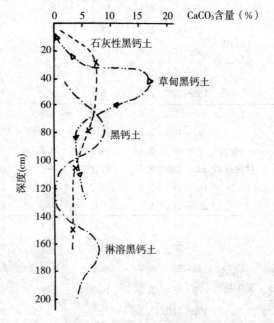

图8-6 黑钙土不同亚类的碳酸盐剖面分异
[引自中国土壤(第二版),1987]

较强。通常在B层的较深位(150 cm左右),才有石灰菌丝体形态出现。B层内还可能出现铁锰结核,这一点与黑土相似,说明铁锰有下移现象。

淋溶黑钙土不同于黑钙土之处,还在于有机质含量较高,1 m或1.5 m土层内几乎不含游离$CaCO_3$,交换性阳离子中有少量的氢离子,土壤呈微酸性。

(三) 石灰性黑钙土

石灰性黑钙土是黑钙土向栗钙土的过渡性亚类,在我国的总面积为$2.341\ 0×10^6$ hm^2,占黑钙土土类总面积的17.72%,主要分布于大兴安岭南段山地西侧缓平坡地及东北松嫩平原西南部松辽分水岭地带,其次为新疆昭苏盆地南部山前倾斜平原的上部和甘肃部分山地。此区由于降水量减少,蒸发量加大,气候逐渐向半干旱过渡,土体受淋溶作用弱,自地表开

始就有明显的石灰反应，土壤反应为微碱性，盐基饱和。下部 $CaCO_3$ 淀积层发育明显，有的形成石灰富集层。群众称之为白干土或火性黑土。而且，该亚类腐殖质层较薄，多小于 30 cm，腐殖质含量多小于 30 g/kg。土体质地较粗，砂性增大。

（四）草甸黑钙土

我国草甸黑钙土的总面积为 $1.6619×10^6 hm^2$，占黑钙土土类总面积的 12.58%，广泛出现在黑钙土地带河谷阶地上，在松嫩冲积、湖积平原尤为集中，地势较低，其上为黑钙土，其下为草甸土，是黑钙土类中的半水成亚类，是黑钙土向草甸土的过渡性亚类。草甸黑钙土分布区地势低平，多为闭流、半闭流区，地下水位较高，土壤水分条件较好，草甸草原植被生长繁茂，土壤表层累积腐殖质较多，其含量在 40 g/kg 以上。由于地势低平，气候干旱，受淋溶作用较弱，$CaCO_3$ 淀积部位较高，多见于 50 cm 土层内。下部土层由于受毛管上升水作用，可见到锈斑、潜育斑，具有一定的水成土壤特征。

除上述 4 个亚类外，在受区域高矿化度地下水影响的碟型洼地，还有盐化黑钙土和碱化黑钙土分布，这两个亚类的总面积共 $4.755×10^5 hm^2$，碱化黑钙土以斑状分布在盐化黑钙土中。

四、黑钙土与相关土类的区别

（一）黑钙土与黑土的区别

黑土分布区的降水量比黑钙土分布区多，蒸发量比黑钙土地区少，土体内碳酸盐遭到淋失，全剖面无石灰反应，土壤呈中性至微酸性，故明显区别于黑钙土。而且一般黑土的腐殖质层的厚度与腐殖质含量均大于黑钙土。

（二）黑钙土与栗钙土的区别

栗钙土处于温带半干旱地区，该区降水量比黑钙土地区少，蒸发量比黑钙土区大，土壤腐殖质矿化明显，其含量比黑钙土低，多小于 20 g/kg，呈栗色。栗钙土的碳酸钙淀积层的层位比黑钙土高，一般从表层开始为石灰所饱和，土体内可见明显的钙积层，并且钙积层的层位也高，pH 为 8.0 左右。

五、黑钙土的合理利用

黑钙土的肥力虽然不及黑土，但分布区内地势平坦，光照充足，土质较肥沃，土壤适宜性较广，适于发展粮食作物和经济作物，也是一种潜在肥力较高的土壤。因此新中国成立后这里进行了大范围的垦荒，今天已经成为我国主要商品粮基地，盛产玉米、小麦、谷子、向日葵、甜菜等。据第二次全国土壤普查资料，黑钙土中耕地约占黑钙土土类总面积的 30.1%，其中，黑钙土、淋溶黑钙土、石灰性黑钙土、草甸黑钙土、盐化黑钙土和碱化黑钙土 6 个亚类的耕地面积分别占各亚类总面积的 15.0%、12.8%、55.1%、40.4%、47.8% 和 44.3%，碱化黑钙土基本没有开垦。目前，黑钙土大部分已经开垦为农田，仅在内蒙古呼伦贝尔草原还有成片黑钙土草场，其他地区仅有零星黑钙土草场。

黑钙土地区土地资源丰富，人均占有耕地较多，但耕作管理粗放，农业技术水平较低，加之风沙、干旱（草甸黑钙土除外）、内涝等自然灾害的威胁，粮食单产水平较低，农业增产潜力仍然很大，今后在利用上应采取如下措施。

（一）防止春旱夏涝，改善土壤水分状况

黑钙土地区气候较为干旱，特别是春播季节多风少雨，十春九旱，由于土壤墒情不好，播后种子"炕种"、"芽干"，造成缺苗断垄，保苗率很低。作物生长期间的干旱，对小麦和粮食作物威胁较大。因此应结合农田基本建设，发展灌溉事业，平整土地、配套渠系，做到旱田水浇。靠近江河水源充足地区，可以发展自流灌溉，部分低平地带可以发展水田。此外，春季应采取抗旱保墒措施，力争一次保全苗。当地群众在与自然灾害斗争中，已积累了行之有效的抗旱保墒经验，例如秋翻秋耙、春季顶浆打垄，适时早种，抗旱坐水播种，犁沟浇种等措施，可以因地制宜地加以推广应用。本区由于夏季多雨，丘陵地带土壤易发生冲刷，造成肥沃的黑土层流失，土壤肥力降低，产量也随之降低。为了保持黑土的自然肥力，应防止冲刷沟的形成，耕作时实行等高耕作，或营造护田林带，保护天然牧场。

（二）增施肥料，培肥地力

黑钙土地区一经开垦，土壤有机质矿化速度较快，含量明显减少，造成地力下降。有计划地增施农家肥，发展绿肥仍是培肥地力的有效措施。土地较多、地广人稀的地区，应发展绿肥，种植草木樨、沙打旺等豆科牧草，既可培肥地力，又可促进畜牧业的发展。在增施优质农家肥的同时推广秸秆还田、根茬还田，向土壤补充新鲜有机质，可以增加土壤腐殖质活性。黑钙土地带土层内富含石灰，磷的有效性降低，土壤普遍缺磷。采用氮磷配施，适当增施磷肥能取得明显增产效果。随着磷肥的施用，增施微量元素锌也有增产效果。并可防治白苗病的发生，对大豆火龙秧（线虫病）有一定防治效果。

（三）植树造林，改变农业生态环境

黑钙土区多风干旱，森林覆盖率低，生态环境差，应有计划地搞好农田林网建设以及营造部分片林。国家实施的"三北"防护林工程，已为本区林业建设奠定了基础。黑钙土区退化、沙化的黑钙土地带应建立林、草、田复合生态系统。在造林树种选择上，应注意适地适树，适宜树种有杨树、落叶松、樟子松等，岗地缓坡宜种落叶松和杨树，在坡腹下部可种落叶松和水曲柳，这样不但可以防治黑钙土风蚀退化，还可带来明显的经济效益和社会效益。为了防止风蚀，作物留茬、少耕免耕等耕作措施值得提倡。

第三节 栗钙土

栗钙土是在温带半干旱大陆气候和干草原植被下经历腐殖质累积过程和钙积过程所形成的具有栗色腐殖质层和碳酸钙淀积层的钙积土壤。栗钙土的名称始见于俄国土壤学家 B. B. 道库恰耶夫1886年的土壤分类系统。

一、栗钙土的分布与形成条件

在世界范围，栗钙土主要分布在欧亚和北美大陆的温带半干旱和干旱草原地区，总面积约为 1.0×10^7 km²，集中分布于哈萨克斯坦、俄罗斯、蒙古、中国、罗马尼亚、保加利亚、西班牙和土耳其。

我国栗钙土的总面积为 $3.748\ 64 \times 10^7$ hm²，自东北向西南呈弧状延伸，包括呼伦贝尔高原的西部、锡林郭勒高原的大部、乌兰察布高原南部和鄂尔多斯高原的东部、大兴安岭东

南侧的低山和丘陵，并分布于阴山、贺兰山、祁连山、阿尔泰山、天山、昆仑山等山地的垂直带谱和山间盆地中。在内蒙古高原栗钙土区东邻黑钙土带，西接棕钙土带，北与蒙古、俄罗斯栗钙土相接。

栗钙土区在气候上属于温带半干旱大陆性气候类型。年平均气温为 $-2\sim6$ ℃，$\geqslant 10$ ℃积温为 $1\,600\sim3\,000$ ℃，无霜期为 $70\sim150$ d；年降水量为 $250\sim450$ mm，年蒸发量为 $1\,600\sim2\,200$ mm，干燥度为 $1\sim2$。东部（主要指内蒙古）地区受季风影响，70%降水集中于夏季（6～8月份），冬春两季少雪；而新疆栗钙土地区受西风影响，降水年内分配较均匀，冬季降雪较东部多，夏季相对干燥，表现出一定的地区性差异。

栗钙土区的自然植被是以针茅、羊草、隐子草等禾草伴生中旱生杂类草、灌木与半灌木组成的干草原。草丛高度为 30～50 cm，覆盖度为 30%～50%，每公顷年产干草 600～1 200 kg，为我国北方主要的放牧场。目前已有部分土地开垦，主栽作物是谷子、高粱、玉米、小麦、莜麦、马铃薯等，主要是一年一熟的雨养农业。

栗钙土分布区的地形在大兴安岭东南麓为丘陵岗地，在内蒙古高原和鄂尔多斯高原的地形为波状、层状高平原，局部有低山丘陵，也有部分为冲积平原和洪积平原，但总的来说，以平坦地形为主。

栗钙土成土母质有黄土状沉积物、各种岩石风化物、河流冲积物、风沙沉积物、湖积物等。

二、栗钙土的成土过程、剖面形态特征和基本理化性状

（一）栗钙土的成土过程

1. 栗钙土的干草原腐殖质累积过程 栗钙土腐殖质累积的基本过程同黑钙土，但由于干草原植被无论是高度还是覆盖度均比草甸草原低，生物量比黑钙土区低，所以栗钙土有机质累积量不如黑钙土，团粒结构也不及黑钙土。草原植被吸收的灰分元素中除硅外，钙和钾占优势，对腐殖质的性质及钙在土壤中的富集有深刻影响。

2. 栗钙土的石灰质的淋溶与淀积 栗钙土石灰质的淋溶与淀积的基本过程也同于黑钙土，只是由于气候更趋干旱，所以石灰积聚的层位更高，聚集量更大。当然，石灰质聚集的层位、厚度和含量与母质类型及成土年龄有关。此外，由于淋溶作用较弱，由风化产生的易溶性盐类不能全部从土壤中淋失，往往在碳酸盐淀积层以下有一个石膏和易溶性盐的聚积层。在我国广大栗钙土地区，可能由于气候受季风的影响降水集中于夏季，盐分积聚过程较弱，土壤剖面中并不都存在石膏层，只有局部地区（如新疆）的栗钙土，在底土（120～150 cm）才有数量不等的石膏积聚。

3. 栗钙土的残积黏化 季风气候区的内蒙古栗钙土，雨热同期所造成的水热条件有利于矿物风化及黏粒的形成，典型剖面的研究和大量剖面的统计均表明栗钙土剖面中部有弱黏化现象，主要是残积黏化（无黏粒胶膜），黏化部位与钙积层的部位大体一致，往往受钙积层掩盖而不被注意，所以也称为隐黏化。处于西风区的新疆的栗钙土则无此特征。

（二）栗钙土的剖面形态特征

栗钙土剖面土体构型是 A_h-B_k-C。

1. 腐殖质层 腐殖质层（A_h 层）厚为 25～50 cm，暗棕色至灰黄棕色（7.5YR 3/3～

10YR 5/2），砂壤至砂质黏壤土，粒状或团块状结构，可见大量活根及半腐解的残根，常有啮齿动物穴，向下过渡明显。

2. 石灰淀积层 石灰淀积层（B_k 层）厚为 30～50 cm，灰棕至浅灰色（7.5YR 6/2～10YR 7/1），砂质黏壤至黏壤土，块状结构，坚实，植物根稀少，石灰淀积物多呈网纹、斑块状，也有假菌丝或粉末状。向下逐渐过渡。

3. 母质层 母质层（C 层）因母质类型而异，洪积、坡积母质多砾石，石块腹面有石灰膜；残积母质呈杂色斑纹，有石灰淀积物；风积及黄土母质较疏松均一，黄土母质有石灰质。

（三）栗钙土的基本理化性状

1. 栗钙土的有机质 栗钙土腐殖质层（A_h 层）有机质含量为 10～45 g/kg，具体含量因亚类和地区而异。C/N 为 7～12，HA/FA 为 0.8～1.2，E_4/E_6 为 4.1～4.5。石灰淀积层（B_k 层）有机质含量锐减至 10 g/kg 左右，HA/FA 减至 0.6～0.85（表 8-8）。

表 8-8 栗钙土的腐殖质组成
（引自中国土壤，1998）

地点	深度(cm)	C/N	总碳含量(g/kg)	腐殖酸含量(g/kg)	胡敏酸含量(g/kg)	富里酸含量(g/kg)	胡敏素含量(g/kg)	胡敏酸/富里酸
内蒙古锡林浩特	0～38	10.62	8.6	3.2	1.6	1.6	5.4	1.00
	38～77	8.72	4.1	1.5	0.9	0.6	2.6	1.50
	77～100	4.00	0.8	0.3	0.1	0.2	0.5	0.50

2. 栗钙土的碳酸钙分布 栗钙土主要亚类碳酸钙（$CaCO_3$）剖面分布如图 8-7 所示，反映淋溶程度的差异及潜水的影响。

3. 栗钙土的 pH 栗钙土的 pH 在腐殖质层（A_h 层）为 7.5～8.5，有随深度而增大的趋势。盐化栗钙土和碱化栗钙土亚类腐殖质层的 pH 可达 8.5～9.5。

4. 栗钙土的黏土矿物 栗钙土的黏土矿物以蒙脱石为主，其次是伊利石和蛭石，受母质影响有一定差别。黏粒部分的 SiO_2/R_2O_3 为 2.5～3.0，SiO_2/Al_2O_3 为 3.1～3.4，表明矿物风化蚀变微弱；铁、铝基本不移动（表 8-9）。

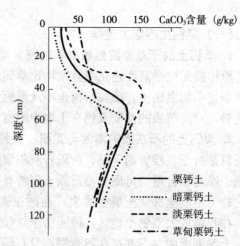

图 8-7 栗钙土主要亚类 $CaCO_3$ 剖面分布

表 8-9 栗钙土的土体（过 <1 mm 的筛）化学组成
（引自中国土壤，1987）

地点	深度(cm)	烧失量(g/kg)	SiO_2含量(g/kg)	Al_2O_3含量(g/kg)	Fe_2O_3含量(g/kg)	分子比 SiO_2/R_2O_3
内蒙古锡林浩特	0～38	47.7	742.0	112.0	24.0	9.98
	38～77	89.5	634.0	107.0	27.7	8.64
	77～100	28.8	746.0	102.0	21.0	10.97

(续)

地点	深度（cm）	烧失量（g/kg）	SiO₂含量（g/kg）	Al₂O₃含量（g/kg）	Fe₂O₃含量（g/kg）	分子比 SiO_2/R_2O_3
甘肃天祝	0～40	115.4	559.9	132.8	50.8	5.62
	40～58	156.1	477.7	115.1	42.1	5.72
	58～74	123.7	529.3	115.3	44.4	5.61
	74～120	111.9	593.1	100.5	39.4	7.96

5. 栗钙土的盐分淋失 除盐化栗钙土亚类外，栗钙土易溶盐基本淋失，内蒙古地区栗钙土中石膏也基本淋失，但新疆的栗钙土 1 m 以下底土石膏聚集现象相当普遍。反映东部季风区的栗钙土的淋溶较强。

三、栗钙土的亚类划分及其特性

根据主要成土过程的表现程度，栗钙土土类分栗钙土、暗栗钙土、淡栗钙土、栗钙土性土，按照伴随的附加过程在剖面构型上的表现及新的特性，可分为草甸栗钙土、盐化栗钙土和碱化栗钙土，它们的剖面构型见图 8-8。

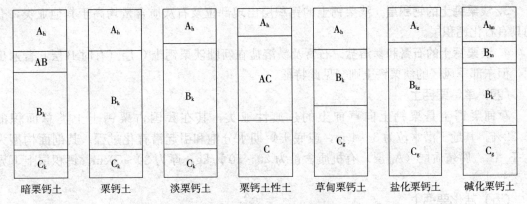

图 8-8 栗钙土各亚类剖面构型

（一）栗钙土

栗钙土亚类也称为普通栗钙土，是最接近栗钙土土类概念的亚类，在我国其占栗钙土土类总面积的 29.25%，主要分布在内蒙古高原中部、鄂尔多斯高原东部、青海的高原及祁连山、天山、阿尔泰山以及准噶尔盆地以西等地的中低山，多分布在暗栗钙土的下缘。形态及诊断特性可参考土类说明。

（二）暗栗钙土

暗栗钙土亚类在我国占栗钙土土类总面积的 36.21%，主要分布在松辽平原的西部、大兴安岭东麓、内蒙古高原、河北坝上地区、甘南高原、祁连山、天山、阿尔泰山以及准噶尔盆地以西的平原、丘陵和中低山地。其分布面积最大的是内蒙古，其次是新疆和青海。剖面构型以 A_h-AB_h-B_k-C_k 为主，也有 A_h-B_k-C_k。

1. 暗栗钙土的区域分布特点 在栗钙土土类中暗栗钙土亚类分布区的温度较低，降水较多（年平均气温为−2~3 ℃，年降水量为 350~450 mm）。暗栗钙土是栗钙土向黑钙土的过渡性亚类，在内蒙古它分布在栗钙土亚类以东，与黑钙土毗邻。

2. 暗栗钙土的表层和过渡层 暗栗钙土的地上地下生物量比栗钙土亚类高，其 A_h＋AB 层厚为 35~55 cm，有机质含量在内蒙古高原为 15~45 g/kg，AB 层呈渐变式向下过渡，与黑钙土有舌状延伸明显不同。

3. 暗栗钙土的钙积层（B_k） 暗栗钙土的钙积层厚为 20~40 cm，$CaCO_3$ 含量平均约 140 g/kg，东部季风区多于西部；pH 为 7.5~9.0，有随深度而增高的趋势。

（三）淡栗钙土

淡栗钙土亚类在我国占栗钙土土类总面积的 23.63%，主要分布在内蒙古高原的中西部（包括锡林郭勒高原的中西部、乌兰察布高原的中部、鄂尔多斯高原的中部）、黄土高原的西北部、青海高原东部的低山丘陵、阿尔泰山、准噶尔盆地以西低山丘陵、天山南北坡等。分布面积最大的是新疆和内蒙古，其次是青海和甘肃。淡栗钙土典型的剖面构型为 A_h-B_k-C_k。

1. 淡栗钙土的区域分布特点 它是栗钙土与棕钙土之间的过渡亚类，气候更为温暖而干旱，年平均气温为 2~7 ℃，年降水量为 200~300 mm，具有轻度荒漠生境特点。淡栗钙土常与少量盐化栗钙土构成复区。

2. 淡栗钙土的表层 淡栗钙土植被的生物量比栗钙土亚类低，腐殖质层（A_h 层）有机质含量为 10~20 g/kg，地表常有轻度风蚀沙化特征。

3. 淡栗钙土的钙积层 淡栗钙土的钙积层出现部位及石灰质含量均高于其他亚类，有的具有石化钙积层。

4. 淡栗钙土的石膏和易溶盐 石膏及易溶盐在新疆淡栗钙土 C 层（有时 B 层）普遍出现，但东部季风区的淡栗钙土则罕见此特征。

（四）草甸栗钙土

草甸栗钙土是栗钙土向草甸土的过渡性亚类，其在我国占栗钙土土类总面积的 15.32%。其地下潜水位为 3~4 m，或底土短期水分饱和引起潜育化过程。其剖面构型为 A_h-B_k-C_g。腐殖质层（A_h 层）有机质含量为 20~50 g/kg，厚为 30~50 cm。钙积层上下界呈逐渐过渡。

（五）盐化栗钙土

盐化栗钙土是栗钙土向盐土的过渡性亚类，其在我国占栗钙土土类总面积的 1.36%。其剖面构型为 A_z-B_{kz}-C_g。盐化栗钙土分布在栗钙土、淡栗钙土地带中地形低洼、易溶盐在土体和地下潜水中聚积的地形部位，如湖泊外围、封闭或半封闭洼地、河流低阶地、洪积扇扇缘等，因为上升水流大于淋溶水流，使盐分表聚发生盐化。盐化栗钙土常与草甸栗钙土构成环状、条带状复域或复区。

（六）碱化栗钙土

碱化栗钙土是栗钙土向碱土的过渡性亚类，在我国其占栗钙土土类总面积的 0.20%。其主要分布在内蒙古高原、呼伦贝尔高原上小型碟形洼地、黏质干湖盆地、河流高阶地，其形成多与母质或地下潜水含有 Na_2CO_3 有关。碱化栗钙土常与栗钙土、暗栗钙土及碱土构成复区。其剖面构型为 A_{hn}-B_{tn}-B_k-C_g，碱化层 pH 为 9~10。

（七）栗钙土性土

栗钙土性土的形成和分布与贫钙的砂性母质有关，多见于暗栗钙土地带中，在我国其占栗钙土土类总面积的 5.25%。少量的钙质在较强淋溶条件及透水良好的砂性母质中很难形成钙积层，有时近 1 m 深的底土中有弱石灰反应。其全剖面盐基饱和，pH 为 7.5~8.4。除缺钙积层（B_k 层）外，植被及剖面性状均类似暗栗钙土。其剖面构型为 A_h-A_C-C 或 A_h-AC-C_k。

四、栗钙土与相关土类的区别

（一）栗钙土与黑钙土的区别

黑钙土的腐殖质层（A_h 层）厚度较栗钙土厚且有机质含量高，钙积层（B_k 层）出现深度较栗钙土的深，$CaCO_3$ 含量也少于栗钙土，黑钙土呈 A_h-AB_h-B_k-C 构型，过渡层（AB_h 层）的腐殖质具有向下的舌状、楔状过渡特征，而栗钙土 A、B 层间过渡明显。在两者分布的过渡地区，往往因地形引起的水分差异而呈相互镶嵌分布，如阴坡发育成黑钙土而阳坡发育成为栗钙土。

（二）栗钙土与棕钙土的区别

棕钙土分布于荒漠草原，其腐殖质层（A_h 层）更薄，有机质也少，因而腐殖质层不明显；棕钙土钙积层（B_k 层）层位更高，常见石化钙积层。而且棕钙土的亚表层具有铁质染色的棕色特征，剖面下部有石膏聚集，而季风区的栗钙土一般没有。

（三）栗钙土与栗褐土的区别

栗褐土腐殖质层（A_h 层）有机质少于栗钙土，因温暖风化而具有弱黏化淀积（B_t 层），其黏化淀积层的石灰质聚集明显少于栗钙土。

五、栗钙土的合理利用

（一）栗钙土利用存在的问题

干草原栗钙土地带是我国北方主要的草场，历来以牧为主，作为天然放牧场和割草场。近百年来已有较大规模的农垦，其中 90% 以上分布在水肥条件较好的暗栗钙土、栗钙土和草甸栗钙土 3 个亚类中。据第二次全国土壤普查资料，栗钙土中耕地约占栗钙土土类总面积的 14%，其中，暗栗钙土、栗钙土、淡栗钙土、草甸栗钙土、盐化栗钙土、碱化栗钙土和栗钙土性土 7 个亚类的耕地面积分别占各亚类总面积的 12.3%，21.8%，5.7%，22.1%，18.5%，53.8% 和 10.8%。第二次全国土壤普查结束后，又有相当大面积的栗钙土开垦为农田，也引发了较严重的风蚀沙化。

栗钙土区以一年一熟的雨养农业为主。由于降水偏少，年际变幅大，干旱是粮食生产主要的限制因素。加上耕种粗放，农田建设水平低，又有风蚀和水蚀的破坏，土壤资源退化明显。统计表明，耕地表层有机质含量较自然土壤减少 20%~30%。产量低而不稳。

广大牧区由于草场保护与建设跟不上畜牧业的发展，长期超载过牧，导致草场退化，土壤在植被覆盖度降低后发生沙化、盐化、退化。据内蒙古统计，20 世纪 80 年代栗钙土土类沙化面积已逾 8.0×10^6 hm^2，盐化面积 5.0×10^5 hm^2。

（二）栗钙土的利用方向和改良措施

应针对栗钙土的自然条件、土壤性质和存在问题，并考虑到经营利用的历史和经济发展的需要，确定利用方向和改良措施。

1. 栗钙土的利用方向 栗钙土虽属农牧兼宜型土壤,但雨养旱作农业受到降水限制,总的利用方向应以牧为主,适当发展旱作农业与灌溉,牧农林结合,严重侵蚀的坡耕地应退耕还草,改换为人工草场,成为广大牧区的育肥基地。

2. 栗钙土草场的利用 干草原产草量较低,年际和季节间变化大。应有计划在适宜地段建设人工草地,种植优良高产牧草,改良退化草场,提高植被覆盖度,防止土壤沙化、退化。应严格控制牲畜头数,防止超载过牧。

3. 栗钙土农田及人工草场的利用 栗钙土耕地肥力普遍有下降趋势,应合理利用土地资源,农牧结合,增施有机肥。推广草田轮作,种植绿肥、牧草,增加土壤有机质。在农田及部分人工草场施用氮磷化肥并根据丰缺情况合理施用微量元素肥料,是增产的一项重要措施。在有水源地区应根据土水平衡的原则发展灌溉农业,建设稳产高产的商品粮、油、糖及草业基地。

4. 建立防护林体系 农牧区都应建设适合当地立地条件的防护林体系,保护农田、牧场,保护生态环境。栗钙土草原造林必须解决两个限制性因子:①水分不足,应考虑人工补灌;②栗钙土钙积层常隐藏较浅,且有些呈硬盘状态,不利于农林植物根系向下伸展,造成草原植树造林失败,应采用人工或机械破坏其硬盘层,以利根系伸展,保证林木成长,应以灌木为主体,不宜种植乔木林。

5. 形成合理的产业结构 粮草轮作,农牧林结合,发展生态农业是合理利用栗钙土的主要途径。内蒙古栗钙土区滩、坡地相间,农耕地与草地交错,农牧并存为基本生产方式。由于条件所限,靠增加施肥提高地力远远不能满足,当前应以加强植被建设为中心,并依据土质及水分条件安排农牧林合理结构,做到因地制宜,以发展生态农业为措施,是大区域培肥土壤的主要途径。

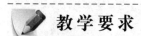 **教学要求**

一、识记部分

识记黑土、黑钙土、栗钙土、腐殖质积累过程、碳酸钙的淋溶淀积过程。

二、理解部分

①黑土、黑钙土与栗钙土都有腐殖质层,它们的异同之处各是什么?
②钙积层在黑钙土与栗钙土中的表现差异是什么?
③草甸黑土、草甸黑钙土和草甸栗钙土的异同之处各是什么?
④从黑土、黑钙土与栗钙土的地理过渡理解其农业开发利用方向与水土保持。
⑤黑土无钙积层,其原因是什么?
⑥黑钙土与栗钙土都有草甸亚类,栗钙土出现盐化亚类,而黑钙土无盐化亚类,这说明什么?

三、掌握部分

掌握气候条件对黑土、黑钙土与栗钙土三者的影响及其造成的土壤性质上的差异。

主要参考文献

曹志洪，等.2008.中国土壤质量[M].北京：科学出版社.
崔志祥，樊润威，李守阴，等.1990.内蒙古栗钙土的主要特性及其合理利用[J].干旱区资源与环境.（03）.
戴旭，康庆禹.1984.呼伦贝尔草原土地资源的特点及其合理利用[J].地理科学（01）.
黑龙江土壤普查办公室.1992.黑龙江土壤[M].北京：农业出版社.
吉林省土壤肥料总站.1998.吉林土壤[M].北京：中国农业出版社.
林培.1993.区域土壤地理学[M].北京：北京农业大学出版社.
陕西土壤普查办公室.1992.陕西土壤[M].北京：科学出版社.
叶永新.1990.甘南藏族自治州土地资源农牧业评价及合理利用[J].草业科学（01）.
中国科学院林业土壤研究所.1980.东北土壤[M].北京：科学出版社.
中国科学院内蒙古草原生态系统定位站.1990.内蒙古锡林河流域栗钙土研究[J].干旱区资源与环境（03）.
中国土壤普查办公室.1998.中国土壤[M].北京：中国农业出版社.

第九章

棕钙土、灰钙土和漠土

我国干旱区（不包括干燥度为 1.5~2.0 的半干旱区）包括荒漠草原（干燥度为 2.0~4.0）和荒漠（干燥度大于 4.0）两个地带。该区气候干旱，降水稀少；降水量随着距海里程的增加从东向西递减，新疆塔里木盆地东南部的若羌一带的年降水量在 10 mm 以下，是欧亚大陆的"旱极"。在热量上，我国干旱区处于温带与暖温带，结合降水情况，可被分为 3 个地区：极端干旱的暖温带荒漠区、干旱的温带荒漠区和荒漠草原区。干旱地区绝大部分是海拔 500~1 500 m 的内陆盆地和高平原，有高山环绕或依傍，地面平坦，第四纪沉积物深厚。强大的风力造成沉积物的分选，使区域内分布有大面积的沙漠、戈壁和黄土。由于干旱缺水，天然植被稀疏矮小，为小半灌木与灌木，覆盖度一般为 10%~30%，甚至为不毛之地。这里太阳能资源丰富，全年日照时间为 2 500~3 000 h 或以上，大部分地区年总辐射超过 585.2 kJ/cm²，无霜期为 120~300 d，≥10 ℃积温为 2 000~3 500 ℃。所以一旦有水灌溉，可栽培多种温带和暖温带作物，成为富饶的绿洲。

我国干旱区内广大的流动和半流动沙丘被划为初育土；在河流沿岸和冲积洪积扇缘的泉水溢出带分布着水成和半水成土，如沼泽土、草甸土和潮土；在排水不畅的低地分布着大面积的盐碱土；在古老的灌溉绿洲中发育着人工熟化的灌淤土和灌漠土；在低山丘陵、洪积或冲积扇中上部以及排水良好的古老冲积平原和侵蚀高平原发育着干旱区的地带性土壤棕钙土、灰钙土、灰漠土、灰棕漠土和棕漠土。其中，棕钙土为温带荒漠草原下的土壤，灰钙土为暖温带荒漠草原下的土壤，二者同属干旱土纲，棕钙土属温干旱土亚纲，灰钙土属暖温干旱土亚纲。漠土包括灰漠土、灰棕漠土和棕漠土 3 个土类，三者同属漠土纲，前二者为温带荒漠条件下的土壤，后者为暖温带荒漠条件下的土壤。这 5 个土壤类型的地带位及景观指标见图 9-1 及表 9-1。

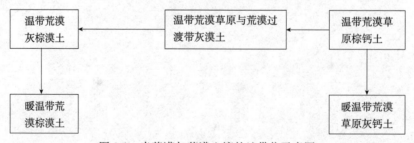

图 9-1 半荒漠与荒漠土壤的地带位示意图

上述土壤主要分布于我国的西北地区，包括内蒙古的巴彦淖尔盟，阿拉善盟及其以西，宁夏西部，甘肃兰州以西，青海的柴达木盆地，新疆全境，土地面积占全国总面积的 22%以上，是我国重要的冬、秋牧场及灌溉农业垦区。

第九章 棕钙土、灰钙土和漠土

表 9-1 棕钙土、灰钙土和漠土的景观与气候比较

土壤	景观地带及植被	主要植被组成	年平均气温（℃）	≥10℃积温（℃）	年平均降水量（mm）	干燥度（K）
棕钙土	温带荒漠草原，盖度为10%～30%	针茅、藏锦鸡儿、冷蒿	2～7	2 200～3 000	150～280	2～4
灰钙土	暖温带荒漠草原，盖度为20%～30%	沙生针茅、蒿属、短命植物	6～9	2 800～3 100	200～300	2～4
灰漠土	温带荒漠草原与温带荒漠过渡带，盖度为10%	琵琶柴、梭梭、猪毛菜	5～8	2 700～3 600	100～200	>4.0
灰棕漠土	温带荒漠，盖度为5%～10%	假木贼、麻黄	7～9	3 300～4 100	<100	>4.0
棕漠土	暖温带荒漠，盖度<5%	麻黄、霸王	10～12	3 600～4 500	<100	>4.0

注：干燥度用公式表示为：$K=E/r=0.16\sum t/r$。式中，K 为干燥度，E 为可能蒸发量，r 为降水量，$\sum t$ 为≥10℃活动积温。

第一节 棕 钙 土

棕钙土是中温带半干旱草原地带的栗钙土向荒漠地带的灰漠土过渡的一种干旱土壤，它具有薄的腐殖质表层，地表普遍沙化和砾质化；在非覆盖砂砾地段，地表有微弱的裂缝和薄的假结皮。其下为棕色弱黏化、铁质化的过渡层（B_w），在50 cm深度内出现钙积层，底部有石膏（有时还有易溶盐）的聚集，呈 A_h-B_w-B_k-C_{yz} 土体构型。

20世纪30年代，侯光炯等曾将内蒙古地区的棕钙土定名为极淡栗钙土。50年代后，文振旺、汪安球等对棕钙土进行了研究，认为我国的棕钙土是欧亚大陆荒漠外围棕钙土带的东南部，为一独立的土类。第二次全国土壤普查确定为干旱土纲，温干旱土亚纲的一个土类。

一、棕钙土的分布与形成条件

棕钙土分布在内蒙古高原中西部（苏尼特左旗、温都尔庙以西，白云鄂博以北）、鄂尔多斯高原西部、新疆准噶尔盆地北部、塔城盆地的外缘、中部天山北麓山前洪积扇的上部、青海柴达木盆地东部和甘肃河西走廊。全国棕钙土面积为 $2.649\ 77\times10^7$ hm²，其中，新疆为 $1.424\ 4\times10^7$ hm²，内蒙古为 $1.062\ 33\times10^7$ hm²，青海为 1.37×10^6 hm²，甘肃为 2.6×10^5 hm²。

棕钙土分布区为温带大陆性气候，年平均气温为 2～7 ℃，≥10 ℃积温 2 200～3 000 ℃，年降水量为 150～280 mm；受东南季风影响的内蒙古地区降水的70%集中于夏末秋初；受西风影响的北疆地区四季降水较平均。棕钙土地区年辐射总量达 600～670 kJ/cm²，光热资源十分丰富。

棕钙土的植被具有草原向荒漠过渡的特征，分为邻近干草原的荒漠草原和向荒漠过渡的草原化荒漠两个亚带。在内蒙古西部的荒漠草原植被常为小针茅和沙生针茅，伴生冷蒿、狭叶锦鸡儿等；草原化荒漠则以超旱生的藏锦鸡儿、红砂、小针茅、冷蒿等构成群落。在北疆除超旱生小半灌木和蒿属、假木贼以及小禾草（如沙生针茅、新疆针茅等）外，还有短命植物与类短命植物。

棕钙土分布区在地形上，除残丘和山前冲积洪积平原外，绝大部分为剥蚀的波状高原，地面起伏不大。成土母质以砂砾质残积物和洪积冲积物以及风成沙为主。只有塔城盆地和天山北麓的棕钙土是发育在黄土母质上。棕钙土地带是我国西北主要的天然牧场，有灌溉条件的可发展农业。

二、棕钙土的成土过程、剖面形态特征和基本理化性状

（一）棕钙土的成土过程

1. 棕钙土的腐殖质积累过程　棕钙土的植被中旱生及超旱生灌丛的比例大，植被盖度为15%～30%，鲜草年产量仅750～1 500 kg/hm²，明显少于干草原。因此在干旱气候和经常好气的条件下，有机质大部分被矿化，腐殖质累积量很少，但还可以区分出腐殖质层。腐殖质结构较简单，以富里酸为主。

2. 棕钙土的石灰、石膏和易溶盐的淋溶与积淀　在干旱气候条件下，尽管年降水量只有150～280 mm，但降水比较集中，矿物风化产生的碱金属和碱土金属的盐类受到一定的淋溶。由于各元素的迁移速率不同，使剖面发生分化；钙积层层位比较高，一般出现在20～30 cm处，紧接在腐殖层下部。在向荒漠过渡中，淋溶不断减弱，石膏和易溶盐在土体下部积聚逐渐明显。

3. 棕钙土的弱黏化与铁质化　表层（A层）下部是水热条件较好、较稳定的层位，土体内矿物在碱性介质中缓慢破坏，发生残积黏化，形成黏粒。矿物破坏分解释出的含水氧化铁，在干热条件下逐渐脱水成红棕色的氧化铁，与黏粒及腐殖质一起使B层上部染上褐棕色色调。这种荒漠化的特征是一个缓慢而长期的过程，因而其表现程度与成土年龄及荒漠化强度有关。

（二）棕钙土的剖面形态

典型的棕钙土剖面形态为 A_h-B_w-B_k-C_{yz}。

1. 腐殖质层　腐殖质层（A_h层）厚度为20～30 cm，淡棕色（7.5YR6/4），质地较粗，多为砾质砂壤土；粒状到小块状结构，根多分布在5～20 cm深度中。灌丛下地表常覆沙，或者砾质化，在无覆沙及无砾质化的地面则呈微细龟裂或假结皮特征。由于表层干旱，植物残体矿化强，腐殖质层颜色较淡。有时腐殖质层（A_h层）中有机质含量较多、颜色略暗的层次，不在表层，而是在3～5 cm以下的亚表层。A_h层向下逐渐地过渡到B层。

2. 淀积层　淀积层（B层）厚为30～40 cm。紧接腐殖层（A_h层）之下有一个弱黏化、铁质化的红棕色（5YR5/6至5YR6/3）风化淀积层（B_w层），厚为5～10 cm，砂质黏壤或砂质壤土，块状、柱状结构，紧实；以下是浅棕色（7.5YR6/3～5YR7/1）钙积层（B_k层），或石化钙积层（B_{mk}，古老的），极紧实。

3. 母质层　母质层（C层）因母质而异。残积、坡积物常呈杂色斑块，有石灰斑点、条纹及石膏结晶。洪积物的砂粒常被石灰质胶膜包裹。

（三）棕钙土的基本理化性状

1. 腐殖质特征　棕钙土的腐殖质层（A_h层）有机质含量为6～15 g/kg，最大值在内蒙古鄂尔多斯高原和北疆，往往表层最多（图9-2）。腐殖质的C/N为7～12，HA/FA为0.6～0.9，E_4/E_6 为4.0～4.5，显示了荒漠化的特征。

2. 棕钙土的碳酸盐及石膏的淋溶淀积特征　各个亚类 $CaCO_3$ 的剖面分布见图 9-3，但有地区差别。石膏开始积聚的深度在北疆为 35～70 cm，含量为 10～100 g/kg；内蒙古地区出现深度常在 50～100 cm，含量一般小于 10 g/kg，反映东部季风区淋溶较强。

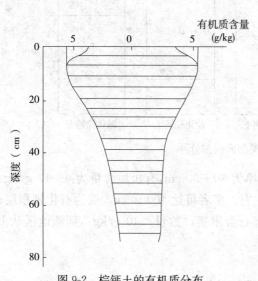

图 9-2　棕钙土的有机质分布

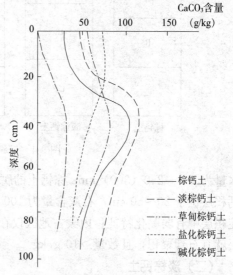

图 9-3　棕钙土各亚类 $CaCO_3$ 的剖面分布

3. 棕钙土的盐化、碱化特征及 pH　棕钙土的易溶盐在母质层（C层）有少量积聚。淡棕钙土还有弱碱化特征，碱化棕钙土碱化更明显，碱化层多在亚表层，B层亦常见，代换性钠比例（ESP）为 10%～30%；因质地较粗，阳离子交换量（CEC）不高，交换性钠绝对量也不高。土壤 pH 为 8.5～9，一般碱化层及钙积层较高，含石膏的土层偏低。

4. 棕钙土的机械组成　除少量黄土和黏重母质外，大部分质地较粗，多为砂砾质、砂质、砂壤和轻砂壤，砂粒含量一般为 50%～90%，并含有不同数量的砾石。棕钙土具有弱黏化现象。

5. 棕钙土的矿物特征　棕钙土的土壤硅铁铝率为 5～14，黏粒的硅铁铝率为 3～4。黏土矿物以伊利石（水云母）为主，次为蒙脱石，并有氧化铁出现。

三、棕钙土的亚类划分及其特征

对棕钙土亚类的划分曾有过不同见解。早期分成 4 个亚类：棕钙土、淡棕钙土、草甸棕钙土与松沙棕钙土。1978 年中国土壤分类暂行草案归并为棕钙土、淡棕钙土和草甸棕钙土 3 个亚类。第二次全国土壤普查又增加了盐化棕钙土、碱化棕钙土和棕钙土性土 3 个亚类。其中棕钙土和淡棕钙土是根据主要成土过程的表现程度在剖面构型及属性上的差异划分的。草甸棕钙土、盐化棕钙土和碱化棕钙土则是按附加过程对剖面构型、属性的影响划分的。各亚类的剖面分异见图 9-4。

（一）棕钙土

棕钙土亚类是最接近棕钙土土类的亚类。在我国其总面积为 $1.137\ 93 \times 10^7\ hm^2$，占棕钙土土类的 42.94%。分布区是与干草原栗钙土毗邻的地区，年平均气温为 2～6 ℃，年降

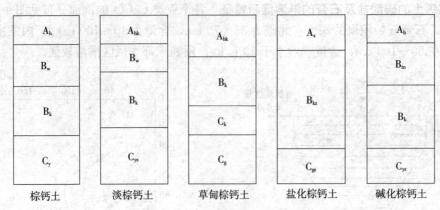

图 9-4 棕钙土各亚类剖面构型分异

水量为 200~250（300）mm。棕钙土的腐殖质层厚为 20~30 cm,有机质含量为 6~13 g/kg；钙积层位于 30~60 cm,石灰含量为 100 g/kg 左右,多者可达 400 g/kg,成为石化钙积层；淀积层中有弱黏化特征；内蒙古地区仅在 C 层有石膏聚集,数量<10 g/kg；新疆地区从 B 层就有石膏聚积,且数量>10 g/kg。

（二）淡棕钙土

淡棕钙土是向灰漠土过渡的地带性亚类。我国淡棕钙土的总面积为 $1.273\,53\times10^7\ hm^2$,占棕钙土土类总面积的 48.06%。淡棕钙土地区年平均气温为 3~8℃,年降水量为 150~200 mm。草原化荒漠植被,旱生禾草明显减少,而超旱生灌木、半灌木增加并呈主导趋势。淡棕钙土腐殖质层厚为 15~25 cm,有机质含量为 5~10 g/kg。地面多沙化、砾质化,局部为砾幂覆盖。土质地面有 0.3~0.5 cm 的假结皮,并有微小裂缝。一般表层即有石灰反应,钙积层出现在 20~50 cm,较棕钙土亚类位置高,$CaCO_3$ 含量约 100 g/kg,少有石化钙积层。C 层普遍出现石膏,且有 3~10 g/kg 的易溶盐聚集。

（三）草甸棕钙土

草甸棕钙土面积最小,在我国仅 $3.685\times10^5\ hm^2$,占棕钙土土类总面积的 1.39%；零星分布在地下潜水埋深为 3~4 m 的河谷低阶地、洪积扇扇缘等地形部位。受低矿化度潜水影响,在 C 层有锈纹、锈斑,这是其不同于其他亚类的典型特征。植被组成中有草甸成分（如芨芨草）。腐殖质层较其他亚类厚（30~40 cm）,有机质含量也较其他亚类多,为 10~20 g/kg。钙积层位于 30~70 cm,$CaCO_3$ 含量少于地带性亚类,且其上下界过渡和缓。

（四）盐化棕钙土与碱化棕钙土

它们多分布在淡棕钙土地区,与低洼地形、含盐母质、高矿化度潜水及盐生植物有关,分别有盐化与碱化附加过程。

盐化棕钙土含有 3~10 g/kg 的易溶盐,在我国其总面积为 $8.587\times10^5\ hm^2$,占棕钙土土类的 3.24%。

碱化棕钙土剖面构型为 A_h-B_{tn}-B_k-C_{yz},其碱化层（B_{tn}）有柱状、棱块状结构,有褐棕色黏粒胶膜,代换性钠比例为 10%~30%,易溶盐含量一般<5 g/kg。碱化棕钙土面积 $4.822\times10^5\ hm^2$,占棕钙土土类的 1.82%；在北疆分布较内蒙古为广。

现将内蒙古第二次土壤普查中有关棕钙土主要亚类的数据列于表 9-2,供参考。

表 9-2 棕钙土主要亚类理化性质

亚类土层	有机质含量 (g/kg)	全氮含量 (g/kg)	全磷含量 (g/kg)	全钾含量 (g/kg)	碳酸钙含量 (g/kg)	pH	阳离子交换量 (cmol/kg)	<0.002 mm 颗粒含量 (g/kg)
棕钙土								
A_h	8.3	0.5	0.7	24.7	39.4	8.6	6.0	90.0
B_k	6.7	0.4	0.7	27.5	93.6	8.8	7.1	224.0
C_y	4.5	0.6	0.8	26.6	70.4	8.7	5.7	189.0
淡棕钙土								
A_{hk}	6.4	0.4	0.7	24.1	53.6	8.9	6.8	117.0
B_w	—	—	—	—	—	—	—	154.0
B_k	5.9	0.4	0.7	23.1	105.7	8.9	7.0	79.0
C_{yz}	4.5	0.3	0.7	25.0	82.4	9.0	7.3	188.0
草甸棕钙土								
A_{hk}	10.7	0.5	1.0	45.0	59.7	8.6	9.1	
B_k	7.7	0.4	1.2	37.0	73.9	8.8	8.7	
C_g	4.6	0.3	0.9	—	62.6	9.1	5.4	

注：<0.002 mm 颗粒含量数据为典型剖面数据，其余数据为统计平均值。

四、棕钙土与相关土类的区别

（一）棕钙土与栗钙土的区别

栗钙土的腐殖质层较棕钙土厚，有机质多，HA/FA 比为 0.69～1.32，高于棕钙土。地表无砂砾化和假结皮，没有棕钙土棕色的弱黏化、铁质化层。钙积层深，底部无石膏的积聚。

（二）棕钙土与灰漠土的区别

灰漠土属漠土纲，无明显腐殖质层，地表有明显的荒漠土特征——多孔结皮及结皮层下的鳞片层，从表层起就有强石灰反应，石灰无明显聚集，剖面中部（40 cm 以下）出现石膏和易溶盐积聚，因而有别于棕钙土。

（三）棕钙土与灰钙土的区别

灰钙土分布在暖温带，母质为黄土，腐殖质层（A_h 层）较棕钙土厚，腐殖质染色深，石灰在剖面分布较均匀，A、B 层过渡不明显。

第二节 灰 钙 土

灰钙土是发育于暖温带荒漠草原地带、黄土及黄土状母质上的干旱土壤，地表有结皮，腐殖质含量不高，但染色较深，石灰有弱度淋溶和淀积，土壤剖面分化不明显。

前苏联学者 A·B·罗扎诺夫 1957 年夏来我国参加黄土高原综合考察，中苏土壤学者共同研究，确定在我国甘肃东部存在灰钙土。20 世纪 50 年代后期，中国科学院组织了对新疆的综合考察，并将新疆西部伊犁谷地的地带性土壤定为灰钙土，认为其是前苏联北方灰钙土带向东的延伸。

一、灰钙土的分布与形成条件

我国灰钙土的总面积为 5.3717×10^6 hm², 其中以甘肃的面积最大，占灰钙土总面积的

54.3%；其次是宁夏，占灰钙土总面积的 24.5%；新疆占灰钙土总面积的 12.7%；青海、内蒙古及陕西也有分布。

我国灰钙土分布是不连续的，它分东、西两个区，其间为漠土所间断。东区主要分布在银川平原、青海东部湟水河中下游平原、河西走廊武威以东地区。在毛乌素沙漠西南起伏丘陵，宁夏中北部一些低丘和甘肃屈吴山垂直带上也有分布。西区仅限于伊犁谷地。

灰钙土地区年平均气温为 5~9 ℃，≥10 ℃积温为 2 000~3 400 ℃；年降水量为 180~300 mm，但在年内分配上，东西两个分布区有明显的差异：东区主要集中于 7~9 月，这是季风气候的特点；而西区一年中降水较均匀，仅春季较高一些。严格地讲，东区和西区在温度条件上也是有差异的，西区即伊犁地区由于纬度较高，属于温带，而不是暖温带，但由于其受大西洋暖湿气流的影响，冬季较温暖，热量接近暖温带。气候影响灰钙土植被的特点，自然植被东区为蒿属-多种草类与蒿属-猪毛菜等群落；而西区为蒿属-短命植物（因春季降水较多）群落。灰钙土分布地区的地形为起伏的丘陵和由洪积、冲积扇组成的河谷山前平原及河流高阶地等。成土母质以黄土及黄土状物为主。

二、灰钙土的成土过程、剖面形态特征和基本理化性状

（一）灰钙土的成土过程

1. 弱腐殖质积累过程 由于灰钙土是荒漠草原的地带性土壤，地面植被以半灌木蒿属植物为主，其腐殖质累积过程明显弱。但由于其具有季节性淋溶及黄土母质等特点，其腐殖质染色较深而不集中，腐殖质层扩散一般可达 50~70 cm。

2. 灰钙土的 $CaCO_3$ 在土体中的移动与聚积 灰钙土的水分状况比较干旱，气温温和，冬季土层不冻结，有季节性淋溶过程；尽管淋溶较弱，但仍然有 $CaCO_3$ 由剖面上部向下移动。但在夏季由于强烈的地面蒸发及植物蒸腾，随着土壤上升水流，又使一部分碳酸钙重新回到剖面上部。因此 $CaCO_3$ 在剖面中分布曲线表现平滑，一般在剖面 30~50 cm 处能观察到假菌丝状的 $CaCO_3$ 聚积。

（二）灰钙土的剖面形态

灰钙土剖面发育微弱，但仍可见结皮层、腐殖质层、钙积层及母质层，典型剖面构型为 A_1-A_h-B_k-C 或 A_1-A_h-B_k-C_y 或 A_1-A_h-B_k-C_z 等。灰钙土典型剖面如图 9-5 所示。

（三）灰钙土的基本理化形状

1. 灰钙土的有机质含量、腐殖质组成、pH 及 $CaCO_3$ 灰钙土有机质含量为 9~25 g/kg，因亚类不同而有较大差异，腐殖质下延较深；腐殖质组成特点是 HA/FA<1，这点显著区别于棕钙土与栗钙土；C/N 为 7~12，pH 为 8.5~9.5，盐基饱和，但阳离子交换量一般不高，表层为 5~11 cmol/kg。$CaCO_3$ 含量为 120~250 g/kg。

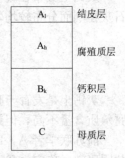

图 9-5 灰钙土剖面

2. 灰钙土的机械组成 灰钙土的机械组成因地区不同有较大差异。新疆地区的灰钙土质地一般较细，多为轻壤与中壤；东部地区（甘肃）的灰钙土质地较粗，多为砂壤土和轻砂壤土。黏粒含量一般为 80~120 g/kg，黏粒累积最多的土层同钙积层基本一致。

3. 灰钙土的化学及矿物特征 灰钙土的全量分析表明，矿质成分在剖面中移动不明显，

同母质比较，只是钙、钠、钾有轻微移动，硅、铁、铝则比较稳定，但因其他元素的淋失，有相对累积的趋势，剖面上部铁、铝的含量稍高于下部，黏粒的 SiO_2/R_2O_3 为 $2.8\sim3.2$，黏土矿物以水云母为主，夹有少量蒙脱石、绿泥石、蛭石与高岭石，表明土体的分化程度较低。

三、灰钙土的亚类划分及其特征

根据主要成土过程的表现程度及有关附加过程的影响，将灰钙土分为灰钙土、淡灰钙土、草甸灰钙土和盐化灰钙土 4 个亚类。

（一）灰钙土

灰钙土亚类是最接近灰钙土土类的亚类，剖面构型为 A_l-A_h-B_k-C。我国灰钙土的总面积为 2.7944×10^6 hm^2，是灰钙土土类中面积最大的亚类，占灰钙土土类总面积的 52.02%；主要分布在甘肃东部、银川平原、新疆伊犁河谷平原及其南北两侧丘陵地带、冲积、洪积平原。

灰钙土亚类具有前述灰钙土土类的相同的形成过程和剖面特征，地形起伏，坡度较大。成土母质为洪积、冲积性黄土；由于黄土疏松多孔，因此具有易湿陷和侵蚀的特点。机械组成以 $0.2\sim0.02$ mm 细砂为主，占 45%；<0.002 mm 的黏粒含量少于 30%，这与黄土状母质有关。表层有机质含量一般为 $11\sim20$ g/kg，腐殖质染色达 $50\sim70$ cm；速效氮含量低；速效磷缺乏，仅 $2\sim4$ g/kg；全磷、全钾均较丰富；阳离子交换量为 $9\sim11$ cmol/kg，碳酸钙含量为 $110\sim170$ g/kg，石膏含量很低，pH 为 $8\sim8.6$（表 9-3 和图 9-6）。

表 9-3 灰钙土的一般化学性质

（引自《新疆土壤》，1996）

采样深度 (cm)	交换性阳离子含量 (cmol/kg)			碱化度 (%)	$CaCO_3$ 含量 (g/kg)	石膏含量 (g/kg)	pH	
	总量	K^+	Ca^{2+}				1:1	1:5
0～30	11.09	0.513	0.109	0.98	115.8	0.12	7.96	8.43
30～50	9.87	0.426	0.113	0.14	137.8	0.19	8.02	8.51
50～70	9.87	0.372	0.109	1.10	169.9	0.19	8.00	8.58
70～100	8.02	0.321	0.109	1.10	171.9	0.17	8.08	8.63

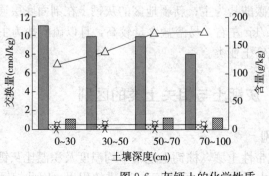
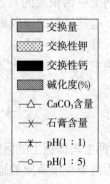

图 9-6 灰钙土的化学性质

（二）淡灰钙土

淡灰钙土是灰钙土向漠土过渡的亚类，在我国的总面积为 2.3477×10^6 hm^2，是灰钙土中面积第二大的亚类，占灰钙土土类总面积的 43.70%；分布在灰钙土带最炎热的地方，剖面构型为 A_1-A_h-B_k-C_{yz}。由于淡灰钙土分布区气候比普通灰钙土干旱，淡灰钙土不仅生物累积量少，而且碳酸钙淋溶作用更弱，整个剖面石灰反应强烈。表层有机质含量一般不超过 10 g/kg，腐殖质染色厚度也比灰钙土亚类薄，为 40～60 cm。剖面中只有钙、镁移动，硅、铁、铝比较稳定。碳酸钙在 40～50 cm 土层有累积，下部常有石膏累积。阳离子交换量只有 7～10 cmol/kg。pH 为 8.0～8.8，土壤溶液呈碱性或弱碱性。颗粒组成以 0.2～0.02 mm 占优势，为 47.0%～61.0%，<0.002 mm 的黏粒比灰钙土少，土壤质地较灰钙土粗，偏砂。

（三）盐化灰钙土

盐化灰钙土剖面构型为 A_z-B_{kz}-C_g。我国盐化灰钙土总面积为 8.38×10^4 hm^2，仅占灰钙土土类面积的 1.56%；主要分布在新疆伊犁河南岸西南部泉水溢出带的边缘和山前倾斜平原下部。在地下水位较高的地方，因土壤母质和地下水含盐，易溶盐分随上升水流聚集于土体上部，从而形成了盐化灰钙土。由于土壤发生盐渍化，植被类型也逐渐发生改变，盐生植被逐渐代替蒿属群落。

盐化灰钙土的土壤剖面构造与灰钙土不同，因为地表植物生长更弱，有机质含量低，表层有机质含量为 10 g/kg 左右；0～5 cm 为疏松层、结皮层，鳞片状结构不显著或者完全消失。盐分在剖面下部累积明显，离子化合物以硫酸盐为主，并含有苏打，pH 为 8.7～9.4。当盐化程度较高时，在剖面上中部可以见到白色斑点状盐分新生体。碳酸钙含量为 100～150 g/kg，无明显聚积。在剖面中下部有石膏累积，其含量为 10～30 g/kg。底部有时可以见到锈纹锈斑。盐化灰钙土的质地多为轻壤至中壤，磷钾含量丰富；交换量较低，一般为 7～10 cmol/kg。

（四）草甸灰钙土

草甸灰钙土剖面构型为 A_{hk}-B_k-C_k-C_g。我国草甸灰钙土总面积 1.458×10^5 hm^2，占灰钙土土类总面积的 2.71%；主要分布在新疆伊犁河南岸的察布察尔县倾斜平原的下部。它是向草甸土过渡的亚类，地下水位一般为 3～5 m，土体下部经常处于干湿交替的环境之中，从而导致下层土壤的氧化还原过程，形成锈纹锈斑。表层有机质含量为 11～16 g/kg，腐殖质染色层厚度大于 60 cm。

最后需要指出的是，由于灰钙土分布地区广泛，东区与西区灰钙土性状也有差异。例如兰州地区灰钙土中钙积层的石灰含量比新疆地区稍高，石膏累积不明显，一般无盐渍化现象，即使有，也是局部的，以重碳酸盐为主；新疆地区的灰钙土在剖面底层通常出现晶簇状或纤维状的石膏，含量可达 60 g/kg 左右，易溶盐含量较高，且以硫酸盐为主，故在新疆地方灰钙土分类中，增加了盐化灰钙土亚类。

四、灰钙土与相关土类的区别

（一）灰钙土与棕钙土的区别

棕钙土为温带荒漠草原的地带性土壤，棕钙土地带平均温度及积温比灰钙土低，冬季寒冷，$CaCO_3$ 淋溶、淀积显著；但由于质地粗，不利于有机质的积累。因此棕钙土的钙化过程比灰钙土有所增强，腐殖质积累过程稍有减弱，它们在剖面中的表现可参考图 9-7 和图 9-8。

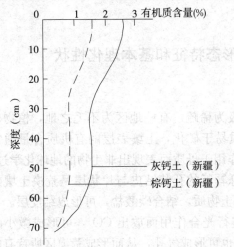

图 9-7　灰钙土与棕钙土的有机质沿剖面分布比较

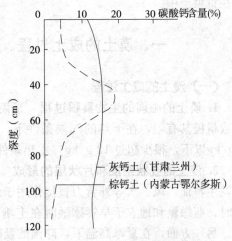

图 9-8　灰钙土与棕钙土的碳酸钙沿剖面分布比较

（二）灰钙土与漠土的区别

灰钙土为荒漠草原性土壤，土壤的淋溶和腐殖质化现象较显著，表层具有明显的淡色腐殖质层，有碳酸钙的淀积层，缺乏荒漠化的表层。而漠土为荒漠地带的土壤，土壤的腐殖质化现象和碳酸钙、易溶盐的淋溶都比灰钙土弱。

（三）灰钙土与黑垆土的区别

灰钙土地表常盖有厚薄不一的风积沙或小沙包；在非覆盖沙地，地表则可见微弱裂缝和假结皮，并着生较多耐旱、短命和低等植物，如猪毛菜、麻黄和藓类。而黑垆土没有风积沙或小沙包以及假结皮等特征。

第三节　漠　土

我国的荒漠区分布于内蒙古、宁夏西部、青海西北部、甘肃河西走廊以及新疆全境的平原地区。根据水热条件的不同，我国荒漠分为两个地带，大致以天山、马鬃山至祁连山一线为界，其北为干旱温带荒漠，包括准噶尔盆地、河西走廊及阿拉善地区；南为极端干旱的暖温带荒漠，包括塔里木盆地、噶顺戈壁及柴达木盆地西部。

新中国成立以后，在对荒漠区进行大量调查的基础上，将暖温带极端干旱荒漠区的地带性土壤定为棕色荒漠土，温带干旱荒漠区的地带性土壤定为灰棕色荒漠土和荒漠灰钙土。1978 年全国土壤分类会议制定了"中国土壤分类暂行草案"，对原划分的 3 个荒漠地带性土类未作大的变动，仅将名称简化，将棕色荒漠土称为棕漠土，将灰棕色荒漠土称为灰棕漠土，将荒漠灰钙土改称为灰漠土，认为是温带漠境与半漠境过渡的地带性土壤。1979 年开始第二次全国土壤普查，肯定了原划分的 3 个荒漠地带性土类，即：灰漠土、灰棕漠土及棕漠土，同时将棕漠土和灰棕漠土归并为温漠土亚纲，灰漠土独立为暖漠土亚纲，两亚纲合为漠土纲以区别干旱土纲。

新疆荒漠区的干旱时间是很长的。上新世末，青藏高原的强烈隆起阻隔了湿气的进入，使第四纪初的气候已与现代干旱区及漠境类似，干旱土中的许多新生体是第四纪早中期的产物,并不直接与现代气候有关。在此带内有一部分成土时间较短(植被相同)的初育土也包括在荒漠土中。

一、漠土的成土过程、剖面形态特征和基本理化性状

(一)漠土的成土过程

1. 漠土的微弱的生物累积过程 荒漠植被极为稀疏,有些地区为不毛之地,植物残落物数量极其有限,在干热的气候条件下,有机质易于矿化,土壤表层的有机质含量通常在 5 g/kg 以下,很少超过 12 g/kg,水热条件直接作用于母质而表现出非生物的地球化学过程。

2. 漠土的孔状结皮和片状层的形成 荒漠砾幂下的孔状结皮与片状层是荒漠土壤的重要发生特征。风、水等外营力直接作用于地表细土物质,结合碳酸盐,可形成结皮层。与此同时,蓝绿藻和地衣于早春冰融时在土壤表层进行光合作用而放出 CO_2,可形成微小的气孔。另一方面,在夏季高温下,阵雨的及时汽化也可形成气孔,从而形成荒漠区所特有的具有海绵状孔隙的脆性表层 A_1(孔状结皮层)。近来发现,浮尘对地表细土的累积有重要作用。至于结皮层下薄片状层次的形成,可能和土壤干湿交替及冻融交替等因素有关。

3. 漠土的荒漠残积黏化和铁质化过程 因在荒漠地表下一定土层厚度内水热状况能短暂地保持稳定,土内矿物就地蚀变风化形成残积黏化。与此同时,无水或少水氧化铁相对积聚,使土壤黏粒表面涂成红棕色或褐棕色,并形成相对紧实的风化淀积层(Bw层)。不过,有人认为这是古湿热条件下的产物。这种过程也可以发生在地面砾石和岩石的表面以下,这些蚀变风化的氧化铁、锰可在雨后随岩石风化裂缝和毛管而蒸发于岩石表层,形成褐棕色的所谓荒漠漆皮。近年来,浮尘对黏化层形成的作用开始引起人们的注意,风蚀将表层的细土物质吹失也可形成两头砂,中间黏的假黏化层。

4. 漠土的石膏和易溶盐的聚积 在荒漠条件下,石膏和易溶盐难于淋出土体,积聚于土层下部。正常情况下,易溶盐出现层位深于石膏。石膏和易溶盐的累积强度由灰漠土、灰棕漠土到棕漠土而增加,同时,随干旱程度的增加出现层位升高。

(二)漠土的剖面形态特征

漠土剖面构型为 (A_r)-A_1-B_w-B_{yz}-C_{yz},基本层次有下述 3 个。

①海绵状结皮和结皮下的片状至鳞片状层 (A_1);灰棕漠土与棕漠土在砾质母质上使地表产生具有荒漠漆皮的砾石而形成砾幂 (A_r)。

②棕红色紧实的亚表层风化淀积层 (B_w)。

③石膏与易溶盐聚集层,可以进一步分异为 BC_y、C_z 等。

由于母质类型和成土年龄不同,上述发生层的表现程度和厚度不仅因土类而异,而且在同一土类中也有较大变化。

(三)漠土的基本理化性状

①漠土的腐殖质含量很少,通常在 5 g/kg 以下。

②漠土的组成与母质近似,灰棕漠土和棕漠土粗骨性强,剖面中粗粒含量由上向下增多,地表多砾石。

③漠土的表层有海绵状多孔结皮,其下为片状层,B层具有黏化和铁质化的红棕色紧实层;普遍含有较多的石膏和易溶盐。

④漠土的细土部分的阳离子交换量不高，多数不超过 10 cmol/kg。

⑤漠土的矿物以原生矿物为主，含大量的深色矿物。黏粒含量低，黏土矿物以水云母和绿泥石为主，伴生一定量的蛭石、蒙脱石和石英。

⑥漠土的盐化和碱化相当普遍，pH 一般高于 8.5。

二、漠土中灰漠土、灰棕漠土与棕漠土的划分及其特性

(一) 灰漠土

灰漠土是发育于温带荒漠草原向荒漠过渡，母质为黄土及黄土状物的地带性土壤，具有明显多孔状荒漠结皮层（A_{l_1}）、片状至鳞片状层（A_{l_2}）、褐棕色紧实的风化淀积层（B_w）和可溶性盐和石膏聚积层（C_{zy}）组成的土体构型。

1. 灰漠土的分布与形成条件　我国灰漠土的总面积为 $4.586\ 2\times10^6\ hm^2$，分布于温带荒漠边缘，即由棕钙土向灰棕漠土过度的狭长地带，在我国主要分布在内蒙古的乌力吉山以南的阿拉善高原、新疆准噶尔盆地南部、天山北麓山前倾斜平原与古老冲积平原、甘肃的河西走廊中西段的祁连山山前平原以及贺兰山以西，鄂尔多斯高原的西北也有小面积分布。整个分布区东西长达 1 000 km 以上。

灰漠土形成于温带荒漠生物气候条件下，如新疆，夏季炎热干旱，冬季寒冷多雪，春季多风且风力较大；年平均气温为 4.5～7.0 ℃，≥10 ℃积温为 3 000～3 600 ℃；年平均降水量为 140～200 mm，年平均蒸发量为 1 600～2 100 mm，干燥度为 4～6。植被组成较复杂，新疆天山北麓倾斜平原是以博乐蒿为主的荒漠植被，伴生少量的短命植物；盆地南缘临近沙漠地带是以假木贼为主的荒漠植被，伴生猪毛菜、琵琶柴等；古老冲积平原是以琵琶柴为主的盐化荒漠植被，伴生碱柴、盐穗木等；在冲积扇与古老冲积平原之间的交接地带及河谷阶地上，是以芨芨草、红柳、白刺为主的植被，伴生苦豆子、矮生芦苇等；在甘肃的河西走廊灰漠土地区，植被属旱生小灌木和草原化荒漠类型。新疆灰漠土主要发育在黄土状母质上，根据其来源与沉积特征又分为洪积黄土状母质、冲（洪）积黄土状母质、冲积黄土状母质。甘肃河西走廊一带的灰漠土主要发育在第三纪红土层与第四纪洪积砾石层上覆盖的黄土状沉积物上。

2. 灰漠土与相关土类的区别

(1) 灰漠土与棕钙土的区别　棕钙土为温带荒漠草原的地带性土壤，有明显的暗色腐殖质表层，$CaCO_3$ 淋溶、淀积比较显著，质地粗，砾质，地表结皮不明显，剖面中上部一般无石膏、易溶盐的聚集。

(2) 灰漠土与灰棕漠土的区别　灰棕漠土形成于温带荒漠粗骨性母质上，地表有砾幂层，腐殖质含量低于灰漠土，常在 5 g/kg 以下，有 $CaCO_3$ 表聚。

(3) 灰漠土与棕漠土的区别　棕漠土形成于暖温带荒漠地带，腐殖质含量极低，砾石化，有明显的 $CaCO_3$ 表聚。

3. 灰漠土亚类的划分及其特性

(1) 灰漠土　灰漠土也称为普通灰漠土，是灰漠土土类的典型亚类，在我国的总面积为 $1.330\ 1\times10^6\ hm^2$，占土类总面积的 29.00%；主要分布在古老洪积扇中上部，一般在数十厘米黄土状物质之下，即为砂砾层。地下水埋藏很深，通常在 10 m 以下。灰漠土具有良好

的孔状结皮层和片状至鳞片状层，其下为褐棕色紧实层。白色斑点状碳酸钙新生体多见于地表 20 cm 以下，易溶盐及石膏在剖面中无明显富集。灰漠土的质地大多比较细，细土部分常以粉砂粒占优势，<0.001 mm 黏粒的含量多在 300 g/kg 左右；但发育在洪积扇中上部的不仅含有较多的粗砂粒，而且在剖面中下部出现较厚的砂粒层或砂土层。剖面中石膏含量也很少，碳酸钙含量一般为 60～120 g/kg。交换性盐基总量为 10 cmol/kg 左右。土壤矿质全量分析结果表明，除氧化钙在剖面中略显移动外，其他氧化物没有多大变化，铁铝氧化物也基本未发生移动（表 9-4）。

表 9-4 灰漠土化学组成及黏粒含量

深度(cm)	有机质含量(g/kg)	土体化学组成（g/kg）									黏粒分子比 SiO_2/R_2O_3	<0.002 mm 黏粒含量(%)
		SiO_2	Fe_2O_3	Al_2O_3	TiO_2	MnO	CaO	MgO	K_2O	Na_2O		
0～5	12.2	593.5	46.5	131.6	4.9	0.8	64.6	27.9	21.7	25.3	6.24	19.26
5～14	7.4	600.3	39.3	119.3	4.9	0.8	63.0	27.0	24.1	24.9	7.29	24.90
14～40	5.3	577.8	42.9	120.9	2.3	0.5	71.1	34.2	22.0	26.6	6.27	27.8
40～70	3.0	601.4	42.9	124.7	2.4	1.6	70.7	30.5	21.1	25.3	6.71	19.03
70～100	3.1	593.7	44.5	133.2		1.2	64.6		21.7	24.3	6.23	31.5

（2）钙质灰漠土　钙质灰漠土亚类是灰漠土土类中所处气候条件稍湿润的亚类，总面积为 $1.554\,8\times10^6\,hm^2$，占土类总面积的 33.90%；主要分布在灰漠土区的东部（内蒙古、宁夏），是在向荒漠草原棕钙土和灰钙土过渡的地段。碳酸钙常在结皮层下紧实层中上部有所聚积，并形成不明显的钙积层。该亚类土壤多处在乌兰察布和沙漠临近地段，因而质地偏砂，地面也常覆有砂砾。

（3）盐化灰漠土　盐化灰漠土亚类是灰漠土土类中伴随有积盐过程的亚类。盐化灰漠土的形态特征和理化特性与灰漠土亚类相似，只是在紧实层以下有残余积盐层，部分还出现两个以上的积盐层。盐化灰漠土的盐分组成及其变化也很复杂。随着土壤盐化程度的提高，钠离子和硫酸根、氯离子增加很快，钙、镁离子增长比较缓慢，而碳酸根和重碳酸根离子则往往迅速减少。当含盐量大于 10 g/kg 时，硫酸根增加速度常显著高于氯离子，从而形成硫酸盐化类型。当含盐量低于 10 g/kg 时，则多为氯化物盐化类型。盐化灰漠土总面积为 $7.777\times10^5\,hm^2$，占土类总面积的 16.96%。

（4）碱化灰漠土　碱化灰漠土亚类是灰漠土土类中具有附加碱化过程和明显碱化特征的一个亚类，其总面积为 $2.749\times10^5\,hm^2$，占土类总面积的 5.99%，主要分布在洪积扇、冲积扇和古老冲积平原中下部以及河流高阶地和干三角洲地带。一般地下水埋深大于 10 m，植被稀疏或地表光秃。碱化灰漠土仍具有发育较好的孔状结皮层和片状、鳞片状层。其下的褐棕色紧实层则发育为短柱状或棱柱状的碱化黏化淀积层。再下即为石膏和可溶性盐聚集层。

（5）草甸灰漠土　草甸灰漠土是灰漠土中具有附加草甸化成土过程的亚类，总面积为 $3.51\times10^4\,hm^2$，占土类总面积的 0.77%。主要分布于灰漠土区的低平地段。由于土体受地下水季节性浸润的影响，因而植物较繁茂，土壤有机质含量较高。在剖面形态上，草甸灰漠土在薄而脆的荒漠结皮层下，存在着腐殖质染色较深的亚表层；在剖面下部还具有氧化还原作用产生的少量锈纹锈斑。草甸灰漠土肥力较高，障碍因素较少。

（6）灌耕灰漠土　灌耕灰漠土由灰漠土其他亚类开垦而来，是具有附加的灌耕熟化成土过程，并表现出一定熟化程度的耕作灰漠土亚类，广泛分布在天山北麓的山前平原及其以下的古老冲积平原上的新老绿洲内，总面积为 $6.137 \times 10^5 \ hm^2$，占土类总面积的 13.38%。

灌耕灰漠土剖面特征是：耕作层呈浅灰黄或黄棕色团块状结构，作物根系密集，一般为 5~25 cm。灌溉后往往在表面形成 3~7 cm 厚的板结层，干后龟裂。犁底层由于受灌溉水中悬移物淀积和耕作机械碾轧而形成较紧实的板片状或大块状结构，厚度为 10 cm 左右。心土层是灌溉水上下频繁活动的层次，厚度为 20~30 cm，常表现轻微淋溶淀积，呈块状或棱块状结构。底土层常因蓄纳多余灌溉水而表现较稳定的潮润，颜色较均一，结构一般不明显，厚度为 30~60 cm。

(二) 灰棕漠土

灰棕漠土是发育于温带荒漠地带、粗骨性母质上的地带性土壤，地表有砾幂，$CaCO_3$ 有表聚；具有孔状结皮及鳞片层、铁质黏化层和石膏，易溶盐聚积。

1. 灰棕漠土的分布与形成条件 我国灰棕漠土的总面积为 $3.071\ 64 \times 10^7 \ hm^2$，主要分布在内蒙古西部、宁夏西北部、甘肃北部的阿拉善—额济纳高平原、河西走廊中西段山前平原、北山山前平原、新疆准噶尔盆地西部山前平原和东部将军戈壁、诺敏戈壁以及青海柴达木盆地怀头他拉至都兰一线以西砾质戈壁。在准噶尔西部山地的东南坡、天山北坡的低山、甘肃马鬃山东北坡、合黎山、龙首山等山地也有分布。

灰棕漠土是在温带大陆性干旱荒漠气候条件下形成的。其主要特征是夏季炎热而干旱，冬季严寒而少雪；春、夏风多，风大，平均风速达 4~6 m/s，气温日较差和年较差大，年平均日较差为 10~15 ℃，夏季极端最高气温达 40~45 ℃，冬季极端最低气温为 -33~-36 ℃；≥10 ℃ 积温为 3 000~4 100 ℃；年降水量为 50~100 mm，6~8 月降水量占全年降水总量的 50% 左右，且多以短促的暴雨形式降落，年蒸发量为 2 000~4 100 mm 或以上；冬季积雪极不稳定，最大积雪深度一般仅 5~10 cm。因此植被主要为旱生和超旱生的灌木、半灌木，如梭梭、麻黄、假木贼、戈壁藜等，覆盖度一般在 5% 以下，甚至为不毛之地。

灰棕漠土广泛发育在北疆和东疆北部的砾质洪积冲积扇、剥蚀高地及风蚀残丘上。成土母质主要有两类：在山前平原上为砂砾质洪积物或洪积冲积物；在低山和剥蚀残丘上为花岗岩、片麻岩与其他古老变质岩等风化残积物或坡积物，以粗骨性为主，细土物质甚缺。

2. 灰棕漠土与相关土类的区别

(1) 灰棕漠土与灰漠土的区别 灰漠土分布于温带荒漠草原向温带荒漠过渡带，母质为黄土，腐殖质含量明显高于灰棕漠土（可达 10 g/kg）。

(2) 灰棕漠土与棕漠土的区别 棕漠土形成于暖温带荒漠区。

3. 灰棕漠土亚类的划分及其特性

(1) 灰棕漠土 灰棕漠土亚类是灰棕漠土土类的典型亚类，在我国的总面积为 $2.042\ 77 \times 10^7 \ hm^2$，占土类总面积的 66.50%，主要分布在北疆艾比湖流域较年轻的砾质洪积冲积扇上。灰棕漠土的主要特点是石膏含量低、聚集不明显。灰棕漠土的粗骨性很强，常年处于干燥状态，所以孔状结皮层发育很薄，通常只有 2~3 cm。片状、鳞片状层发育甚弱或少见，表层之下的棕色紧实层发育较好；虽然厚度常不足 10 cm，但残积黏化现象仍可见。表层有机质含量为 3~5 g/kg，全磷含量虽不算太低，但氮素储量很低。盐基交换量一般仅为 5 cmol/kg 左右，石灰表聚明显。石膏含量虽然在紧实层以下明显增加，但最高含量很少超过 10 g/kg。易溶盐也常有表聚现象，但含量大多不超过 15 g/kg。

灰棕漠土的表层和表下层多存在明显的硝酸盐积累现象。0~30 cm土层的硝态氮含量高达150~900 mg/kg，比下层高出十几倍至几十倍。这主要是干热的气候条件所致，同时还可能与生物和硝化细菌的活动密切相关。

(2) 石膏灰棕漠土　石膏灰棕漠土亚类总面积为$9.480\ 2\times10^6$ hm^2，占土类总面积的30.86%。其主要特点是在红棕色紧实层下，有明显的石膏聚积层，厚度为10~30 cm，石膏含量为70~300 g/kg或更多。石膏灰棕漠土主要分布在古老的洪积或坡积残积母质上，特别是在富含石膏的第三纪含盐地层形成的坡积残积母质上较多。在有些残积母质上发育的石膏灰棕漠土，通常在砾幂下即可见到多量石膏和盐分聚集，石膏含量最高的层次出现在地下10~30 cm；而含盐量多的层次，常出现在石膏最高含量层之下。发育在古老洪积冲积母质上的石膏灰棕漠土，石膏多在地表10 cm以下开始聚集，石膏最高含量的层次出现在20~40 cm或稍下。盐分亦自表层就开始聚集，但可溶盐最大含量多出现在地表5 cm以下。石膏灰棕漠土最突出的理化特性是，有明显的石膏聚集层和较高的含盐量。在盐分组成上，剖面上部多以氯化物为主，而剖面下部则是以硫酸盐为主。颗粒组成的粗骨性、亚表层的黏化、无明显碱化、有机质含量和全氮含量很低等，均与灰棕漠土亚类大致相同。

(3) 石膏盐盘灰棕漠土　石膏盐盘灰棕漠土亚类总面积为7.687×10^5 hm^2，占土类总面积的2.50%；分布在东疆北部的诺敏戈壁上，那里气候极端干热，常年多大风，故孔状结皮层和红棕色紧实层均很薄，有机质含量仅为3 g/kg左右；石膏和易溶盐自地表3~5 cm以下开始累积，在10~40 cm形成石膏盐盘层。石膏盐盘层的石膏和易溶盐含量分别达到70 g/kg和200 g/kg。

(4) 灌耕灰棕漠土　灌耕灰棕漠土分布于灰漠土带的洪积扇和冲积扇下部及其扇缘区，是灰棕漠土的其他亚类经开垦耕种后形成的亚类，具有灌耕熟化过程，广泛分布在山前倾斜平原和古老冲积平原的绿洲内。灌耕灰棕漠土亚类总面积为4×10^4 hm^2左右。

(三) 棕漠土

棕漠土是发育于暖温带极端干旱荒漠，具有多孔状结皮至鳞片层、铁质黏化层和石膏、易溶盐聚积的地带性土壤，剖面构型为A_r-A_1-B_w-B_{yz}-C_{yz}。

1. 棕漠土的分布与形成条件　我国棕漠土的总面积为$2.428\ 8\times10^7$ hm^2；主要分布于河西的赤金盆地以西，天山、马鬃山以南，昆仑山以北，包括河西走廊的最西段，新疆的哈密盆地、吐鲁番盆地、噶顺戈壁以及塔里木盆地边缘洪积扇和冲积扇中上部，甚至延伸到中低山带。东与阿拉善-额济纳高平原灰漠土和灰棕漠土相连，西隔帕米尔高原与塔吉克斯坦、吉尔吉斯斯坦境内天山和中亚细亚南方棕色荒漠土带相望，构成亚洲大陆中部温带、暖温带漠境土壤带。新疆棕漠土总面积为$2.253\ 67\times10^7$ hm^2，甘肃棕漠土总面积为$1.751\ 3\times10^6$ hm^2。

棕漠土分布地区的气候特点是：夏季极端干旱而炎热，冬季比较温和，极少降雪；≥10 ℃积温多为3 300~4 500 ℃（新疆吐鲁番最高可达5 500 ℃）；1月气温为-6~-12 ℃，7月气温为23~32 ℃，平均气温为10~14 ℃，无霜期为180~240 d；降水量不到100 mm，大部分地区低于50 mm，东疆的托克逊和吐鲁番盆地及南疆的且末和若羌一带仅有6~20 mm；蒸发量为2 500~3 000 mm，哈密及吐鲁番盆地高达3 000~4 000 mm；干燥度为8~30，吐鲁番高达85。因此棕漠土分布地区植被稀疏简单，多为肉质、深根、耐旱的小半灌木和灌木，以麻黄、伊林藜（戈壁藜）、琵琶柴、泡果白刺、假木贼、霸王、合头草、沙拐枣等为主，覆盖度常常不到1%。每公顷干物质年产量多不足375 kg。

在这种生物气候条件下，棕漠土形成过程中的生物累积作用极其微弱，化学风化也很弱，蒸发强烈，土壤水分绝对以上升水流为主，从而形成了特殊的地球化学沉积规律，具有石灰表聚和强烈的石膏、易溶盐累积过程。由于风大且频繁，风蚀作用十分强烈，土壤表层细土多被吹走，残留的砂砾便逐渐形成砾幕，从而造成棕漠土的粗骨性。

棕漠土分布的地形主要是塔里木盆地山前倾斜平原、哈密倾斜平原和吐鲁番盆地，其中包括细土平原、砾质戈壁。在昆仑山、阿尔金山北坡，其分布高度上升到3 000 m左右的山地上。棕漠土的成土母质主要有洪积-冲积细土、砂砾洪积物、石质残积物和坡积残积物，一般粗骨性强。

2. 棕漠土与相关土类的区别

（1）棕漠土与灰棕漠土的区别　灰棕漠土形成于温带荒漠，棕漠土形成于暖温带荒漠。

（2）棕漠土与灰漠土的区别　灰漠土形成于温带草原向温带荒漠过渡的黄土母质上。

3. 棕漠土亚类的划分及其特性

（1）棕漠土　棕漠土也称为典型棕漠土，是最接近土类中心概念的亚类，总面积为 $3.820\ 1\times10^6\ hm^2$，占土类总面积的15.73%；主要分布在塔里木盆地及吐鲁番-哈密盆地山前洪积冲积扇的中下部。棕漠土亚类代表棕漠土形成过程的早期阶段，其分布常与较新的洪积冲积物相一致。剖面发育尚较明显，主要由发育较弱的孔状结皮层、片状鳞片状层、红棕色紧实层及略显石膏聚积的砂砾层组成。棕漠土除少部分发育在细土母质上以外，质地大多相当粗，从表层起就含有较多的砾石和砂粒，细粉粒及黏粒含量极少，碳酸钙表聚和残积黏化现象明显；石膏和易溶盐含量不多，无大量石膏聚集层次；易溶盐以紧实层含量较高，常达15 g/kg左右；碱性盐含量不高，pH为8.0～8.5，无明显碱化特征；有机质含量一般为3～6 g/kg。

（2）石膏棕漠土　石膏棕漠土亚类总面积为 $1.168\ 16\times10^7\ hm^2$，占土类总面积的48.10%；主要分布在新疆喀什、阿克苏、巴音郭楞、和田、吐鲁番、克孜勒苏柯尔克孜、哈密等地洪积扇上部的广大戈壁滩上。石膏棕漠土的显著特点是具有明显的石膏聚集层，粗骨性特强，孔状结皮层、片状至鳞片状层及红棕色紧实层发育很弱。在强烈风蚀情况下，石膏层常接近地表，甚至出露地面。地表多具有细小风蚀沟，生长着极稀疏的琵琶柴、麻黄等耐瘠抗旱的小灌木和小半灌木。

（3）石膏盐盘棕漠土　石膏盐盘棕漠土亚类总面积为 $8.244\ 6\times10^6\ hm^2$，占土类总面积的33.95%；主要分布在新疆哈密、和田、喀什、吐鲁番、巴音郭楞等地，其分布与最干旱的气候和古老地形相一致。在塔里木盆地南缘，一般多见于洪积扇中下部，往上为石膏棕漠土，其下为棕漠土。在噶顺戈壁，常分布于石质残丘和干谷两侧的高阶地上。

石膏盐盘棕漠土的显著特点是：在石膏聚积层下有盐盘层。盐盘层是食盐（NaCl）胶结物，常呈灰黑色的坚硬结晶，或与石砾胶结成硬块。盐盘层出现的深度和层数，随积盐形式不同而有很大变化。噶顺戈壁的石膏盐盘棕漠土，其易溶盐主要来源于基岩风化物的残积盐分，只有一层较薄的坚硬盐盘，厚度为10 cm左右，且盐盘大多处在20～40 cm土层，向上向下易溶盐含量均迅速减少。塔里木盆地南部和吐鲁番盆地北部的石膏盐盘棕漠土，由于盐分来源受洪积、坡积和地表侧流积盐的影响，因而盐盘多达2～3层，其层位高者自地表下20 cm就开始，深者在1～2 m出现，厚度10～30 cm，且均呈连续带状分布。盐盘中的易溶性盐含量可达300～400 g/kg，个别达500 g/kg，盐分组成以氯化钠（NaCl）为主，上部土层含盐量为20～30 g/kg。石膏累积从表层或红棕色层以下即开始，其含量可高达

200~400 g/kg，向下则逐渐减少。

（4）盐化棕漠土　盐化棕漠土亚类总面积为 2.925×10^5 hm²，占土类总面积的 1.20%；主要分布在新疆吐鲁番、阿克苏、和田、克孜勒苏柯尔克孜等地。盐化棕漠土多分布在山前洪积冲积扇下部，常与灌耕棕漠土或棕漠土亚类呈复区分布。由于母质含盐，加之水库及渠系渗漏使地下水位抬升，造成次生盐渍化，地下水位一般为 3~8 m。植被多为泡果白刺、麻黄、优若藜、假木贼、矮生芦苇、盐琐琐、红柳等，覆盖度为 3%~10%。盐化棕漠土盐分表聚较明显，盐分含量多为 10~20 g/kg，地表常有盐霜，盐分组成有的以硫酸盐为主，有的以氯化物为主。石膏含量不高，但剖面中下部仍可见少量斑状、脉纹状石膏新生体。

（5）灌耕棕漠土　灌耕棕漠土亚类总面积为 2.5×10^5 hm² 左右；占土类总面积的 1.03%，主要分布在新疆塔里木盆地南部和北部，以及吐鲁番盆地等山前洪积扇中下部绿洲边缘地带。灌耕棕漠土是新疆绿洲的重要耕作土壤，大多数分布在从砾质戈壁至细土平原的过渡地带。母质属洪积物或洪积冲积物，系近几十年来随着水利事业的发展，灌溉面积的扩大，逐渐开垦起来的农田。人工灌溉耕作活动，改变了棕漠土原来荒漠化成土过程的进程，其形态特征和理化特性也发生了很大变化：经多年灌溉耕作，形成了比较明显的耕作层，不仅原来的荒漠结皮层、红棕色紧实层已不复存在，而且已基本见不到盐聚层和石膏层。剖面中含盐量和石膏含量均大大降低，碳酸钙也很少再显表聚。此外，耕作层颜色加深，土壤肥力有所提高，生产性能改善，土壤中有机质及养分含量也大为增加。

有关 3 个漠土的剖面构型及其发生性状可参考图 9-9 和表 9-5。

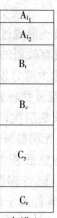 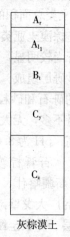 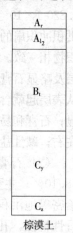

灰漠土　　　　灰棕漠土　　　　棕漠土

图 9-9　漠土剖面构型

表 9-5　3 类漠土发生特征的比较

土类	有机质含量（%）	坚实层黏粒分子比		石灰		石膏		易溶盐		海绵状孔隙结皮与片状层特征
		SiO_2/Al_2O_3	SiO_2/R_2O_3	0~20 cm 平均含量（%）	聚集特点	0~20 cm 平均含量（%）	聚集特点	0~20 cm 平均含量（%）	聚集特点	
灰漠土	>0.5	3.9~4.3	3.0~3.1	6.56	弱淋溶，在 10 cm 左右略有表现	0.14	中位或深位聚集，最高含量 <15%	0.36	碱化，深位残余盐化	发育良好，厚度 <10 cm
灰棕漠土	0.3~0.5	4.2~4.4	3.1~3.4	5.81	表聚明显，或表面 1~2 cm 略显淋溶	8.65	浅位聚集，最高含量为 20%~30%	0.68	弱碱化，中位残余盐化	发育较好，厚度为 2~3 cm
棕漠土	<0.3	4.4~4.5	3.6~3.8	9.8	表聚甚明显	14.85	表聚集，最高含量 >30%	2.05	无碱化，高位残余盐化	发育较弱，常缺片状层

第四节　棕钙土、灰钙土与漠土的开发利用

一、棕钙土、灰钙土与漠土的共性

(一) 光热资源优越

荒漠草原与荒漠地带均属干旱地区，这里光照充足，热量资源丰富，农作物复种条件较好，某些地区可二年三熟，适合种植玉米、棉花、油葵等喜温作物。昼夜温差大，气温日较差为 12～16 ℃，最高可达 35.1 ℃（民丰，1962），有利于作物体内营养物质的累积，特别是瓜果等糖分的累积。例如新疆吐鲁番的葡萄、哈密的瓜、库车的小白杏、库尔勒的香梨、克孜勒苏的无花果、南疆的巴丹杏、甘肃河西的白兰瓜和小红枣以及宁夏的枸杞等已享誉国内外。该区粮、棉、果均具有较高的增产潜力，是我国优质长绒棉、瓜果、蔬菜的重要生产基地。不仅如此，由于冬季低温，病虫难以过冬，所以农作物病虫害少，农产品成为绿色产品，具有较强的竞争优势。独特的自然环境还孕育了许多具有抗旱、耐盐、抗风蚀、抗沙埋的植物种，为培育优良抗逆性、经济性植物品种提供了宝贵的物种资源。

(二) 干旱，多风，农业依靠灌溉

漠土分布区降水稀少，气候极端干旱，形成了"没有灌溉就没有农业"的特殊灌溉农业地带。高山冰雪融水是河流的主要补给源，如新疆94%以上的耕地靠河水、泉水灌溉。水的化学类型与矿化度垂直分带明显，山区一般是弱矿化（0.2～0.5 g/L）的重碳酸盐水，宜于灌溉；河水沿山下流，由于蒸发浓缩，矿化度逐渐升高，到达山前平原上部，一般多成为硫酸盐水；到扇缘和河流下游，河水的矿化度进一步提高，转变为氯化物水。虽然有冰川融雪水，但季节性变化大，春旱严重；同时荒漠草原和荒漠带地下水位深，水矿化度高，因此水是当地农牧业发展的主要限制因素。

漠土分布区全年平均风速为 3.3～3.5 m/s，超过临界起沙风速的天数为 200～300 d，8级以上大风日数为 20～80 d。四季中以春季风速最大，尤其是8级以上大风的40%～70%集中在春季。干燥的沙质地表在风力吹扬下，很容易被风蚀，形成沙尘暴、扬沙和浮尘，危害着农田。在高温多风的条件下，相对湿度小于 20%，还易形成干热风，给农作物生长发育带来较大灾害。

(三) 土壤障碍因素多

漠土分布区干旱和强烈的蒸发，造成土壤以上升水流为主，淋溶和脱盐过程极端微弱，土壤现代积盐过程占主导地位。由于生物作用微弱，土壤有机质极为贫乏，加之干旱、风多、风大、水源奇缺，土壤普遍存在土层薄、土质粗、砾石多、盐分重、瘠薄（缺有机质、缺氮、缺磷）、易旱易板等障碍因素，给土壤开垦带来许多困难。

(四) 土地退化严重

漠土分布区不能从事雨养农业，目前主要是天然牧场。由于超载过牧，草场土壤风蚀、沙化极为严重。

农田长期连作，耕种粗放，土壤肥力下降，在排灌系统不配套的地方，由于滥用水资源，土壤次生盐渍化严重。

二、棕钙土、灰钙土与漠土的开发利用

应该看到,荒漠土分布区光照充足、春季土壤升温快,夏季温度高,昼夜温差大,矿质养分储量丰富,且病虫害较轻,只要土地利用适当,具有广阔的发展前景。

(一)利用方向以牧为主,牧农林结合

在漠土分布区,应以草定畜,固定草场使用权,划区轮牧,防止超载过牧,以利草场资源的恢复。特别要将依赖天然降水种植的"闯田"退耕种植人工牧草,建成割草场,成为冬季畜群过冬育肥基地。要加强农田基本建设,提高单产,一方面为农区人民生活提供足够的产品,另一方面也为牧区提供精饲料。林业发展应以农田防护林、牧场防护林、防风固沙林、水土保持林、水源涵养林和四旁林为主,严禁或限制山区林木采伐。

(二)充分开辟和利用水源,发展灌溉绿洲农业及饲草料基地

引水灌区要控制灌溉定额,减少渠系渗漏,灌排配套,防止次生盐渍化。井灌区要注意地下水平衡,防止过采。灌溉农业要积极推广应用节水灌溉新技术(喷灌、滴灌、渗灌)。应充分利用光热资源,建立粮食、棉花、瓜果、(包括葡萄)、甜菜等优质产品基地。

(三)因地制宜,发挥区域优势

该区面积广阔、平坦,但土壤质地偏粗,表层砾质化严重,应因地制宜地加以利用。如新疆在细土棕漠土上发展棉花,甘肃在灰钙土上创造了"砂田"耕作法,宁夏在贺兰山下的灰钙土上种植西瓜,均取得了良好的效果。

(四)保护、恢复生态体系

要通过法律手段结合围封育林育草,划定一批自然保护区、四禁(禁垦、禁伐、禁牧、禁猎)区和四限(限耕、限牧、限樵、限灌)区,保护好现有植被。通过飞机播种造林种草和人工造林种草,恢复和建设植被,逐步建成乔、灌、草,带、片、网,防护、绿化、美化的多层次、多功能的完整生态体系。

(五)已开垦农用或将开垦农用的漠土要解决的问题

①深耕、伏翻晒垡改土。灰漠土的红棕色紧实层,特别是碱化灰漠土的碱化黏化层,以及老耕地的紧实犁底层,都是阻碍灌溉水渗透和作物根系伸展的障碍土层。无论是新垦耕地还是老耕地,一般都需要通过人工深耕来打破这个"铁门坎",以提高土壤的渗透性和洗盐改碱的效果。通过深耕晒垡,破除板结层,加速土壤熟化。

②精细平整土地,推行细流沟灌、高埂淹灌、小水畦灌,必须有一套节水农业的土壤管理措施。

③种植苜蓿,增施有机肥,合理施用化肥,提高改土培肥效益。干旱区土壤钾丰富而缺氮磷,微量元素中钼、锰、锌、硼多在临界值或以下,因此应增施氮、磷肥,适当补充微量元素。

④防止土壤风蚀沙化,例如少耕与免耕,作物留茬。例如兰州农民创造的"砂田"的利用方式,即在土壤表层铺上粗砂和小卵石或碎石,以减少土壤表面蒸发,抵抗风蚀和提高地温等。防止土壤风蚀沙化还必须营造农田防护林体系。

第九章　棕钙土、灰钙土和漠土

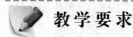 **教学要求**

一、识记部分

识记孔状结皮、荒漠砾幂、棕钙土、灰钙土、灰漠土、灰棕漠土、棕漠土。

二、理解部分

①从棕钙土到灰漠土，再到灰棕漠土，气候条件与植被类型的变化造成的淋溶强度或钙积层、石膏层、盐化层在剖面中的层位出现深度的变化如何？
②灰漠土、灰棕漠土、棕漠土的黏化过程与褐土的黏化过程有什么不同？
③棕钙土与灰钙土在形成条件与土壤特性方面的异同点各是什么？
④棕漠土与灰漠土在形成条件与土壤特性方面的异同点各是什么？
⑤棕漠土与灰棕漠土在形成条件与土壤特性方面的异同点各是什么？
⑥棕钙土、灰钙土以及灰漠土中的草甸亚类实际上反映了地形对土壤发生的影响，它们一般出现在什么地形部位？为什么它们都有盐化亚类？
⑦干旱土与漠土的开发利用首先应消除什么限制性因素？利用中应注意的问题是什么？
⑧干旱土与漠土的气候特点适宜种植什么作物？

三、掌握部分

掌握棕钙土、灰钙土、灰漠土、灰棕漠土和棕漠土5个土类的地理分布关系，它们在土壤形成条件和土壤性质方面的差别。

 主要参考文献

龚子同.1999.中国土壤系统分类——理论·方法·实践［M］.北京：科学出版社.
龚子同，张甘霖，陈志诚，等.2007.土壤发生与系统分类［M］.北京：科学出版社.
林培.1994.区域土壤地理学（北方本）［M］.北京：北京农业大学出版社.
全国土壤普查办公室.1998.中国土壤［M］.北京：中国农业出版社.
新疆维吾尔自治区农业厅和土壤普查办公室.1996.新疆土壤［M］.北京：科学出版社.
熊毅，李庆逵.1987.中国土壤［M］.2版.北京：科学出版社.
赵松乔.1985.中国干旱地区自然地理［M］.北京：科学出版社.
中国科学院新疆考察队.1965.新疆土壤地理［M］.北京：科学出版社.
中国科学院《中国自然地理》编委会.1981.中国自然地理（土壤地理）［M］.北京：科学出版社.

第十章
Dishizhang
潮土、草甸土、砂姜黑土、沼泽土和泥炭土

　　潮土、草甸土、砂姜黑土、沼泽土与泥炭土都是受地下水影响的土壤；前三者只是剖面下部受地下水影响，称为半水成土；后两者剖面中上部就受地下水影响，甚至地表积水，称为水成土。泥炭土也可以称为有机土。

　　半水成土与水成土由于所处地势低，受地表径流和地下潜水的影响强烈，在土体中进行明显的潴育化或潜育化过程，并伴随着氧化还原电位（E_h）的降低，因而对土壤有机质积累有利，甚至产生泥炭化过程，因而区别于前6章（第四章至第九章）的所谓地带性土壤，而称为非地带性土壤，或称为隐域性土壤。

　　P. 杜乔富尔概括了水成土（潜育作用）与半水成土（潴育作用）的土壤特征。

　　潜育作用的土壤剖面具有腐泥层或泥炭层和潜育层的土壤，土壤糊软，土粒分散，无结构或呈大块状结构，呈灰至蓝色，极少褐色锈斑，湿时pH较高，近中性反应者多，土体中亚铁反应显著，风干后土色往往转为灰棕至棕黄色，铁的还原度[Fe^{2+}占游离铁的比例（%）]高，而铁的蚀变度[游离铁占全铁的比例（%）]低（表10-1）。

表10-1　水成土壤与半水成土壤铁的蚀变度与还原度
（引自 P. H. Duchaufour, 1969）

土壤	土层	深度(cm)	pH(水浸)	黏粒含量(%)	游离铁含量(%)	全铁含量(%)	铁的蚀变度(%)	Fe^{2+}含量(%)	铁的还原度(%)
潴育性土	A	0～15	4.2	15	8.5	10.7	79	1.3	15
	B_g	15～35	4.4	17	20.8	21.0	79	2.3	11
	C_g	35～70	4.8	27	19.2	24.6	78	1.4	7
潜育性土	A	0～10	6.4	16	22.9	41.0	56	8.0	35
	B_r	10～25			22.5	41.0	55	10.1	45
	C_r	25～70	5.3	20	41.5	58.0	72	19.1	46

　　潴育作用的土壤剖面具有腐殖质层和氧化还原交替进行形成的锈色斑纹层的土壤，土壤的凝聚性较好，斑纹化（mottling）和铁锰氧化物淀积显著，pH也是湿时高，干时下降，有亚铁反应，但整个土体的颜色在湿时与干时差异不显著，铁的还原度低，而其蚀变度高。

第一节　潮　　土

　　潮土是一种受地下潜水影响和作用形成的具有腐殖质层（耕作层）、氧化还原层、母质层等剖面构型的半水成土。潮土20世纪40年代末曾称为冲积土，50年代中后期受苏联地

带性观点的影响，曾改称为原始褐土，60年代曾命名为浅色草甸土，第二次全国土壤普查的土壤分类系统正式命名为潮土（根据其地下水埋深浅，毛管水前锋能够达到地表，具有"夜潮"现象而得名）。

一、潮土的分布与形成条件

我国潮土的总面积为 2.56589×10^7 hm^2，广泛分布在黄淮海平原、长江中下游平原以及上述地区的山间盆地、河谷平原。在行政区划上潮土主要分布在山东、河北和河南3省，各省的面积都在 4.0×10^6 hm^2 以上；其次是江苏、内蒙古和安徽，各省份的面积为 $1.0\times10^6\sim2.0\times10^6$ hm^2；再次为辽宁、湖北、山西和天津。

潮土的主要成土母质多为近代河流冲积物，部分为古河流冲积物、洪积物及少量的浅海冲积物。在黄淮海平原及辽河中下游平原，潮土的成土母质多为石灰性冲积物，含有机质较少，但钾素丰富，土壤质地以砂壤质和粉砂壤质为主；而长江水系分布的潮土主要为中性黏壤或黏土冲积物。

潮土分布地区地形平坦，地下水埋深较浅，土壤地下水埋深随季节而发生变化，旱季时地下水埋深一般为 $2\sim3$ m，雨季时可以上升至 0.5 m 左右，季节性变幅在 2 m 左右。20世纪50年代末以来，随着这些地区的排水体系的修建和大量抽取地下水灌溉，潮土分布区的地下水位已大幅度下降，旱季时地下水埋深一般为 $4\sim7$ m，雨季时一般也下降至 1 m 以下，基本上剖面已经脱离了地下水的影响。

潮土的自然植被为草甸植被。但由于其分布区农业历史比较悠久，多辟为农田，耕地面积占潮土总面积的 86% 以上，自然植被为人工植被所代替。

潮土分布区光热资源充足，为小麦、玉米、棉花等粮棉作物生产基地，也是各种水果、蔬菜等农产品的重要产区。

二、潮土的成土过程、剖面形态特征和基本理化性状

（一）潮土的成土过程

潮土是由潴育化过程和受旱耕熟化影响的腐殖质累积过程两个成土过程形成的。

1. 潮土的潴育化过程 潴育化过程的影响因素是上层滞水和地下潜水。潮土剖面下部土层常年在地下潜水干湿季节周期性升降运动的作用下，铁、锰等化合物的氧化还原过程交替进行，并有移动与淀积。在雨季，土体上部水分饱和，土体中的难溶性 $FeCO_3$（菱铁矿）与生物活动产生的 CO_2 作用形成 $Fe(HCO_3)_2$ 而向下移动；雨季过后，则 $Fe(HCO_3)_2$ 随毛管作用而由底层向土体上部移动，氧化为 $Fe(OH)_3$，具体的化学反应为

$$FeCO_3+2CO_2+H_2O\Longleftrightarrow Fe(HCO_3)_2$$

$$4Fe(HCO_3)_2+O_2+2H_2O\Longleftrightarrow 4Fe(OH)_3+8CO_2$$

由于这种每年的周期性氧化还原过程，致使土层内显现出铁锈纹层（锈色斑纹层）。锰也发生上述类似的氧化还原变化，常有黑色锰斑与软的锰结核。在氧化还原层下有时还可以见到砂姜，砂姜一般是富含碳酸钙的地下水的凝聚产物。

2. 潮土的腐殖质累积过程　因气候温暖，自然潮土的有机质累积并不多，因此表层颜色较淡，故称为浅色草甸土。现在，潮土绝大多数已垦殖为农田，其腐殖质累积受耕作、施肥、灌排等农业耕作栽培等措施影响。因此潮土的有机质累积是在自然因素与人类影响共同作用下达到了新的平衡。在20世纪80年代以前，由于投入少，开垦后的潮土腐殖质含量下降。但80年代中期以来，随着化肥等投入的增加，潮土耕层土壤有机质等养分含量有所提高。从表10-2可以看到，在同源母质质地相同剖面中耕层土壤有机质、全氮含量明显高于底土层，显示出长期旱耕熟化的结果。

表10-2　耕种对于不同质地冲积物性状的影响

(中国土壤，1998)

母质	采样部位	质地	有机质含量(g/kg)	全氮含量(g/kg)	全磷含量(g/kg)	全钾含量(g/kg)	速效磷含量(mg/kg)	速效钾含量(mg/kg)	样品数(n)
黄河冲积物	底土	砂土	1.30	0.04	0.24	18.35	1.5	37	10
		壤土	2.76	0.25	0.55	18.00	1.3	60	36
		黏壤土	4.00	0.36	0.57	18.45	1.7	89	11
		黏土	8.13	0.55	0.59	16.60	1.8	148	27
	耕层	砂土	5.10	0.27	0.26	18.40	3.8	—	4
		壤土	7.22	0.50	0.63	18.84	4.3	79	28
		黏壤土	10.48	0.73	0.62	19.57	5.1	152	21
		黏土	11.14	0.86	0.85	18.20	5.7	210	28
长江冲积物	底土	壤土	2.80	0.25	0.62	15.40	1.0	27	19
		黏壤土	8.40	0.47	0.57	18.70	1.0	57	25
		黏土	12.23	0.59	0.66	21.10	1.0	84	25
	耕层	壤土	8.10	0.57	0.65	16.90	4.6	64	19
		黏壤土	14.75	1.09	0.70	19.10	4.6	76	31
		黏土	18.46	1.25	0.73	23.50	4.8	98	31

(二) 潮土的剖面形态

1. 潮土的腐殖质层（或耕作层）　大多数潮土的腐殖质层是一种人为耕种熟化表土层，一般厚为15～20 cm；腐殖质含量低，一般小于10 g/kg；颜色浅淡，干态亮度多达到或超过6，彩度小于或等于4；壤质土，多为屑粒状结构，有大量作物根系。耕作层之下有时可见犁底层，是长期受机具的碾压而形成的，片状或鳞片状结构，厚度为5～10 cm，颜色与耕层土壤相近。

2. 潮土的过渡层　过渡层一般在犁底层之下，厚度为15～40 cm，壤质土，也多为屑粒状结构，其湿态亮度和彩度均达到或超过4。有时犁底层之下即是氧化还原层，而不存在过渡层。

3. 潮土的氧化还原层　氧化还原层(BC_g)又称为锈色斑纹层，多出现于60～150 cm土层，有明显锈斑，其湿态亮度和彩度均达到或超过4；也有与之相间分布呈还原态的灰色斑纹，其湿态亮度达到或超过6，彩度小于或等于2。该层下部时有软质铁锰结核，或有雏形砂姜。

4. 潮土的母质层　母质层(C_g)主要为沉积层理明显的冲积物，具有明显的潴育化特征，甚至有潜育化现象。

(三) 潮土的基本理化性状

1. 潮土的机械组成　潮土颗粒组成因河流沉积物的来源及沉积相而异，一般来源于花岗岩山区者粗，来源于黄土高原的黄河沉积物多为砂壤及粉砂质，长江与淮河物质较细，且质地层次分异不明显。地形上，近河床沉积者，土质粗；牛轭湖相沉积者，土质细。由于这种不同质地的沉积层理及其组合（土体质地构型）明显地影响土壤的水分物理性状及肥力状况，尤其是砂土及黏质土（重壤土、黏土）在剖面中相间出现的部位及厚度影响显著，故潮土的土种划分一般以土体质地构型为标准，突出砂土层及黏土层的出现部位与厚度（图10-1），砂土、黏质土层出现的部位分为浅位（20～60 cm）、中位（60～100 cm）和深位（100～150 cm）。砂土及黏质土层厚度分为4级：极薄层（5～10 cm）、薄层（10～30 cm）、中层（30～60 cm）和厚层（>60 cm），<5 cm者不予表示。潮土几种主要的土体质地构型如图10-2。

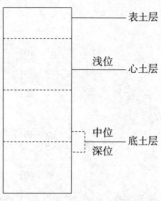

图10-1 潮土质地剖面划分

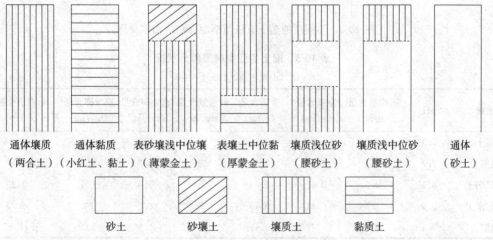

图10-2 潮土质地剖面划分示意图
（括号内为群众名称）

2. 潮土的黏土矿物类型 潮土的黏土矿物一般以水云母为主，蒙脱石、蛭石和高岭石次之。蒙脱石含量与流域物质来源有关，黄河沉积物蒙脱石明显高于漳河和沁河。黄河沉积物发育的潮土黏粒（<0.001 mm）的硅铝率较高（3.5～4.0），长江沉积物发育的潮土的硅铝率较低（3.0或稍高）。

3. 潮土的pH及碳酸钙 发育在黄河沉积母质上的潮土碳酸钙含量高，含量多为5%～15%；砂质土偏低，黏质土偏高。土壤呈中性到微碱性反应，pH为7.2～8.5，碱化潮土pH高达9.0或更高。长江中下游钙质沉积母质发育的潮土，碳酸钙含量较低，为2%～9%，pH为7.0～8.0；发育在酸性岩山区河流沉积母质上的潮土，不含碳酸钙，土壤呈微酸性反应，pH为5.8～6.5。

4. 潮土的养分状况 分布于黄河中下游的潮土（黄潮土），腐殖质含量低，多小于10 g/kg，普遍缺磷，钾元素属丰富，但近期高产地块普遍出现缺钾现象，微量元素中锌含量偏低。分布于长江中下游的潮土（灰潮土）养分含量高于黄潮土。潮土养分含量除与人为施肥管理水平有关外，与质地有明显相关性（图10-3）。各亚类之间养分状况亦有差异（表10-3）。

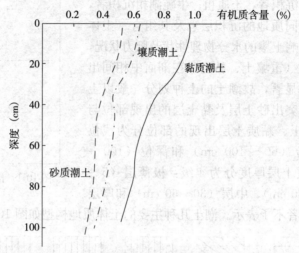

图 10-3 不同质地潮土有机质剖面分布（山东菏泽）

表 10-3 潮土各亚类耕层养分状况

（山东土壤，1990）

土壤	pH	有机质含量 (g/kg)	全氮含量 (g/kg)	全磷含量 (g/kg)	碱解氮含量 (mg/kg)	速效磷含量 (mg/kg)	速效钾含量 (mg/kg)	阳离子交换量 [cmol（+）/kg]
潮土	7.3	9.0	0.62	0.58	56	5.9	107	10.64
脱潮土	7.7	8.7	0.60	0.63	52	6.7	115	9.47
盐化潮土	8.1	9.0	0.60	0.60	53	5.8	126	5.25
碱化潮土	9.0	4.3	0.31	0.40	28	6.8	79	4.05
湿潮土	7.4	10.7	0.77	0.49	55	4.9	103	11.38

三、潮土的亚类划分及其特性

潮土分为潮土（黄潮土）、湿潮土、脱潮土、盐化潮土、碱化潮土、灰潮土及灌淤潮土共 7 个亚类，其剖面形态分异特征见图 10-4。

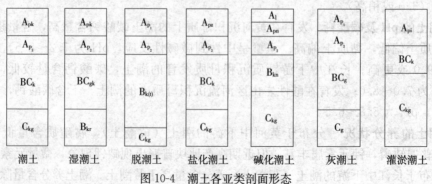

图 10-4 潮土各亚类剖面形态

第十章 潮土、草甸土、砂姜黑土、沼泽土和泥炭土

（一）潮土

潮土也称为黄潮土，是潮土土类中分布面积最大的亚类，在我国的总面积为 $1.56327\times 10^7 hm^2$，占潮土土类总面积的 60.93%，已经有 87% 以上开垦为耕地，主要分布在黄淮海平原及汾河、渭河河谷平原，是我国北方主要的农业土壤之一和重要的粮棉生产基地。潮土亚类的母质起源于西北黄土高原，多系富含碳酸钙的黄土性沉积物，故又称为石灰性潮土。地下水埋深，旱季多为 1.5～2 m 或更深，雨季为 1.5 m 以上，矿化度 1 g/L 左右。根据沉积母质特点，将潮土分为砂质潮土、壤质潮土及黏质潮土三个土属。潮土的主要特征有如下 3 个。

①潮土多富含碳酸钙，若其为壤质土则偏高，沙质土则偏低，呈中性至微碱性反应。
②潮土可溶性盐分含量<0.1%。
③潮土土壤养分含量、耕性、水分物理性质、生产潜力等与土壤质地及剖面质地构型有关，以壤质潮土肥力性能最好。

（二）湿潮土

湿潮土是潮土土类与沼泽土之间的过渡性亚类，在我国的总面积为 $5.456\times 10^5 hm^2$，占潮土土类总面积的 2.13%，已经有 66% 以上开垦为耕地。湿潮土主要分布在平原洼地，排水不良，地下水埋深仅 1.0～1.5 m，雨季接近地表，有短暂地表积水现象，地下水矿化度不高，多在 1 g/L 以下。母质为河湖相静水黏质沉积物，一般无盐化或碱化威胁。湿潮土的主要特征有以下 4 方面。

①湿潮土质地黏重，细粉砂（0.005～0.001 mm）含量高，一般无粗砂（1.0～0.10 mm）。
②湿潮土湿胀干缩，土温低，通气透水性差，水气矛盾突出。
③湿潮土心土层常见锈色斑纹，其下往往有潜育现象（B_r）。
④湿潮土有机质含量较潮土、盐化潮土及碱化潮土高，多为 10～20 g/kg，高者可达 30 g/kg。但速效磷仍属低水平，多在 5 mg/kg 以下。多数湿潮土目前产量水平不高，旱田改为水田可以趋利避害，提高生产能力。

（三）脱潮土

脱潮土是潮土土类向地带性土壤褐土土类过渡的过渡性亚类，故又称为褐土化潮土。我国脱潮土的总面积为 $2.0974\times 10^6 hm^2$，占潮土土类总面积的 8.17%，已经有 94% 以上开垦为耕地，多分布在平原区各种高地上。脱潮土地下水埋深为 2.5～3.0 m，深者可达 5 m，逐渐脱离地下水影响，排水条件好，地下水矿化度在 1 g/L 以下，一般无盐化威胁，熟化程度高，是平原地区高产稳产土壤类型。其主要特征有以下 3 方面。

①脱潮土表土质地多为壤质土，质地适中，水分物理性质良好，水、热、气、肥平衡协调，适耕性强。土壤腐殖质含量较高，多为 10～20 g/kg。
②脱潮土碳酸盐有轻度淋溶淀积现象，心土层有碳酸钙假菌丝体并有黏化现象，与潮土有较显著的区别，仍残存锈色斑纹。
③脱潮土呈中性至微碱性反应，pH 为 7.0～8.0。

（四）盐化潮土

盐化潮土是潮土与盐土之间的过渡性亚类，具有附加的盐化过程，土壤表层具有盐积现象。我国盐化潮土的总面积为 $4.6742\times 10^6 hm^2$，占潮土土类总面积的 18.22%，已经有 73% 以上开垦为耕地，主要分布在平原地区中的微斜平地（或缓平坡地）及洼地边缘，微地貌中的高处也常有分布。盐化潮土与盐土呈复区，地下水埋深为 1～2 m，矿化度变幅较大，

一般为1～5 g/L，排水条件较差。盐化潮土主要特征有以下3方面。

①盐化潮土表土层有盐积现象。

②盐化潮土盐分剖面分布呈T字形，表土层以下盐分含量急剧降低。

③每年春、秋旱季盐化潮土的土壤表层积盐，雨季脱盐。根据盐分组成分为硫酸盐盐化潮土、氯化物-硫酸盐盐化潮土、硫酸盐-氯化物盐化潮土、氯化物盐化潮土及苏打盐化潮土，这是划分土属的标准。根据盐分含量，盐化潮土盐化程度分为轻度、中度和重度3级，其含盐量分别为0.1％～0.2％、0.2％～0.4％和0.4％～0.6(0.8)％，这是划分土种的标准。由于盐类的溶解度与温度的关系，一般春季积盐以氯化物为主（因春季土温低），秋季以硫酸盐为主（因秋季土温高）。

（五）碱化潮土

碱化潮土分布的面积小，是潮土与碱土之间的过渡性亚类。我国碱化潮土的总面积为2.489×10^5 hm²，占潮土土类总面积的0.97％，已经有82％以上开垦为耕地，零星分布于浅平洼地或槽状洼地的边缘，多为脱盐或碱质水灌溉所引起。碱化潮土的主要特性有下述几个方面。

①碱化潮土的表土有碱化特征，土表有0.5～3 cm厚的片状结壳，结壳表面有1 mm厚的红棕色结皮，结壳下有蜂窝状孔隙，含有游离苏打。亚表土层有碱化层或碱化的块状结构。

②碱化潮土的盐分化学组成以重碳酸钠为主，呈碱性反应，pH高达9.0以上。

③碱化潮土的碱化度为5％～15％。

④碱化潮土的矿质颗粒高度分散，土壤物理性质不良。

⑤碱化潮土的土壤养分除钾素含量较高外，余者均属低含量水平。速效磷含量为极低，多不足3 mg/kg，乃至痕迹含量，有机质含量一般不足5 g/kg。

（六）灰潮土

我国灰潮土的总面积为2.2385×10^6 hm²，占潮土土类总面积的8.72％，已经有97％以上开垦为耕地，主要分布在北亚热带长江中下游平原，是江南的主要旱作土壤，表土颜色灰暗，群众称其高产土壤为灰土，灰潮土由此而得名，并由此区别于潮土。灰潮土的母质分为含与不含碳酸盐的河流沉积物。灰潮土的主要特性有下述2方面。

①灰潮土的土壤有机质含量较潮土高，一般为15～20 g/kg，熟化程度高的灰潮土，速效磷含量可达50 mg/kg。

②发育在碳酸盐母质上的灰潮土，呈中性至微碱性反应，碳酸钙有明显的淋溶淀积现象。发育在酸性岩风化的河流沉积物上的灰潮土呈中性至微酸性反应。

（七）灌淤潮土

我国灌淤潮土的总面积为2.058×10^5 hm²，占潮土土类面积的0.80％，其100％为耕地，主要分布于干旱、半干旱地区，人为引水淤灌而成，为潮土与灌淤土之间的过渡性亚类。其主要特征是：表层灌淤层厚为20～30 cm，灌淤层之下仍保持原潮土剖面形态特征，其理化性质、肥力状况与黏质潮土相近。

四、潮土与相关土类的区别

潮土常与砂姜黑土、盐土、碱土及冲积土呈复区或相邻分布。

(一) 潮土与盐土的区别

潮土以表土层（0~20 cm）可溶性盐含量低（低于0.6%或0.8%，根据区域和盐分组成而定）未达到盐土含量标准而区别于盐土。

(二) 潮土与砂姜黑土的区别

潮土在1.5 m内的控制层段中，不同时出现黏质黑土层与砂姜层。

(三) 潮土与冲积土的区别

冲积土分布于河漫滩地形，经常有现代河流冲积物沉积，尚未脱离现代地质沉积过程，河流冲积物层理明显，一般无腐殖质表聚性的特点。而潮土已经脱离了现代河流冲积物沉积的影响。

(四) 潮土与草甸土的区别

潮土地处暖温带和亚热带，有机质含量低于草甸土，颜色较草甸土淡，因而曾被称为浅色草甸土，从而区别于东北温带地区的草甸土。

五、潮土的利用与改良

潮土分布区地势平坦，土层深厚，水热资源较为丰富，适种性广，是我国主要的旱作土壤，盛产粮棉。

1. 改善生产环境条件 发展灌溉，建立排水与农田林网，加强农田基本建设，是改善潮土生产环境条件，消除或减轻旱、涝、盐、碱危害的根本措施，也是发挥潮土生产潜力的前提。目前，潮土分布面积最大的黄淮海平原，因为排水体系完善，基本防止了涝灾的发生，盐碱危害也随之减轻，但旱灾依然时有发生，甚至有加重现象。大量赤字开采地下水，造成地下水漏斗。

2. 培肥土壤 目前出现了重视化肥投入，而忽视有机肥投入的现象。虽然大量投入化肥使得根茬归还量增大，土壤有机质含量有上升趋势，但若实行秸秆还田和采取施用其他有机肥措施，土壤有机质含量将更进一步提高。潮土富含碳酸钙，pH较高，应注意施用磷肥效果。在大量施用氮、磷肥的情况下，已经出现局部地区（块）开始缺钾的现象，应适当补施钾肥，配合施用微量元素肥料，实行平衡施肥。

3. 改善种植结构 精耕细作，调整作物布局，提高复种指数，合理配置粮食作物与经济作物、林业和牧业，提高潮土的产量、产值和效益。

4. 施灰、客砂改土 施用粉煤灰能提高地温，疏松土壤，增加通透性，对改良潮土黏、硬、冷、死具有良好的作用。陕西户县、周至的部分地方就地取材，利用掺砂改土，每公顷掺砂450~600 t，撒施地面，随即耕耙，与土混合均匀，亦有一定改土和增产效果。这些成功经验，正在逐步推广。

第二节 草 甸 土

草甸土是温带地区受地下水浸润作用影响，在草甸植被下，进行着腐殖质积累和潴育化过程，具有腐殖质层及锈色斑纹层两个基本发生层的半水成土壤。1998年出版的《中国土壤》将其划为半水成土纲暗半水成土亚纲下的一个土类。

一、草甸土的分布与形成条件

我国草甸土的总面积为 $2.507\ 05\times 10^7\ hm^2$，主要分布于东北地区的三江平原、松嫩平原、辽河平原，以及内蒙古及西北地区的河谷平原或湖盆地区。在行政区上，草甸土主要分布在黑龙江省，约占全国草甸土总面积的 1/3 左右，其次是内蒙古和新疆，分别占全国草甸土总面积的 23.9% 和 15.3%。

草甸土分布区地势低平，地表水及地下水汇集，排水不畅，地下水位浅（1～3 m），矿化度大都不足 0.5 g/L，属于 HCO_3-Ca 型水。盐化及石灰性草甸土区，矿化度稍高（可达 0.5～1 g/L），属于 HCO_3-Na 及 HCO_3-Ca 型水。土壤水分充足，时有短期积水。地下水位随旱季雨季呈季节性变化，为土壤中下部氧化还原过程的进行创造了条件。

我国草甸土大部分分布在温带湿润、半湿润、半干旱气候区，年平均气温为 0～10 ℃，年降水量为 200～800 mm，夏季降水量占全年降水总量的 80% 左右；土壤冻结期达 5～7 个月，冻深为 1～2 m。其气候特点是：春季干旱多风，夏季温暖多雨，秋季气温多变，冬季漫长寒冷，气候条件对于草甸植被生长和土壤腐殖质累积十分有利。草甸土虽不属于地带性土壤，但气候对碳酸盐的淋溶与淀积及腐殖质累积有较明显影响，如湿润、半湿润地区分布的草甸土多为暗色草甸土和潜育草甸土，半干旱地区分布的多为石灰性草甸土和盐化草甸土。

草甸土的自然植被因地而异，有湿生型的草甸植物，如小叶章、沼柳、薹草等；草甸草原区的植物有羊草、狼尾草、拂子茅、鸢尾等；局部低洼处有野稗草、三棱草、芦苇等湿生及沼泽植物。草甸土的植被覆盖率一般为 70%～90%，甚至达到 100%，并且草甸植被生长繁茂，每年都能够向土壤提供丰富的植物残体，加之气候冷凉，微生物分解活动受到抑制，故草甸土有机质含量较高，腐殖质层深厚。草甸土已不同程度地开垦种植，有 27% 以上开垦为耕地，多为一年一熟。以辽宁草甸土的耕垦比重最大，达 70% 以上；吉林和黑龙江在 40% 以上。

草甸土母质多为近代河湖相沉积物，地区性差异明显，主要表现在碳酸盐的有无及质地分异上。例如东北地区，西部多碳酸盐淤积物，东部和北部多为无碳酸盐淤积物。母质的砂黏程度直接影响腐殖质和养分累积以及水分物理性质。

二、草甸土的成土过程、剖面形态特征和基本理化性状

（一）草甸土的成土过程

草甸土形成过程的特点是：具有明显的腐殖质累积过程和潜育化过程。

1. 草甸土的腐殖质积累过程 草甸土的草甸草本植物，每年不但地上部分补给土壤表层以大量有机质，而且其根系也主要集中于表层。

据测定，黑龙江省饶河县草甸植物每年产草量为 3 000～3 400 kg/hm^2，其根系 95% 集中于 30 cm 土层内（图 10-5）。植株死亡后，有机质归还土壤表层，有机质分解产生大量钾、钠、钙、镁化学物，使土壤溶液为钾、钠、钙、镁化学物所饱和。腐殖质以胡敏酸为主，多以胡敏酸钙盐形式存在。这是草甸土表层腐殖质累积、养分丰富、具有团粒结构等良好水分物理性质的主要原因。草甸土虽不属地带性土壤，但其腐殖质累积过程明显地反映了气候的影响，东北区的北部及东部的寒冷潮湿区，腐殖质含量明显高于干燥温暖的西部地

区，腐殖质层由东向西逐渐变薄。

2. 草甸土的潴育化过程 草甸土潴育化过程主要决定于地下水水位的季节性动态变化。由于草甸土地形部位低，地下水埋藏较浅，一般为 2 m 左右，雨季可升至 1～1.5 m 或更浅，春旱季节可降至 3 m。地下水位变幅大，升降频繁，在剖面中下部地下水升降范围土层内，土壤含水量变化于毛管持水量至饱和含水量之间，铁锰的氧化物发生强烈氧化还原过程，并有移动和淀积，土层显现锈黄色及灰蓝色（或蓝灰色）相间的斑纹，具有明显的潴育化过程特点及轻度潜育化现象。

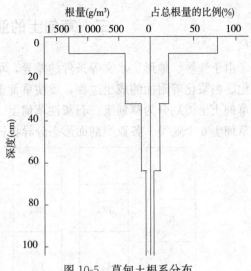

图 10-5 草甸土根系分布

（二）草甸土的剖面形态

草甸土一般可以分为两个基本发生学层次，即腐殖质层（A_h）及锈色斑纹层（BC_g 或 C_g）。

1. 腐殖质层 草甸土腐殖质层（A_h 层）厚度一般为 20～50 cm，少数可达 100 cm，因有机质含量不同而呈暗灰至暗灰棕色，根系盘结。腐殖质层的质地取决于母质，多为屑粒状结构，矿质养分较高，可分为几个亚层及过渡层等。

2. 锈色斑纹层 锈色斑纹层（BC_g 或 C_g）有明显的锈斑及铁锰结核，腐殖质含量少，颜色较浅，质地变化较大，与沉积物性质有关。

（三）草甸土的基本理化性状

1. 剖面构型 草甸土剖面构型为 A_h-AB-BC_g（C_g）、A_h-AB-BC_g-C_g 等。

2. 水分 草甸土的土壤水分含量高，毛管活动强烈，有明显季节变化，旱季为水分消耗期，雨季为水分补给期，冬季为冻结期。土壤水分剖面自上而下一般分为易变层（0～30 cm）、过渡层（30～80 cm）和稳定层（80～150 cm）。

3. 腐殖质 草甸土的腐殖质含量较高。腐殖质含量自西而东自南向北逐渐增加，北部的兴凯湖低平原和三江平原腐殖质含量高达 50～100 g/kg；西部内蒙古干旱草原地带的草甸土腐殖质含量一般为 20～40 g/kg，低者仅 10～20 g/kg。土壤腐殖质组成以胡敏酸为主，HA/FA 比值较大（表 10-4）。

表 10-4 草甸土腐殖质

（中国土壤，1998）

类型	活性腐殖质含量 (g/kg)		胡敏酸/富里酸		E_4/E_6		样品数 (n)
	变幅	平均	变幅	平均	变幅	平均	
草甸土	3.8～23.0	9.2	0.42～1.92	0.83	3.28～5.87	4.15	8
石灰性草甸土	3.0～16.1	7.6	0.3～2.87	0.86	3.52～4.43	4.03	7
潜育草甸土	4.9～33.9	18.7	0.92～1.87	1.28	3.65～9.28	5.40	4
盐化草甸土	2.5～30.0	2.7	0～0.3	0.15	3.51～4.25	3.88	2
碱化草甸土	4.1	4.1	0.22	0.22	3.30	3.30	1
草甸土类	2.5～32.9	8.4	0～2.87	0.67	3.28～9.28	4.15	22

三、草甸土的亚类划分及其特征

由于气候、地形、水文等条件的差异，草甸土除主导形成过程外，尚有盐化、碱化、潜育化、白浆化等附加的成土过程，致使草甸土边界概念范围较大，性状有很大差异。据此，将草甸土土类划分为草甸土、石灰性草甸土、盐化草甸土、碱化草甸土、潜育草甸土及白浆化草甸土6个亚类。各亚类剖面形态分异特征如图10-6所示。

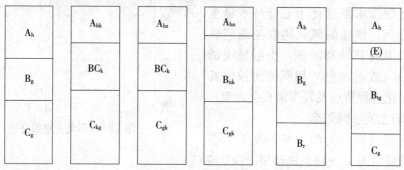

图 10-6 草甸土各亚类剖面构型

（一）草甸土

草甸土也称为普通草甸土，在我国的总面积为 $8.813\ 3\times 10^6\ hm^2$，占草甸土土类总面积的 35.15%，已经有 36% 以上开垦为耕地，主要分布于温带湿润半湿润地区，如松嫩平原、三江平原、兴凯湖低平原，以及辽河平原河滩地及沿河两岸滩地与低阶地上，常与黑土呈复区分布。其主要特征有以下几方面。

①草甸土腐殖质层厚，达 40cm 以上，颜色较暗，呈暗灰到暗棕灰色。
②草甸土表层有机质含量多为 30~60 g/kg，高者大于 100 g/kg，含氮量为 2~5 g/kg。
③草甸土呈中性或酸性反应，盐基饱和或不饱和，不含游离石灰。
④草甸土水稳性团粒含量高，结构良好，一般表土 >3 mm 团聚体可达 10%~20%。
⑤草甸土无盐化碱化及白浆化现象。

草甸土剖面化学性质见表 10-5。

表 10-5 草甸土的化学性质
（中国土壤，1998）

地点	深度(cm)	有机质含量(g/kg)	水浸液pH	HA/FA	交换性盐基含量（cmol/kg）				阳离子交换量(cmol/kg)	氧化铁活化度(%)	氧化铁结晶度(%)
					Ca^{2+}	Mg^{2+}	K^+	Na^+			
吉林省公主岭	0~15	21.2	7.1	1.62	22.52	3.36	0.40	0.21	26.49	39.11	60.89
	15~40	24.4	7.5	—	23.56	3.54	0.34	0.32	27.76	32.83	67.17
	40~70	13.8	7.5	—	21.41	3.40	0.29	0.33	25.43	17.23	82.77
	70~110	6.8	7.2	—	16.76	3.43	0.34	0.48	21.01	25.82	74.15

（二）石灰性草甸土

我国石灰性草甸土的总面积为 $6.469\ 5\times 10^6\ hm^2$，占草甸土土类总面积的 25.81%，已经有37%以上开垦为耕地,主要分布在栗钙土和棕钙土地区,如毛乌素和小腾格里沙漠(沙地)中的低湿地(甸子地)一般均为石灰性草甸土。东北嫩江平原、辽河平原北部也有分布,石灰性草甸土常与盐化草甸土及碱化草甸土呈复区分布。石灰性草甸土分布区气候较草甸土温暖干燥,石灰性草甸土有机质矿化度高,腐殖质含量低,颜色呈灰色或棕灰色,故也称为灰色草甸土。其主要特性有以下3方面。

①石灰性草甸土富含碳酸钙,$CaCO_3$向下有渐增趋势。

②石灰性草甸土呈中性至微碱性反应,pH为7.0~8.5。

③石灰性草甸土腐殖质层较草甸土薄,为20~40 cm。

(三) 盐化草甸土及碱化草甸土

我国盐化草甸土总面积为$5.925\ 9\times10^6\ hm^2$,是草甸土中的第三大亚类,占草甸土土类总面积的23.64%,已经有10%以上开垦为耕地。碱化草甸土总面积为$3.764\times10^5\ hm^2$,占草甸土土类总面积的1.50%,也有少部分开垦为耕地。盐化草甸土及碱化草甸土主要分布在东北、内蒙古、宁夏等地的草甸、草原及荒漠草原地区,亦常与石灰性草甸土及盐碱土呈复区存在。其地下水矿化度高,埋藏深度浅,具有附加的盐化和碱化过程。盐化草甸土及碱化草甸土的主要特性有以下3方面。

①盐化草甸土及碱化草甸土一般具有石灰反应,呈中性至碱性,苏打盐化草甸土及碱化草甸土pH可达9.0~9.5。

②盐化草甸土含盐量为0.1%~0.6%,碱化草甸土不但含有游离苏打,而且亚表层尚有碱化层或碱化的棱柱状结构。

③盐化草甸土及碱化草甸土腐殖质含量低且腐殖质层薄。

(四) 潜育草甸土

我国潜育草甸土的总面积为$3.176\ 5\times10^6\ hm^2$,占草甸土土类总面积的12.67%,已经有15%以上开垦为耕地,主要分布在东北穆棱河流域等河流下游地形低洼处,地下水位高,埋深为1~1.5 m,地表时有积水,有附加的潜育化过程,是草甸土向沼泽土过渡的过渡性亚类。其主要特性有以下2方面。

①潜育草甸土表层腐殖质含量可高达80 g/kg,但腐殖质化程度较差,有轻度泥炭化,腐殖质含量由表层向下层锐减,全磷和速效磷较为缺乏。

②潜育草甸土腐殖质层以下有锈斑,近地下水面处可见蓝灰色潜育层。

(五) 白浆化草甸土

我国白浆化草甸土的总面积为$3.090\times10^5\ hm^2$,占草甸土土类总面积的1.23%,已经有57%以上开垦为耕地,主要分布在东北平原低平处,附有白浆化过程而具有不太明显的白浆层,其他属性同潜育草甸土。

四、草甸土与相关土类的区别

(一) 草甸土与沼泽土的区别

草甸土与沼泽土的区别在于草甸土表层无泥炭化层次,而沼泽土表层有泥炭化层次。而且沼泽土为潜育化,草甸土为潴育化。

（二）草甸土与潮土的区别

潮土与草甸土均受地下潜水的毛管水影响，但潮土地处暖温带和亚热带，因气温较高的影响，其腐殖质含量一般均在 10 g/kg 左右。草甸土地处温带，因气温较低和漫长寒冷冬季影响，有利于有机质累积，有机质含量一般在 20 g/kg 以上。

（三）草甸土与白浆土的区别

草甸土与白浆土虽都地处温带，受过多水分影响，但白浆土具有明显的白浆层，而草甸土的白浆层不明显。

五、草甸土的合理利用

（一）草甸土的合理利用

草甸土的土壤潜在肥力较高，适种作物广。生产中常因土壤过湿、冷浆（黏质土尤甚），影响土壤潜在肥力的发挥。应采取平整土地、加强排水、降低地下水位、修截流沟、防止客水汇入等工程措施。同时要改良土壤水分物理性质（如掺砂）、提高地温等。垦殖后的草甸土，即使是具有良好生产特性的壤质草甸土，亦应注意培肥地力，用养结合，防止土壤肥力衰退。

（二）石灰性草甸土的合理利用

石灰性草甸土养分丰富，肥力较高，水分亦丰富，是良好的农牧业土壤资源。只是作物生长期水分时有不足，影响作物正常生长，应利用浅层地下水发展灌溉。干旱半干旱地区石灰性草甸土，垦殖时应处理好农牧业用地关系，发展节水灌溉，防止土壤次生盐渍化，注重保持原有质地构型。

（三）潜育草甸土的合理利用

潜育草甸土是草甸土中土壤水分、温度问题最为突出的亚类，其改良利用应以工程措施防止地面积涝、降低地下水位、增强土壤通透性、提高地温为前提。例如地下潜水质量较好的地区可以实行竖井排水和井排井灌等措施。

（四）盐化草甸土及碱化草甸土的合理利用

盐化草甸土及碱化草甸土利用时应进行改良，包括排水淋盐等水利与化学改良措施。

第三节 砂姜黑土

砂姜黑土是在暖温带半湿润气候条件下，主要受地方性因素（地形、母质、地下水）及生物因素作用，形成的一种半水成土壤。其剖面构型为黑土层-脱潜层-砂姜层。在 1.5 m 控制层段内，必须同时具有黑土层与砂姜层两个基本层次，而且黑土层上覆的近期浅色沉积物厚度必须在 60 cm 以内才能诊断为砂姜黑土。

我国砂姜黑土的总面积为 3.7611×10^6 hm^2，主要分布于淮北平原、鲁中南山地丘陵周围的山麓平原洼地、南阳盆地及太行山山麓平原的部分地区，从地貌上来说，均是一种洪积扇平原的扇缘洼地，多为河湖相沉积地下水埋深在 2 m 左右，雨季可上升至 1 m 以内，局部洼地可能短期积水，地下水矿化度低，一般为 Ca-Mg-HCO$_3$ 型水，为我国北方暖温带半湿润区的一种非地带性的半水成土壤。除种玉米、小麦、水稻外，还宜种植大蒜等经济作物，一般一年二熟或二年三熟。

虽然潮土中的湿潮土亚类也具有黑土层，但它在 1.5 m 控制层段内不出现砂姜层。潮棕壤或潮褐土也可能具有黑土层，但潮棕壤或潮褐土的黑土层的埋藏深度必须大于或等于 60 cm，且地下水位较深。砂姜黑土与潮褐土、潮棕壤在洪积扇区往往形成土链式复区（图 10-7）。

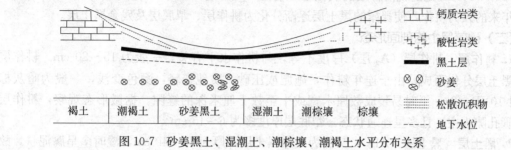

图 10-7　砂姜黑土、湿潮土、潮棕壤、潮褐土水平分布关系

一、砂姜黑土的成土过程、剖面形态特征和基本理化性状

（一）砂姜黑土的成土过程

砂姜黑土是晚更新世（Q_3）以来，在古地理环境条件下，发育在第四纪河湖相沉积物上的半水成土壤。由于它处于扇缘洼地，有富含 $Ca(HCO_3)_2$ 水的大量补给，而又排泄不畅，且有季节性积水，因而早期有草甸潜育化及 $CaCO_3$ 的淋溶淀积过程，后期又经历着耕作熟化及脱潜过程。

1. 砂姜黑土的草甸潜育化及碳酸盐的集聚过程　这是一个古代过程的延续，由于全新世（Q_4）气候转暖，河水量充沛，现砂姜黑土分布区当时为一片湖沼草甸景观，低洼处形成大面积黏质河湖相沉积物，耐湿性植物周而复始地生长与死亡，有机质在干季与湿季会交替出现好气条件与嫌气条件，腐烂与分解交替进行，高度分散的腐殖质胶体与矿物质细粒复合，使土壤染成黑色，形成黑土层。据 ^{14}C 断代测定，黑土层形成于距今 3 200~7 000 年（中全新世 Q_4），未发生沼泽化，故无泥炭累积。砂姜层的形成早于黑土层。从地球化学角度看，砂姜黑土分布区是重碳酸盐的富集区，地下水富含碳酸盐。在气候及土壤水分季节性干湿交替条件下，富含碳酸盐的地下水或在干旱季节于剖面底部固结，或随毛管上升到一定高度固结，形成数量不等、大小不同、形态不一的砂姜（石灰结核）。另外，土体上部的碳酸盐也可随重力水以 $Ca(HCO_3)_2$ 形式向下移动至一定深度固结形成砂姜。但砂姜的形成主要是受地下水影响。

砂姜按其形态可分为面砂姜、硬砂姜和砂姜盘 3 种。它们在剖面中分布的部位和形成时间不同。据在安徽省濉溪县和蒙城县对砂姜黑土的年龄测定，面砂姜多分布于剖面中上部，是砂姜形成的初期阶段，距今最近，^{14}C 断代年龄为 2 000~6 000 年（全新世中晚期）。硬砂姜是砂姜形成的中期阶段，形成年龄与在剖面中的分布部位有关；剖面上部黑土层中的硬砂姜形成于 4 000~7 000 年，而在呈灰黄色或土黄色脱潜层中的硬砂姜年龄为 14 000~30 000 年。砂姜盘形成时间最长，属晚更新世的产物。

组成砂姜的碳酸盐以 $CaCO_3$ 为主，平均占碳酸盐总量的 70% 以上；$MgCO_3$ 含量少，$CaCO_3/MgCO_3$ 的平均值为 4~9。底土的 $CaCO_3/MgCO_3$ 显著增大。

2. 砂姜黑土的耕种熟化及脱潜育过程　近5 000年来，特别是近2 500年以来，气候明显地从温暖湿润向干燥方面转变，加之近3 000年来的人为垦殖、排水，使地下水位逐渐下降，砂姜黑土底部的潜育层下移，原潜育层上部呈现脱潜育化，氧化还原电位增高。据测定，100～150 cm处的脱潜育层的氧化还原电位（E_h）达502 mV，接近耕作层（539 mV）。几千年来的人为耕作，使裸露的黑土层逐渐分化为耕作层、犁底层及残余黑土层。

（二）砂姜黑土的剖面形态

1. 耕作层　耕作层（A_p层）厚度不等，与耕作水平有关，一般为15～20 cm。耕作层多由黑土层分化而成，由于连年耕作，施肥或压砂，质地变轻，颜色变浅，一般为暗灰棕（湿时10YR4/2），干时易裂成数厘米宽或十至数十厘米深的缝隙。据微形态观察，耕作层以毛管孔隙为主，且多呈连通状态。犁底层厚度多为6～15 cm。

2. 黑土层　黑土层（AB_{kt}）又称为残余黑土层，厚为20～40 cm，湿时多呈腐泥状，故又有腐泥状黑土之称。黑土层湿态颜色呈黑棕色至黑色（10YR 3/2），呈柱状结构，干时易碎裂成核块状；质地黏重，多为重壤土或黏土，少数为中壤土。除石灰性砂姜黑土外，黑土层一般无或显微弱石灰反应，可见少量铁锰结核及小块硬砂姜。微形态观察到光性定向黏粒比耕层明显。

3. 硬砂姜或面砂姜层　砂姜层（B_{kg}）又称为脱潜砂姜层，质地较黑土层轻，以中壤土居多，土体颜色湿态多为棕色至浊黄棕色（7.5YR 5/4）。其氧化还原现象（脱潜育化）明显，锈斑湿态颜色为棕色至亮棕色（7.5YR 5/6），砂姜大小形态不一，有软或硬的铁锰结核。面砂姜层石灰反应强烈，硬砂姜层土体石灰反应强弱不一。微形态观察，常见碳酸盐黏结基质，少或无光性定向黏粒，多有碳酸盐浓聚斑和铁质浸染斑。

4. 脱潜层　脱潜层（B_g）位于黑土层和砂姜层之间，干时多呈浊黄棕色（10YR 5/4），与砂姜层土体颜色相近，有锈纹锈斑，石灰反应强弱不一。微形态观察，有较多铁子和斑迹状铁质浓聚体，铁质斑迹内有大量光性定向黏粒。

5. 母质层　母质层（C_{kg}或C_g）一般为黏质河湖相沉积物，具有明显的锈斑，有时具有潜育现象。

（三）砂姜黑土的基本理化性状

1. 砂姜黑土的机械组成　黑土层质地黏重，黏粒含量多在30%左右，高者达50%以上。耕作层及砂姜层质地较之为轻。

2. 砂姜黑土的黏土矿物组成　黑土层黏土矿物多以蒙脱石为主（占50%以上），水云母次之（占20%～30%）。耕作层和砂姜层蒙脱石偏少（占40%～50%），水云母有所增加（占30%～40%）。

3. 砂姜黑土的变性特征　由于黏粒含量高，蒙脱石比重大，故砂姜黑土具有明显的胀缩性和变性特征。累积线性膨胀势（PLE）可达9.65 cm/m。

4. 砂姜黑土的养分状况　耕作层有机质含量多为10～20 g/kg，钾素较丰富，氮素含量甚低，尤其是速效磷含量甚低（<4 mg/kg或痕迹），与人为施肥水平有关。无机磷中以磷酸钙（Ca-P）为主，HA/FA多大于1。

5. 砂姜黑土的$CaCO_3$及pH　除石灰性砂姜黑土外，一般耕层和黑土层的$CaCO_3$含低量，分别变化于0.32%～4.90%及0.21%～2.93%；面砂姜层$CaCO_3$含量可高达40%以上；石灰性砂姜黑土$CaCO_3$含量通体多在7%以上。砂姜黑土多呈中性至微碱性反应。碱化砂姜黑土pH高达9.0以上。

如前所述，黑土层和砂姜层是砂姜黑土的诊断层。其上述性状表征了砂姜黑土的诊断特性。

二、砂姜黑土的亚类划分及其特征

根据土壤剖面特征及其性状特点，可将砂姜黑土分为砂姜黑土、石灰性砂姜黑土、盐化砂姜黑土和碱化砂姜黑土四个亚类，其剖面构型如图10-8所示。

（一）砂姜黑土

砂姜黑土亚类在我国分布面积大，范围广，总面积为 $3.22360 \times 10^6 \ hm^2$，占砂姜黑土土类总面积的85.71%，绝大部分已经开垦为耕地。该亚类所处地形部位低，地下水埋深为1～2 m，雨季埋深不足1 m。与其他亚类的主要区别是：耕作层、黑土层无或仅有微量石灰，呈中性至微碱性反应，pH为7.2～8.5，黑土层蒙脱石含量较其他亚类高。

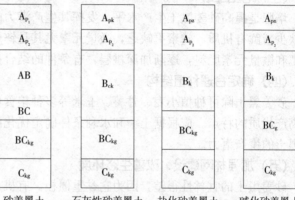

图10-8 砂姜黑土各亚类剖面构型

（二）石灰性砂姜黑土

我国石灰性砂姜黑土的总面积为 $5.11 \times 10^5 \ hm^2$，占砂姜黑土土类总面积的13.59%，绝大部分也已经开垦为耕地，一般分布在具有碳酸盐母质来源的扇缘洼地。其主要特征是全剖面具有较强烈的石灰反应，$CaCO_3$含量为5%～15%，pH略高于砂姜黑土亚类，质地亦偏轻。

（三）盐化砂姜黑土

我国的盐化砂姜黑土主要分布在苏北滨海平原，面积小，仅 $1.67 \times 10^4 \ hm^2$，占砂姜黑土土类总面积的0.44%，地下水埋深不足1 m，土壤含盐量为0.1%～0.6%，盐分组成以氯化钠为主。盐化砂姜黑土90%以上也已开垦为耕地。

（四）碱化砂姜黑土

我国的碱化砂姜黑土的总面积不足 $1.0 \times 10^4 \ hm^2$，零星分布在安徽淮北平原颍河以东蝶形洼地上，地下水矿化度为0.5～1.5 g/L，以碳酸钠和重碳酸钠为主，具有灰白色的碱化表层，碱化度多为7%～15%，pH为9.0～9.5。

三、砂姜黑土的利用与改良

砂姜黑土具有很大的增产潜力，20世纪80年代以来高产田面积在不断扩大，但中低产田面积仍占多数，其原因主要是具有不良的土壤性状（湿时泥泞，干时坚硬）和自然环境（低洼易涝），具体表现为旱、涝、瘠、僵、凉等方面。因此应因地制宜，采取相应的综合改良利用措施。

(一) 排水

及时排除地面积水和防止土壤内涝，是改良利用砂姜黑土的治本措施。砂姜黑土一般无盐化威胁，无须将地下水位降得过低，否则会加重其旱情，一般控制在 1~1.5 m，以保持土壤表层的毛管浸润为宜。

(二) 灌溉

砂姜黑土分布区一般地下水埋藏深度浅，水质好，水量较丰富。应当充分利用地下水源，进行井灌，以达到井灌井排的目的。有地表水源的也应合理配合利用。逐渐发展喷灌等先进技术，既节约用水，又可克服因土黏和漫灌而造成的根系活动层内的水气矛盾。

(三) 培肥土壤

培肥是提高砂姜黑土生产水平，发挥其生产潜力的根本途径。低产乃至中产的砂姜黑土多缺少新鲜有机质，磷素更缺乏，微量元素尤其是锌严重缺乏。应广辟有机肥源，合理施用化肥和微量元素肥料，逐渐加深耕层，有条件的结合掺砂等措施，改良土壤物理性质。

(四) 确定合理种植结构

砂姜黑土除可种植小麦、甘薯、玉米等多种粮食作物外，种植大蒜、大葱等蔬菜更表现出高产优质的特点。应根据土壤和水利条件确定优化的种植结构和种植方式，以充分发挥砂姜黑土的生产潜力。

(五) 加强林网建设，改善生态环境

砂姜黑土的宜林性很差，因为它黏重僵板。有机质含量低，而且排水不良。为了使林木速生丰产，应采取大穴、深翻、施用基肥等措施。此外，还应加强护林管理等工作。

第四节 沼泽土与泥炭土

沼泽土和泥炭土是在地表水和地下水影响下，在沼泽植被（湿生植物）下发育的具有腐泥层或泥炭层和潜育层的土壤。《中国土壤》(1998) 将沼泽土和泥炭土划入水成土纲之下的矿质水成土亚纲和有机水成土亚纲。

一、沼泽土和泥炭土的分布与形成条件

沼泽土和泥炭土在世界各地均有分布，其中分布最广的是寒带森林苔原地带和温带森林草原地带，如俄罗斯的西伯利亚和欧洲的北部、加拿大和美国的东北部等地区都有大面积沼泽土和泥炭土的分布。

在我国，沼泽土与泥炭土除了部分地区分布比较集中外，一般呈零星分布。全国沼泽土的总面积为 $1.260\ 67\times10^7\ hm^2$，泥炭土的总面积 $1.481\ 2\times10^6\ hm^2$。总的趋势是以东北地区为最多，其次为青藏高原，再次为天山南北麓、华北平原、长江中下游、珠江中下游以及东南滨海地区。

一般来说，沼泽土和泥炭土的形成，不受气候条件的限制，只要有潮湿积水条件，无论在寒带、温带、热带均可形成。但是，气候因素对沼泽土和泥炭土的形成、发育也有一定的影响。一般来说，在高纬度地带，气温低、湿度大，有利于沼泽土和泥炭土的发育。在我国的具体条件下，大致由北（冷）向南（热）、由东（湿）向西（干），沼泽土和泥炭土的面积

愈来愈少，发育程度愈来愈差。

沼泽土和泥炭土总是与低洼的地形相联系，常成复区而斑点状地分布于全国各地的积水低地。在山区多见于分水岭上碟形地、封闭的沟谷盆地、冲积扇缘或扇间洼地；在河间地区，则多见于泛滥地、河流会合处以及河流平衡曲线异常部分。此外，在滨海的海湖、半干旱地区的风蚀洼地、丘间低地、湖滨地区也有沼泽土和泥炭土的分布。

母质的性质对沼泽土和泥炭土的发育也有很大的影响。母质黏重，透水不良，容易造成水分聚积。母质矿质营养丰富，则会延缓沼泽土和泥炭土的发育速度。由于上述因素的综合作用，首先造成土壤水分过多，为苔藓及其他各种喜湿性植物（薹草、芦苇、香蒲等）的生长创造了条件。而各种喜湿作物的繁茂生长以及草毡层的形成，又进一步促进了土壤过湿，从而更加速了土壤沼泽化的进程。

二、沼泽土和泥炭土与相关土类的区别

沼泽土是指地表长期积水或季节性积水，地下水位高（在 1 m 以上），具有明显的生草层或泥炭层和潜育层，且全剖面均有潜育特征的土壤。

泥炭土则是指在潜育层以上具有泥炭层的土壤，它与沼泽土的区别是泥炭层厚度在 50 cm 以上，泥炭层厚度不足 50 cm 的为沼泽土。

而潮土、草甸土、砂姜黑土、白浆土等半水成土壤不具有泥炭层，也没有潜育层。

三、沼泽土与泥炭土的成土过程、剖面形态特征和基本理化性状

（一）沼泽土与泥炭土的成土过程

沼泽土和泥炭土大都分布在低洼地区，具有季节性或长年的停滞性积水，地下水埋深都小于 1 m，并具有沼生植物的生长和有机质的嫌气分解的生物化学过程，以及潜育化过程。

停滞性的高地下水位，一般是由于地势低平而滞水，也有的是因为永冻层滞水，或森林采伐后林木蒸腾蒸散减少而滞水者。低位沼泽植被一般分布在低地，如芦苇、菖蒲、沼柳、莎草等；在湿润地区也有高位沼泽植被，其代表为水藓、灰藓等藓类。

沼泽土的形成称为沼泽化过程。它包括了潜育化过程、腐泥化过程或泥炭化过程。泥炭土则 3 个过程都有。

1. 沼泽土与泥炭土的潜育化过程　由于地下水位高，甚至地面积水，使土壤长期渍水，首先可以使土壤结构破坏，土粒分散。同时由于积水，土壤缺乏氧气，土壤氧化还原电位下降，加上有机质在嫌气分解下产生大量还原性物质（如 H_2、H_2S、CH_4、有机酸等），更促使氧化还原电位降低，氧化还原电位（E_h）一般低于 250 mV，甚至降至负数。这样的生物化学作用引起强烈的还原作用，土壤中的高价铁锰被还原为亚铁和亚锰。在此应当特别指出的是，如果没有停滞的水位与微生物分解有机质而产生的氧化还原电位的降低等，潜育过程是不可能进行的。其结果如下。

①铁锰氧化物由不溶态变成可溶态的亚铁和亚锰，发生离铁作用，它们能随水，特别是随流动的地下水而淋失，使土壤成浅灰或灰白色。

②亚铁或亚锰如不流失，则亚锰为无色，而亚铁为绿色，它们可使土壤呈青灰色或灰绿

色。同时在沼泽土中还会形成蓝铁矿 [$Fe_3(PO_4)_2 \cdot 8H_2O$] 及菱铁矿（$FeCO_3$），前者呈蓝色，后者呈棕色、灰色、浅黄色或褐色，从而使土壤呈青灰色或灰蓝色。在季节性旱季，土层上部可能变干而呈现氧化状态，这些亚铁化合物氧化后，有时还有黄棕色锈纹。

上述潜育化过程，其结果是形成土壤分散，具有青灰色或灰蓝色，甚至成灰白色的潜育层。不论沼泽土还是泥炭土均有这一过程而产生的潜育化层次。

2. 沼泽土与泥炭土的泥炭化或腐泥化过程　沼泽土或泥炭土由于水分多，湿生植物生长旺盛，秋冬死亡后，有机残体残留在土壤中，由于低洼积水，土壤处于嫌气状态，有机质主要呈嫌气分解，形成腐殖质或半分解的有机质，有的甚至不分解，这样年复一年地累积，不同分解程度的有机质层逐年加厚，这样累积的有机物质称为泥炭（peat）或草炭（twit）。

但在季节性积水时，土壤有一定时期（如春夏之交）嫌气条件减弱，有机残体分解较强，这样不形成泥炭，而是形成腐殖质及细的半分解有机质，与水分散的淤泥一起形成腐泥。

泥炭形成过程中，植被会发生演替。一般泥炭形成时，由于有机质矿化作用弱，释放出的速效养分较少，如果沼泽地缺乏周围养分来源补充时，下一代沼泽植物生长越来越差，则最后被需要养分少的水藓、灰藓等藓类植物所代替，这样使原来由灰分元素含量较高的草本植物组成的富营养型泥炭，逐渐为灰分元素含量低的藓类泥炭所覆盖，这就形成了性质不同的 3 类泥炭，前者称为低位泥炭（low moor, fen peat），也称为营养丰富泥炭（eutrophic moor）；后者称为高位泥炭（high moor, peat moor），也称为营养贫乏泥炭（oligotrophic moor）或水藓泥炭；两者之间以森林植物茎、落叶为主体，混有草类和藓类而形成中位泥炭（intermediate moor peat），或称为营养中等泥炭（mesotrophic moor）、森林泥炭（forest peat）。

从泥炭层剖面看，一般上部为矿质营养贫乏的高位泥炭，下部紧接矿质土层的为矿质营养丰富的低位泥炭，中部泥炭层的矿质营养则介于其间。

沼泽土与泥炭土的形成，总的来说是土壤水分过多造成的，但土壤水分过多而引起沼泽化也是由多种原因造成的，主要有草甸沼泽化、森林迹地沼泽化、冻结沼泽化和潴水沼泽化。

3. 沼泽土的脱沼泽过程　沼泽土在自然条件和人为作用下，可发生脱沼泽过程。如由于新构造运动、地壳上升、河谷下切、河流改道、沼泽的自然淤积和排水开发利用等，使沼泽变干而产生脱沼泽过程。

在脱沼泽过程中，随着地面积水消失，地下水位降低，土壤通气状况改善，氧化作用增强；土壤有机质分解和氧化加速，使潜在肥力得以发挥；土壤颜色由青灰转为灰黄，这样沼泽土也可演化为草甸土。

（二）沼泽土与泥炭土的剖面形态与基本理化性状

沼泽土的剖面形态一般分两个或 3 个层次，即腐泥层和潜育层（A_d-B_r），或泥炭层、腐泥层和潜育层（H-A_d-B_r）。

泥炭土的剖面形态一般有厚层泥炭层及潜育层（H-B_r），或厚层泥炭层、腐泥层及潜育层（H-A_d-B_r）。

1. 泥炭层　泥炭层（H）位于沼泽土上部，也有厚度不等的埋藏层存在。泥炭层厚度为 10 cm 至数米，但超过 50 cm 时即为泥炭土。泥炭层有如下特性：

①泥炭常由半分解或未分解的有机残体组成,其中有的还保持着植物根、茎、叶等的原形。颜色从未分解的黄棕色,到半分解的棕褐色甚至黑色。泥炭的容重小,仅 $0.2\sim 0.4$ g/cm^3。

②泥炭中有机质含量多为 $50\%\sim87\%$,其中腐殖酸含量高达 $30\%\sim50\%$;全氮量高,可达 $10\sim25$ g/kg;全磷量变化大,为 $0.5\sim5.5$ g/kg;全钾量比较低,多为 $3\sim10$ g/kg 之间。

③泥炭的吸持力强,阳离子交换量可达 $80\sim150$ cmol/kg。持水力也很强,其最大吸持的水量可达 $300\%\sim1\,000\%$,水藓高位泥炭则更多。

④泥炭一般为微酸性至酸性,高位泥炭酸性强,低位泥炭为微酸性乃至中性。

各地的泥炭性质,差异较大,主要决定于形成泥炭的植物种类和所在的气候条件和地形特点。

2. 腐泥层 在低位泥炭阶段就与地表带来的细土粒进行充分混合,而于每年的枯水期进行腐解,因而形成有一定分解的、含有一定胡敏酸物质的黑色腐泥。腐泥层(A_d)厚度一般为 $20\sim50$ cm。腐泥层的湿陷性很强,承载力很低。

3. 潜育层 潜育层(B_r)位于沼泽土下部,呈青灰色、灰绿色或灰白色,有时有灰黄色铁锈。土壤分散无结构,土壤质地不一,常为粉砂质壤土,有的偏黏。土壤有机质含量及养分含量极低,阳离子交换量也远较泥炭层为低,常常为 20 cmol/kg 以下。土壤 pH 则较高,为 $6\sim7$。

四、沼泽土和泥炭土的亚类划分

(一)沼泽土的亚类划分

沼泽土可分为沼泽土、草甸沼泽土、腐泥沼泽土、盐化沼泽土和泥炭沼泽土 5 个亚类(图 10-9)。以草甸沼泽土亚类面积最大,占土类总面积的 49.29%,是沼泽土向草甸土过渡的类型;植物组成中,除沼泽植物外,委陵菜、地榆等草甸杂类草有所增加,表层土壤出现团粒状结构。泥炭沼泽土次之,占沼泽土土类总面积的 28.12%。沼泽土亚类居第三位,占沼泽土土类总面积的 15.05%。

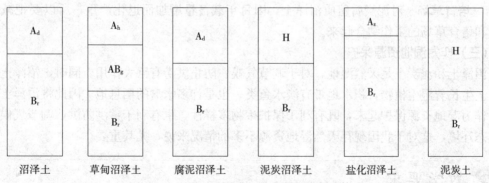

图 10-9 沼泽土和泥炭土的主要亚类剖面构型

(二)泥炭土的亚类划分

在我国 1954 年和 1978 年制定的全国土壤分类系统中,泥炭土是沼泽土的亚类,第二次全国土壤普查制定的土壤分类系统将泥炭土独立成土类,其与沼泽土的区别是:泥炭土也有潜育层，其上为泥炭层，但泥炭层的厚度超过 50 cm。

泥炭土可分为低位泥炭土、中位泥炭土和高位泥炭土 3 个亚类。3 个亚类中，主要是低位泥炭土，占土类总面积的 90.65%，高位泥炭土总面积不足 5 000 hm²。

五、沼泽土和泥炭土的利用与改良

（一）泥炭的资源利用

泥炭是这两类土壤上有价值的自然资源。据调查，我国泥炭的埋藏量约 2.7×10^{10} t，以黑龙江最多，其次为四川、吉林及辽宁。泥炭的用途很广，主要有下述 3 个。

1. 用作肥料　泥炭含大量有机质及氮素，可作肥料，特别是低位泥炭，养分含量高，可作为肥料使用。但泥炭作肥料施用前要经过堆腐，以防止一些还原性物质有损作物生长。泥炭的吸收性能强，所含的大量活性腐殖质具有促进植物呼吸、有利于根系发育的作用，故可将泥炭晾干粉碎以后，加入氨水制成腐殖酸铵肥料施用。

2. 制作营养土　泥炭含大量有机质，疏松多孔，通透性好，保水保肥力又强，故可制作营养土，用于蔬菜、水稻、棉花等育苗，也可制作花卉土。制作营养土以半分解的低位泥炭较好。

3. 工业用　分解很差的泥炭，也是能源，可用作燃料或用于发电。

（二）沼泽土和泥炭土的农牧业生产利用

1. 疏干排水　这是利用沼泽土（包括泥炭土）的先决条件，但是在大面积疏干之前一定要进行生态环境分析，防止不良生态后果的发生。

2. 小面积的治涝田间工程　例如修筑条台田，大垄栽培等，可以局部抬高地势，增加田块土壤的排水性，也可以促进土壤熟化。

3. 牧业利用　有些排水稍差的沼泽土，由于有湿生植被，可以作为牧场或刈草场，如果用于放牧，则要注意沼泽土的湿陷性很强，防止牲畜陷落和饮水卫生及烂蹄等。

4. 林业利用　在东北大、小兴安岭及长白山林区有部分沼泽土上的森林，如落叶松等，由于水分过多而林木生长不良，应采取局部排水改良，增强林木的种子萌发与自然更新。

5. 培育草场　对泥炭腐殖质沼泽土，因每年载畜量增加而退化严重，所以要把减轻载畜量和培育草场的工作结合起来。

（三）作为湿地资源保护

沼泽土和泥炭土是天然湿地，对于调节气候、防止洪涝有巨大作用。同时，沼泽土和泥炭土上生长着湿生植物，积水地带有淡水鱼类，也是许多水禽的栖息地。因此将沼泽土和泥炭土作为湿地资源保护起来，既有利于保护生物多样性，也有利于蓄洪防洪，调节气候，保护生态环境，这对于我国现存天然湿地资源不多的情况来说，尤其重要。

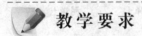
教学要求

一、识记部分

识记潮土、草甸土、砂姜黑土、沼泽土、泥炭土、潮土的腐殖质累积过程和潜育化过程、沼泽土的潜育化过程、腐泥层、低位泥炭、高位泥炭。

二、理解部分

①沼泽土、泥炭土都有泥炭层，它们的区别是什么？
②潮土、砂姜黑土中的砂姜的形成与褐土和黑钙土中砂姜的形成有什么不同？
③半水成与水成土壤的主要区别是什么？
④潮土的成土条件与土壤性质各是什么？如何合理利用？
⑤沼泽土的合理开发利用方向是什么？如何保护？
⑥砂姜黑土为什么有很大的膨胀收缩性？
⑦为什么潮土以剖面层次构型为标准进行土种划分？

三、掌握部分

①掌握潮土与草甸土在形成条件、成土过程和土壤性质上的异同之处。
②掌握沼泽土与泥炭土在形成条件、成土过程和土壤性质上的异同之处。

主要参考文献

何静安，毛合琢，张鸿程.1981.砂姜黑土的改良利用［J］.河南农林科技（05）.
黑龙江省土地管理局，等.1992.黑龙江土壤［M］.北京：农业出版社.
吉林省土壤肥料总站.1998.吉林土壤［M］.北京：中国农业出版社.
贾文锦.1992.辽宁土壤［M］.沈阳：辽宁科学技术出版社.
李承绪.1990.河北土壤［M］.石家庄：河北科学技术出版社.
秦代刚，屈超芬.1986.川西北沼泽土的特性及其改良利用［J］.土壤（05）.
全国土壤普查办公室.1998.中国土壤［M］.北京：中国农业出版社.
王玄德，刘秀华，贾小燕，等.1998.西藏—江两河地区高山草甸土资源及可持续利用途径研究［J］.西南农业大学学报（01）.
杨伟德.2002.甘肃天祝亚高山草甸土的利用管理探讨［J］.草业科学（08）.
张俊民.1991.江苏省的砂姜黑土资源及其利用［J］.地理研究（03）.
张俊民，等.1986.山东省山地丘陵区土壤［M］.济南：山东科学技术出版社.
周保元，王玉卿.1989.砂姜黑土改良利用途径的研究［J］.土壤肥料（01）.

第十一章

盐 碱 土

盐碱土是在各种自然环境因素和人为活动因素综合作用下，盐类直接参与土壤形成过程，并以盐（碱）化过程为主导作用而形成的，具有盐化层或碱化层，土壤中含有大量可溶盐类，从而抑制作物正常生长的土壤。

国内外常用盐渍土或盐碱土作为各种盐土和碱土，以及其他不同程度盐化和碱化土壤系列的泛称。但盐化、碱化土壤仅处于盐分与碱性钠盐的量的累积阶段，还未达到质的标准，只能分别归属于其他土类下的盐化或碱化亚类。因此盐碱土纲不包括盐化土壤与碱化土壤。传统上认为盐碱土或盐渍土可分为两种类型，一是中性盐类的大量累积达到一定浓度，称为盐土；二是在水解作用下呈碱性的钠盐（主要是重碳酸钠、碳酸钠和硅酸钠）等影响下，使钠离子在交换性复合体中达到一定数量后，土壤性质变劣，则形成碱土。

盐碱土主要分布在蒸发大于降水的干旱、半干旱、荒漠地带，以及东部的沿海低平原。我国盐碱土具有分布广和类型多的特点。

我国盐碱土的分布，从东北平原的苏打盐碱土到青藏高原的湖积盐碱土和沼泽盐碱土，从西北内陆的干旱盐碱土到东部沿海温带、亚热带的滨海盐土和酸性硫酸盐盐土（咸酸田）。内陆平原盐碱土主要集中分布在新疆天山南北的准噶尔盆地北部、塔里木盆地、吐鲁番盆地、甘肃西部的河西走廊、青海的柴达木盆地等内流封闭的盆地。在半封闭水流滞缓的河谷平原，如宁夏银川平原、内蒙古河套平原、山西的汾渭河谷平原、大同盆地、忻定盆地、河北的海河平原以及东北松嫩平原等也有盐碱土连片或零星分布。昆仑山脉以南，喀喇昆仑山—冈底斯山—念青唐古拉山脉以北的羌塘高原封闭湖盆地区也有大面积的盐碱土分布。

我国盐碱土的成土条件复杂，类型多。由于我国地域辽阔，盐碱土形成的地球化学条件复杂，所以盐碱土的类型多，既有现代积盐过程所产生的盐渍土，也有过去地质历史时期形成的残积盐土；既有大陆性的盐土，也有滨海盐土。从盐碱化学成分看，既有以氯化物、硫酸盐、苏打累积的各种盐碱土，也有反映欧亚大陆干旱中心的某些特殊盐渍土，如新疆吐鲁番和哈密盆地的硝酸盐盐土（硝酸盐含量达 $2\sim17$ cmol/kg）、甘肃河西及新疆焉耆盆地的镁质碱化土和镁盐土（交换性镁占阳离子交换量的 80% 以上）、柴达木盆地西部的硼酸盐盐土等。

第一节 盐 土

盐土是含大量中性可溶盐类，致使作物不能生长的土壤。盐土一般具有积盐的表层，剖面构型为 $A_z\text{-}B\text{-}C_g$ 或 $A_z\text{-}B_z\text{-}C_g$ 等。

在定量化诊断的土壤系统分类中，盐成土纲包含了传统发生分类中的盐土，并定义了盐积层（salic horizon）厚度至少为 15 cm，层内含盐量要求易溶盐的含量达到 10 g/kg 或以上，干旱地区达到 20 g/kg 或以上。

一、盐土的分布与形成条件

（一）气候因素与盐土的分布和形成

我国盐土分布地域广泛，主要分布在北方干旱、半干旱地带和沿海地区。除滨海地带外，在干旱、半干旱、半湿润气候区，蒸发量和降水量的比值均大于1，土壤水盐运动以上升运动为主，土壤水的上升运动超过了重力水流的运动，在蒸发降水比较高的情况下，土壤及地下水中的可溶性盐类则随上升水流蒸发、浓缩、累积于地表。气候愈干旱，蒸发愈强烈，土壤积盐也愈多。西北干旱区及漠境地区蒸发量大于降水量几倍至几十倍，土壤毛管上升水流占绝对优势，所以土壤积盐程度强，且盐土呈大面积分布。

我国东部黄淮海平原和东北松嫩平原地区处于太平洋季风气候区，在季风气候影响下，夏季高温，湿润多雨，土壤淋盐作用强烈。但从全年来看，淋盐时间较短，一般仅有 3 个月左右，而冬春季节，气温低、干燥和降水少，土壤积盐时间长达 5~6 个月，水盐平衡的总趋势是积盐过程大于淋盐过程，故有盐碱土分布。

在我国高纬度地区和高寒干旱和半干旱气候地区，土壤冻融作用对土壤积盐的影响也很大。这些地区土壤水盐运动与冻融关系十分密切，春夏化冻季节，在冻土层尚未完全化冻之前，冻层以上土壤冻融水蒸发，随土壤毛管水的运动，将盐分运移至地表，从而出现明显的积盐现象，在这种情况下，土壤表层盐分的累积不完全直接取决于当时的地下水状况。

（二）地形与盐土的分布和形成

地形是影响土壤盐渍化的形成条件之一。地形高低起伏和物质组成的不同直接影响地面和地下径流的运动，也影响土体中盐分的运动。因此在内流封闭盆地、半封闭径流滞缓的河谷盆地、泛滥冲积平原、滨海低平原、河流三角洲等不同地貌环境条件下，形成不同类型的区域盐渍土景观。由于地面径流和地下径流随地形条件的变化，在中小地形的低洼部位，分布着不同类型的盐渍化土壤，无论是盐分的含量还是组成，都可以明显的观察到盐分的地貌分异，从而形成斑状盐渍土景观。

（三）水文及水文地质条件与盐土的分布和形成

水文及水文地质条件与土壤盐渍化有十分密切联系，特别是地表径流和地下径流的运动和水化学特性，对土壤盐渍化的发生和分布具有更为重要的作用。

地表径流影响土壤盐渍化有两种主要方式，一是通过河水泛滥或引水灌溉，使河水中盐分残留于土壤中；二是河水渗漏补给地下水，抬高河道两侧的地下水位，有助于地下水中的盐分上行累积。地表径流影响土壤盐渍化的强弱程度，主要决定于河水含盐量的大小。而河水的矿化度和组成除了受流经地层的影响外，与其径流量大小和径流条件也有密切关系。同时，地表径流也影响地下水的性状。

在高原湖盆洼地边缘，不同地貌单元的低平地区，为地面径流和地下径流汇集之地，径流不畅，地下水位一般在 1~4 m。随着所处地形坡度的下降，从上游到下游，地下水位和地下水矿化度则相对增高，地表径流和地下水化学组成也相应发生盐渍地球化学分异，形成不同类型的盐渍化土壤，从地形高处到低处，相应地出现钙、镁碳酸盐和重碳酸盐类型，逐渐过渡到硫酸盐类型和氯化物-硫酸盐类型，至水盐汇集末端的滨海低地或闭流盆地多为氯化物类型，这种土壤盐渍地球化学分异规律的出现主要是在地形、水文和水文地质等因素综合影响下形成的。

（四）母质与盐土的分布和形成

土壤盐渍化的发生除了受气候、地形、水文、水文地质等因素影响外，母质的沉积类型及其沉积特性与盐渍土的形成也有密切关系。在北方干旱、半干旱地区，大部分盐碱土都是在第四纪沉积母质基础上发育形成的，它包括河湖沉积物、海相沉积物、洪积物、风积物等，这些沉积母质多含一定可溶性盐分。

发育在冲积平原中上部的各类盐碱土，土壤质地多以壤质土为主，或粉砂壤，在冲积平原下部或河间低地和湖盆洼地多为黏壤质或黏土。由于地形和沉积环境的影响，有的地方沉积物出现砂、黏重叠分布的土层结构，常在土体上层覆盖厚度不等的轻壤土，下层为黏质土；或者呈砂、壤、黏夹层土壤质地剖面。这些不同土层排列对土壤和地下水的水盐运动影响很大，如果在剖面最上部有一定厚度的黏土层，会抑制积盐；而黏土层若部位靠下，在地下水浸润带内，则没有抑制积盐的作用。

有些地区土壤盐渍化与古老的含盐地层有一定联系，特别是在干旱地区，因受地质构造运动的影响，古老的含盐地层裸露地表或地层中夹有岩盐，故山前沉积物中普遍含盐，从而成为现代土壤和地下水的盐分来源。新疆天山南麓前山带白垩纪和第三纪地层中含盐很多，以致在洪积坡积物上广泛存在盐土。

（五）植物与盐土的分布和形成

在盐土的形成过程中，植物对盐分在土壤中累积的作用也是不容忽视的。盐生植物和耐盐植物的灰分含量，一般可占风干物质的 9.17%～42.28%；而大多数盐生植物含盐量可达 200～350 g/kg，其中钠盐可占一半以上。盐生植物的盐分含量见表 11-1。由于盐生植物有吸盐和泌盐的生理功能，植物机体死亡后，其体内残留的大量盐分，直接参与土壤生物积盐过程，成为表层土壤盐分来源之一。但从总体上看，盐渍土地区植被极为稀疏，甚至为不毛之地，因此通过生物作用所累积的盐分仍然是很有限的，远不如其他因素的影响，盐生植物和盐渍土的关系类似于"鸡与蛋"的关系。

表 11-1　盐生植物盐分含量

科名	种名	pH 适应范围	干枯残余（%）	SO_4^{2-}含量（%）	Cl^-含量（%）
藜科	碱蓬	9～10.0	33.70	0.90	6.63
	盐蓬菜	6.8～9.8	30.89	2.89	7.69
	白刺	7.0～7.5	42.28	2.88	10.57
菊科	黄秋葵	7.0～7.9	29.48	3.95	6.13
禾本科	马绊草	7.0	9.17	0.14	1.36

二、盐土的成土过程、剖面形态特征和基本理化性状

（一）盐土的成土过程及其特点

根据我国盐土形成条件及土壤盐渍过程特点，盐土的形成过程大致可分为现代积盐过程

和残余积盐过程。

1. 盐土的现代积盐过程 在强烈的地表蒸发作用下,地下水和地面水以及母质中所含的可溶性盐类,通过土壤毛管,在水分的携带下,在地表和上层土体中不断累积,仍是土壤现代积盐过程的主要形式。

土壤现代积盐过程又有以下几种情况:海水浸渍影响下的盐分累积过程、区域地下水影响下的盐分累积过程、地下水和地面渍涝水双重影响下的盐分累积过程及地面径流影响下的盐分累积过程。

(1) 海水浸渍影响下的盐分累积过程 这种过程盐土的土壤和地下水中的盐分主要来自海水,盐渍淤泥露出水面后,可溶性盐类就开始在土体中重新分配向地表累积,盐渍淤泥逐渐演变为滨海盐土。其特点:土壤、地下水与海水的盐分组成相一致,即以氯化物为主;土壤不仅表层积盐重,而且心土和底土含盐量也很高,仍与原始盐渍淤泥相近;盐土沿海岸线呈带状分布,土壤及地下水的含盐量也沿海岸线有规律地从海边向内陆逐渐递减;距海愈近,成陆年龄愈短,含盐量愈高。在我国南方热带背风的静水海岸生长着红树林,其盐分累积过程,较之北方滨海地区要复杂些。红树林群落从盐渍淤泥中富集硫和氯,红树林群落的残体使土壤中的盐类以硫酸盐类占优势,硫酸盐氧化而产生大量的 SO_4^{2-} 以及红树林群落残体腐解产生的其他有机酸类,致使土壤和地下水成为酸性,形成酸性硫酸盐盐土。

(2) 区域地下水影响下的盐分累积过程 在某些区域,含盐地下水通过土壤毛管作用蒸发,将所携带的水溶性盐类累积在土体中,特别是表层土壤中。地下水对土壤盐渍化的影响有两个重要因素:地下水埋藏深度和地下水水质(包括矿化度和离子组成)。当然,土壤盐渍化过程还与气候干旱程度、土壤质地及土壤毛管性能密切相关。在同一生物气候带,土壤质地基本一致的情况下,地下水矿化度相差不大时,则地下水位越高,土壤积盐越重。如果地下水位基本相同,则地下水矿化度越大,土壤积盐越重。如果地下水位较深,即使地下水矿化度较高,土壤也不一定强烈积盐。如果地下水位浅,即使其矿化度较低,在土壤强烈蒸发下,也会导致土壤强烈积盐。因此地下水影响下的盐分累积过程,地下水的埋藏深度是一个决定因素。

地下水影响下所形成的盐渍土的特点:土壤积盐状况具强烈的表聚性,土壤含盐量自表层往下逐渐递减。土壤强烈积盐层的含盐量和厚度,随气候干旱程度的增强而增加,土壤和地下水盐分组成基本一致。

由于降水的季节性分配,大气蒸发与地下潜水都有季节性变化,水盐运行周年规律性地出现几个阶段。这里以河北省曲周地区实验观测结果为例介绍其变化规律。

①春季强烈蒸发积盐阶段(3~5月):这是一年中降水很少,蒸发最盛的干旱时期,蒸发量大于降水量10倍左右;0~2 m土体日平均积盐量可达 0.36 t/hm^2,为全年最高峰。盐分主要积聚在表土(0~20 cm),占0~2m土体积盐量的81%。

②初夏稳定阶段(6月):6月的降水和蒸发的都高于春季,但土壤的水盐运动出现一个短暂的平稳时期。这是由于潜水位处于全年最深,埋深大于2.5 m,甚至降到3.5 m所造成的。0~20 cm土层盐量的平均日增值是 0.07 t/hm^2,仅为春季强烈蒸发和积盐阶段的1/5。0~2 m土体的盐量平均日增值仅为前一阶段1/12。

③雨季淋溶脱盐阶段(7~8月):这是一年中集中降水和土壤脱盐的季节,多年平均降水量可达360 mm以上,雨季到来前的潜水埋深达3.5 m左右,均有利于土壤脱盐。脱盐率

除受降水及土壤透水性能影响外，与雨季潜水埋深有关，多年资料统计可见表11-2。

表 11-2　季风区盐土的雨季潜水与土壤脱盐的关系

雨季潜水埋深变动范围（m）	0～20 cm 土层脱盐率（%）	20～200 cm 土层脱盐率（%）
0.5～1.5	5～25	<5
1.5～2.5	25～45	14～24
>2.5	35～65	20～40

④秋季土壤蒸发积盐阶段（9～11月）：9月后，气温很快回降，季节平均温度和春季接近，而蒸发量约为春季的1/2，降水量则比春季多近1倍；因此秋季的蒸发能力远低于春季；但是因雨季刚过，潜水位由较高的基础上回落1.0～1.8 m，因而土壤的积盐量、积盐率和积盐速度（日积盐量），在某些条件下，可接近甚至超过春季，这里潜水位起决定性的作用。

⑤冬季相对稳定阶段（12月到次年2月）：在西北气流的绝对控制下，冬季干燥寒冷，月平均气温在0 ℃以下，土壤冻结期在75 d天以上，降水极少，蒸发量也不高。土壤冻结过程中，水分主要以气态形式向上层转移凝结，盐分运动基本停止，整个冬季土壤盐分变动不大。

(3) 地下水和地面渍涝水双重影响下的盐分累积过程　这种积盐过程是在不良的地下水状况起主导作用的基础上，同时受到地面渍涝积水的影响，而导致土壤发生盐渍化。地面渍涝水不仅通过下渗水流补给而抬高地下水位，而且可通过土壤毛管侧向运动，将上层土体盐分溶解带到积水洼地的周边发生表聚，并直接影响土壤盐分的重新分配，有时这种影响还可能先于或大于地下水的影响。在我国半湿润、半干旱地区的湖沼周边地段和低洼地段的土壤盐渍化，大都是这种盐分累积过程所致。

地下水和地面渍涝水同时影响下的盐渍土的特点是：土壤积盐的表聚性很强，整个土壤盐分剖面多呈T字形；土壤表层盐分组成富含氯化物，其绝对含量和相对含量均高于心土和底土及地下水的含量。在多数情况下，土壤表层盐分组成与地下水和地面水的盐分组成不相一致。

(4) 地面径流影响下的盐分累积过程　这种盐分累积过程主要发生在干旱地区，如在新疆天山南麓山前带的古老地层，含有大量可溶性盐类，甚至不少是岩盐层。每当春夏季高山冰雪融水和阵雨汇集的地面径流流经这些含盐很高的岩层时，溶解盐分，并变为矿化的地面径流流出山口成为散流时，将大量盐分和所挟持的泥沙悬浮物一同沉积在洪积扇上部。在强烈的地表蒸发下，盐分随土壤水的蒸发而聚积地表，形成没有地下水参与的洪积坡积盐渍土。其积盐特点是：地下水很深（一般在7～10 m以下），但土壤却不断发生现代盐分累积过程；盐分在土壤剖面中的分布状况，与受地下水影响所形成的盐渍土相似。

2. 盐土的残余积盐过程　盐土的土壤残余积盐过程是指在地质历史时期，土壤曾进行过强烈的积盐作用，形成各种盐渍土。此后，由于地壳上升、侵蚀基准面下切等原因，改变了原有的导致土壤积盐的水文和水文地质条件，地下水位大幅度下降，不再参与现代成土过程，土壤积盐过程基本停止。同时，由于气候干旱，降水稀少，以致过去积累下来的盐分仍大量残留于土壤中。目前，我国漠境-草原和漠境地带的山前倾斜平原古老河成阶地及新构造隆起的低山残丘上，分布的各种盐土（干盐土）和部分地带性土壤中所含大量可溶性盐类，几乎都是土壤残余积盐作用的产物。其盐分在土壤剖面中分布特点是：在地下水位很深的情况下，土壤含盐量仍较高，但其最大积盐层往往不在地表或表层，而是处于亚表层或心土层部位，有的呈盐盘形式存在。

（二）盐土的剖面形态特征

单纯的土壤盐分积聚是一个简单的物理过程，所以盐土剖面形态以盐分积聚为标志。一般土壤剖面构型为 A_z-B-C_g 和 A_z-B_z-C_g 两种类型，即盐分聚集于表层（表聚型）或者是通体聚集（柱状型）（图 11-1）。

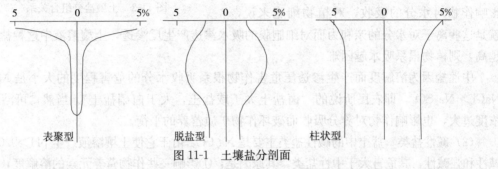

图 11-1 土壤盐分剖面

1. A_z 层 表层盐分积聚层，一般有 0.5cm 左右的盐分积聚的结皮（A_{z1}）、脆壳盐斑或蓬松的盐晶层；其下即为 A_z 层，灰棕色（7.5YR4/6），有少量植物根系及腐殖质，无结构，疏松。

2. B_z 层 这是柱状型或脱盐型盐分积聚特征，多有一定的盐分结晶出现，特别是当有黏质土层和有 $CaSO_4$ 集聚的情况下更明显，石膏结晶颗粒直径可大至 0.2～0.5 cm。

（三）盐土的基本理化性状

盐土的主要特征是土壤表面或土体中出现白色盐霜或盐结晶，形成盐结皮或盐结壳。长期受地下水和地面渍涝水双重作用下发生的盐土，由于所处生物气候条件的不同，土壤积盐状况差异很大，并与蒸降比（年平均蒸发量与降水量之比）呈正相关。蒸降比愈大，土壤积盐愈重，盐结皮或盐结壳愈厚（表 11-3）。在半湿润、半干旱地区盐土的积盐层和盐结皮较薄，盐分呈明显的表聚性，季节性变化大，但心土和底土含盐量都低，盐渍土多呈斑块分布。干旱和荒漠地区的盐土，积盐层和盐结皮较厚，一般在地表形成盐结壳，表层积盐量很高，底土的含盐量也高，盐分的季节性变化小，并呈片状分布。

表 11-3 盐土形成的条件与积盐状况

（中国土壤，1998）

地区	蒸降比	一般地下水矿化度（g/L）	表层积盐厚度（cm）	表层积盐量（g/kg）	底层含盐量（g/kg）	盐结皮或盐结壳厚度（cm）	积盐状况
黄淮海平原	2～4	1～2	1～3	10～30	1～2	0.1～0.2	斑状
汾渭河谷平原	3～5	1～2～5	3～10	10～30～100	1～3	0.1～0.5	斑状
宁蒙平原	8～14	5～10～25	5～20	10～100～300	3～20	1～2	连片
甘新盆地	6～15	5～10～30	10～50	100～300～600	6～40	5～15	连片

1. 盐土的盐分组成 盐土中可溶性盐类主要由 Cl^-、SO_4^{2-}、HCO_3^-、CO_3^{2-}、Na^+、K^+、Ca^{2+}、Mg^{2+} 等离子，在土壤中相互化合而形成的 NaCl（食盐）、Na_2SO_4（芒硝、皮硝）、

NaHCO₃（小苏打）、Na₂CO₃（苏打）、CaCl₂、CaSO₄（石膏）、CaCO₃（石灰）、Ca(HCO₃)₂、MgCl₂（盐卤）、MgSO₄（泻盐）、Mg(HCO₃)₂、MgCO₃（白云石）等（图 11-2）。

根据这些盐分的组成及其对植物的危害特点，基本上可分为中性盐类与碱性盐类两大类型。

(1) **中性盐类** 盐土的中性盐类主要是 NaCl，Na₂SO₄，CaCl₂，MgCl₂ 等。中性盐类主要因为溶解于土壤水中而产生渗透压来影响作物对水分的吸收，对植物细胞来说，

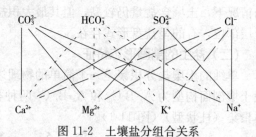

图 11-2 土壤盐分组合关系

就是这些离子对水分的亲和力而对细胞膜的吸水渗透产生反渗透，土壤溶液中这种盐分浓度越高，则植物根系吸水越困难。

中性盐因为溶解度而产生渗透压危害作物根系吸收水分的危害程度的大小是 MgCl₂＞NaCl＞Na₂SO₄，即农民所说的"卤盐土大于咸盐土，大于白硝盐土"。当然，可溶性盐类浓度过大，也影响作物对养分吸收而破坏作物矿质营养的平衡。

(2) **碱性盐类** 盐土中的碱性盐类主要是 Na₂CO₃，由于它使土壤溶液产生 pH＞9.0 以上的碱性和强碱性，其危害大于中性盐类，其原因是：①影响一些作物营养元素的溶解度，进而影响其有效性；②影响土壤的微生物活动；③腐蚀植物根系的纤维素；④影响土壤的物理性状。

(3) **盐类危害大小** 根据以上的特点，土壤中可溶性盐类对作物的危害顺序是：Na₂CO₃＞MgCl₂＞NaHCO₃＞NaCl＞CaCl₂＞MgSO₄＞Na₂SO₄，在可溶性钠盐中硫酸钠对作物的危害最小，若以硫酸钠作标准，它们对作物危害程度的比例是 Na₂CO₃：NaHCO₃：NaCl：Na₂SO₄＝10：3：3：1。

2. 植物的耐盐生理及其耐盐度

(1) **植物的耐盐生理** 植物在与土壤的盐碱危害的生存竞争中产生了不同的抗盐生理。

①泌盐的耐盐植物：泌盐植物能将体内的盐分通过叶面蒸发而分泌于体外，如柽柳、琵琶柴等。

②肉质嗜盐植物：肉质嗜盐植物能将盐分与体内蛋白质结合使叶片形成肉质从而提高其渗透压，如藜科植物的盐地碱蓬等，栽培作物中藜科的甜菜、菠菜等。

③旱生耐盐植物：旱生耐盐植物能借助于旱生结构，通过减少蒸发来减少水分的吸收，因而减少从土壤中吸收盐分，如糜子、谷子、高粱、棉花、向日葵等。

(2) **作物的耐盐度** 作物的耐盐度指作物所能忍耐土壤的盐碱浓度（％），当然，不同的生育期有所差异，一般苗期耐盐能力差（表 11-4）。

表 11-4 不同作物的耐盐度（％）

耐盐力	作物	苗期	生育旺期
强	甜菜	0.5～0.6	0.6～0.8
	向日葵	0.4～0.5	0.5～0.6
	蓖麻	0.35～0.4	0.45～0.6
	糜子	0.3～0.4	0.4～0.5

(续)

耐盐力	作物	苗期	生育旺期
较强	高粱、苜蓿	0.3~0.4	0.4~0.55
	棉花	0.25~0.35	0.4~0.5
	黑豆	0.3~0.4	0.35~0.45
中等	冬小麦	0.2~0.3	0.3~0.4
	玉米	0.2~0.25	0.25~0.35
	谷子	0.15~0.20	0.20~0.25
	大麻	0.25	0.25~0.30
弱	绿豆	0.15~0.18	0.18~0.23
	大豆	0.18	0.18~0.25
	马铃薯、花生	0.10~0.15	0.15~0.20

三、盐土的类型划分

(一) 草甸盐土

我国的草甸盐土的总面积为 $1.044\,01\times10^7\,\text{hm}^2$，已经有近 $4.0\times10^4\,\text{hm}^2$ 开垦为耕地。盐土广泛分布于干旱、半干旱甚至荒漠、半荒漠地区的泛滥平原、河谷盆地以及湖、盆洼地中。南起长江口，最北到松辽平原，东与滨海盐土相接，往西直达新疆塔里木盆地，涉及北方十几个省、直市、自治区。

草甸盐土常与草甸土、潮土、沼泽土等组成复区存在。在土壤形成过程中，由于地下水或地表水参与，通过水的地表蒸发发生积盐过程，随着盐分的不断向表土累积而形成盐土，其演化过程为：草甸土→盐化草甸土→草甸盐土，或潮土→盐化潮土→草甸盐土。也有沼泽土壤积盐类型。

这种表层积盐表现为数厘米以下的土层盐分含量骤减，在 20~30 cm 以下，盐分含量突然降低，其盐分剖面组成颇似蘑菇云状。表层积盐形式有时形成盐结皮及盐壳。草甸盐土地下水矿化度低，黄淮海平原一般为 1~3 g/L；盐分组成是阴离子以硫酸根离子和氯离子为主，阳离子以钠离子为主，镁次之，钙少；pH 为 8.5 左右。草甸盐土养分含量低，未改良前，有机质含量一般不足 10 g/kg，缺磷少氮。

草甸盐土土类下分为草甸盐土、结壳盐土、沼泽盐土和碱化盐土共 4 个亚类。

1. 草甸盐土 草甸盐土也称为普通草甸盐土或典型草甸盐土，是草甸盐土土类中分布最广泛的一个亚类，其在我国的总面积为 $5.510\,2\times10^6\,\text{hm}^2$，占草甸盐土土类总面积的 52.78%，几乎每个盐渍土区都有分布，其特征与特性与草甸盐土土类的中心概念基本一致，剖面构型为 $A_{hz}\text{-}B_z\text{-}C_g$。草甸盐土主要分布在洪积扇缘、冲积扇缘、泉水溢出带的外缘、河谷和平原洼地、河流两侧和河滩地、河间低地和湖滨平原。草甸盐土的盐分状况见表 11-5。草甸盐土一般易于改良。

表 11-5　草甸盐土的盐分含量与组成

(引自中国土壤，1998)

层次	项目	厚度 (cm)	全盐含量 (g/kg)	离子组成 (cmol/kg)					
				CO_3^{2-} 含量	HCO_3^- 含量	Cl^- 含量	SO_4^{2-} 含量	Ca^{2+} 含量	Mg^{2+} 含量	$Na^+ + K^+$ 含量
盐结皮	最大值	1.5	643.9	9.95	7.26	466.07	503.93	125.89	116.49	707.10
	平均值	0.9	215.2	2.09	1.64	53.10	83.40	9.52	14.10	108.00
	最小值	0.2	10.1	0.00	0.11	0.49	2.25	0.14	0.15	1.56
盐积层	最大值	100	280.3	2.26	44.37	169.68	176.13	19.60	30.45	169.34
	平均值	52.6	60.2	0.29	0.77	21.82	30.77	4.19	5.72	43.07
	最小值	0.3	10.0	0.00	0.03	0.86	1.34	0.14	0.29	6.72
过渡层	最大值	45	9.6	0.68	4.62	27.25	19.65	6.62	11.02	39.06
	平均值	38	4.1	0.13	0.84	3.85	3.20	0.59	1.01	6.43
	最小值	9	0.4	0.00	0.11	0.17	0.14	0.12	0.15	0.39
母质层	最大值	160	9.7	1.53	5.71	7.28	16.98	9.56	16.62	56.19
	平均值	87	3.0	0.07	0.77	2.97	3.65	0.61	0.82	6.03
	最小值	33	0.2	0.00	0.23	0.36	0.03	0.14	0.09	0.47

2. 结壳盐土　我国结壳盐土的总面积为 $4.0005 \times 10^6 \text{ hm}^2$，占草甸盐土土类总面积的 38.32%，分布于新疆、甘肃西部半荒漠和荒漠地区，地下水位为 1~3 m，地下水矿化度为 10~20 g/L 或以上，土壤盐分较重而于表层形成 1 cm 左右厚度的结皮，或有更厚的结壳，剖面构型为 A_{z1}-B_z-C_g。盐分组成变化不一，新疆以氯化物为主，次为硫酸盐，但在甘肃西部氯化物和硫酸盐大致相等，个别地方以硫酸盐为主。

3. 沼泽盐土　我国沼泽盐土的总面积为 $7.373 \times 10^5 \text{ hm}^2$，占草甸盐土土类总面积的 7.06%。沼泽盐土地下水位为 0.5~1.0 m，矿化度各地不等，可从 1 g/L 左右（甘肃）到 50 g/L（宁夏），地表为含盐的盐泥，B 层也开始大量积盐。盐分的剖面分布形成柱状，C 层有潜育化过程，剖面构型为 A_z-B_z-B_r-C_r。盐分组成以硫酸盐为主，次为氯化物。

4. 碱化盐土　我国碱化盐土的总面积为 $1.92 \times 10^5 \text{ hm}^2$，占草甸盐土土类总面积的 1.84%。碱化盐土的主要特征是碳酸钠（苏打）含量高，地表多呈暗色或棕色的光板，这是由于 Na^+ 对有机质与黏土胶体进行高度分散的结果，所以物理性状差，pH 在 9 以上。碱化盐土的盐分组成以碳酸钠和重碳酸钠为主，也有以碳酸镁为主。碱化盐土的剖面构型为 A_{zn}-B_z-C_g。

（二）滨海盐土

滨海盐土是受海水直接影响形成的土壤，盐分组成与海水成分关联。剖面上下均匀分布氯化物盐类，与上述草甸盐土的表聚积盐特征有很大差别。

我国滨海盐土的总面积为 $2.1144 \times 10^6 \text{ hm}^2$，分布在平原泥质海岸地区，由海域至陆域，首先是水下浅滩，次为滨海盐渍母质区，进而为潮滩（潮间带下带和中带）、光滩（潮间带中带和部分上带）、草滩（海岸线以内的陆域及部分潮间上带），渐次延展到广阔的滨海农区。基岩海岸带，由于岸陡滩窄，可由水下浅滩盐渍母质直接过渡到草滩，甚或紧连岩岸与其他土壤类型相接（图 11-3）。

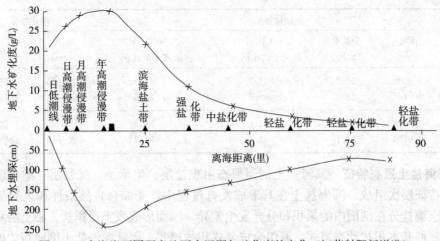

图 11-3　离海岸不同距离地下水埋深与矿化度的变化（江苏射阳新洋港）

1 里＝0.5km

（引自中国土壤，1987）

在有人工海堤（一般在年高潮带以外筑人工海岸堤）的情况下，堤内外盐化过程和土壤特性不同。在堤外，有日高潮和月高潮的袭击，没有植物生长，土壤由于潮退后的海水蒸发而有较高的含盐量，犹如晒盐场一样，地下水含盐量可达 100～150 g/L，1 m 土体含盐量达 3.5％左右。海岸堤以内，一方面离高潮位已远，同时地面海拔也增高了，而且有海岸堤的保护，这里就开始接受当地自然条件（主要是气候因素）的影响，形成滨海盐土，盐分类型以 Na^+ 和 Cl^- 占绝对优势。

1. 滨海盐土盐化过程　因长期或间歇遭受海水的浸渍及高矿化潜水的共同作用，使土体积盐，含盐层的盐分含量高，一般在 10 g/kg 左右，部分可达 20 g/kg 以上。积盐层深厚，可出现 1～2 层积盐层。盐分组成以氯化物为主，氯离子占阴离子的 80％～90％或以上。阳离子中的钠离子约占 20％左右。显然，这是滨海盐土的基本发生特征。其他附加过程的特征还有以下几种。

（1）潮化过程特征　剖面中下层较湿润，锈纹锈斑明显。

（2）生草化过程特征　有机质累积，出现富含根系层，似团粒结构。

（3）沼泽化过程特征　出现潜育及腐殖质累积特征。

上述盐化、潮化、生草化及沼泽化特征，是滨海盐土形成发育的主要特征土层的标志，也是区别于内陆盐土的重要特征（表 11-6）。

表 11-6　滨海盐土的成土特征

（引自中国土壤，1998）

地点	盐化特征				潮化特征	
	深度(cm)	全盐量(g/kg)	Cl^- 占阴离子的比例（％）	Na^+＋K^+ 占阳离子的比例（％）	深度(cm)	特征
山东广饶	0～20	52.89	92.72	95.78	12～39	层状气泡
	0～100	32.60	90.97	80.14	110～180	大量锈纹锈斑
山东利津	0～20	4.23	77.99	63.23	20～38	锈斑较多
	0～100	7.39	84.49	62.98		

(续)

地点	盐化特征				潮化特征	
	深度(cm)	全盐量(g/kg)	Cl⁻占阴离子的比例（%）	Na^++K^+占阳离子的比例（%）	深度(cm)	特征
河北黄骅	0~20	29.2	94.7	84.9	16~35	锈斑较多
	0~100	28.0	94.5	84.5	85~100	锈斑多、贝壳
河北滦南	0~20	15.1	82.6	82.5	0~20	锈斑多
	0~100	13.1	83.7	59.7	20~40	软锈斑较多

2. 滨海盐土形态特征　滨海盐土剖面形态由积盐层、生草层、沉积层、潮化层、潜育层等明显特征层次组成。滨海盐土在其形成发育过程中，受综合自然条件和人为活动的影响，导致土壤盐分在剖面中的累积和分异发生差异，因而形成表土层积盐、心土层积盐和底土层积盐3种基本积盐动态模式，或组合成复式积盐模式。因此滨海盐土剖面积盐的形态特点是：剖面中积盐层可以只有一层，也可以是多层；不仅积盐层盐分含量高，而且层位深厚。此点是区别于上述草甸盐土积盐的重要剖面特征。

3. 滨海盐土土壤盐分状况　滨海盐土含有大量的可溶性盐类（表11-7），对作物生长有较强的抑制或毒害作用，一般农田缺苗或盐斑大于50%以上，多为大片盐荒地，仅能生长盐生植物。表土含盐量一般为10 g/kg左右，有的可高达50 g/kg以上。滨海盐土中的不同亚类，其盐分的组成状况则有所差异。一般是由沿海向腹地伸延，由裸地向有植被覆盖的类型过渡，特别是经常受淡水浸淋的类型，氯离子所占比例逐渐降低。滨海盐土剖面中可溶性盐的分布如图11-4所示。

表 11-7　滨海盐土的土壤盐分状况

（引自中国土壤，1998）

土壤（亚类）	0~20 cm					0~100 cm				
	盐分离子总量(cmol/kg)	Cl⁻		Na^++K^+		盐分离子总量(cmol/kg)	Cl⁻		Na^++K^+	
		含量(cmol/kg)	占阴离子的比例（%）	含量(cmol/kg)	占阳离子的比例（%）		含量(cmol/kg)	占阴离子的比例（%）	含量(cmol/kg)	占阳离子的比例（%）
滨海盐土	54.37	23.68	87.1	20.91	76.9	46.20	20.01	86.6	18.42	79.8
滨海沼泽盐土	41.97	18.04	86.0	15.11	72.0	54.57	24.12	88.4	21.40	78.4
滨海潮滩盐土	75.80	34.28	90.4	31.86	84.1	57.67	25.89	89.8	24.61	85.3

4. 滨海盐土土壤养分状况　滨海盐土的养分状况，除与母质原始养分状况相关外，更受后期土壤发育的环境条件和发育程度的深刻影响。特别是营养元素的迁移和富集，是在土壤发育过程中逐渐发生的，它是滨海盐土初始阶段的自然肥力。滨海盐土表层有机质的含量一般在10 g/kg左右，其中滨海潮滩盐土亚类，全剖面基本上尚未形成有机质累积层，上下层多呈均态分布，且表土层含量有的可低到3 g/kg左右；而滨海盐土的其他两个亚类，表土层有机质多在10 g/kg以上，部分可高达30~50 g/kg。

滨海盐土的整个土体中，钾素含量，特别是速效钾比较丰富，为780~980 mg/kg；速效磷为3~10 mg/kg。微量元素的含量，多数是硼、锰相对丰富，锌、铁、铜比较贫乏。

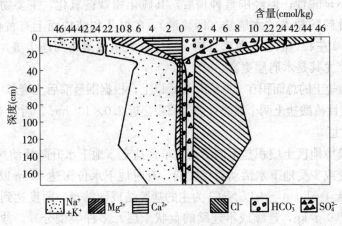

图 11-4　滨海盐土的盐分剖面（江苏滨海地区）
（引自中国土壤，1987）

5. 滨海盐土的亚类

（1）滨海盐土　我国滨海盐土亚类的总面积为 $6.968 \times 10^5 \text{hm}^2$，占滨海盐土土类总面积的 32.95%；分布在距海面较远、地势较高、海拔 3～4 m 的地带；现已摆脱海水侵袭影响，受自然降雨淋洗，土壤盐分逐渐降低，1 m 土体平均含盐最为 1.0%～1.5%，地下水矿化度为 40～70 g/L；生长马鞭草、盐蒿等植物；由于生草时间较长，植物根系较发达，土壤中累积了较多的有机质。盐分以氯化钠为主，与内陆盐土有明显区别。

（2）滨海潮滩盐土　滨海潮滩盐土位于海湾的坡地上，向海面的方向倾斜，海拔 2.5～2.8 m，由于不断受海潮侵袭，海潮浸淹过程中带来了大量盐分，水分蒸发，盐分残留在土壤与地下水中，现在仍处盐分累积过程，1 m 土体平均含盐量为 3%～5%，氯化物占 90% 左右，地下水矿化度为 100～150 g/L。我国滨海潮滩盐土的总面积为 $1.3524 \times 10^6 \text{hm}^2$，占滨海盐土土类总面积的 63.96%。

（3）滨海沼泽盐土　滨海沼泽土是滨海盐土土类中面积最小的一个亚类，其总面积仅为 $6.52 \times 10^4 \text{hm}^2$，仅占滨海盐土土类总面积的 3.08%，主要位于河流三角洲附近，有一定的潜水补给，因此在一些低洼地区生长有芦苇及盐生植物。地下潜水位高，土壤有机质多，土体含盐量较低。

（三）酸性硫酸盐土

酸性硫酸盐土是热带、亚热带沿海平原低洼处，在红树林下形成的土壤，富含硫的矿物质累积，一经氧化便形成硫酸态物质，使土壤变成强酸性，pH 可降至 2.8 的一种特殊的盐土类型。由于它具有特殊的形成过程，即在红树林植被的生物作用与海滩浸渍的双重作用下形成与发育，国内外对它曾有过不同的命名，如红树林沼泽土、红树林潮滩盐土和酸性硫酸盐冲积土。

酸性硫酸盐土土层深厚，一般在 1 m 以上，表土多呈棕灰色，心土和底土呈灰蓝色，湿时松软无结构，干时多呈块状。在剖面中有红树残体形成的木屑层，其厚度不一，埋藏深度也不一，一般含硫 3～23 g/kg，挖开剖面时有强烈的硫化氢臭味，并有亚铁反应。其表层含盐量一般为 1.3～43 g/kg，平均为 13.4 g/kg，而且盐分类型以 $Cl^- \text{-} SO_4^{2-}$ 为主。

因表土下埋藏有较大量的红树林残体（也称为红树林草炭），它含有较多的有机硫化物，在嫌气条件下，不显酸性；但经围垦种稻后，其硫化物就被氧化，主要物质是游离硫酸和铁、铝、锰等酸性硫酸盐类的水解酸（即硫酸），在根孔和结构面上有黄色铁锈斑，pH<4.0，有时降至 3.0 左右。因生长茂密红树，每年有大量残落物归还土壤，土壤有机质含量和氮素含量较高，尤其是木屑层更高。

我国酸性硫酸盐土的总面积在 $2.0\times10^4 hm^2$ 以上，根据围垦前后土壤形状的变化分为含盐酸性硫酸盐土和酸性硫酸盐土两个亚类，前者面积接近 $2.0\times10^4 hm^2$，后者不足 $700 hm^2$。

（四）漠境盐土

我国干旱、漠境地区土壤积盐不同于前述草甸盐土（地下水升降活动导致积盐）之处在于：因其积盐不受或少受地下水活动直接影响，有时地下水位深达 10 m 以上，其积盐情况仍很严重，有盐盘（salipan，由以 NaCl 为主的盐胶结成硬结盘，厚度达到或超过 5 cm，含盐量达到或超过 200 g/kg，连续或不连续的盘状土层）多种类型分异。盐分在剖面中含量高达 500～700 g/kg，有的是地质时期形成的大量盐分积累，属残余盐土类型。

我国漠境盐土的总面积为 $2.8731\times10^6 hm^2$，划分为漠境盐土、干旱盐土、残余盐土 3 个亚类，分别占土类总面积的 8.00%、2.96% 和 89.04%。漠境盐土基本无开垦价值，目前还没有开垦者。

（五）寒原盐土

青藏高原西部的干旱湖泊边缘还有另一种积盐土壤，盐分来源于湖水，碳酸根及重碳酸根占阴离子总量的 80%～90%，是地质时期残存积盐与近代湖泊干涸积盐相结合形成的产物，有时还具有特殊盐分组成，如硼酸盐盐土等；也有碱化盐土出现，现统称寒原盐土。寒原盐类分为寒原盐土、寒原草甸盐土和寒原碱化盐土 3 个亚类。我国寒原盐土的总面积 $6.834\times10^5 hm^2$，无开垦价值，目前还没有开垦者。

四、盐土与相关土壤的区别

盐土与相关土壤的区别主要是盐土与其他各类土壤附加有盐化过程但还能生长作物的盐（渍）化土壤的区别，以及盐土与碱土的区别。盐土是一种隐域性（泛域性）土壤，常与其他有关土壤呈复区或插花分布。盐土是指其表层或近地表土层中含有大量盐分，并以此与其他土壤区分开。然而有些土壤也可能出现盐积现象，但积盐的程度和强度都达不到盐积层所规定的标准，因而被列入其他有关土纲中的亚类。从发生上看，也可视它们为向盐土过渡的类型。

盐（渍）化土壤因盐分组成与地区特点而有所区别，第二次全国土壤普查的盐土与盐化土壤分级标准可参考表 11-8，区域（河北省）土壤盐化分级标准见表 11-9。

表 11-8 盐土与盐（渍）化的土壤盐分分级（0～20 cm 土层）
（引自全国土壤普查办公室，1984）

	盐土	盐（渍）化土		
		重	中	轻
苏打（$CO_3^{2-}+HCO_3^-$）含量（%）	>0.7	0.5～0.7	0.3～0.5	0.1～0.3
氯化物（Cl^-）含量（%）	>1.0	0.6～1.0	0.4～0.6	0.2～0.4
硫酸盐（SO_4^{2-}）含量（%）	>1.2	0.7～1.2	0.5～0.7	0.3～0.5

表 11-9　河北省土壤盐化分级标准

(引自中国土壤，1998)

		轻盐化	中盐化	重盐化	盐土
0~20 cm 平均含盐量（g/kg）	氯化物为主	1~2	2~4	4~6	>6.0
	硫酸盐为主	1~3	3~6	6~10	>10.0
缺苗情况 作物受抑制情况 自然植被		缺苗20%~30% 小麦可出苗，但受抑制 灰绿藜、曲曲菜、芦草、罗布麻	缺苗30%~50% 棉花可出苗，但受抑制 碱蓬、马绊草、罗布麻	缺苗50%以上 向日葵可出苗，但受抑制 剪刀草、碱蓬、红荆、黄秋葵	光板地 一般作物不能生长 盐蓬、碱蓬、红荆

盐土与碱土的区别是：碱土含有较多的碱性盐类［如苏打（Na_2CO_3）］而使土壤呈强碱性（pH>9）；盐土的盐分一般是中性盐类。

第二节　碱　土

碱土是土体含较多的苏打（Na_2CO_3），使土壤呈强碱性（pH>9），钠饱和度在20%以上，而且具有被 Na^+ 分散的胶体聚集的碱化淀积层（B_{tn}）的土壤。

一、碱土的分布与形成条件

碱土在我国的分布相当广泛，从最北的内蒙古呼伦贝尔高原栗钙土区一直到长江以北的黄淮海平原潮土区，从东北松嫩平原草甸土区经山西大同、阳高盆地、内蒙古河套平原到新疆的准噶尔盆地，均有局部分布，地跨几个自然生物气候带。我国碱土总面积不大（8.665×10^5 hm^2），且均呈零星分布，常与盐渍土或其他土壤组成复区。

二、碱土的成土过程、剖面形态特征、基本理化性状以及碳酸钠对作物的危害

（一）碱土的成土过程

土壤碱化过程是指土壤吸附钠离子的过程。它既可发生在土壤积盐过程中，也可发生于土壤脱盐过程，或土壤积盐和脱盐反复过程中。在土壤溶液（或地下水）以碱性钠盐为主的情况下，积盐过程可同时发生土壤碱化过程。而当土壤溶液中以中性钠盐为主时，虽然在积盐过程中有钠离子被土壤胶体吸附的现象，但因土壤溶液中有大量中性盐类的电解质存在，土壤吸附的钠离子不能解离而影响土壤的理化性质，故土壤一般不显示碱化的特征。只有当中性钠盐盐渍土在稳定脱盐后，土壤才显示明显的碱化特征，形成碱化土壤。钠钙离子的交换是碱化过程的核心。

土壤中碳酸钠的来源，一般有以下几条途径。

1. 岩石的风化　岩浆岩和变质岩中含有硅酸钠或铝硅酸钠的矿物（如钠长石等），它们在化学风化过程中能生成 $NaAlO_2$、Na_2SiO_3、$NaHSiO_3$ 等。这些盐类与水及水中的碳酸（H_2CO_3）作用形成碳酸钠（苏打）。

$$NaAlO_2 + H_2O + H_2CO_3 \longrightarrow Al(OH)_3 + NaHCO_3$$

$$2NaHCO_3 \longrightarrow Na_2CO_3 + H_2O + CO_2 \uparrow$$

$$NaSiO_3 + H_2CO_3 \longrightarrow Na_2CO_3 + SiO_2 \cdot H_2O$$

这是土壤中碳酸钠的主要来源。

2. 物理化学作用 在盐渍化土壤中，由于大量钠盐的存在，土壤胶体均吸附一定量的钠离子。当地质原因使地下水位下降，出现较强的淋溶条件时，土壤中可溶盐减少，淋溶的水分（雨水）进入土壤时，由于水中溶有 CO_2，土壤胶体上吸附的钠就会被水解，以 Na_2CO_3、$NaHCO_3$ 甚至 $NaOH$ 形式进入土壤，使土壤碱化。

$$\boxed{土}_{Na}^{Na} + H_2O + CO_2 \rightleftharpoons \boxed{土}_{Na}^{H} + NaHCO_3$$

$$\boxed{土}_{Na}^{Na} + H_2O + CO_2 \rightleftharpoons \boxed{土}_{H}^{H} + Na_2CO_3$$

$$\boxed{土}_{Na}^{Na} + H_2O \rightleftharpoons \boxed{土}_{Na}^{H} + NaOH$$

如果土壤中含有 $CaCO_3$，当下淋水溶有 $CaCO_3$ 时，也能使土壤胶体上吸附的 Na^+ 交换下来，形成 Na_2CO_3。

$$\boxed{土}_{Na}^{Na} + CaCO_3 \rightleftharpoons \boxed{土} Ca + Na_2CO_3$$

盐渍化土壤种植水稻或进行灌溉时，加强了淋溶作用，会出现重碳酸钠和碳酸钠，使土壤 pH 增高，也是这种作用。这个过程往往也称为脱盐碱化。

3. 中性钠盐与 $CaCO_3$ 作用 土壤中的 NaCl 或 Na_2SO_4 与 $CaCO_3$ 作用后可以生成 Na_2CO_3。

$$CaCO_3 + 2NaCl \rightleftharpoons CaCl_2 + Na_2CO_3$$

$$CaCO_3 + Na_2SO_4 \rightleftharpoons CaSO_4 + Na_2CO_3$$

上述反应产物中，所生成石膏的溶解度比碳酸钙小，故后一反应形成的 Na_2CO_3 量多一些。

4. 生物化学还原作用 土壤中有大量有机质并有 Na_2SO_4 存在时，在厌氧条件下，由于硫酸盐还原细菌的作用，也能形成 Na_2CO_3。

$$Na_2SO_4 + 2C \rightleftharpoons Na_2S + 2CO_2$$

$$Na_2S + CO_2 + H_2O \rightleftharpoons Na_2CO_3 + H_2S \uparrow$$

松辽平原深处的地层中含有碳酸钠，如白垩纪石油沙层上有大量碳酸钠型水，残余碳酸钠量达 $4.52 \sim 6.68$ cmol/L，其形成与此有关。在深层石油和水的强大压力下，沿背斜带裂缝上升，扩散到第三纪和第四纪地层中，使其含大量的碳酸钠。

5. 生物作用 自然界有不少植物，其体内能合成生物碱，有的还能分泌出体外，对土壤碱化也有一定的促进作用，如龟裂碱土表面的蓝藻能分泌碱；新疆荒漠地区的胡杨，体内汁液中含有的盐分以碱性盐为主，分泌出体外进入土壤后能使土壤碱化度增加。

（二）碱土的剖面形态特征

根据以上的形成过程，碱土的典型剖面形态是 A_h-(E)-B_{tn}-BC_{yz}。

1. 表层 表层（A_h）暗灰棕色（10YR4/3），有机质含量为1%～3%（草甸碱土可高达6%），为淋溶状态，盐分不多（<0.5%），但pH为9～10或以上。

2. 脱碱层 由于脱碱化淋溶，矿物胶体遭破坏，R_2O_3向下淋溶，因而形成具有颜色较浅质地较轻的脱碱层（E）。

3. 碱化层 （B_{tn}）碱化层暗棕色（7.5YR4/6），有柱状结构并有裂隙，质地黏重，紧实，并往往有上层悬移而来的SiO_2粉末覆于上部的结构体外。

4. 盐分与石膏积聚层 盐分与石膏积聚层（BC_{yz}）有盐分与石膏积聚，但pH却较高。

（三）碱土的基本理化特性

碱土的特点是土壤含有较多的交换性钠、pH很高（一般在9以上），或多或少含可溶性盐，土粒高度分散，湿时泥泞，干时板结坚硬，呈块状或棱柱状结构。碱土的明显特征是碱化层的存在。碱土的含盐量并不高，其特点是土壤胶体吸附有大量的钠离子，并具有强烈碱化特性。碱土的盐分组成比较复杂，但普遍含有碳酸根和重碳酸根（内蒙古草原及东北松嫩平原的深位柱状草原碱土的表土除外），且与钠离子结合形成碳酸钠和重碳酸钠，二者占碱土总盐量的50%以上。草甸碱土中二者之和占总盐量的70%～90%。

美国把碱化度 [ESP，即交换性钠比例（%）] >15%，饱和泥浆测定的pH（饱和泥浆测定pH和我国常用的土：水测定值存在差异）高于8.5的土壤称为碱土；碱化度为5%～15%的土壤称为碱化土壤。

交换性钠对作物的抑制在不同地区反应不一样。据南京土壤研究所研究，在黄淮海平原，当碱化度达40%时，小麦的出苗和生长受到严重抑制，故可将此值作为碱土与碱化土壤的分界值；而在黑土地区，碱化度30%作为碱土与碱化土壤的分界值；在栗钙土地区，碱化度16%作为碱土与碱化土壤的分界值。或以土：水=1：5时测定值pH≥9作为区分碱土的标志。

《中国土壤系统分类》则把碱土的碱化层（alkalic horizon）定为碱化度（ESP）≥30%，pH≥9.0，表层含盐量<5 g/kg，呈柱状或棱柱状结构的，且具有含交换性钠高的特殊淀积黏化层。

由于测定交换性钠和交换性阳离子总量较为困难，近年来有改用钠吸附比（SAR）代替碱化度（ESP）的趋势。钠吸附比（SAR）是土壤提取液中钠离子与钙、镁离子之和开方根的比值，即

$$SAR=\frac{Na}{\sqrt{Ca+Mg}}$$

（四）碱土中的碳酸钠对作物的危害

①碱土中的碳酸钠使pH增大，使许多土壤的作物营养元素溶解度降低而变为无效状态（如磷、铁、锌等），而且通过影响土壤微生物活动进而影响一些土壤养分的有效性。

②碱土中的碳酸钠使土壤pH过高，会腐蚀植物根系表层的纤维素，使植物无法生存。

③碱土中的碳酸钠使大量的代换性钠离子充分分散土壤胶体，所以土壤物理性状很差，特别是碱化淀积层（B_{tn}），既不透水，也造成毛管水上升困难；干时坚硬，湿时泥泞，难于耕作；植物根系穿插困难，不利于农作物生长。

三、碱土的亚类划分及其特征

我国碱土的总面积为8.665×10^5 hm^2，划分为草甸碱土、草原碱土、龟裂碱土、盐化

碱土和荒漠碱土 5 个亚类，分别占土类总面积的 69.99％、22.13％、5.48％、1.36％ 和 1.05％。它们的剖面构型见图 11-5。

（一）草甸碱土

草甸碱土是碱土中最大的一个亚类，常与碱化盐土呈组合存在，主要区别是碱化度的差别，二者又可相互转化。草甸碱土主要分布于黄淮海平原，汾渭谷地及大同盆地，多见于重积盐区的略高起的局部地形，常与其他盐积土呈斑块状插花分布。在地下水升降频繁的影响下，钠质盐渍土的积盐与脱盐频

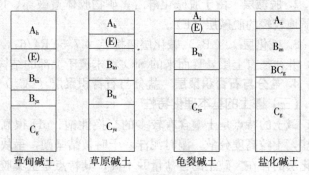

图 11-5 碱土各亚类的剖面构型

繁交替进行，钠离子进入土壤吸收复合体中，促进土壤碱化；或因低矿化度地下水上升，土壤中碳酸钠与重碳酸钠累积，钠离子进入吸收复合体而使土壤碱化，pH 增高，土壤黏粒分散。但因成土年龄短，尚未引起黏粒移动累积。

在黄淮海平原的草甸碱土通称瓦碱，又称为缸瓦碱、牛皮碱。地表形态多为光板地，偶见生长稀疏的剪刀草、罗布麻、骆驼蓬、矮生芦苇等耐盐碱植被。

瓦碱的剖面形态：无明显的淋溶层、碱化层、积盐层等发生层次，只在地表有厚 1~3 cm 的灰白色紧实干滑的结壳或结皮层，状似瓦片，瓦碱也因此而得名。瓦片结壳背面常有硅酸盐水解而生成的灰白色硅粉（SiO_2），结壳的微突起处为一层棕色胶膜，结壳背面多蜂窝状气孔，其下紧接各种不同质地的沉积层次，与当地的潮土相似，多见锈色斑纹，记录了地下水升降活动及氧化还原交替特征，有时亦可见小型铁锰结核与石灰结核。

瓦碱中一般含盐量不超过 0.5％，心土和底土含盐量为 0.1％~0.2％或以下，以重碳酸钠和碳酸钠为主，碱化度为 20％~40％，高的可达 50％~70％，pH 达 9 或 9 以上（表 11-10）。瓦碱有机质含量甚少，无明显结构体，质地多粉砂壤土至砂壤土。

表 11-10 草甸碱土的化学性质

（中国土壤，1998）

土壤（地点）	深度（cm）	pH	阳离子交换量（cmol/kg）	碱化度（％）	含盐量（％）
	0~1	9.5	6.80	35.6	0.09
	1~10	9.9	6.17	42.0	0.11
瓦碱（河南封丘）	10~30	9.7	5.22	39.7	0.12
	30~37	9.4	6.35	28.0	0.08
	37~49	9.3	5.94	27.3	0.06

（二）盐化碱土

盐化碱土常与轻度碱化盐土组成复区存在，特别是在有苏打累积的西辽河平原和吉林西部地区的通榆、白城一带松花江上游低平原中，苏打盐化土壤与盐化碱土组成复区。在土壤吸收复合体中，盐化碱土较苏打盐土的交换性钠已有所增高，这是土壤钠质化发育从量到质

转化阶段差异，从植被类型与碱化度可以明显区分。盐化碱土的土壤性状与苏打盐土的差别是在剖面的结构表面可见白色硅粉析出，这是苏打盐化土壤进一步发育形成盐化碱土所致。不过，到达碱土阶段时，多为光板地，并呈同心圆小片斑状夹杂于盐土区，在测制土壤图时，不易明显标出。

盐化碱土具有明显分异的淋溶层（A_h 与 E 层）、碱化层（B_{tn}）和积盐层（B_{yz} 与 C_z）。淋溶层为质地较轻，呈疏松片状、鳞片状的浅灰或棕灰色薄层；碱化层为紧实而具有垂直裂隙的柱状或棱柱状结构层。地下水埋深多为 2~3 m，矿化度约 3 g/L，多为苏打水。其淋溶层和碱化层含盐不超过 0.5%，以碳酸钠和重碳酸钠为主，碱化度为 30%~70%，甚至更高，土壤 pH 都在 9 以上。

（三）草原碱土

草原碱土主要分布于大兴安岭以西蒙古高原的草原地区古湖、河迹洼地的高阶地或缓岗上部，其上与暗栗钙土、栗钙土相连，下接草甸土或者碱化盐土。草原碱土的地下水埋深一般都大于 5 m，土壤的成土过程已经脱离地下水的影响，向着脱碱化草原化方向发展。草原碱土地表生长着高大的繁茂的草类植被（如羊草、贝加尔羽茅、画眉草等），植被的高度可达 70~80 cm，覆盖率达 50%~60%。草原植被的生长，使土壤累积了大量的有机质，土壤表层为暗栗色的腐殖质层，具有明显的团粒至粒状结构。黑钙土地区的草原碱土，有机质累积更多，含量高达 50~60 g/kg。

草原碱土的另一特征是具有柱状结构。这类土壤多分布于内蒙古高原东部栗钙土与暗栗钙土地区，在茂密的草原植被群落中，偶见略高起的光秃斑块，即可见柱状草原碱土剖面，由于脱盐碱化强烈发展，形成插花分布于微度高起的部位，地下水位较深，为 3~5 m，有时深达 7~8 m。根据柱状碱化层的有无和出现部位深度，可再细分为 4 种，从浅到深分别为：①结皮草甸碱土（0~5 cm），②浅位柱状碱土（5~10 cm），③中位柱状碱土（10~15 cm），④深位柱状碱土（15 cm 以下）。

草原碱土具有明显的发生层次，剖面形态可分为淋溶层、碱化层、积盐层和母质层。表土为有机质强烈染色而变为黑色和灰黑色的薄有机质层，厚度仅为数厘米，小片状或鳞片状结构，有时为粒状。这一层中的盐分大多向下淋失，所以有机质层也称为淋溶层。此层下为碱化层，具有明显的柱状结构或棱柱状结构，呈红棕色或暗灰色，紧实，柱头可见白色二氧化硅粉末，整个碱化层内有大量的死植物根和舌状腐殖质淋溶斑。碱化层下为淀积层，块状或核状结构，结构体面上有黑棕色胶膜。再往下为母质层。

草原碱土的化学性质见表 11-11。

（四）龟裂碱土

龟裂碱土主要分布在漠境或半漠境地区的新疆、宁夏的银川平原，间或见于内蒙古河套平原的西部地区。这类碱土多位于山前洪积扇平原、古老冲积平原以及河成老阶地的相对低平地，常与盐土和零星孤立的矮小沙丘或细土丘组成复区。

龟裂碱土主要是通过地面间歇水的淋溶，使盐土脱盐而形成碱化的土壤。在干旱的气候条件下，土壤表层的沙粒经风力搬运而围绕稀疏植株堆积成沙丘，并使残余盐土的积盐层裸露地表。当春、夏融雪水和夏季骤雨时，地表径流汇集于矮小沙丘间，形成间歇性积水，导致土壤季节性脱盐而碱化，土壤碱性增强，土粒分散，黏粒下移，并在干湿交替和冻融下逐渐形成短柱状或馒头状碱化层，地表呈现龟裂纹。龟裂碱土的化学性质见表 11-11。

表 11-11　草原碱土与龟裂碱土的化学性质

碱土	地点	深度(cm)	pH	有机质含量(%)	CaCO₃含量(%)	CaSO₄含量(%)	全盐量(%)	可溶盐离子组成 (cmol/kg)							阳离子交换量(cmol/kg)	碱化度(%)
								CO_3^{2-}含量	HCO_3^-含量	Cl^-含量	SO_4^{2-}含量	Ca^{2+}含量	Mg^{2+}含量	Na^++K^+含量		
草原碱土	内蒙古呼伦贝尔	0~10	7.3	4.72	痕迹	—	0.12	0	0.17	3.33	0.42	0.10	0.32	3.50	13.6	41.8
		10~19	8.2	2.33	0.18	—	0.12	0	0.51	1.20	0.32	0.18	0.04	1.81	13.4	47.9
		19~32	9.5	3.10	1.5	—	0.40	0.64	1.74	3.55	1.07	0.72	0.30	5.98	29.9	56.6
		32~54	10.0	1.06	8.9	—	0.51	1.45	2.05	3.76	1.47	0.53	0.05	8.85	18.5	68.4
		54~75	9.9	0.48	11.4	—	0.41	1.70	1.76	2.61	0.98	0.24	0.13	6.68	15.9	70.4
龟裂碱土	宁夏银川	0~1	9.9	0.24	12.4	0.08	0.21	1.67	1.16	1.16	0.31	0.05	痕迹	4.25	11.54	41.9
		1~4	10.0	0.26	14.2	0.22	0.48	3.37	1.33	2.77	1.98	0.07	痕迹	9.38	6.91	88.7
		4~24	10.1	0.23	13.7	0.08	0.15	2.07	1.26	0.28	痕迹	0.07	痕迹	3.54	11.61	57.1
		24~45	10.1	—	14.8	0.14	0.14	1.69	1.24	0.33	0.01	0.04	痕迹	3.23	11.41	44.1
		45~63	10.0	—	15.1	0.07	0.14	1.75	0.99	0.13	0.01	0.03	痕迹	2.85	11.01	24.4
		63~93	9.9	—	15.6	0.09	0.14	1.08	1.49	0.08	0.03	0.03	痕迹	2.64	11.30	32.4

龟裂碱土一般无高等植物生长，地面光板，有时可见到蓝藻的丝状体。蓝藻具有果胶包皮，吸收性强，耐干旱，并能产生二氧化碳，干旱时蓝藻成为斑状黑色干脆的薄皮。

龟裂碱土的地面景观及剖面形态有3种情况：①地面有龟裂结壳，其上有蓝黑色藻类丝状体，结壳的四边向上，中央略洼，结壳背面具有红褐色的黏粒，结壳下为短柱状结构，柱头圆似馒头，构造体间有大量灰白色二氧化硅粉末，构造面上附有褐色胶膜，这一层下面为棱柱状土层，整个剖面非常紧实硬结。②典型龟裂碱土的结壳遭受侵蚀，柱状层直接裸露地表。③大面积分布的光板地表面颇似水泥路面，在地表可见厚约1 cm的灰色土结壳，片状结构，极易散开，往下为块状或棱块状土层。

（五）荒漠碱土

荒漠碱土零星分布于天山北麓山前高平原和古老冲积平原，大部分分布于沙丘间，在150~200 mm降水下，季节性干湿交替。荒漠碱土所处地势平坦，地下水埋藏深度为7~8 m，成土母质为黄土状物质，质地较黏。新构造抬升为土壤脱盐创造了条件，土壤脱盐增强了钠离子活性，土壤碱化过程增强，黏粒下移，形成短柱状或馒头状荒漠碱土，地面呈龟背状裂缝。地面植被稀疏，湿季地表见藻类与地衣，干时呈黑褐色龟裂纹，有机质含量仅为2~5 g/kg。质地较附近土壤黏重，0~30 cm多砂质壤土，其下为黏壤土。在黑褐色结皮层下1~5 cm深处为灰白色粉砂质壤土，其下为1~2 cm厚的红棕色鳞片状过渡层；再下为碱化层，质地黏重，紧实，具有红棕色胶膜，短柱状或馒头状结构，厚为10 cm左右。在垂直裂缝中，有灰白色细砂粒和粉粒填充，湿涨干缩，透水性甚差。碱化层下为石膏，碳酸钙与盐分淀积，逐渐过渡到冲积母质层。表层土壤碱化度高达80%以上。

四、碱土与相关土类的区别

碱积层是碱土所特有的，而其他土壤类型都不具有该诊断层。碱土与其他含有苏打的土壤有一定联系，而在有碱性苏打存在的情况下（特别是在含有苏打的地下水影响下），土壤极易发生碱化现象，但其碱化程度等指标不完全符合碱积层规定的诊断指标，则将具有碱化现象的土壤分别列入其他土纲中的亚类。另外，碱土与其最邻近的盐土之间具有过渡联系，如盐化碱土和碱化盐土，在其形成过程中同时发生盐化和碱化过程，因而形成这种过渡类型的土壤。

第三节　盐碱土的改良利用

我国人多地少，人均耕地更少，不得已开垦了许多盐碱土。通过旱涝碱咸综合治理，改造了大面积的北方盐碱化耕地。但根据统计资料，全国盐碱化耕地面积仍略有增加，1992年为7.63×10^6 hm^2，比1976年增加8%，主要是新开垦盐碱土造成的盐碱耕地面积增加。在这7.63×10^6 hm^{2}盐碱化耕地中，盐化耕地$6.575\ 3 \times 10^6$ hm^2，碱化耕地1.058×10^6 hm^2。盐碱化耕地主要分布在华北区、西北干旱区和东北区。其中，又以华北区最多，盐碱化耕地面积达$3.137\ 5 \times 10^6$ hm^2，占全国盐碱化耕地总面积的41.10%；西北干旱区次之，为$1.495\ 8 \times 10^6$ hm^2，占全国盐碱化耕地总面积的19.60%；东北区有盐碱化耕地$1.225\ 8 \times 10^6$ hm^2，占全国盐碱化耕地总面积的16.06%。今后，改造现有的盐碱化耕地，消除其盐碱危害，提高其生产力和改良利用盐碱荒地依然是一项艰巨的任务。

一、盐碱土的改良利用原则

（一）因地控制的原则

我国盐碱化土壤的地理分布范围非常广泛，各地气候、地质、地貌、水文和水文地质条件差异很大。因此盐碱土的改良利用必须根据具体情况，因地制宜，采取有效措施。

（二）综合治理的原则

盐碱土和地下的咸水构成有机联系的整体，因此在治理上也必须确定一个整体的综合治理目标，才能既治标又治本。综合治理必须与治理区的综合发展相结合，才能取得经济、社会和生态的综合效益。综合治理包括治理目标的综合、措施的综合和效益的综合。

（三）改良与利用相结合原则

改良为利用提供了前提，改良的目的是为了利用。在盐碱土改良之初，就应明确利用的方向与方式，并贯彻于改良过程的始终。利用方式不同则改良要求和方法也就不同。利用方式一方面受自然条件和经济技术的可能性的制约，同时也决定于产品的市场需要、经济价值和综合效益。盐碱土的多种利用方式，也可以说明利用方式的合理选择可以显著降低盐碱土改良的难度和投资，提高综合效益。

（四）水利工程措施与农业生物措施相结合原则

水利工程措施对农业生产是首要的，更是盐碱土综合开发与治理的前提条件。排水工程可降低地下水位，为淋洗盐分创造前提条件；灌溉系统提供冲洗土体盐分的水分。有灌有排，灌排通畅，综合运用排、灌、蓄、补不同方式，统一调控天上水、地面水、地下水和土壤水。在生产实践中，依靠水利工程，极大加速了干旱、洪涝、盐碱及咸水的综合治理过程，许多经验证明了水利措施是改良盐碱土的前提基础条件。

但是，如果没有农业生物措施的紧密结合，盐碱土的开发利用也无法实现。农业生物措施通过增施有机肥、种植绿肥以及躲盐巧种等栽培方法，不仅可以增加地面覆盖，减少盐分的上行，巩固治理效果，而且在水源不足或水质不良或排水无出路时，特别是在低洼地不易降低地下水位的区域，通过农业生物措施，同样可以达到治理盐碱土的目的。所以水利工程措施与农业生物措施的配合，在旱涝盐碱的综合治理中是十分重要的。

（五）土壤除盐与土壤培肥相结合原则

在开发利用盐碱土时，为了能够顺利地进行农业生产，必须消除土壤中过多的盐量。但是伴随土壤脱盐，植物营养元素也同时处于淋失状态，因此必须通过土壤培肥，补充和提高土壤有机质和植物营养元素的累积量，才能真正达到改良利用的目的。否则，土壤将伴随其脱盐而趋向贫瘠化。

二、盐土的治理措施

（一）井、沟、渠配套的水利改良

在气候干旱，土壤盐渍化严重地区，不仅需要抗旱灌溉，而且对土壤要进行洗盐改良，所需水量较大，因而可以通过渠系引水灌溉。但干旱、半干旱地区河流在雨季、旱季、涝年、旱年流量变化很大，而作物需水量大的季节，往往正是河道枯水时期，水源供应不足。实行井渠结合，可以互补余缺，井灌可以弥补河道枯水期水量之不足，而渠灌渗漏水又可以补充地下水源。井渠结合，可以解决渠灌与作物高产需水的矛盾，高产作物不仅需要灌水的次数较多，灌水也更需及时，因而单纯渠灌很难满足这些要求。井渠结合，还可以解决抗旱与除涝防盐的矛盾。渠灌的优点是供水量大，灌溉面积大，灌水与压盐的效率高。其缺点是水的有效利用率比较低，渗漏损失多，容易抬高地下水位，使土地易成涝，也易返盐。利用浅井水可以降低水位，有助于防止返盐。

排水是改良盐渍土，防止土壤次生盐渍化极为重要的不可代替的前提保证措施。排水沟在排水措施中是最为常见的，其不但可以排除灌溉退水、降雨所产生的地表径流，而且可以排除灌溉渗漏水、淋盐入渗水和部分地下水。在排水的同时，也排走了溶解于水中的大量盐分。

不同质地和质地层次排列（剖面构型）的土壤，其毛管水上升高度与地下水临界深度是不一样的（表11-12），排水沟的深度设计（图11-6）要考虑这个因素。

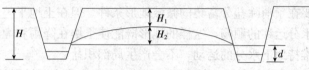

图11-6 排水沟深度示意图

排水沟的深度与密度（表11-13），将对地下水位起决定作用。依靠排水沟，可以将地下水位控制在临界深度以下。一般排水沟的深度 H 为

$$H = H_1 + H_2 + d$$

式中，H_1 为地下水临界深度（m）；H_2 为排水地块中部地下水面与排水沟内水面的稳定水头差，一般为 0.2～0.3 m；d 为排水沟内排泄地下水的设计深度，一般为 0.1～0.2 m。

表 11-12 不同质地和剖面构型土壤的毛管水上升高度与地下水临界深度

土壤质地与质地层次	地下水矿化度（g/L）	毛管水上升高度（cm）	地下水临界深度（cm）
粉砂壤土	<1.5	170～200	180～210
黏土	<1.5	80～120	120～140
浅位中层黏土	<1.5	150～170	160～180
中位中层黏土	<1.5	160～190	160～200
深位中层黏土	<1.5		200 左右

表 11-13 末级排水沟的深度与间距参考表

土质 排水沟设计(m) 潜水矿化度（g/L）	轻壤土		壤质夹胶泥		胶泥	
	沟深	间距	沟深	间距	沟深	间距
1～3	2.1～2.4	300～400	1.8～2.1	250～300	1.3～1.5	200～250
>3	2.4～2.7	250～350	2.1～2.3	200～250	1.5～1.8	150～200

由于盐渍地区地势低平，径流滞缓，自然排水出路不畅，在地下水位埋藏浅，土壤是沉积型"卧土"的情况下，大部分明沟易于塌坡，末级排水沟的深度一般只能维持在1.5 m左右，因而在一些地方，利用明沟自流排水控制地下水位有很大的难度，而采用暗沟（管道）排水。利用机井提水灌溉，一方面可以补充土壤水分不足，满足作物高产需要，另一方

面可以起到调控地下水位的作用，既可防止土壤返盐，又可腾空"库容"，增强降水入渗淋盐和减缓沥害的作用。

在地势低平、排水困难的盐渍地区，沥涝严重，地下水位高，土壤盐渍化重，为了排涝治理盐碱，开挖浅而密的条田沟，形成沟洫条田，也是一种有效的方法。开挖条沟的土垫高地面，相对降低了地下水位，防止湿托，有利于土壤脱盐及防止返盐，在自流排水困难的地区，建立扬水站进行扬水排水乃是关键性措施。

（二）农业耕作措施改良

在盐渍土地区，农业耕作措施不仅可以调节土壤水、肥、气、热，还可以调节土壤水盐动态，保证作物正常生长发育。

耕地盐碱化的发生时常与地表不平整有很大关系，科学平整土地对盐渍土的改良作用，主要在于消除盐分富集的微域地形条件。但在土地平整过程中必须保留一定坡度，以保证灌区水分运移的顺畅，这样的地形既能使土壤在降雨和灌溉时受水均匀，蒸发也趋于一致，也能维持地下水分的运动，不会产生局部积盐。

深翻有抑盐改土的作用。盐渍土一般具有表聚性强的特点，通过深翻可以将盐分较多的表土翻入深层，将底层的好土翻上来，结合施肥，建立新的耕作层，从而有利于作物的生长。深翻可切断土体上下层的毛细管联系，土壤水分蒸发相应减弱，并且由于疏松土层的孔隙率高，渗水性好，能促进雨水的下渗。因此深翻也是抑制土壤返盐，促进土壤淋盐的有效措施。深播浅盖、铺泥盖草、铺砂换土、晒垡养坷垃、适期播种、选育耐盐品种等，都是有利于躲盐、隔盐、抗（耐）盐的行之有效的耕作保苗方法。

合理的耕作制度，除了科学的耕作方法（平整土地、深翻、客土等）以外，推广轮、间、套等多种耕作制度，不仅可以改善养分条件，而且可以优化土壤的物理性状和耕作性质，提高抑制返盐的能力。在水稻种植区，种植水稻改良盐渍土是集利用与改良于一体的成功事例。在有水源和排水设施的前提条件下，种植水稻淹灌条件下，通过静水压力的作用，土壤中的盐分随重力水下渗，达到洗盐压盐的目的。此外，稻旱轮作方式可降低地下水位，从而隔绝土壤盐分表聚路途，也能有效达到压盐的目的。

（三）土壤培肥与植物覆盖改良

熟化程度较高的表土，具有较多的大团聚体和大孔隙，阻止了蒸发，抑制了水分的上行。而且熟化层的大孔隙还有利于热的对流和水汽的涡流运动，表土本身蒸发快，湿度低，往往能在表面几厘米形成薄层干燥层，从而抑制土体的蒸发。熟化程度较高的表土，有促进降雨淋盐的作用。

植物覆盖通过增加地面覆盖，拦蓄地面径流，减少地面蒸发，达到抑制土壤水盐向上运移的目的。植物地下密集的根系可显著增加大孔隙率，改善土壤结构，从而加大土壤的透水性，增加降雨的入渗。因此不论是绿肥还是其他植物，均可大大促进降雨的淋盐作用。

植树造林有改良土壤的作用，它不仅可以改善土壤本身的理化性质，还可以改变周围环境。因为植物根系吸收土壤水分，然后通过叶面蒸腾将水分输入大气，在水文意义上具有生物排水作用，可以调节和降低地下水位。

在盐渍土地区选择适宜的树种，有利于提高树木的成活率。常见的树种有柽柳、旱柳、枸杞、苦楝、刺槐、沙枣、泡桐、白蜡条、紫穗槐等；在果树方面，枣、梨、苹果、桃、葡萄等，也具有一定的耐盐力，可以在轻度盐渍化土壤上生长。但由于各地水热条件和土壤条件有所不同，所以在选择树种上应尽量选择适合于当地的速生乔木及灌木，组成乔、灌、草相结合的林带。

三、碱土的改良利用

碱土的改良措施包括适用于盐土的改良措施，如水利改良、平整土地、起碱换土等。种稻改碱、增施有机肥、种植绿肥等措施，都是行之有效的。但碱土的改良比盐土的改良更困难，必须配合化学改良措施。因为碱性土壤中含有大量的Na_2CO_3及代换性Na^+，致使碱性强、土粒分散、物理性质恶化、作物难以正常生长。改良这类土壤除了消除多余的盐分外，主要应清除土壤胶体上过多的代换性Na^+和降低碱性。为此，在实施水利及农业措施的同时，很有必要辅之化学措施加以改良。

化学改良主要是施用一些改良剂，通过离子交换及化学作用，降低土壤交换性Na^+的饱和度和土壤碱性。改良碱化土壤的化学改良剂一般有3类：①含钙物质，如石膏、磷石膏、亚硫酸钙、石灰等，它们多以钙代换Na^+为改良机理；②酸性物质，如硫酸、硫酸亚铁、黑矾等，它们则是以酸中和碱为改良机理；③有机类改良剂，其中包括传统的腐殖质类（如草炭、风化煤、有机物料及绿肥等）、尿素甲醛及尿素甲醛树脂聚合物等，及工业下脚料糠醛渣等。通过改善结构，促进淋洗，抑制钠吸附和培肥等起到改良作用。我国还应用腐殖酸铵及硅藻土等酸性物质作为化学改良剂，也都取得了一定的效果。近年来，有学者尝试用燃煤烟气脱硫废弃物作为土壤改良剂，在洗盐、降低交换性钠含量（ESP）和提高出苗率方面取得了一定成果。

施用碱土结构改良剂对碱土改良大为有利。土壤结构改良剂，是用来促进土壤形成团粒，改善土壤结构，提高肥力的一种矿物质的、腐殖质的或人工合成聚合物制剂。它不同于无机化学改良剂（如石膏），由于它能使分散土粒形成团粒结构，所以也称为土壤结构形成物或称为结构剂、土壤胶结剂。

根据土壤结构改良剂的有效成分，可将其分为多糖类、纤维素类、木质素类、树脂类、腐殖酸类、人工合成聚合物类、无机矿物类等不同种类的土壤结构改良剂。其中又以人工合成聚合物类土壤结构改良剂最受人们重视，近年，其品种不断增多，性质也因其成分不同而异。依其成分，可分为聚丙烯酸类、醋酸乙烯马来酸类和聚乙烯醇类。

利用耐碱植物开发和利用碱土是改良碱土的重要措施，因此对耐碱植物本身的研究与应用越来越被人们重视。盐碱地上分布有丰富的野生盐生或碱生植物种质资源，如盐蓬、碱蓬、柽柳、骆驼刺、胡杨等，近年又开发研究出了诸如糁子、草木樨、紫花苜蓿、茅丹草、田菁、籽粒苋、海蓬子（含食用油多于大豆）、乌桕等耐碱植物。这些耐盐作物可以在土壤盐含量高达0.7%～1.0%的环境中生长，通过自身的耐盐结构吸收、转化和储存盐分，从而改良土壤盐分状况，美化环境，还可以提供大量薪炭、木材、饲料、副食品、药材、肥料等。

以渔改碱，其原理与台田洗盐的原理相似。研究证明，挖池抬田具有明显的改碱效果。

换土改碱，作为改良盐碱土的辅助措施之一，对于一些表层碱斑呈零星分布、不易通过大面积的生物改良措施在短期内达到预期效果的地区，是一种可以考虑的有效措施。经实验研究，在剥离表土和新土（厚约1 m）层之后，铺以砂土、炉渣等隔碱，上层覆盖30～50 cm好土，可以取得很好的效果。

四、酸性硫酸盐土开发利用

酸性硫酸盐土一般不宜开垦种植，除非有充足的淡水资源。酸性硫酸盐土上的植被红树林是我国亚热带、热带滨海独特的自然资源，对保护海岸生态环境、发展沿海经济具有重要意义。红树林以其发达的根系牢扎于滩地，成为绿色屏障，能防风拒浪，护岸固堤。红树林又是鱼虾蟹回游繁殖及鸟类天然栖息的场所，为发展水产和鸟类养殖提供良好基地，能维护和促进滨海自然生态平衡。同时，红树林可阻拦和加速淤积由浪潮带来的泥沙，促使海涂不断向海延伸。此外，红树林还是海岸重要的经济林木。为此，不但应保护现有红树林，还应人工造林，加强管理，缩短自然生长周期，提早成林。采用开沟方法，沟边植树，5年成林，沟中利用其凋落物养鱼，发展水产养殖。

若改良用于农业，要首先建立良好的排灌系统，降低地下水位，以利于洗酸排酸，垦后种植水稻，如种甘蔗要选择红树残体埋藏层的深度大于地表下50 cm的地区。由于酸性硫酸盐土缺磷和酸性强，应增施钙、镁磷肥和石灰，以消除或减轻酸害，增加磷素，提高产量。

五、滨海盐土开发利用

滨海盐土一般距城镇较远，人口稀少，目前还有不少荒地和盐荒地有待开发。其中大部分可作为后备耕地资源和畜牧业、养殖业、盐业的开发基地，一些珍禽和珍稀动物的自然栖息地；部分岸段还发现具有开采价值的油、气、盐、煤等资源；有的岸段还可以修建海港、码头等。随着国家经济建设的发展，不久的将来，滨海盐土荒原景观将被与岸段功能相一致的多种开发利用形式所取代。

其中的滨海盐土亚类在有淡水水源的情况下，可以开垦种植水稻。滨海潮滩盐土亚类含盐量高、有机质含量较低，主体紧实，盐分不易冲洗，可栽种大米草或发展海产养殖。滨海沼泽盐土亚类土壤有机质多，土体含盐量较低，若解决了防洪与淡水水源等工程措施，一般可以施行种植水稻改良。

六、漠境盐土开发利用

漠境盐土处于干旱环境，没有灌溉就没有农业，只有选择盐分相对少，又有水源之处，在建立合理排灌工程的基础上，平整土地和冲洗土壤盐分，发展农业。其他的漠境盐土，应保持现有植被，或补种骆驼刺等盐生植物，作为放牧用地。

 教学要求

一、识记部分

识记盐土、碱土、盐化土壤、碱化土壤、盐碱土、临界深度、碱化度。

二、理解部分

①盐土、碱土都含有易溶盐，它们在盐分组成上的区别是什么？
②草甸盐土与残余盐土的形成条件有什么不同？
③盐化碱土与碱化盐土的区别是什么？
④酸性硫酸盐土的成土条件与土壤特性各是什么？其合理利用方向是什么？
⑤滨海盐土的合理开发利用方向是什么？
⑥盐土主要通过什么抑制植物生长？
⑦碱土主要通过什么抑制植物生长？
⑧盐土的主要改良措施是什么？
⑨碱土改良措施与盐土的异同点各是什么？
⑩辩证理解改良盐碱土的水利工程措施和农业生物措施的关系。
⑪土壤质地与剖面质地构型对土壤盐渍化的影响是什么？
⑫盐土主要发生在什么气候条件、地形条件和水文地质条件下？

三、掌握部分

①掌握盐土的成土过程和土壤性质。
②掌握碱土的成土过程和土壤性质。
③掌握盐土与碱土在土壤性质上的异同之处。

主要参考文献

黑龙江省土地管理局，等.1992.黑龙江土壤［M］.北京：农业出版社.
吉林省土壤肥料总站.1998.吉林土壤［M］.北京：中国农业出版社.
贾文锦.1992.辽宁土壤［M］.沈阳：辽宁科学技术出版社.
李承绪.1990.河北土壤［M］.石家庄：河北科学技术出版社.
李述刚，王周琼.1988.荒漠碱土［M］.北京：科学出版社.
林培.1993.区域土壤地理学［M］.北京：北京农业大学出版社.
全国土壤普查办公室.1998.中国土壤［M］.北京：中国农业出版社.
王遵亲，等.1993.中国盐渍土［M］.北京：科学出版社.
熊毅，席承藩.1965.华北平原土壤［M］.北京：科学出版社.
姚荣江.2006.东北地区盐碱土特征及其农业生物治理［J］.土壤，38（3）：256-262.
俞仁培，等.1984.土壤碱化及其防治［M］.北京：农业出版社.
章明奎.2011.土壤地理学与土壤调查技术［M］.北京：中国农业科学技术出版社.
中国科学院南京土壤研究所中国土壤系统分类课题组.2001.中国土壤系统分类检索［M］.3版.合肥：中国科学技术大学出版社.

第十二章

初 育 土

　　初育土，顾名思义是幼年土壤，是由于土壤形成过程中存在阻碍土壤发育成熟的因素（如沉积覆盖、侵蚀等），其土壤发生层分异不甚明显，即相对成土年龄短，因而土壤性质较同地带的地带性土壤而言具有极大的母质继承性。初育土又根据其母质起源分为土质初育土和石质初育土。土质初育土起源于疏松母质，主要包括冲积土、风沙土和黄绵土几个土类。石质初育土起源于坚硬的母岩，包括紫色土、石灰（岩）土、火山灰土、磷质石灰土、石质土和粗骨土6个土类。

第一节 冲 积 土

　　冲积土是在近河床的河漫滩、山前坡麓地带洪、冲积扇及沟坝地上，常受河水和洪水泛滥而形成的，尚未脱离泛滥冲积物覆盖的影响，表土层有明显的近期薄层沉积层理，生物积累作用极弱，有机质的表聚现象不明显的泛地带性土壤。

一、冲积土的分布与形成条件

　　我国冲积土的总面积为 $2.720\ 1\times10^6\ hm^2$，广泛分布于平原和山间平原的河谷两岸河漫滩、低阶地及黄土地貌的川台、沟坝地；在山前洪积、冲积平原的中上部也有分布。

　　冲积土尚未脱离泛滥冲积物覆盖的影响，地下潜水埋深变化可周期性影响底土。

　　冲积土无论是人工堆垫、引洪淤积，还是汛期洪水或河水泛滥，均常有新的冲积洪积物覆盖于表层。在人工扰动和洪水淤积的冲积土中，人为扰动的痕迹清晰可辨，常有侵入体和砾石。

　　沉积母质时间短而未开垦者可能有少量的稀疏植被，在比较宽阔的高河漫滩上，也有人工圈围垦殖的农田或林地。

二、冲积土的成土过程、剖面形态特征和基本理化性状

（一）冲积土的成土过程

　　冲积土的成土过程主要是沉积过程、潴育化过程和人为扰动过程。

　　1. 冲积土的河流和汛期洪水沉积过程　　目前我国各河流冲积平原及三角洲已基本脱离了河流洪水淹没的影响，一般不再有河流泛滥的沉积过程。河流沉积过程只限于河流堤坝或沿河高阶地与河床之间的河流泛滥地或河漫滩上。河流沉积而成的冲积土主要分布在河床与

河漫滩上。

河流沉积的特点则因地而异。河水缓慢上涨且水量较小时，水流停留于泛滥地低处，形成静水沉积，沉积物质细，沉积层薄，矿质养分丰富，水分干涸后，表层易收缩干裂成多边形碎块。当洪水暴涨且较长时间淹没全部河床时，尤其在源短流急的河流泛滥地上，形成的沉积物质粗，沉积层厚，沉积层理不明显。总之，沉积物质的粗细、砂黏层的更迭、有机质的含量、矿质养分的丰缺、游离碳酸盐的有无等，与河流泛滥的水流流速和流量、淹没范围、延续时间、泛滥地地形、上游地层、土壤类型等沉积因素有关，沉积物的性质及沉积特点决定了冲积土基本属性特征。汛期洪水泛滥所形成的冲积土，在山前坡麓带洪积扇的中上部，沉积物中砾石、粗砂多，分选性差，层理不明显；在黄土丘陵的川、沟地，土层深厚，质地均一，以壤质为主，沉积层理明显。

2. 冲积土的潴育化过程　冲积土临近河床，河水补给地下水，汛期与枯水期的交替致使地下水位周期性升降，剖面中下部发生氧化还原作用的交替，因而有明显锈色，甚至有软铁子出现。

3. 冲积土的人为扰动过程　人类为了扩大耕地和改良土壤，有时引洪放淤，快速造田，同时，通过犁耕、翻土或搬运，使土层充分混合，也可能引入人为物质，如煤渣、瓦片等侵入体。

4. 冲积土的耕种熟化过程　耕种的冲积土必然受耕作、施肥的影响，但这种熟化过程较弱。

（二）冲积土的剖面形态特征

冲积土的形成特点决定了它剖面发育不明显，剖面构型一般为 AC-C-C_g 型或（A）C-C-C_g，多为沉积层次的组合。

1. AC 层　此层颜色淡黄色或灰棕色，砂壤质或壤质，可能含侵入体或砾石，洪水淤积可见层理，无明显结构。

2. C 层　此层为沉积层次，氧化还原现象不明显。

3. C_g 层　此层为氧化还原层，有多量的锈色斑纹，时有软铁子，有轻度潜育化。

（三）冲积土的基本理化性状

①冲积土的有机质表聚不明显，而且在剖面中的垂直分布不规则。雨季前仅一年一季的种植或生长稀疏的自然植被，难以形成腐殖质层。表层有机质含量与质地有关，一般不足 6 g/kg，砂质冲积土一般不足 5 g/kg。

②因河水一般富含 $Ca(HCO_3)_2$，故冲积土的 pH 在微酸性与微碱性之间，以中性居多。土壤中的 $CaCO_3$ 含量主要取决于物质来源与土壤所在的地理条件，如黄泛平原的冲积土，$CaCO_3$ 含量多为 50~100 g/kg，淮河流域的冲积土的 $CaCO_3$ 含量较少，长江流域的沉积物的 $CaCO_3$ 含量更少。

③冲积土无淋溶、淀积，侵入体分布无规律。

三、冲积土的亚类划分及其特征

由于不同地带的冲积物的化学性质不同，冲积土可分为饱和冲积土、不饱和冲积土和石灰性冲积土。

（一）饱和冲积土

饱和冲积土主要分布在北方地区非石灰性岩石地层流域范围内，土壤盐基饱和度达到或超过50％，不含游离碳酸钙，pH多变化在6.5～7.5。在南方地区钙质岩地层流域范围内，土壤盐基饱和度也可能达到或超过50％，pH≥6.5，而成为饱和冲积土。

（二）不饱和冲积土

不饱和冲积土主要分布在南方地区非石灰性岩地层流域范围内，土壤盐基饱和度不足50％，呈微酸性乃至酸性反应，pH多低于6.0。

（三）石灰性冲积土

石灰性冲积土主要分布在北方地区钙质岩地层或有黄土分布的流域范围内，土壤盐基饱和，含游离碳酸钙，pH多变化在7.5～8.5。

四、冲积土与相关土类的区别

（一）冲积土与潮土和草甸土的区别

潮土和草甸土已经脱离河流泛滥的影响，不再有新的冲积物覆盖，腐殖质积累过程明显，表层有机质含量明显高于心土层和底土层。

（二）冲积土与灌淤土和灌耕土的区别

灌淤土和灌耕土发育于干旱灌溉区，是人工引洪淤灌下形成的人为土，具有明显的耕种熟化过程，腐殖质累积和物质淋溶淀积明显，结构良好，耕作层、犁底层、心土层和埋藏层清晰可辨。

五、冲积土的利用

冲积土尚未脱离河水泛滥的威胁，其开发利用应在保证行洪安全的前提下，根据自然条件和社会经济条件，采取合理的利用方式。我国冲积土已开垦的总面积为$9.842\times10^5 hm^2$，占冲积土总面积的36.18％。

①在河滩草场，可建立季节草场轮牧区，但要注意维护河道沿岸的饮水卫生。

②在河漫滩较宽阔的地区，可修堤筑坝，防止洪水淹没，建立排灌系统，降低地下水位，平整土地，建立河滩地农业区，在保证汛期行洪安全的条件下，加强农业技术措施，争取汛期前获得一季好收成。同样，水肥管理措施要恰当，实行平衡施肥，防止过量的肥料径流（包括地下径流）污染河水。

③一般质地较粗的河漫滩，在不影响行洪的条件下，可以选植河滩片林，既可保护河岸，又可改善生态环境。在北京及河北燕山山区，利用河谷卵石滩种稻挂淤，改良土壤，取得良好效果。

④对于冲积土的开发，应通过施用有机肥，特别是套种、复播、轮作苜蓿等绿肥，再加上精耕细作等措施，加速土壤的培肥和熟化。

第二节　风沙土

风沙土是干旱与半干旱地区在砂性母质上形成的仅有A-C层的疏松的幼年土，处于土壤发育的初始阶段，成土过程微弱，通体细砂，易随风而移动。

一、风沙土的分布与形成条件

我国风沙土的总面积为 6.75273×10^7 hm^2，主要分布于北部的半干旱和干旱地区，大致位于北纬 $36°\sim49°$，处于黑钙土、栗钙土、棕钙土和荒漠土带内，跨黑龙江、辽宁、内蒙古、陕西、宁夏、甘肃、青海、新疆等省份，构成我国著名"三北"风沙区。滨海与东部湿润地区的河流故道也有较大面积的风沙土。

除滨海与东部湿润区外，风沙土区大陆性气候明显，夏季干旱少雨，降水不稳定；冬季受蒙古-西伯利亚高压的控制，气候寒冷干燥。降水量自东向西递减。大致以贺兰山为界，东部年降水量为 $200\sim500$ mm，西部年降水量在 200 mm 以下。降水量最少的地区位于塔克拉玛干沙漠的中部和东部、新疆东部、柴达木盆地西部以及巴丹吉林沙漠，年降水量在 50 mm 以下。降水年变率大，降水季节分配极不均匀，主要集中在夏季的 $6\sim8$ 月，占全年的 $60\%\sim80\%$，而夏季又往往集中在少数几天内。蒸发强烈，干燥度东部为 $1.5\sim4.0$，西部在 4 以上；气温变化大，气温年较差和日较差均大；常年多风，风期长，风力大，是风沙土形成的基本动力。

风沙土区的自然植被为草原、荒漠草原和荒漠，以耐旱灌木或半灌木以及耐旱、耐瘠的沙生植物为主。植物稀疏低矮，主要有沙柳、柠条、梭梭、沙拐枣、红柳、胡枝子、锦鸡儿、沙蓬、沙蒿、白茨、白草、沙米、泡果白刺等。滨海风沙土的植物主要有柽柳、木麻黄等。

风沙土的母质是松散的风成沙，风成沙来源于岩石就地风化的产物或河流冲积物、洪积物、湖积物、冰碛物；有些地区下伏基岩岩石疏松，极易风化，毛乌素沙地的下伏岩石就是第三纪的疏松的砂页岩。这些沙质沉积物和疏松的砂页岩，提供了丰富的沙源。在滨海沙地中，沙粒是由山区河流带来的，或海岸破碎崩落物岩块长期磨蚀而成。上述风化产物在风的吹扬下，被搬运。当风速降低或遇到障碍物时，风所携带的碎屑物质就会在重力作用下沉积下来，形成特有的风沙地貌——各种形状和类型的沙丘。

二、风沙土的成土过程、剖面形态特征和基本理化性状

（一）风沙土的成土过程

1. 风沙土的风蚀、堆积过程 风通过吹扬作用，将地表碎屑物质吹起，并携带搬运，当风速减弱或遇到障碍物时，沉积下来。

2. 风沙土的生草化过程 风沙土区植被多为深根、耐旱的木质化灌木、小半灌木，每年地上部分死亡。由于气候干旱，枯枝落叶分解十分微弱。尽管植被稀疏，但对固定土壤起着十分重要的作用。

风沙土的形成始终贯穿着风蚀、堆积过程和植被固沙的生草化过程，这两者互相对立往复循环，从而推动着风沙土的形成与变化。成土过程很不稳定，常被风蚀和沙压作用打断，再加粗质地有碍土壤的发育，因此，风沙土发育十分微弱，很难形成成熟、完整的土壤剖面。

风沙土的形成大致分为以下3个阶段。

（1）流动风沙土阶段 风沙母质含有一定的养分和水分，为沙生先锋植物的滋生提供了条件，但因风蚀和沙压强烈，植物难以定居和发展，生长十分稀疏，覆盖度小于10%，常受风蚀移动，土壤发育极其微弱，基本保持母质特征，处于成土过程的最初阶段。

（2）半固定风沙土阶段 随着植物的继续滋生和发展，覆盖度增大，常为10%~30%，风蚀减弱，地面生成薄的结皮或生草层，表层变紧，并被腐殖质染色，剖面开始分化，表现出一定的成土特征。

（3）固定风沙土阶段 植物进一步发展，覆盖度继续增大，通常大于30%；除沙生植物外，还渗入了一些地带性植物成分，生物成土作用较为明显，土壤剖面进一步分化，土壤表层更紧，形成较厚的结皮层或腐殖质染色层，有一定的有机质积累，弱团块状结构，细土粒增加，理化性质有所改善，具备了一定的土壤肥力。固定风沙土的进一步发展，可形成相应的地带性土壤。

风沙土在地下水和盐分的作用下可向草甸化、沼泽化和盐渍化方向发展。

（二）风沙土的剖面形态特征

风沙土的土体构型为 A-C。

1. A层 生草-结皮层或腐殖质染色层，厚度为5~30 cm或更厚，浅黄色（2.5Y7/3）或棕色（7.5YR5/4），片状或弱团块状结构，砂土或砂壤土，根系较多。

2. C层 砂土，浅黄色（2.5Y7/3），单粒，无土壤结构体。

（三）风沙土的基本理化性状

1. 风沙土的物理性状 由于风力的分选作用，风沙土的颗粒组成十分均一，细砂粒（0.25~0.05 mm）含量高达800 g/kg以上。因植物的固定、尘土的堆积和成土作用，半固定、固定风沙土的粉粒和黏粒含量逐渐增加，可达150 g/kg左右。随着有机质和黏粒的增加，土壤结构改善，微团聚体增加，土壤抗风蚀的能力提高。风沙土地区降水少，渗透快，蒸发强，土壤含水量低。流动风沙土的表层为一疏松的干沙层，厚度一般为5~20 cm，荒漠土地区可超过1 m，含水量低于1%。干沙层以下水分比较稳定，含水量为2%~3%，降水多的季节可达4%~6%，亦能满足耐旱的草灌和乔木的生长，半固定和固定风沙土由于植物吸收与蒸腾，上层土壤水分含量更低。

2. 风沙土的化学性状 风沙土有机质含量低，一般为1~6 g/kg，长期固定或耕种的风沙土可达5 g/kg左右。腐殖质组成除东部草原地区外，以富里酸为主，HA/FA小于1。土壤钾素较丰富，氮磷缺乏，阳离子交换量为2~5 cmol/kg，保肥供肥能力差，土壤贫瘠。pH为8~9，呈弱碱至碱性反应。石灰和盐分含量地域性差异明显，东部草原地区一般无石灰性。西部地区有盐分累积，特别是荒漠地区有的已开始出现盐分和石膏聚积层。风沙土矿物组成中，石英、长石等轻矿物占80%以上，重矿物含量较少，但种类较多，主要是角闪石、绿帘石、石榴子石和云母类矿物。

三、风沙土的亚类划分及其特性

风沙土亚类的划分主要考虑区域成土条件差异，分为草原风沙土、荒漠风沙土、草甸风沙土和滨海风沙土。前两个有地带性差异，而草甸风沙土则主要发育在受地下水影响的地点。

(一) 荒漠风沙土

我国荒漠风沙土的总面积为 5 047.13 hm²，占土类总面积的 74.74%，分布在荒漠地带，干沙层厚度大，土层中水分和有机质含量极低，石灰含量高。

(二) 草原风沙土

我国草原风沙土的总面积为 1 268.00 hm²，占土类总面积的 18.78%，分布在草原地带，水分和有机质含量较荒漠风沙土多，一般无石灰反应。

(三) 草甸风沙土

我国草甸风沙土的总面积为 414.59 hm²，占土类总面积的 6.14%，形成于丘间低地、地下水位较高的草甸草本植物和灌木下。土壤发育较快，植物生长 3～4 年后，便可分化出明显的腐殖质染色层。其剖面特征是：生草层和枯枝落叶层明显，表层细土增多，剖面下部有锈纹锈斑。某些草甸风沙土有易溶盐累积。

(四) 滨海风沙土

我国滨海风沙土的总面积为 23.01 hm²，占土类总面积的 0.34%，是由滨海沉积物经风浪作用堆积而成，多为古沙堤，呈条带状与海岸线大致平行。风浪强大使植物缺乏，土壤发育微弱。

四、风沙土与相关土类的区别

(一) 风沙土与栗钙土、棕钙土和漠土的区别

风沙土没有栗钙土、棕钙土和荒漠土的特征层次，而仅是表层有微弱的灰黄色结皮或生草层。

(二) 风沙土与流动沙丘的区别

流动沙丘为非土壤形成物的地质体，地面系干燥松散的流动沙粒，没有植被，也无 A-C 型剖面构型。

五、防治沙漠化和风沙土的保护、利用及改良

(一) 风沙土分布区存在的问题

我国内陆风沙土分布区气候条件独特，太阳辐射强，昼夜温差大，存在着特有的野生动植物，该区也存在下列问题。

1. 水资源贫乏 据估算，我国风沙土分布区年均水资源总量约为 $2 350×10^8 m^3$，平均为 $7×10^4 m^3/km^2$，远远低于全国 $36×10^4 m^3/km^2$ 的平均水平。其中地表水总量为 $2 024×10^4 m^3$，不足全国总数的 8%；平均每公顷耕地占有地表水 $11 921 m^3$，为全国耕地平均占有量 $26 325 m^3/hm^2$ 的 45.3%；地下水总量为 $1 135×10^4 m^3$，占全国年均地下水资源$8 000×10^4 m^3$ 的 14.2%。

2. 生态环境脆弱 我国风沙土分布区是沙尘暴的主要源区。据研究，我国沙漠化地区沙尘暴频率高、强度大，是世界上现代沙尘暴强烈发生的地区，并且有越来越频繁的趋势，据不完全统计，20 世纪 50～90 年代造成重大损失的就有 70 余次。

3. 经济落后 我国风沙土分布区经济结构简单，以牧业和种植业为主，第一产业的产值占60%以上，第二产业和第三产业不发达，经济发展水平低。

20世纪50年代以来，我国沙漠化在不断扩展。沙漠化发展最快的有两类地区，一是贺兰山以东的北方农牧交错区，二是贺兰山以西内陆河下游的绿洲地区。

2009年，我国风蚀荒漠化即沙漠化面积已达 $1.832 \times 10^6 km^2$，并且有进一步加重的趋势。随着今后人口压力的增加和人类经济活动的进一步加强，如不采取应急措施，沙漠化将以更大的速度扩展。

（二）风沙土的保护和利用

1. 保护植被 对于风沙土区首先要保护好现有植被，严禁滥垦、滥伐、滥樵和过度放牧，逐步恢复自然植被。

2. 营造植被 要大力开展植树种草。流动风沙土应播种沙蒿等沙生植物，设置草沙障。半固定、固定风沙土应草灌结合，以沙生草本植物和灌木为主。丘间沙地可种植沙柳、锦鸡儿、柽柳等乔木灌木树种；沙区农田应营造防风林带。根据"因地制宜、因害设防"的原则，实行草灌乔结合，合理设置林网结构，控制沙漠化发展。要综合治理，通过建立人工植被或保护和恢复天然植被等生物措施，采用固、阻、输、导等机械工程手段，结合化学方法，例如利用化学物质、工艺，在发生沙害的地表建造一层具有一定结构和强度的固结层，防治沙害。

3. 因地制宜地发展牧业与农业 沙区的滩地、绿洲分布较广，且水资源较丰富，地下水埋藏浅，水质较好，可发展灌溉农业，建立沙区粮食和副食品基地。有些地区盛产名贵药材和经济作物（如列当、肉苁蓉、枸杞、沙苑子、瓜果等），应开展多种经营；同时，积极发展经济林和水产养殖。风沙区有大量的旱耕地，干旱缺水，风蚀严重，产量很低，应退耕还牧，种植牧草，建立人工草场，发展畜牧业。依靠科技进步，充分发挥资源优势，发展薪炭林，开发风能、太阳能等替代能源。

4. 土壤改良 针对风沙土土质砂、结构差、养分低、干旱风蚀等特点，对农田应抓好土壤改良和培肥地力，广开肥源，增施有机肥料，扩种深根绿肥，改进轮作倒茬制度，合理施肥，氮磷肥配合。施肥方法应"少吃多餐"，提高肥效。在有条件的地区可客土改沙，引洪漫淤，引水拉沙，变沙地为良田。种植抗风、耐旱、耐沙作物，采用防蚀抗旱耕作措施，如免耕、少耕、覆盖、沟田种植等。

第三节 黄 绵 土

黄绵土是在黄土或次生黄土母质上，发育微弱，剖面层次分化不明显，土体构型为A-C的幼年土壤。

一、黄绵土的分布与形成条件

黄绵土曾称为黄土性土、绵土等，是黄土高原地区最大的土类和主要的旱作土壤，总面积为 $1.22791 \times 10^7 hm^2$，广泛分布于黄土高原水土流失比较严重的地区，主要是陕西的北部和中部、甘肃的东部和中部、宁夏的南部以及山西的西南部。其中，陕西北部分布最广，青海、内蒙古也有零星分布，与栗钙土、灰钙土、褐土等地带性土壤交错出现。

黄绵土地处温带、暖温带地区，年平均气温为 7～16 ℃；年平均降水量为 200～500 mm，集中于 7～9 月，多暴雨；年蒸发量为 800～2 200 mm，干燥度大于 1。自然植被为森林草原和草原，乔木主要是落叶阔叶树种，有栎、榆、洋槐等，并间有油松、柏等，多为次生、旱生中幼年林，林相残败；草本植物主要为禾本科草类和冷蒿、地椒、甘草等，生长较稀疏。地形为黄土丘陵、台地等，以及这些黄土地貌区的川台地、涧地等非地下水浸润区。母质为黄土性物质，疏松多孔。黄绵土地区地形支离破碎，坡度大，降水集中，植被稀疏，加之黄土抗蚀力弱，是造成土壤强烈侵蚀的主要原因。也正是由于强烈的土壤侵蚀造成土壤发育受阻，保留在幼年土壤阶段。

二、黄绵土的成土过程、剖面形态特征和基本理化性状

（一）黄绵土的成土过程

黄绵土的土壤形成过程主要是弱腐殖质累积、耕种熟化和土壤侵蚀 3 方面。

1. 黄绵土的弱腐殖质累积过程　在自然草本植物和灌木疏林植被下发育的黄绵土，在地形平坦处侵蚀减弱，表层具有枯枝落叶残留层，形成有机质层。剖面由有机质层和黄土母质层构成 A-C 型，层次过渡明显，并有碳酸钙的轻度淋溶、淀积及微弱的黏化现象发生，如果这些过程顺利地进行，土壤向黑垆土、褐土、栗钙土等地带性土壤过渡。剖面中还可见霜粉状、斑点状或短条状的碳酸钙新生体，但无钙积层形成。

2. 黄绵土的耕种熟化过程和土壤侵蚀过程　在耕种条件下，一方面进行着耕种熟化，另一方面又发生着土壤侵蚀，土壤形成处在熟化→侵蚀→熟化往复循环的过程中，加上气候干旱和生物过程不强，延缓了剖面的发育，所以土壤始终处在幼年发育阶段，剖面由耕层和黄土母质层组成，即 A_p-C 型，无明显淋溶淀积层。

必须强调，黄绵土在土壤形成过程中受黄土母质的影响特别明显。黄土分新黄土、老黄土和古黄土，其中新黄土面积最大。除风成黄土外，也出现洪积、坡积和冲积的次生黄土，这些黄土的许多性质可遗传给其上形成的土壤。

（二）黄绵土的剖面形态特征

黄绵土的土体构型为 A-C，在自然植被下，具有有机质层，厚度为 10～30 cm，黄土的颜色为棕黄色（干土 10YR6/6）或黄棕色（风干土 10YR5/6），屑粒状、团块状结构。其下为母质层，稍有碳酸钙的淋溶淀积。通常林地有机质层比草地厚，有机质含量高，颜色暗，结构发育好。

黄绵土因侵蚀较强，耕层比较薄，一般为 15 cm 左右，有的陡坡耕地不足 10 cm。耕层以下为黄土母质层，但在塬地、川台地和久耕梯田，略有犁底层发育。

（三）黄绵土的基本理化性质

1. 黄绵土的物理水分性质　黄绵土的颗粒组成以细砂粒（0.25～0.05 mm）和粉粒（0.05～0.002 mm）为主，约占各粒级总数的 60%，同一剖面各层颗粒组成变化不大，仅表层因侵蚀、坡积、耕作、施肥的影响稍有差异。但地域性差异显著，由北向南，由西向东砂粒含量递减，黏粒含量逐渐增加，这与黄土颗粒组成的地域分异规律是一致的。

黄绵土疏松多孔，容重小，耕性良好。耕层容重一般为 1.0～1.3 g/cm³，总孔隙度为

55%～60%，通气孔隙最高可达 40%。黄绵土透水性良好，蓄水能力强，有效水范围宽，透水速度通常大于 0.5 mm/s，每小时渗透量为 50～70 mm，下渗深度可达 1.6～2.0 m，2 m 土层内可蓄积有效水 400～500 mm，田间持水量为 13%～25%，凋萎湿度为 3%～8%，土壤有效水含量可达 8%～17%。不同地形部位特别是坡面对土壤水分含量的影响较大，阴坡蒸发较弱，水分状况优于阳坡，其土壤水分含量一般比阳坡高 1.5～3.0 个百分点，相对高 20%以上。

黄绵土多处于温带，加之质轻、色浅、比热容小，因而土温变幅大，属温性至中温性土壤，一般阳坡土壤温度比阴坡高 1.5～2.5 ℃。坡向对土壤水热状况的影响，对黄绵土地区的作物布局、播种时间选择以及出苗生长状况都有重要的作用。

2. 黄绵土的化学性质　耕地黄绵土的有机质含量一般为 3～10 g/kg，草地黄绵土的有机质含量一般为 10～30 g/kg。腐殖质组成以富里酸为主，HA/FA 为 0.3～0.9。氮素含量低，全量磷钾较丰富，但有效性差，锌、锰较缺。

黄绵土为弱碱性反应，pH 为 8.0～8.5。整个剖面呈石灰性，碳酸钙含量为 90～180 g/kg，上下土层比较均匀。阳离子交换量为 6～12 cmol/kg，保肥能力较弱。

黄绵土的矿物组成与化学组成和黄土母质近似，矿物组成以石英和长石为主，各层变化不大；黏土矿物以水云母为主，其次是绿泥石和少量高岭石，黏粒硅铁铝率为 2.8～2.9，硅铝率为 3.5～3.7。

三、黄绵土的分类

由于黄绵土发育微弱，剖面土层分异不明显，从而缺乏其他土壤发生层，因此暂划黄绵土一个亚类。

四、黄绵土与相关土类的区别

（一）黄绵土与黑垆土的区别
黑垆土具有深厚暗色的腐殖质层，有隐黏化特征，有深位钙积层。

（二）黄绵土与栗钙土的区别
栗钙土有深暗明显的腐殖质层和钙积层。

（三）黄绵土与褐土的区别
褐土具有明显的腐殖质层、黏化层和钙积层，剖面发育明显。

（四）黄绵土与栗褐土的区别
栗褐土具有灰棕色的腐殖质层、弱黏化淀积层和钙积层。

（五）黄绵土与灰褐土的区别
灰褐土是山地森林土壤，有明显的粗腐殖质层和钙积层，有弱黏化现象。

（六）黄绵土与灰钙土的区别
灰钙土发育于暖温带荒漠草原带，有荒漠化特征（地表微弱裂缝、假结皮），有深厚的弱腐殖质层和弱钙积层。

五、黄绵土的开发利用

（一）退耕还林还牧

黄绵土地区地形破碎，坡度大，坡耕地多，尤其陡坡耕地比重大，如陕北黄土丘陵区耕种黄绵土占黄绵土总面积的 67%～75%，其中大于 25°的坡耕地占耕地黄绵土面积的 43.5%，既不适于种植农作物，也加剧了水土流失。因此坡度大于 15°的坡耕地要逐步退耕还牧还林。本着"米粮上塬下川，林果下沟上岔，草灌上坡下坬"的原则，综合治理，防治水土流失，改善生态环境。

（二）抓好工程治理措施，搞好农田基本建设

工程措施是防治水土流失的主要方法，也是建设标准基本农田的基础工作。工程治理措施主要是修筑水平梯田、隔坡梯田、高埂隔田、淤坝地、水平沟、护沟埂等，做到水不出田，泥不下坡，但工程措施要与生物措施相结合。

（三）发展灌溉，推行抗旱耕作技术

气候干旱，土壤水分不足是影响黄绵土地区农业生产的重要因素。在有条件的地区应大力发展灌溉，加强水利设施的建设和配套，逐步推行喷灌、滴灌等先进技术，提高灌溉效益。旱地在建设梯田、坝地的基础上，积极推广节水农业及其他抗旱耕作保墒措施，如早耕、深松、适时耕耘、镇压、覆盖等，做到降水就地入渗拦蓄，增强土壤蓄水、抗御干旱的能力。

（四）增加土壤投入，培肥地力

针对黄绵土有机质和氮磷缺乏的问题，应有计划地分年施用有机肥料，秸秆还田，采用有机和无机肥料结合，增施氮磷化肥和硼、锰微量元素肥料。改进轮作倒茬制度，把豆科作物、牧草绿肥纳入轮作。特别是发展苜蓿对解决肥料和饲料问题都有积极的作用。

第四节 石灰（岩）土

石灰（岩）土是石灰岩经溶蚀风化形成的初育土。

一、石灰（岩）土的分布与形成条件

我国石灰（岩）土的总面积为 $1.077\ 96\times10^7\ hm^2$，按分布面积由大到小依次是贵州、四川、湖北、湖南、云南、广西、陕西、广东、安徽、江西和浙江。在北方石灰岩上形成的土壤一般不称为石灰（岩）土，而称为当地地带性土类的某某性土或石质土。只有在南方湿热气候条件下，由石灰岩溶蚀风化形成，而且土壤因母岩中的碳酸钙不断供给盐基致使土壤酸性发育受阻，盐基饱和度高，才称为石灰（岩）土，以区别于其他成土母质发育成的地带性土壤。

我国石灰（岩）土类型多样，这与我国岩溶的发育程度密不可分，也与地层时代不同有很强的联系，从震旦纪到三叠纪均有石灰岩的出露，岩石种类繁多，有石灰岩、白云岩、白云质灰岩、灰质白云岩、硅质灰岩、泥灰岩、泥云岩等，在热带亚热带地区，岩溶作用的结

果,形成峰丛、峰林、孤峰、漏斗、溶蚀洼地等地貌类型,岩溶发育程度(幼年或老年)均能见到,而不同的地貌类型上,石灰(岩)土的厚度、分布等均有所差异。岩溶发育的幼年期,石灰(岩)土的连续成片性较差,土层浅薄;而老年期,石灰(岩)土形成连续且稍厚的土被。

二、石灰(岩)土的成土过程、剖面形态特征和基本理化性状

石灰(岩)土之所以在南方没有形成像黄壤、红壤等一样的地带性土壤,一方面是因为土壤受到强烈侵蚀,处于不稳定状态,表层经常受到剥蚀,底土甚至是岩石风化物不断出露地表成为新的表层,以致土壤发育时间短,淋洗过程不充分,从而继承了形成土壤的岩石的性质;另一方面,石灰(岩)土发育于石灰岩上,石灰岩不容易发生崩解物理风化,但在湿润水分条件下,却可发生化学风化,碳酸盐发生化学风化后,残留物是黏粒,以致土壤质地黏重。石灰岩所含大量碳酸盐也延缓了土壤酸化过程,这样造成石灰(岩)土的 pH 比同地带的黄壤、红壤要高,甚至含石灰或石灰反应,盐基饱和度高。

(一)石灰(岩)土的成土过程

1. 石灰岩的溶蚀风化及 $CaCO_3$、$MgCO_3$ 的淋溶　石灰岩的矿物组成为方解石、白云石及少量黏土矿物,有时还含有其他矿物类型,其风化过程为化学风化(即方解石、白云石在水和二氧化碳存在下溶蚀、迁移,剩下岩石中黏土矿物的过程),据测算,钙镁淋失率达到 95%(表12-1)以上,因而石灰(岩)土多土质黏重,由于可溶性成分多,形成土壤少,土层浅薄。正常土层厚度很少超过 50 cm,仅在局部洼地或泥灰岩发育的土壤可见较厚土层。

表12-1　石灰(岩)土的钙镁淋失率(%)

(引自贵州土壤,1994)

母岩	石灰岩上发育的石灰土		白云岩上发育的石灰土		泥黄岩上发育的石灰土
	茂兰	桃园	茂兰	桃园	六广
CaO 淋失率	99.94	99.91	99.87	99.87	99.88
MgO 淋失率	97.34	96.31	97.89	97.89	81.10

2. 石灰(岩)土的 $CaCO_3$ 的富集　在石灰(岩)土的成土过程中,$CaCO_3$ 的淋溶是绝对的,但是由于岩溶地貌的特殊性及生物吸附等,部分淋溶的 $CaCO_3$ 保留和归还到土体中,致使土壤中存在淋失和富集两个相反的过程,因而土壤能随时得到钙离子的补充,从而保持土壤的初育性特点。

3. 石灰(岩)土的腐殖质钙的累积　生物的生长、死亡,有机体返回土壤,由于钙离子的存在,使土壤中腐殖质与钙离子形成高度缩合而稳定的腐殖质钙,从而富集腐殖质,例如贵州茂兰石灰(岩)土的腐殖质含量比同一地区的黄红壤高出 3 倍以上就是一个很好的例证。

(二)石灰(岩)土的剖面特征

石灰(岩)土因成土母岩岩性的差异、发育阶段及所处地形部位而具有极显著的差异。石灰岩、白云岩,由于溶蚀作用的结果,残留量少,发育的土层浅薄,土体与岩石交接清晰,无明显碎屑。泥灰岩发育的土壤较厚,土石界面亦难区分。一般初期发育的石灰(岩)

土浅薄，土体构型为 A-R，A 层土壤棕黑色至橄榄棕色（2.5Y3/2～2.5Y3/3），有石灰反应。进一步发育，土层较厚，土体发育为 A-BC-R 型，心土层黄棕色或黄色（10YR5/8～2.5Y8/6），表土层为粒状或核状结构。

（三）石灰（岩）土的基本理化性状

石灰（岩）土呈中性至微碱性反应，pH 为 7.0～8.5，在坡面残积母质上发育的石灰（岩）土，pH 上低下高；在槽谷坡麓坡积母质上发育的则表现为上高下低，这是因为富钙地表水的复钙作用，有的呈石灰反应。土壤质地黏重，表土层多为黏壤至壤土。

土壤中黏土矿物以伊利石、蛭石和水云母为主，有的含蒙脱石或高岭石。黏粒的硅铝率相应较高，可达 2.5～3.0；阳离子交换量为 20～40 cmol/kg；交换性盐基以钙镁占绝对多数。

土壤有机质丰富，平均含量为 40 g/kg 以上，腐殖质化程度高，与钙形成腐殖酸钙使土壤具有良好的结构，且颜色较暗，土壤碳氮比值低，养分含量丰富，土壤全氮含量一般在 2 g/kg 左右，全磷含量为 0.6 g/kg，全钾含量为 15 g/kg，速效磷、钾属中等水平。但由于 pH 较高，土壤中微量元素如硼、锌、铜等有效性低，易导致缺素现象（表 12-2）。

表 12-2　石灰（岩）土理化性质

（引自中国土壤，1998）

名称	深度（cm）	水浸液 pH	有机质含量（g/kg）	全氮含量（g/kg）	全磷含量（g/kg）	速效磷含量（mg/kg）	速效钾含量（mg/kg）	阳离子交换量（cmol/kg）
黑色石灰土	0～15	6.7	108.7	6.7	0.98	30	10	48.36
棕色石灰土	0～12	7.1	57.3	4.02	1.06	2.8	87	29.29
	12～32	7.1	28.6	2.42	0.80	1.0	81	23.18
	32～50	7.5	19.6	2.13	0.63	1.4	69	25.15
	50～63	7.6	19.1	1.82	0.57	1.3	68	20.69
黄色石灰土	3～29	7.7	27.50	1.70	0.44	2.8	132	28.50
	29～82		11.52	0.93	0.37			23.55
	82～100	7.8	6.18	0.63	0.36			23.31
红色石灰土	0～15	7.1	22.5	1.51	0.40	3.1	67	
	15～20	7.7	15.7	1.49	0.20	痕迹	71	
	20～100	8.2	11.8	1.35	0.25	痕迹	68	

名称	深度（cm）	CaCO$_3$ 含量（g/kg）	颗粒组成			质地名称
			1～0.02 mm 颗粒含量（%）	0.02～0.002 mm 颗粒含量（%）	<0.002 mm 颗粒含量（%）	
黑色石灰土	0～15	4.8	23.44	43.54	33.02	壤质黏土
棕色石灰土	0～12	1	28.1	33.0	38.9	壤质黏土
	12～32	1	12.5	29.5	58.0	黏土
	32～50	1	8.3	27.3	64.4	黏土
	50～63	痕迹	9.1	29.4	61.5	黏土
黄色石灰土	3～29	1.7	17.04	44.34	38.62	壤质黏土
	29～82	1.7	11.79	45.74	42.47	粉砂质黏土
	82～100	1.7	12.58	45.32	42.10	粉砂质黏土
红色石灰土	0～15		20.27	42.06	37.67	壤质黏土
	15～20	8.37	33.71	57.92		黏土
	20～100	9.90	29.89	60.21		黏土

三、石灰（岩）土的亚类划分及其特征

由于石灰岩的组成、特征，所处生物气候条件、成土作用的强弱、时间长短等成因不同造成石灰（岩）土的特征不同，从而将石灰（岩）土划分为黑色石灰土、棕色石灰土、黄色石灰土和红色石灰土4个亚类。

（一）黑色石灰土

我国黑色石灰土的总面积为 1.6636×10^6 hm^2，占土类总面积的15.43%；分布于岩溶地区，与其他石灰（岩）土交错分布。一般土体浅薄，以富含有机质和碳酸钙为其特点，有机质含量多在100 g/kg以上；呈中性至碱性反应，pH为7.2～8.5；质地黏重，黏粒含量超过30%，多为黏壤土或壤质黏土；阳离子代换量为30 cmol/kg以上，盐基以钙、镁为主；盐基饱和度高，养分丰富。土壤呈A-R构型。

下面以广西桂林雁山的黑色石灰土剖面作为黑色石灰土的典型剖面描述，该剖面土层浅薄，植被为青冈栎、楮木、阔叶麦冬等。

0～15 cm，暗棕色（7.5YR3/2），壤质黏土，团粒结构，根系多，

15 cm以下，基岩。

（二）棕色石灰土

我国棕色石灰土的总面积为 3.2413×10^6 hm^2，占土类总面积的30.07%；属岩溶区主要土壤类型之一，广泛分布于广西，在云南、贵州、广东、湖南等地也有一定面积；主要分布于峰丛、峰林及岩溶丘陵坡面上。土体因地形不同而变化较大，一般大于50 cm，剖面明显分化，有B层发育。典型剖面为 A-BC-C-R 型或 A-AB-R 型，表层颜色为棕色或暗棕色，块状结构，淋溶明显，$CaCO_3$ 含量多在1%以下，土体无或仅呈轻微石灰反应。心土层红棕色，为重黏土，粒状结构，根系较多，结构面有少量黏膜。土壤风化淋溶明显，黏粒硅铝率仅1.8左右。有机质含量一般为30～50 g/kg。土壤呈中性反应，pH为7.0～7.5。质地黏重，为黏壤土或壤质黏土，并有明显的黏粒淋溶现象。黏土矿物以蛭石为主，其次为高岭石。阳离子交换量为20～25 cmol/kg，盐基组成中钙和镁占80%以上，盐基饱和度在90%以上。土壤全氮、全磷均较丰富，但有效养分为中下水平。

（三）黄色石灰土

我国黄色石灰的总土面积为 3.8619×10^6 hm^2，占土类面积的35.83%；分布在黄壤带内的岩溶地区，海拔1 000 m以上，以贵州和四川的面积最大，其次为云南和湖南。土壤剖面呈黄色，尤以B层明显。土体结构为A-AB-C-R型，厚薄不一，为30～100 cm不等；表土层为黄灰色至棕黄色，黏土，团粒结构，疏松，多根。心土层为黄色，质地黏重，多为壤质黏土，粒状结构。土壤pH为7.5～8.0，表土层石灰反应不明显，但往下层逐渐加强。土壤有机质含量在25 g/kg以上，阳离子交换量为20 cmol/kg，交换性盐基离子以钙为主。土壤含钾较为丰富，其他养分中等，但略低于黑色石灰土和棕色石灰土类型。

（四）红色石灰土

我国红色石灰土的总面积为 2.0127×10^6 hm^2，占土类面积的18.67%；以云南面积最广，其他省份也有分布，多数位于平缓地形。土体厚在100 cm以上，$CaCO_3$ 大多淋失；土

层稍有分化,为 A-BC-R 构型。土壤以红色为基调色;表土层棕色,粒状结构,疏松,根多;心土层质地黏重,多为壤质黏土,紧实,具块状或棱块状结构,结构面可见铁锰胶膜,有时有铁锰结核和假菌丝体。土壤矿物风化程度较深,呈中性至微酸性反应,pH 为 6.5~7.5。有机质含量较低,为 20~30 g/kg,其他养分含量也低。黏土矿物以伊利石和高岭石为主,阳离子交换量在 20 cmol/kg 以下。盐基饱和度为 70%~90%。

四、石灰(岩)土的合理利用

石灰(岩)土地区多是贫困山区,这里山高坡陡,交通不便,耕地地块狭小零散,土层薄,砾石多,不利于机械耕作;石灰岩裂隙多,漏水。因此石灰岩山区往往也是缺水地区。

石灰(岩)土的开发利用:①植树造林,保持水土;②种植一些适宜生长的经济林木,如山楂、花椒、核桃、柿子;③在不得已必须耕种的情况下,也要通过工程措施修建石坎梯田、水平阶等;④利用山地草场,适当发展圈养畜牧业。

第五节 紫 色 土

一、紫色土的分布与形成条件

紫色土一般指亚热带和热带气候条件下由紫色砂页岩发育形成的一种岩性土,在我国的总面积为 $1.889\ 12\times10^7\ hm^2$。这类土壤由三叠系、侏罗系、白垩系、第三系的紫色砂泥(页)岩发育而成。紫色土分布范围很广,南起海南,北抵秦岭,西至横断山系,东达东海之滨,形成于具有亚热带和热带湿润气候条件的南方 15 个省份。紫色砂泥(页)岩中以四川盆地最大,相应紫色土也以四川省面积最大,有 $3.11\times10^6\ hm^2$,其他如云南、贵州、浙江、福建、江西、湖南、广东、广西等省份也有零星分布。

二、紫色土的成土特点

在湿热的气候条件下,如果土壤没有侵蚀发生,土壤经过较长的发育过程,水分的淋洗会使任何岩石都可能发育成酸性的土壤,即形成红壤类或者黄壤类的地带性土壤。紫色土之所以为初育土,一方面是因为土壤受到强烈侵蚀,处于不稳定状态,表层经常受到剥蚀,底土,甚至是岩石风化物不断出露地表成为新的表层,以致土壤发育时间短,淋洗过程不充分,从而继承了形成土壤的岩石的性质;另一方面,紫色土是发育于紫色砂岩、页岩上的土壤,砂岩、页岩比较容易发生以崩解为主的物理风化,岩石所含大量碳酸盐延缓了土壤酸化过程,这样造成紫色土有一定厚度的松散的土层,但土壤的 pH 比同地带的黄壤和红壤高,盐基饱和度较高,养分水平也较高。

1. 紫色土母岩的作用 紫色土的形成有别于其他岩成土类,其成土过程受到母岩的影响特别大,紫色土的颜色、理化性质、矿物组成皆继承了紫色砂页岩的特性;紫色砂岩颗粒粗大,常含石英砂粒,透水性好,碳酸钙淋失较快;而紫色页岩颗粒细小,透水性差,碳酸钙淋失较慢。发育于志留纪、侏罗纪前期的紫红色砂页岩和新第三纪红色砂页岩上的酸性紫色土，pH<5.5，全量养分中下水平。发育于老第三纪、白垩纪、二叠纪和侏罗纪紫色砂页岩上的中性紫色土，呈中性反应，全量养分比较丰富。发育于侏罗纪棕紫色砂页岩和紫色钙质泥岩上的石灰性紫色土，土壤含石灰，呈微碱性反应（pH>7.5）。

2. 紫色土物理风化为主　紫色砂页岩具有很强的吸热能力，在昼夜温差大的条件下，极易受热胀冷缩的影响，产生物理风化。据研究，采用露天自然风化法，即将新鲜岩石挖出放在室外，1个月以后有64%的样品产生细裂缝，46%的样品崩解为小碎块；2个月后，近一半出现球状风化；4个月后全部崩解的占64%（表12-3）。

表12-3　紫色泥页岩风化碎屑颗粒组成（%）

（引自中国紫色土，1991）

母岩类型	粒径>10 mm			粒径10~5 mm			粒径5~2 mm			粒径<2 mm			备注
	1年	2年	3年	1年	2年	3年	1年	2年	3年	1年	2年	3年	
沙溪庙组（J_2s）	30.6	36.1	18.4	19.9	4.0	8.6	33.9	34.8	38.8	84.1	74.9	65.8	$n=3$
遂宁组（J_3s）	11.6	4.4	2.6	26.4	17.2	9.0	42.8	44.4	36.6	80.8	66.0	48.2	$n=2$
蓬莱镇组（J_3p）	13.3	7.2	4.5	10.4	6.2	4.4	34.1	30.9	14.2	57.6	44.3	23.1	$n=4$
城墙岩群（K_1c）	4.6	1.6	0.6	14.8	3.2	1.7	33.5	22.9	10.1	52.9	27.7	12.4	$n=2$
夹关组（K_2j）	75.1	67.1	58.2	8.6	9.3	7.4	10.4	14.3	15.8	94.1	90.7	81.5	$n=1$
飞仙组（T_1f）	61.1	40.3	38.0	33.3	43.5	43.3	6	13.4	16.6	99.2	97.2	87.9	$n=1$
平均	32.7	26.1	20.4	18.9	13.9	12.4	26.6	26.8	21.9	78.2	66.8	54.7	$n=15$

3. 紫色土的化学风化微弱　在紫色土中，矿物组成在粉粒粒级中除石英外，尚有大量长石、云母等原生矿物，黏土矿物和黏粒硅铝率在土壤和岩石间极其相似，且黏土矿物组成以水云母或蒙脱石为主，尤其在紫色土中还部分存在碳酸钙，更证明化学风化的微弱。

三、紫色土的剖面特征

紫色土通体呈单一紫色，这是紫色土的特征，土壤剖面上下均一，无明显差异。淋溶淀积现象极少，更无新生体的生成。由于该类土壤以物理风化为主，因而土壤中砾石含量高，剖面风化微弱。在坡地上部因受侵蚀影响，土层浅薄，十几厘米以下就可见到半风化母岩，下部因接受坡上物质而略显深厚，但大多不超过1 m。

四、紫色土的基本理化性状

一部分紫色土含有碳酸钙，且个别含量可高达70%，故pH为7.5~8.5，大部分由于碳酸钙含量极低（<1%）而呈中性反应，无碳酸钙的紫色土其pH为5.5~6.5。土壤质地以砂质黏土居多，黏土矿物以2∶1型的水云母、蒙脱石和2∶1∶1型的绿泥石占优势。紫色土有机质含量低，仅为10~30 g/kg。全氮含量也低，为0.6~1.89 g/kg，多数在1.0 g/kg。而磷钾含量丰富，其他矿质养分也很丰富，如微量元素除锌、硼、钼有效量偏低外，其余较均高（表12-4）。

表 12-4 紫色土的肥力状况

地点	深度(cm)	pH	CaCO₃含量(g/kg)	有机质含量(g/kg)	全氮含量(g/kg)	全磷含量(g/kg)	全钾含量(g/kg)	阳离子交换量(cmol/kg)
浙江金华	0～9	8.2	42.1	14.8	0.70	1.36	23.4	15.9
	9～16	8.2	48.0	13.9	0.75	1.41	24.1	15.7
	18～7	8.7	57.7	1.8	0.17	1.16	25.9	1.4
四川大竹	0～15	7.8	0.9	11.8	—	1.18	25.3	—
	15～38	8.2	79.9	7.6	0.53	1.30	21.4	—
	44～53	8.1	64.4	7.3	0.63	1.23	23.4	—
广东南雄	0～23	8.4	41.7	4.5	0.40	1.09	—	13.2
	23～46	8.5	55.6	5.1	0.23	1.07	—	14.7
	46～100	8.5	58.7	4.8	0.28	—	—	12.6
江西赣县	0～2	6.7	1.4	26.6	1.20	0.75	25.1	13.3
	2～8	7.5	6.2	18.1	0.73	0.80	27.9	14.3
	8～17	7.8	5.7	10.1	0.43	0.72	24.4	14.9
	17～25	8.2	19.8	3.7	—	1.30	29.3	12.9
湖南桃源	0～10	6.0	—	34.1	1.55	0.8	27.9	—
	10～25	6.0	4.4	15.5	0.79	1.2	27.2	—
	25～35	7.0	23.1	3.1	—	1.4	22.8	—

五、紫色土的亚类划分及其特征

根据紫色土含碳酸钙的多少划分酸性紫色土、中性紫色土和石灰性紫色土 3 个亚类。

(一) 酸性紫色土

我国的酸性紫色土分布在长江以南和四川盆地的广大低山丘陵,总面积为 8.8850×10^6 hm²,以西南的云南、贵州、四川和广西 4 个省份面积最大,占酸性紫色土总面积的 80% 以上。土壤有机质含量和全氮含量较高,磷、钾稍低,有机质含量多在 10 g/kg 以上,质地从砂质壤土到壤质黏土都有,但多数砂粒和粉粒含量高,质地偏轻。土壤阳离子交换量小于 15 cmol/kg,土壤呈酸性,pH<5,盐基饱和度低。

(二) 中性紫色土

我国的中性紫色土主要分布在四川和云南,其余省份较少,总面积为 4.5967×10^6 hm²,四川占 6.75%。中性紫色土土层较酸性紫色土薄,30～60 cm,质地以壤质黏土为主,砂粒和粉粒含量 70% 以上,土壤碳酸钙含量不足 30 g/kg,表现为中性反应,pH 为 7.5,土壤肥力水平较高,特别是钙、镁等矿质养分较高。但有机质、氮、磷明显不足。

(三) 石灰性紫色土

石灰性紫色土主要分布在四川盆地及云南中部。面积为 5.4095×10^6 hm²,四川占 78.6%。石灰性紫色土为黏壤土到壤土,土质疏松,透性好,CaCO₃ 含量大于 8%,土壤有机质含量为 10 g/kg 左右,全氮含量和速效磷含量低,锌和硼严重缺乏,土体浅薄,保水抗旱力差。

六、紫色土的开发利用

紫色土分布区由于人口多,耕地少,不得不开垦紫色土。同时,也因为紫色砂岩、页岩在南方湿热的气候条件下易于崩解风化,形成土层,所以人们才开垦紫色土,甚至刨挖半风化状态的基岩,以致紫色土成为我国南方,特别是四川、贵州、云南等地的重要耕作土壤。紫色土开发的耕地面积为 $5.13×10^6 \text{ hm}^2$,开垦率27%。相对于红壤、黄壤等同地带的其他地带性土壤来说,紫色土因为养分水平较高,酸性弱,所以其土壤肥力较高,在紫色土上生产出了丰富的农产品,包括粮食、油料和水果。在古代,四川被称为"天府之国",其原因就在于有大面积的紫色土。

但是,紫色土毕竟属于山区土壤。紫色土地区是我国南方水土流失最严重的地区,不但使表土有机质含量低,而且造成土层薄,蓄水抗旱能力差,更造成大量泥沙下泄,抬高河床,淤积水库,酿成洪涝灾害。因此紫色土的开发利用首先以保持水土为重点,在保护中利用,寓利用于保护之中。同时,利用紫色土地区水热条件较好和土壤磷钾含量较丰富的特点,施用化肥,充分发挥生产潜力,特别进行农业结构调整,减少粮、棉、油等大田作物的播种面积,发展柑橘、竹、油桐等经济作物,提高经济效益。

第六节 磷质石灰土

我国热带珊瑚岛礁上,在茂密植被和海鸟频繁活动下形成富含石灰和磷的磷质石灰土壤,分布在我国的东沙、西沙、中沙和南沙诸岛上,土地面积近 $1\ 000 \text{ hm}^2$,这些岛礁成陆时间10 000年以下,年轻的珊瑚石灰以碳酸钙为主,含量可达 950 g/kg 以上。

一、磷质石灰土的成土特点

1. 磷质石灰土的生物积累 磷质石灰土由于地处热带海洋气候条件使生物活动旺盛,植物种类繁多,大量植物残体为其提供了丰富的有机质来源,形成有别于其他热带土壤的生物累积模式。

2. 磷质石灰土的明显的脱钙过程 磷质石灰土的成土母岩具有高碳酸钙含量的特征,但在热带海洋气候条件下,土壤明显脱钙,碳酸钙含量降至 $100\sim200 \text{ mg/kg}$,比母质层(100 cm)含量低30%~50%。

3. 磷质石灰土的磷素富集 海鸟的栖息,使地表大量鸟粪堆积,在高温多雨的情况下,鸟粪迅速分解释放出大量磷酸盐,与枯枝落叶层中的腐殖酸一起向土壤下层淋溶,并与钙结合,形成鸟粪磷矿,其含磷量可达 100 g/kg 以上。磷素在剖面中淋溶淀积,使底层中也含有较多磷素,可达 5 g/kg。

二、磷质石灰土的剖面特征

磷质石灰土的表土层之上是一层枯枝落叶层,表土层有大量鸟粪及鸟类骨骼残体,有磷素聚积特征，有时形成硬盘磷质珊瑚礁层，土体砂性重，表土层以下即为具贝壳色泽的母质岩。

下面以西沙群岛永兴岛上一磷质石灰土剖面作为典型土壤剖面描述。该剖面在阶地上，海拔 4 m，植被为常绿阔叶林。

0～2 cm：枯枝落叶层。

2～13 cm：灰棕色（干时 2.5Y4/1），砂质壤土，团粒结构，疏松，pH 为 8.0。

13～45 cm：淡棕灰色（干时 2.5Y6/1），壤质砂土，块状结构，稍紧，根多，pH 为 9.3。

54～100 cm：浅黄色（干时 2.5Y8/3），壤质砂土，单粒结构，松散，pH 为 9.4。

三、磷质石灰土的基本理化性状

这类土壤发育微弱，质地粗，多属砂土，黏粒及物理性黏粒含量均低，母质为珊瑚、贝壳砂。在珊瑚岛礁上，岛礁露出水面历史短，因而发育度低，黏土矿物以云母及水云母为主。土体化学组成中以钙、磷氧化物为主，其含量分别为 500 g/kg 及 200 g/kg 左右。而氧化硅含量甚低，表土层为 4～5 g/kg，母质层仅 1 g/kg；氧化铁含量甚微。由于生物累积作用强，表土层有机质含量为 90～150 g/kg，全氮含量为 7～15 g/kg，往下则急剧降低，速效养分也以表层为高。土壤 pH 为 8.0～9.3，阳离子交换量为 2～350 cmol/kg，也以表层为高。

四、磷质石灰土的亚类划分及其特征

磷质石灰土分为磷质石灰土、硬盘磷质石灰土和盐渍磷质石灰土 3 个亚类，其理化性质见表 12-5。

表 12-5　磷质石灰土理化性状

（引自中国土壤，1998）

土壤	深度 (cm)	pH	有机质含量 (g/kg)	全氮含量 (g/kg)	全磷含量 (g/kg)	全钾含量 (g/kg)	阳离子交换量 (cmol/kg)	颗粒组成（%）			质地名称
								2～0.02 mm 颗粒	0.02～0.002 mm 颗粒	<0.002 mm 颗粒	
磷质石灰土	2～13	8.0	149.5	14.21	119.00	1.12	34.54	83.2	8.0	8.8	砂质壤土
	13～54	9.3	3.4	0.41	6.96	6.96		97.2	0	2.8	壤质砂土
硬盘磷质石灰土	2～12	8.6	99.8	7.27	53.10	1.02	24.37	92.2	6.0	2.8	壤质砂土
	12～26	8.5	30.4	2.62	115.70	0.43	7.04	93.2	4.0	2.8	壤质砂土
	26～46	8.8	10.1	1.42	11.10	0.40		97.2	—	2.8	壤质砂土
	46～100	9.3	2.7	0.27	0.76	0.37	0.26	97.2	—	2.8	壤质砂土

（一）磷质石灰土

我国的磷质石灰土分布在南海诸岛屿的中部，在西沙、南沙等均有分布，总面积为 700 hm²，所处地势稍高，植被覆盖率也高，地表有枯枝落叶层，土体厚为 1 m 左右，砂粒含量在 90% 以上。生物累积强，有机质含量为 50 g/kg，含氮量为 14 g/kg，全磷含量为 120 g/kg， pH 为 8.0～9.3，表层阳离子交换量为 30 cmol/kg，速效养分含量高，但心土层则急剧下降。

（二）硬盘磷质石灰土

硬盘磷质石灰土与磷质石灰土最主要的区别在于距土表 15 cm 以下，可见到程度不同的磷质硬盘。我国硬盘磷质石灰土的总面积为 100 hm^2。

（三）盐渍磷质石灰土

我国的盐渍磷质石灰土的总面积约 2 000 hm^2，处于海拔高度 2 m 以下，受海水浸渍影响，土体较薄，腐殖质发育弱，全剖面为壤质砂土，养分低，无磷质硬盘，表土有明显盐渍特征。

第七节 火山灰土

火山灰土是第四纪火山喷发碎屑物，粉尘状堆积物和熔岩风化母质发育的一类土壤。我国火山灰土的总面积为 1.969×10^5 hm^2，随火山的分布而在 12 个省份有分布，以云南腾冲、海南岛和五大连池较著名。

一、火山灰土的成土特点

火山灰土的母质为质地粗、容重小、疏松多孔的玻璃碎屑、粉尘渣、浮石等，物理风化强，易于就地形成土壤，而由于受火山喷发的影响，土壤处于初始发育阶段，且土壤具有粗骨性。在亚热带，火山灰土处于湿热气候，土壤具有弱脱硅富铁铝化和生物富集特点。

二、火山灰土的剖面特征

火山灰土剖面构型一般为 A-C 或 A-AC-C，有的有几次喷发堆积成叠置剖面，厚薄不等，除基性岩发育的火山灰土颗粒较细外，其他细粉砂和粗粉砂含量较高，且砾质、粗骨性较强，孔隙发达。A 层暗，AC 层暗棕灰色，仍较疏松，火山碎屑物很多。C 层色杂，为半风化和新鲜的浮石碎块。气候潮湿的土壤 C 层可见到铁结核。

火山灰土典型土壤剖面为吉林长白山北坡天文峰气象站西南 300 m，低峰平顶，所处海拔为 2 622 m，母质为浮石，植被为矮生稀疏小叶杜鹃、高山罂粟、仙女木及藓类。

0～6 cm：暗棕色（干时 7.5YR4/2），砂质壤土，屑粒状结构，松、润，根系中量，层间逐渐过渡，pH 为 5.5。

6～20 cm：棕色（干时 7.5YR4/3），砂质壤土，碎块状结构，松，根少量，夹火山渣和浮石碎块，层间过渡不明显，pH 为 5.6。

20～45 cm：橄榄棕色（干时 2.5Y5/3）砾质土，半分化状态，浮石碎块，松，根系少，pH 为 7.1。

45～104 cm：棕灰色（干时 2.5Y6/2），杂黑色浮石层，层间过渡明显，湿，pH 为 6.7。

三、火山灰土的基本理化性状

火山灰土的土壤容重小，孔隙度高，持水性强。黏粒（<0.002 mm）含量很低，大量颗粒主要是粉砂和细砂，并含有大量砾石，由此可见火山灰土的母质继承性。土壤呈微酸性至中性反应，pH 为 5.5～7.0，表层略低于下层。土壤中均有一定量的交换性酸（0.32～1.22 cmol/kg），盐基交换量为 20 cmol/kg 左右，交换性钙和镁占 80% 以上，盐基饱和度为 60%～90%。由于成土时间短，土壤矿物风化弱，且成土矿物种类丰富，因而养分含量较高。土壤表层全氮含量达到 8～14 mg/kg，表层全磷含量达到 3～10 mg/kg，含量较高。全钾中等，但也达到 7～140 mg/kg。微量元素以铁、锰、铜含量为高，而钼、硼含量较低。

第八节 石 质 土

石质土是发育在各种岩石风化残积物上的一类土层极薄、厚度一般在 10 cm 以内、含 30%～50% 岩石碎屑、以下即为未风化母岩层、剖面构型为 A-R 的土壤。我国石质土的总面积为 $1.852\,23 \times 10^7$ hm^2，广泛分布于侵蚀严重的石质山地，剥蚀残丘，以及丘顶、山脊、山坡等坡度陡峻的地形部位，且常与地带性土类的"性土"、粗骨土或其他山地土壤呈复区分布，分布在全国各地，以西北、华北山区面积较大。石质土的利用只要封山即可，一般不宜开发。封山以后，涵养水土，促使土壤发育，逐渐培育土层，不断增加土壤肥力。

一、石质土的成土特点

石质土土类以物理风化为主要形成过程，可形成于各种气候条件下，只要在易受到侵蚀的地形部位（如山坡）就可能存在石质土。但在植被较好的地区，石质土也有一定生物累积作用，并且在水热条件好的地区还有一定的淋溶作用。

二、石质土的剖面特征

石质土剖面形态极其简单，由浅薄的 A 层和基岩组成，土石界线分明，在局部植被良好的地段可见到 1～2 cm 的枯枝落叶层，土壤中富含岩石风化碎屑，残留岩性特征明显。

三、石质土的基本理化性状

由于石质土在各种生物气候和不同的岩石条件下均可形成，因而不同地点的石质土理化性状差异较大，但普遍具有如下特征：无明显元素迁移，生物富集作用微弱，砾石含量为 30%～50%，土层极薄，土壤 pH 为 4.5～8.5，阳离子交换量和盐基饱和度在地区间的差异较大。

四、石质土亚类及其特征

不同的成土母岩就形成具有不同性质、不同矿物组成、不同风化特点的石质土,据此,可将石质土划分为酸性石质土、中性石质土和钙质石质土3个亚类。

(一)酸性石质土

酸性石质土主要分布在亚热带地区的山地及其附近,多由中性结晶岩类、酸性结晶岩类、变质岩类、砂页岩等残积风化物形成,土壤pH为4.2~6.5,盐基不饱和。土体含岩屑、石砾,有时可见长石、石英等原生矿物残留,土体中二氧化硅含量高达680~720 g/kg。土壤质地轻,多为砂土或砂质壤土。土壤颜色和质地因母岩、有机质含量而变,生物累积弱,土壤冲刷严重,各种养分含量均低。

(二)中性石质土

中性石质土主要分布在湿润与半湿润地区。成土母质为中性结晶岩、酸性结晶岩、基性结晶岩以及非钙质沉积岩风化残积物。土壤pH为6.5~7.5,阳离子交换量为7~15 cmol/kg。几乎不含交换性酸,土壤养分含量低。其余特点与酸性石质土类似。

(三)钙质石质土

钙质石质土主要分布在气候干旱和半干旱地区的石质山地或残丘,南方石灰岩山地陡峻处也有少量分布。此类土发育于各种灰岩、钙质砂页岩等风化物上,由于气候干旱、钙质未被淋失,故土壤呈石灰反应,碳酸钙含量大于50 g/kg,pH为7.5~8.5。养分含量比前两个亚类略高。

第九节 粗骨土

粗骨土是由各种基岩风化,在残积坡积物上形成的一类A-C型初育土,广泛分布在河谷阶地、丘陵、低山、中山等多种地形部位。凡地形陡峻、地面坡度大、强度切割和剥蚀的地区,均有粗骨土分布。其分布在全国23个省份,总计 2.61034×10^7 hm²。粗骨土与石质土的差别是土层较石质土厚,但土体砾石含量超过50%。粗骨土与"性土"的差别是剖面中即使是发育微弱的B层也没有;而"性土"剖面中有发育微弱的B层,土层较厚。粗骨土的开发利用基本同石质土。

一、粗骨土的成土特点

由于山丘地区地形起伏、切割深、坡度大,加上风蚀,导致粗骨土的细粒物质淋失,土体中残留粗骨性砾石。另有部分母岩在各种气候因子综合作用下,以物理风化为主,形成半风化的碎屑风化层,显示粗骨特性。也有的是在河床边由于山洪带来大量石砾堆积形成。在长期植被作用下,具有一定的生物累积作用。

二、粗骨土的剖面特征

粗骨土在剖面形态上表现为较石质土厚,且石砾含量也比石质土多,但剖面构型为A-C

或 A-AC-C，表土层 10～20 cm 厚，疏松多孔。除表层土壤颜色因有机质的作用略显暗淡之外，整个剖面具有一致性，颜色随成土母质（母岩）而异。

三、粗骨土的基本理化性状

粗骨土的性状源于母质（岩），例如质地变化很大，土壤酸性、中性和碱性均有，pH 为 4.5～8.5，土壤有机质含量及植物速效养分不高。

四、粗骨土亚类及其特征

粗骨土划分为酸性粗骨土、中性粗骨土、钙质粗骨土和硅质粗骨土 4 个亚类。

（一）酸性粗骨土

酸性粗骨土主要分布在中亚热带山丘坡地，多与红壤、黄壤、黄棕壤及棕壤或石质土呈复区分布，成土母岩有砂页岩、千枚岩、花岗岩、片麻岩等，土层厚为 30～50 cm，呈酸性反应，pH 为 4.5～6.0，各种养分含量不高。

（二）中性粗骨土

中性粗骨土主要分布在半干旱、半湿润、湿润地区的山丘坡地，成土母岩为各种非钙质砂页岩等。中性粗骨土常与石质土、棕壤、褐土、黄棕壤等交叉分布，pH 为 6.5～7.5。

（三）钙质粗骨土

钙质粗骨土分布在石灰岩区，与钙质石质土、石灰土相间分布，成土母岩为碳酸盐岩类。土体中有石灰反应，pH＞8.0。

（四）硅质粗骨土

硅质粗骨土主要分布在广西、河南等地，发育于硅质岩与灰岩伴生地段。由于硅质岩具有抗风化的特性，硅质粗骨土的粗骨性更强，养分是 4 个亚类中最低的一类。土壤 pH 为 4.5～5.5，少数呈中性反应。

 教学要求

一、识记部分

识记冲积土、风沙土、黄绵土、紫色土、石灰岩土、火山灰土、磷质石灰土、石质土、粗骨土。

二、理解部分

①初育土形成的主要影响因素是什么？
②为什么初育土的性质受母质影响大？
③初育土是否也有地带性特征？如果有，主要是什么？
④石质土、粗骨土、"性土"三者之间的过渡特点是什么？
⑤石质土与粗骨土的利用方向是什么？限制性因素是什么？

⑥风沙土适宜种植什么作物?利用时应注意什么?
⑦黄绵土开发利用应注意什么?
⑧冲积土开发利用应注意什么?
⑨石灰岩土、紫色土开发利用应注意什么?

三、掌握部分

掌握风沙土、黄绵土、紫色土、石灰岩土的形成条件与土壤特性。

主要参考文献

贵州省土壤普查办公室编.1994.贵州土壤[M].贵阳:贵州科学技术出版社.
江西省土地利用管理局,江西省土壤普查办公室.1991.江西土壤[M].北京:农业出版社.
林培.1993.区域土壤地理学(北方本)[M].北京:北京农业大学出版社.
刘腾辉.1993.区域土壤(南方本)[M].北京:农业出版社.
全国土壤普查办公室.1998.中国土壤[M].北京:中国农业出版社.
韦启幡,陈鸿昭,吴志东.1983.广西弄岗石灰土的地球化学特征[J].土壤学报,20(1).
新疆维吾尔自治区农业厅,新疆维吾尔自治区土壤普查办公室.1996.新疆土壤[M].北京:科学出版社.
熊毅,李庆逵.1987.中国土壤[M].2版.北京:科学出版社.
中国科学院成都分院土壤研究室.1991.中国紫色土(1)[M].北京:科学出版社.
朱显谟.1989.黄土高原土壤与农业[M].北京:科学出版社.
朱震达,赵兴梁,凌裕泉,等.1998.治沙工程学[M].北京:环境科学出版社.
CCICCD.1996.China country paper to combat desertification[M].Beijing:China Forestry Publishing House.

第十三章

山 地 土 壤

我国是一个多山的国家，山地与高原占全国陆地总面积的65%以上，认识山地土壤对合理开发和保护山地生态环境具有十分重要的意义。

第一节 山地土壤的特点

一、山地土壤的垂直地带性

在一定高程范围内，随着山体海拔高度的增加，温度下降，湿度增高，生物气候类型也发生相应改变。这种因山体的高程不同，引起成土条件中的气候与植被的变化，必然造成土壤性质的相应变化，也使土壤产生垂直带变化，至少是土壤水热条件的垂直地带性变化。土壤垂直带谱的结构受下列因素的影响。

（一）山体所在的地理位置对土壤垂直带谱的影响

山地土壤垂直分布规律（称为垂直带谱）的结构取决于山体所在的地理位置（基带）的生物气候特点，或者说取决于建谱土壤类型（图13-1）。一般而言，气温与湿度（包括降水）随海拔的变异，在不同的地理纬度与经度地区的变幅是不一样的。在中纬度的半湿润地区，海拔每上升100 m，气温下降0.5~0.6 ℃，年降水量增加20~30 mm，而且当海拔高度到2 500 m以上时，地形对流雨就可能产生。所以地理纬度与经度的气温与降水差异影响山体垂直带的基带及垂直带谱的结构。

（二）山体的高度、大小及形状对土壤垂直带谱的影响

1. 山体高度的影响 山体高度与其垂直带谱的关系比较明显，山体高度越高，垂直带谱的结构越复杂、越完整，如图13-1所示。

2. 山体大小的影响 山体的大小也影响垂直带谱结构，如一个孤山，或山体分布的面积较小，对区域气候影响不大者，则垂直结构比较简单，往往形成圆锥式垂直地带谱。

3. 山体形状的影响 山体的形状，如单面山（如高原的边缘山脉）多出现一面垂直地带谱。

（三）山体的坡向对土壤垂直带谱的影响

阴坡与阳坡在气温与土壤湿度上有差异，山体的迎风面与背风面的气候也有差异，这些差异势必影响土壤垂直带谱的结构。特别是我国许多东西走向和东北西南走向的山体往往是气候的分界线（如秦岭、燕山等）。由于山体两侧基带土壤类型不同，这种坡向性的垂直带结构差异就更大，如图13-1所示。

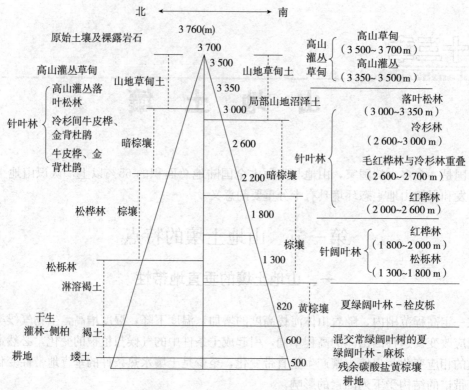

图 13-1 秦岭南北坡垂直带谱比较

（四）高原下切河谷的下垂带谱

这是一种特殊情况下产生的垂直带结构，即在高原地区，河谷深切，在谷坡面上产生土壤的垂直带分异，这种垂直带的基带位于最上端，犹如垂帘，故一般称为下垂带谱，以有别于基带位于下部的向上的垂直带谱。这种情况在我国的青藏高原和云贵高原的金沙江河谷内就有分布，如图 13-2 所示。

由于上端基带土壤在河谷不同地段是变化的，故土壤下垂带谱结构因河谷的地理位置不同而异。在焚风河谷，愈向下愈干燥，如雅鲁藏布江河谷在朗县一带的下垂带谱上出现灌丛草原土，在云南的金沙江河谷谷底出现燥红土。

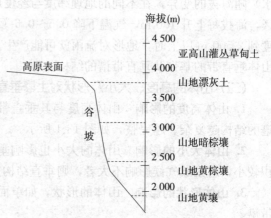

图 13-2 青藏高原雅鲁藏布江大转弯处底杭峡一带河谷谷坡上的土壤下垂带谱

（五）垂直带倒置现象

垂直带倒置现象主要发生于一些河谷下切较深而地形又比较闭塞的高原河谷，高原下沉的冷空气往往一段时间停滞于河谷，因而在这种下切的河谷的两侧山坡上，其最暖带不在最低的谷底，而是在谷底稍上的地区，这种逆温现象在金沙江河谷常见，特别表现在植被分布上。例如在云南南部一些南亚热带和边缘热带河谷中，亚热带常绿阔叶林居于谷底而热带雨林反居于其上。

与此相类似的山地河谷的冻害由于受逆温的影响，一般也常发生于谷底。因此为了防止果树冻害，山地河谷中的果树不宜种于河谷底部，特别是比较封闭的河谷更是如此。

二、山地土壤侵蚀与土壤的薄层性

由于山地皆有一定的坡度，山高坡陡，其土壤侵蚀是绝对的，只是侵蚀量的大小与强度的差异。侵蚀强度与植被覆盖度有密切关系，特别是植物根系的网络作用对土壤保护更为重要。植被一旦遭到破坏，土壤失去保护层，土壤侵蚀必然加剧。一般侵蚀有流水侵蚀、重力侵蚀和融冻的块体移动共3种类型，其中以流水侵蚀比较普遍。如果侵蚀量与土壤母岩的风化速度相近，则称为允许侵蚀量，也称为天然侵蚀量或地质侵蚀量，这种侵蚀对土壤肥力的影响尚不大。如果由于人为的垦殖等对天然植被的破坏而加大土壤的天然侵蚀量，则称为加速侵蚀。当前来说，山地土壤很少不是属于加速侵蚀的范畴。

由于天然侵蚀和人为的加速侵蚀，所以山地土壤往往具有薄层性和粗骨性，甚至造成石质土，一般多为A-C型，或为A-(B)-C型，或为A-R型。所以粗骨土、石质土往往占绝大部分。

三、山地土壤的母岩继承性

由于山地土壤母质多为残积物和坡积物，母岩来源比较单一。加之土层薄，A-C型或A-(B)-C型土壤多，因此土壤对母岩的继承性非常明显，即两者之间有着密切的"血缘"关系。例如南方湿热区的紫色砂页岩、玄武岩等钙质和矿质营养丰富的母岩，温带半湿润区的花岗岩、流纹岩及微酸性母岩等风化形成的山地土壤，往往都是有名的水果与名优产品的产区。而某些山区由于母岩缺乏某些微量元素往往会形成一些地方病症。

第二节　我国主要山地土壤类型

一般将山地垂直带中森林带以上的山区称为高山区，其最上部为现代冰川，冰川带与森林带之间的地带又常根据其海拔高度分为高山和亚高山两个亚带。由于不同的山地自然地理位置和森林带的海拔高度不同，因此高山带的起始高度也有差异。例如新疆阿尔泰山的高山带在2 700 m以上，北天山的高山带在2 800 m以上，南天山的高山带在3 200 m以上，昆仑山的高山带在4 000 m以上。需要注意的是，在干旱区，山地森林往往不能形成一个完整的带，仅仅分布于山地阴坡，所以在森林带上缘一些高山土壤与森林土壤常常犬牙交错。例如天山北坡，阴坡的森林与阳坡的亚高山草甸往往组成复区。

一般随山地海拔高度的增加，降水量逐渐增多，到中山带，即森林分布带达到最大值，再向上又逐渐减少。例如天山北坡森林带年降水量可达到600~800 mm，但接近冰川带（3 500 m）只有约400 mm。

高山区的另一特点是热量低，日较差大。每年10月，日均温就降至0 ℃以下，土壤开始冻结；冬季1月份，达到最大冻土深度（1.5~4.0 m）；4月份，冻土开始融化。冻土的表层融化后，液态水增加，但下层仍为冻土，液态水下渗受阻，当土体水分达到饱和或过饱和时，受重力的影响，冻土易顺坡蠕动，产生泥石流、滑坡、草皮脱落等。高山和亚高山草甸土的土壤冻融现象较普遍和明显；而高山与亚高山草原土和高山漠土，由于土体干燥，缺乏明显的冻融特征。

一、高山寒漠土

高山寒漠土专指山岳冰川或高原冰盖雪线以下刚刚脱离冰川覆盖所形成的土壤，它不同于高寒干旱条件下形成的高山漠土，也不同于潮湿多冰条件下形成的冰沼土。

高山寒漠土的分布随雪线的高低变化而异，有时也因山南山北雪线高低不同，差异较大。例如雪线在非洲赤道为 4 500～5 200 m，在北极区只 100～300 m；在我国，喜马拉雅山雪线为 6 000 m 左右，天山雪线为 4 000 m 左右。

高山寒漠土区气候寒冷，多大风，年平均气温为 -4～-12 ℃，年降水量为 400～700 mm，寒冻风化严重，山体陡峭，岩石坠落，融冻石流发育，基岩裸露。平缓低洼处，岩屑、冰漂砾、岩石堆、石流体广布。细粒物质甚少，仅存在冰川运动过程中因磨蚀作用而形成的黏粒，所以土壤主要在地形部位较平缓低洼的分水岭、冰斗、U 形谷及冰蚀平台的冰碛、残积坡积物上发育，因此不能形成连片的土被。由于特定的生态条件，成土母质稳定性差。一些冷生壳状地衣生长在地表稳定的岩石表面和砾石的背风面，在背风向阳低洼的间歇性流水沟边或石缝中，生长着高等植物如垫状点地梅、垫状金露梅、高山毛茛、风毛菊等，但覆盖度不足 1%～2%，从而在上述寒冻风化的残积坡积物上开始了地表有限的有机质合成与分解的原始成土过程。土壤发育微弱，剖面分化不明显，看不出 A（A_h）与 C 层的差异，土壤中也少见原生动物及其活动迹象。因冻融作用土表有微度向上突起的冰融结壳，剖面中夹有泥团和融冻剥裂，通体为粗骨质，受冰冻影响，形成微量片状结构。

由于生物化学过程微弱，高山寒漠土中有机质含量少，化学分解度低，腐殖质组分中的 HA/FA 为 0.1，活性酸的含量极低。土壤阳离子交换量为 10 cmol/kg 左右，呈中性至微碱性反应，pH 为 7.0～8.5；土壤质地较粗，砾石含量很高。土壤矿物的化学分解程度很低，最易分解的黑云母、角闪石等原生矿物依然存在且含量高；黏土矿物以水化程度低的水化云母为主，伴有高岭石、蒙脱石、绿泥石等。

与高山寒漠土相近的有高山冰沼土，后者一般出现在地形较平坦的湿润地区。

高山寒漠土因气候严酷，目前尚未利用。

二、山地草甸性土壤

山地草甸性土壤包括高山草甸土、亚高山草甸土和山地草甸土，主要分布在高山寒漠土以下，山地森林土壤带之上。

（一）高山草甸土

高山草甸土是高原亚寒带湿润嵩草草甸植被下形成的土壤，分布在海拔 2 500～5 500 m 的高原面、平缓坡谷、古冰碛平台，侧碛堤和底碛丘陵。高山草甸土分布区年平均气温为 -2～-6 ℃，≥0 ℃积温为 500～1 000 ℃；年降水量为 300～600 mm，集中于 6～9 月，多为冰雪固态水；年干燥度小于 1.5，全年大部分时间土壤处于夜冻昼融状态，季节性冻层深度 1.5 m 以上。母质为冰碛物、冰水沉积物、残积物、残积坡积物，天山北坡有部分高山草甸土发育在黄土母质上。由于气候高寒，植被是以嵩草、线叶嵩草为主的垫状植物和高山矮草草甸（5～10 cm），灌丛稀少。

由于高寒，土壤有机质不易分解，故有明显的泥炭化有机质累积过程、冻融滞水氧化还原过程以及弱风化淋溶过程，因而具有 $O\text{-}A_h\text{-}B_g\text{-}C\text{-}R$ 剖面构型。这种土壤表现出发育的幼年性、粗骨性和薄层性，往往缺乏明显 B 层，剖面总厚度不超过 30～40 cm。

高山草甸土因高寒而腐殖质化较弱，矮嵩草根系平均寿命为 3 年，每年死亡根系占 1/3 左右，90%集中于 0～10 cm 土层，因为气温低，以半分解形态甚至原形保留下来，并与活的根茎交织，形成紧实的毡状草皮层。因为表层土色较亚高山草甸土（又称为黑毡土）稍淡，呈暗棕色（10YR3/4），故又称为草毡土。表层有机质含量为 100 g/kg 左右，HA/FA 为 1.0 左右，一般均已淋洗脱钙，pH 为 6.0～7.0，呈中性反应，盐基饱和度较高；土壤黏粒仅占 5%～10%，故又呈现高山土壤的粗骨性。气温低，风化度低，黏土矿物仍以水云母为主，有少量高岭石和蛭石。高山冻融强烈，滑坡或崩塌现象更明显。

我国高山草甸土的总面积为 $5.351\ 32\times10^7\ hm^2$，其中青海有 $2.034\ 79\times10^7\ hm^2$，占高山草甸土的 38.0%，主要分布在青藏高原的玉树、果洛及北部祁连山地；西藏有 $1.873\ 03\times10^7\ hm^2$，占高山草甸土的 35.0%，主要分布在那曲、日喀则、昌都和山南地区；四川有 $7.941\ 4\times10^6\ hm^2$，占高山草甸土的 14.8%，主要分布在川西高原的甘孜、阿坝和凉山；新疆有 $5.073\ 5\times10^6\ hm^2$，占高山草甸土的 9.5%，主要分布在阿尔泰山南部和天山。

（二）亚高山草甸土

亚高山草甸土是在高山草甸土带以下，亚高山湿润温带气候嵩草草甸植被下发育的具有冻土草皮的暗色草毡层、腐殖质潜育层，即具有 $O\text{-}A_h\text{-}A_hB_g\text{-}C\text{-}R$ 剖面构型的土壤。

植被均为喜湿耐寒、低矮密实的草类，除以嵩草为主外，还有薹草，特别是阔叶草类（如珠芽蓼、蓝花棘豆、扁芒草等）。高原边缘森林线附近常见大片杜鹃灌丛（阴坡）、松科、柏木、小叶栒子等，覆盖度多在 90%以上；气温较高山草甸土高，能保证多种动物活动，除见到较多的旱獭和西藏鼠兔外，还可见到蚯蚓活动的痕迹。

亚高山草甸土是在寒冷、冻融、多雨、多风、草被覆盖度大、蒸发较弱、地势和缓的高山环境中形成的，土体上部进行着草毡泥炭状腐殖质的累积过程，下部进行着滞水冻融氧化还原交替的潜育化过程，底部进行着流水下渗、冻融交替、母岩风化过程。成土作用明显比高山草甸土增强。

亚高山草甸土的表层为明显的草毡层，但盘根错节程度较高山草甸土差而不紧实；腐殖质化明显，腐殖质层较厚，为 30～40 cm，黑棕色（10YR2/2），因比高山草甸土色暗而称为黑毡土。粒状或团块状结构，常见蚯蚓粪，质地较细，只在坡度较大的山坡呈粗骨性。剖面过渡明显，颜色由黑棕色（10YR2/2）至暗棕色（10YR3/4）至黄棕色（10YR5/6）；并由草根腐殖质层到潜育层再到母质层，有机质随深度增加而渐少。全剖面无石灰反应，但盐基基本饱和，pH 为 5.0～6.6。

我国亚高山草甸土总面积为 $1.943\ 33\times10^7\ hm^2$，主要分布在西藏的昌都、那曲、日喀则、林芝及山南地区，四川省的阿坝州和甘孜州，新疆的阿尔泰山和天山。

（三）山地草甸土

在青藏高原和西北高山区有高山草甸土和亚高山草甸土，而在东部各自然地带的许多山地顶部，还有一定面积的山地草甸土，总面积为 $4.182\,3\times10^6$ hm^2。这些山地的高度，并未达到其所在地区可能有的森林郁闭线以上的高度，但由于山顶湿度高、风力大、气温低，只能生长草甸或灌木草甸植被。

山地草甸土的分布高度随山地高度、山地所在地区的生物气候条件的不同而变化。在我国山地草甸土的下限变化范围一般为 1 400～3 700 m，例如山西五台山在 2 400 m 以上，北京东灵山在 1 800 m 以上。

山地草甸土出现的地形部位多为平缓的山顶、长形的山梁或圆形丘。土壤母质在山顶为残积物，山地草甸土分布下线附近为残积坡积物。植被或为草本植物或为灌木草本植物，其组成植物在不同地区不同，例如在大别山有杜鹃、尖叶槲栎、川榛等灌木和白茅、野古草、蒜、藜芦等草本植物；黄山则为拟麦氏草、鼠曲草等草本植物；五台山则有薹草、嵩草、蓝花棘豆、委陵菜、金莲花、野罂粟、小秦艽、高山蒲公英等，并间杂鬼见愁、金露梅灌丛。覆盖度一般达 90% 以上。

山地草甸土形成的最显著特点是，在较凉湿的气候条件下，草甸植物的残体因分解缓慢而大量聚积。在多数情况下，这些有机残体还与草甸植物的活体一起交织成密实的草皮层，标志着土壤形成的生草化过程非常突出。在北方，土壤下部尚有冻融交替过程。山地草甸土一般土层较薄，质地较粗，土体构型为 H-A_h-C-R 或 H-A_h-BC-R。

表层为小于 10 cm 的草皮层（H）。

腐殖质层（A_h）因气温较高而发育较好，厚度为 40 cm 左右；腐殖质含量为 80～140 g/kg，且呈均匀黑棕色（10YR2/3）。

BC 层屑粒状结构，常见岩石风化碎屑，依然有腐殖质染色。

山地草甸土的基本性状是：通体无石灰反应，盐基饱和度和阳离子交换量可以很大不同，一般南方低，北方高。土壤呈酸性到中性。

山地草甸土分布在山岭顶部，面积不大，除极少数平缓地形有可饮用水源并能作为夏季牧用之外，大多数不便利用。

三、山地草原性土壤

（一）高山草原土

高山草原土是高山亚寒带半干旱稀疏草原植被条件下发育的无草毡、无草皮层但有浅薄的灰棕色（10YR5/2）腐殖质层，向下有不很明显的钙积 B 层剖面构型的土壤。

我国高山草原土的总面积为 6.882×10^7 hm^2，主要分布在藏北中部和定日以西喜马拉雅山山前及宽谷、湖盆区和长江源头准平原化高原面上。高山草原土区海拔一般为 4 400～5 200 m，年平均气温为 0.5～5 ℃；因处在降水量随海拔递增带之上，年降水量为 300 mm 左右，90% 集中在 6～9 月，此时气温正高，蒸发量大，一般年蒸发量达 2 300 mm 以上，所以显得干旱多风。在干寒的气候条件下生长着芨芨草、固沙草、羊茅、异针茅、嵩草、唐古拉紫云英、高山早熟禾等矮生稀疏草丛和以紫花针茅、狐茅为主的高山草原植被，覆盖度为 30%～50%。母质多为冰碛物、坡积残积物或湖积物，质地粗，多砾石。

高山草原土的 A 层为暗棕色（10YR5/3）或灰棕色（10YR5/2）的腐殖质层，微弱的粒状或团块状结构，剖面下部颜色较浅，呈稳固的团粒状结构，全剖面富含砾石，钙积层不很明显，但发育在湖相沉积物或碳酸盐母质上的高山草原土有较明显的钙积现象，所以高山草原土的特性是：①表层有机质含量仅 15 g/kg 左右，腐殖质层厚度一般小于 20 cm；②$CaCO_3$ 含量为 100~150 g/kg，pH 为 8~9，全剖面呈碱性反应，在剖面中部微显钙积；③剖面质地为砂质壤土，黏粒少而砾石多，表层甚至有风化砾石覆盖；④化学风化弱，黏土矿物以水云母为主，伴有高岭石、蒙脱石和蛭石。

(二) 亚高山草原土

亚高山草原土是高原温带干旱草原植被下形成的具有明显腐殖质表层和积钙 B 层的土壤。我国亚高山草原土总面积为 $1.129\ 73\times10^7\ hm^2$，主要分布在藏南喜马拉雅山北侧羊卓雍湖以西的高原宽谷湖盆区、帕米尔高原、昆仑山、阿尔金山和祁连山西部的高山带下部。

亚高山草原土的成土条件和过程与高山草原土近似，但因海拔较低，气候温旱，腐殖质累积过程和钙化过程较强。海拔高度在喜马拉雅山北坡为 4 200~4 700 m，其他地区为 3 300~4 500 m。亚高山草原土区气候温凉干燥，年平均气温为 1.2 ℃，最热月平均气温为 10.9 ℃，最冷月平均气温为 −10.3 ℃；年降水量为 250 mm，集中于 6~8 月；年蒸发量为 2 300 mm，土壤较长时间处于干燥情况下。因为地处高原山前湖盆周围、冰水平原和冲积洪积平原，所以成土母质多为残积坡积物、洪积物、冰碛物、湖积物或为几种叠加的堆积物。植被以干草原固沙草、白草、针茅、狐茅、羽茅为主，伴生锦鸡儿、金露梅等灌丛，覆盖度为 30%~60%。因气候温旱，啮齿类动物数量繁多，洞穴群聚。

与高山草原土比较，亚高山草原土的腐殖层稍厚，为 15~25 cm。因气候温旱，土壤冻融过程较弱，淋溶作用较差，A 层下有明显钙积，碳酸钙多以斑点状存在，底土未见石膏聚积。亚高山草原土表层有机质含量可达 20 g/kg，C/N 为 8~10；pH 为 7.5~8.5，土壤呈微碱性反应；阳离子交换量为 6~10 cmol/kg；通体有石灰反应，$CaCO_3$ 在下层淀积，含量为 150~350 g/kg；多数质地为砂质壤土；黏土矿物以水云母为主，伴有高岭石、蛭石、绿泥石等。

山地草原性土壤主要用于放牧。作为放牧场，关键在于开发水源，改良草地，实行轮牧。

四、山地森林土壤

我国的森林土壤、红壤性土绝大多数在山地，棕色针叶林土、暗棕壤、棕壤、黄壤、红壤等都属于森林土壤。本章所谓山地森林土壤是指由于山地的地形条件，上述森林土壤的发育往往受到侵蚀的影响，而变为 A-(B)-C 型土壤，没有明显的 B 层，是幼年性土壤，因而称为暗棕壤性土、棕壤性土、黄壤性土等，属各土类的特殊亚类。

第三节　山地土壤的开发利用

我国山区面积约占陆地总面积的 2/3，山区由于长期不合理开垦与滥伐森林，导致严重水土流失，致使土层变薄，土地生产力退化。有些地方的坡地土壤全部流失，"石化"面积急剧发展，群众无法生活被迫迁居外地。山区水、土、肥流失后，田间持水能力变差，加剧了干旱的发展和河水的暴涨暴落。据统计，全国多年平均受旱面积约 $1.96\times10^7\ hm^2$，成灾

面积约 $6.73 \times 10^6 \ hm^2$，成灾率为 34.4%，其中大部分在水土流失严重的山丘区。要扭转这种不利局面，使山区经济持续发展，一方面要保护山区，搞好水土保持，另一方面要合理利用和开发山区资源。

一、山地土壤的水土保持

山地土壤的基本特征之一是土壤侵蚀，一切土壤开发利用活动都必须遵循水土保持的基本原则。

(一) 增加森林

要尽可能地增加森林覆盖面积，特别是一些水源涵养林和水土保持林。森林在水土保持中不仅有特殊的防护效益，而且具有一定生产、经济意义，同时又是其他任何措施难以替代的。水土保持林可调节河川径流，控制水土流失，降低水旱灾害，改善生产条件和生态环境，同时还是开发山区经济，保证农业可持续发展，发展多种经营，增加物质供给的重要的生产措施。

为了更好地保持山区水土，常将多用途的各个林种结合在一起，形成区域性的多林种、多树种、高效益的防护林体系。水土保持林体系有水平配置和立体配置。所谓林种的水平配置是指水土保持林体系内的各个林种在流域范围内的平面布局；(林)带、片(林)、(林)网相结合，同时兼顾流域的上、中、下游和坡面、沟道、河川的左右岸之间的相互关系；一般林地要均匀分布和达到一定覆盖率；中小流域水土保持林体系的林地覆盖率应超过30%～50%。

所谓水土保持林林种的立体配置是指某种林种内组成植物种的选择，以加强林分的生物学稳定性和使它们持续发挥短期、中期和长期经济效益。在林种的立体结构配置中可引入乔木、灌木、草类、药用植物等多种植物，分层利用土、水、肥、光、热等资源。其中，要注意当地适生植物种的多样性及其经济开发价值。

(二) 水土保持工程措施

要加强水土保持工程措施，包括坡面梯田、鱼鳞坑、沟中的谷坊和淤地坝等，有条件时可以修造一些水库与坑塘，既保证灌溉水源，又可发展多种经营。

(三) 小流域综合治理

小流域综合治理是以小流域为单元，在全面规划的基础上，合理安排农、林、牧、副各业用地及其比例，综合治理，因害设防，对水土资源进行保护、改良与合理利用。把山区流域作为一个开放的生态经济系统，进行水土保持综合治理规划，合理调整各类地的利用方向，以优化生态效益、经济效益及社会效益为目标，协调三者的关系。流域治理措施体系主要包括规划经营措施、水土保持林草措施、水土保持工程措施、水土保持农业技术措施、水土保持法律措施等。

1. 水土保持林草措施 水土保持林草措施有时也称为水土保持生物措施，它是通过人工造林种草、封山育林育草等技术措施，采用多林种、多树种及乔灌草相结合等方式，建设生态经济型防护林体系，以达到涵养水源、保持水土、防风固沙、改善生态环境、生产一定量林产品和林副产品等目的。

2. 水土保持工程措施 水土保持工程措施就是采用工程原理，以保护、改善及合理利用山区水土资源、防治水土流失为主要目的而修建的各项工程，包括坡面水土保持工程、沟道水土保持工程、小型水利工程、山洪及泥石流排导工程等。

3. 水土保持农业技术措施 水土保持农业技术措施是采用改变坡面微地形，增加地面粗糙度和植物覆盖率，或增加土壤抗蚀力等方法，以保水土、改良土壤、提高农业生产为目的的技术措施。

4. 水土保持法律措施 水土保持法律措施是为防止陡坡开垦、滥伐森林、修路、开矿、水利工程建设、房舍建设等可能导致水土流失发生而制定的各种法律和法规。

应该指出，各种措施间是相辅相成、相互促进的。如通过建设梯田、坝地等基本农田，提高单位面积产量，逐步达到改广种薄收为少种多收、退陡坡耕地还林还草等，不断促进畜牧业和养殖业的发展。随着人们对环境质量要求的提高，还应考虑所用措施美化环境的效应，在有条件的地区，可与发展旅游事业相结合。

二、山地土壤的综合、立体开发

由于山地具有垂直带结构和坡向差异，因此应当根据这些特点，安排农、林、牧业，以综合利用其自然资源，绝不能以农业中的单一种植业为主，更不能毁林开荒来盲目扩大耕地面积。山地上部搞水土保持林，栽种林草以涵养水源，谷底平缓地带建设基本农田，山腰中间部位栽植经济林的"穿鞋、戴帽、系腰带"的立体开发模式，是当前合理开发山区土地资源，建设农林复合生态系统，保持水土，发展山区经济的可持续发展模式。

在一些山区或黄土区，可采取果农间作方式。这些经济树种多配置在梯田地坎，株距为5～6 m，注意避免选用根蘖性强的树种（如刺槐等），在树冠形成过程中注意修枝等合适的栽培管理措施，这样做基本上不会影响梯田田面上农作物对土壤养分和光照的需求。

高山草甸土、亚高山草甸和草原土是良好的夏季牧场，山地草甸土也可作牧场。过去只重视其经济利益，忽视其生态效益。在利用草地时不能过牧超载，破坏草场资源。

三、发展山区的土宜作物

因为山地土壤的母岩继承性较强，土壤性质比较特殊，加上小气候条件，生长许多特种经济作物，如南方紫色土上的柑橘和烤烟；亚热带黄壤上的茶叶，南方石灰岩土壤的擎天树、蚬木、黄檀和铜钱树，北方花岗岩母质所发育的土壤上的板栗，北方石灰岩土壤上的柿子和花椒等。适地适树，发展这些特种经济林木，是充分利用当地土壤资源，发展商品生产进而发展山地经济的一项重要措施。我国是一个具有悠久历史的农业大国，各地都有这方面的经验，如湖北的鄂西山地，利用当地土壤母质具有多硒的特点，生产保健硒茶，这就是山地土壤合理开发的一大例证。

 教学要求

一、识记部分

识记高山草甸土、亚高山草甸土、山地草甸土、高山草原土、亚高山草原土。

二、理解部分

①高山草甸土与高山草原土形成的气候条件差异是什么?
②亚高山草甸土与亚高山草原土形成的气候条件差异是什么?
③高山草甸土、亚高山草甸土与山地草甸土的差异是什么?
④草毡层形成的条件及其特性各是什么?
⑤高山草甸土、亚高山草甸土、山地草甸土、高山草原土、亚高山草原土的开发利用方向各是什么?
⑥山地土壤立体开发的优势是什么?

三、掌握部分

掌握高山草甸土、亚高山草甸土、山地草甸土、高山草原土和亚高山草原土5个土类的在土壤形成条件和土壤性质方面的差别。

 ## 主要参考文献

龚子同.1999.中国土壤系统分类——理论·方法·实践［M］.北京:科学出版社.
李天杰,等.2004.土壤地理学［M］.北京:高等教育出版社.
林培.1993.区域土壤地理学(北方本)［M］.北京:北京农业大学出版社.
全国土壤普查办公室.1998.中国土壤［M］.北京:中国农业出版社.
熊毅,李庆逵.1990.中国土壤［M］.2版.北京:科学出版社.
徐启刚,等.1990.土壤地理学教程［M］.北京:高等教育出版社.
H D FOTH,J W SCHAFER.1980.Soil geography and land use［M］.Hoboken:John Wiley and Sons.

第十四章

水稻土、灌淤土和菜园土

水稻土、灌淤土与菜园土都是人为影响明显的人为土，都是在原来自然土壤（母土）的基础上，经过人为长期熟化，或者改变了原来母土的性质，或是在原母土的表层之上又重新淤垫了新的熟化土层，即水耕熟化层（W）或灌淤层（P_{ip}）或人工熟化层（A_p），正是因为有这些人工土层，而使它们独立于原来的母土成为人为土壤。但是，它们仍然受到母土及当地的成土因素的影响。因此在其各个人为土类以下而产生不同的亚类划分。

第一节 水 稻 土

水稻土是在长期种稻条件下，经人为的水耕熟化和自然成土因素的双重作用，产生水耕熟化和氧化还原过程而形成具有水耕熟化层（W）-犁底层（A_{p_2}）-渗育层（B_e）-水耕淀积层（B_{shg}）-潜育层（B_r）的特有的剖面构型的土壤。

一、水稻土的分布与形成条件

水稻生产在我国具有长期历史和重要的地位。我国水稻种植已有5 000余年，水稻分布面积广，约占全国耕地面积的1/4，其中以长江中下游平原、四川盆地、珠江三角洲和台湾西部面积最大。因此所形成的水稻土种类比较复杂。

我国南方降水量大，既可利用河湖水灌溉，也可利用坑塘积蓄雨水灌溉，故不论平洼地还是山坡地都有水田，各地习惯名称各异，例如坡地上的傍田、丘陵窄谷中的垄田或坑田、低丘谷地的冲田、山间盆地或丘陵宽谷的畈田或垌田、冲积平原或湖积平原的围田或圩田、冲积平原的洋田等均为水稻田。除平洼地外，山坡地上的黄棕壤、红壤、黄壤和紫色土以及石灰岩上的土壤等修筑梯田后，也可种植水稻，久而久之发育成水稻土。

我国北方地区，降水量小，利用河水或井水灌溉种稻，因而水稻土都是在草甸化、沼泽化或盐碱化土壤上发育而成的。在西北漠境地区，多利用高山上的融化雪水灌溉种植水稻，因而在绿洲土壤上长期种稻也能发育成水稻土。

二、水稻土与相关土类的区别

在各个地带性的土壤、水成土、半水成土、盐碱土上长期种植水稻均可发育为水稻土。但不是只要种植了水稻即可称为水稻土，水稻土必须有因长期种植水稻发育而成的水耕淀积层（B_{shg}）。第二次全国土壤普查结果表明，全国水稻土总面积为$2.978\ 03\times 10^7\ hm^2$，这个面积应该大致是当时种稻面积,并非严格意义上的水稻土。

三、水稻土的成土过程、剖面形态特征和基本理化性状

(一) 水稻土的成土过程

水稻土的形成过程主要是通过在水耕熟化中的水层管理的灌水淹育和排水疏干,使土体发生还原与氧化的交替作用。

1. 水稻土的氧化还原与氧化还原电位 灌水前,氧化还原电位(E_h)一般为450～650 mV,灌水后可迅速降至200 mV以下,尤其土壤中有机质旺盛分解期,氧化还原电位可降至100～200 mV,水稻成熟后落干,氧化还原电位又可上升到400 mV以上。同一水稻土剖面中,由于各土层的微环境不一样,其氧化还原电位也不一样,具体可参考图14-1。水稻土表面极薄(几毫米至1 cm)的泥面层与淹水相接,受灌溉水中溶解氧(每升水中含氧7.9 mg)的影响,呈氧化状态,氧化还原电位为300～650 mV;其下耕作层和犁底层,由于水饱和,加之微生物活动对氧的消耗,氧化还原电位可降至200 mV以下,为还原层。犁底层以下土层的氧化还原电位则取决于地下水位深度,如果地下水位深,该层不受地下水影响,由于受犁底层的阻隔,水分不饱和,故又处于氧化状态,氧化还原电位可达400 mV以上;如果地下水位高,则该底层处于还原状态。水稻土的这种氧化还原特征就决定了水稻土的形成及有关的一系列特性。

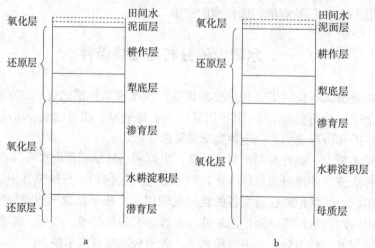

图14-1 水稻土淹水后各层次的氧化还原状况
a. 高地下水位 b. 低地下水位

2. 水稻土的有机质的合成与分解 与母土(不包括有机土)相比,水稻土有利于有机质累积,故有机质含量增加。但富里酸比重加大。

3. 水稻土的盐基淋溶与复盐基作用 种植水稻后土壤交换性盐基将重新分配,一般盐基饱和的土壤盐基将淋溶,而盐基非饱和土壤则发生复盐基作用,特别是酸性土壤施用石灰以后。

4. 水稻土的铁、锰的淋溶与淀积 在还原条件下,低价的铁、锰开始大量增加,特别与土壤有机质产生络合而下移,于淀积层开始淀积(形成水耕淀积层),而且锰的淀积深度

低于铁。一般铁、锰含量在耕作层较低，淀积层较高，潜育层最低。铁、锰的淋溶可以导致"白化土"作用的发展，这方面可参考有关铁解作用的学说。

5. 水稻土的黏土矿物的分解与合成 水稻土的黏土矿物一般同于母土，但含钾矿物较高的母土（如石灰性紫色土）发育的水稻土，则水云母含量降低，而蛭石增加。

（二）水稻土的剖面形态特征

水稻土的剖面构型一般为 $W-A_{p_2}-B_e-B_{sh(g)}-C$。

1. 水耕熟化层 水耕熟化层（W）由原土壤表层经淹水耕作而成，灌水时泥烂，落干后可分为两层，第一层厚为5~7 cm，表面（<1 cm）由分散土粒组成，表面以下以小团聚体为主，多根系及根锈；第二层土色暗而不均一，夹大土团及大孔隙，空隙壁上附有铁、锰斑块或红色胶膜。

2. 犁底层 犁底层（A_{p_2}）较紧实，片状，有铁、锰斑纹及胶膜。

3. 渗育层 渗育层（B_e）是季节性灌溉水渗淋下形成的，它既有物质的淋溶，又有耕层中下淋物质的淀积。渗育层一般可分为两种情况，其一是可以发展为水耕淀积层，其二是强烈淋溶而发展为白土层（E），后者可认为是铁解作用的结果。

4. 水耕淀积层 水耕淀积层（B_{shg}）简称为耕淀层，也有人称之为鳝血层，此层含有较多的黏粒、有机质、铁、锰与盐基等。铁的晶化率比上面的覆盖土层高，而且可根据其氧化还原强度进一步划分。

5. 潜育层 在沼泽土发育的水稻土一般有潜育层（B_r）。

6. 母质层 母质层（C）因母土和水稻土的发展过程而异。

不同母土起源的水稻土，如果经过长期水耕熟化，可以向比较典型的方向发育，如图14-2所示。

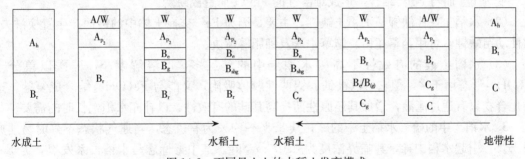

图14-2 不同母土上的水稻土发育模式

（三）水稻土的一般性状

1. 水稻土中的有机质和氮素

（1）水稻土中的有机质 水稻土有利于有机质的累积，与旱作土壤相比，腐殖质化系数也高。据沈阳农业大学观测，旱作土壤施新鲜猪粪、牛粪及马粪，其腐殖质化系数分别为27.5%、37.6%和32.0%，而水稻土分别为38.4%、69.8%和48.0%。

（2）水稻土中的氮素 因有机质含量高，所以水稻土的氮素营养主要来自土壤。已有研究表明，在施氮肥条件下，水稻所吸收氮素的60%~80%来自土壤，20%~40%来自化肥，从这可以看出水稻土培肥的重要意义。

另一问题是水稻土中的氮素循环的反硝化过程，如图14-3所示。因此要适量施用氮肥，减少硝化作用造成的硝态氮下淋到地下水；施用氮肥后，要加强水分管理，防止反硝化作用造成的氮素挥发。

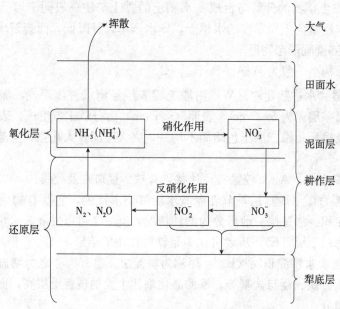

图 14-3　水稻中无机氮的变化与反硝化作用

2. 水稻土中的磷、钾与硅

（1）水稻土往往缺磷　水稻土缺磷，其原因有二，一是早春土温低，微生物活动弱，不利于有机磷的转化，故早春易因缺磷而发生僵苗或红苗；二是后期水稻土水层的落干管理，Fe^{2+}变为F^{3+}而与PO_4^{3-}结合，形成难溶性的$FePO_4$而造成缺磷。

（2）水稻土往往缺钾　水稻土缺钾，主要是因为Fe^{2+}交换土体中的钾而产生置换淋失，致使幼苗缺钾，可用稻草还田、施草木灰及钾肥等解决。

（3）水稻土硅的有效性不高　水稻土中的硅虽多，但溶解度小，硅酸以单分子$Si(OH)_4$形态溶于水，但它可以被铁、铝两性胶体吸附，又能与$Fe(OH)_3$结合成复盐。这种化合物只有通过淹灌，增加其还原性而提高其硅的有效性，以补充水稻生长时的需要。

3. 水稻土中的硫　水稻土中的硫，其85%～94%为有机态，当通气状态不好时易还原为H_2S，引起水稻中毒，其临界浓度为 0.07 mg/kg。其中毒标志是水稻根系发黑，为FeS所蒙覆，因此水稻土的通气状况比较重要。良好的通气状况的标志是根系嫩白、根孔为红色胶膜蒙覆。

4. 水稻土中的铁和锰　如前文所述，水稻土的铁和锰易于随氧化还原电位的变化产生移动。但在作为水稻的营养状况而考虑时，只有在酸性较强的排水不良的"锈水田"中Fe^{2+}含量才可达 50～100 mg/kg 的毒害临界值。

5. 水稻土的 pH　水稻土的 pH 除受原母土影响外，而与水层管理关系较大，一般酸性水稻土或碱性水稻土在淹水后，其 pH 均向中性变化，即 pH 在 4.6～8.0 范围内，变化到 6.5～7.5。因为酸性土灌水后，形成Fe^{2+}和Mn^{2+}，在水中形成$Fe(OH)_2$和$Mn(OH)_2$，使水稻土 pH 升高；碱性水稻土由于灌溉，使土壤中的碱性物质遭到淋失，从而使 pH 降低。

6. 水稻土的一些特殊的水分物理性状与耕性

（1）油性　它是土壤腐殖质和黏粒含量适中的表现，有机质含量约 29.2 g/kg，黏粒含量一般为 16% 左右。油性也是指具有良好结构等综合肥力较高的一个土壤性状。

（2）烘性与冷性　这是指土壤温度变化的综合反映，烘性是指含有机质较多，且 C/N 高；冷性是指有机质含量低，且 C/N 低。

（3）起浆性与僵性　一般质地黏重，主要由于黏土矿物不同而在水分物理性状方面的反映，起浆性以 2∶1 型黏土矿物为主，僵性以 1∶1 型黏土矿物为主。

（4）淀浆性与沉沙性　一般质地较砂，主要由于粗粉砂与黏粒之比的差异而形成不同的水分物理性状。淀浆性的水稻土的粗粉砂与黏粒之比约为 2∶1；沉沙性的水稻土的粗粉砂与黏粒之比高达 5∶1。

（5）刚性与绵性　它是黏粒与粉砂的不同含量在土壤水分处于风干状态下的一种土壤结持性。刚性水稻土黏粒含量高于 40%，干时坚硬；绵性水稻土粉砂含量高于 40%，干时也不那么坚硬，比较松脆。

四、水稻土的亚类划分

对水稻土的划分基本可分为 3 种意见：①认为水稻土不是一个独立的土壤类型，只能从属于其他有关的土类；②认为水稻土的形成与地带性因素关系密切，因此首先应按地带进行划分；③认为水稻土的形成与其土壤的水文关系密切，因此划分为淹育型、渗育型、潜育型等等。第二次全国土壤普查分类系统，根据水稻土的水文状况分为淹育、渗育、潴育、潜育等亚类，另又根据其母土的表现特点分为脱潜、漂洗、盐碱、咸酸等亚类（图 14-4）。

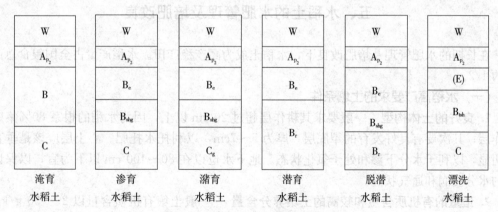

图 14-4　水稻土各亚类剖面构型

1. 淹育水稻土　淹育水稻土分布在丘陵岗地坡麓及沟谷上部，不受地下水影响，水源不足，周年淹水时间短，土体构型为 $W-A_{P_2}-B-C$，为幼年型水稻土。

2. 渗育水稻土　渗育水稻土主要分布在平原中地势较高地区，及丘陵缓坡地上，受地面季节性灌水影响。土体构型为 $W-A_{P_2}-B_e-B_{shg}-C$，渗育层（B_e）厚度在 20 cm 以上，棱块状结构，有铁锰物质淀积。渗育层中铁的晶胶率比剖面中其他层次明显提高。

3. 潴育水稻土　潴育水稻土分布于平原及丘陵沟谷中下部，种稻历史长，排灌条件好，受地面灌溉水及地下水影响。土体构型为 $W-A_{p_2}-B_e-B_{shg}-C_g$。下部有明显水耕淀积层（$B_{shg}$）（或潴育层），厚度大于 20 cm，该层棱块或棱柱状结构发育良好，有橘红色铁锈及铁锰结核等，特别是 Fe^{2+} 与有机质形成络合态铁，并氧化为红色沉淀态络合铁，分布于结构体表面，称为"鳝血"，与其他层相比，铁的活化度低，晶胶率高，盐基饱和度也高。

4. 潜育水稻土 潜育水稻土分布在平原洼地、丘陵河谷下部低洼积水处，地下水位高，或接近地表，土体构型为 $W-A_{p_2}-B_e-B_r$。青灰色的潜育层活性铁高，铁的晶胶率小于 1。

5. 脱潜水稻土 脱潜水稻土主要分布于河湖平原及丘陵河谷下部地段，经兴修水利，改善排水条件，地下水位降低，土体构型为 $W-A_{p_2}-B_e-B_{shg}-B_r$。原来犁底层下的潜育层（$B_r$）变成脱潜层（$B_{shg}$），该层在青灰色土体内出现铁锰锈斑，活性铁减少，铁的晶胶率却成倍增加。

6. 漂洗水稻土 漂洗水稻土主要分布在地形明显倾斜，土体中有一个不透水层，并受侧渗水影响的地段，如白浆土。土体构型为 $W-A_{p_2}-(E)-B_{tsh}-C$ 或 $W-A_{p_2}-E-B_e-B_{shg}-C$，即在上层 40~60 cm 处出现灰白色的漂洗层（E），其厚度超过 20 cm，粉砂含量高，黏粒及铁锰均比上层和下层低。

7. 盐渍水稻土 盐渍水稻土分布在盐渍土地区。它是在盐渍化土壤上，开垦种植水稻后形成的。土体构型一般同潴育水稻土，但因为种稻不久，表层可溶性盐含量高，大于 1 g/kg，对水稻生长发育有一定影响。

8. 咸酸水稻土 咸酸水稻土分布在广东、广西、福建和海南的局部滨海地区，是在酸性硫酸盐土上发育的水稻土。红树林埋藏的草炭层含硫量高达 23 g/kg。这些含硫有机物氧化为硫酸。一般将这种土壤围垦种植水稻而成为咸酸田。

五、水稻土的水肥管理及培肥改良

在长期的水肥管理及培肥改良下，水稻土成为高产稳产田。水稻产量占全国粮食总产量的约 1/2。

（一）水稻高产要求的土壤条件

1. 良好的土体构型 一般要求其耕作层超过 20 cm 以上，因为水稻的根系 80% 集中于耕作层；其次要有良好发育的犁底层，厚为 5~7cm，以利托水托肥。心土层应该是垂直节理明显，以利于水分下渗和处于氧化状态。地下水位以在 80~100 cm 以下为宜，以保证土体的水分浸润和通气状况。

2. 适量的有机质含量和较高的土壤养分含量 一般土壤有机质含量以 20~50 g/kg 为宜，过高或过低均不利于水稻生长。水稻生长所需氮的 59%~84%、磷的 58%~83%、钾的全部都来自土壤，因此肥沃水稻土必须有较高的养分储量和供应强度，前者决定于土壤养分，特别是有机质的含量；后者决定于土壤的通气和氧化程度。

3. 适当的渗漏量和适宜的地下水位 俗语说："漏水不漏稻"，意即水稻土必须有适当的渗漏量，如日渗漏量在北方水稻土宜为 10 mm 左右，以利于氧气随渗漏水进入土壤中。渗漏量过大，土壤漏水，不仅浪费水，养分也随之淋失；过小则渗水缓慢，发生囊水现象，土壤通气不良。适宜的地下水位是保证适宜渗漏量和适宜通气状况的重要条件。

(二) 水稻土的培肥管理

1. 搞好农田基本建设 这是保证水稻土的水层管理和培肥的先决条件。

2. 增施有机肥料，合理使用化肥 水稻土的腐殖质化系数虽然较高，而且一般有机质含量可能比当地的旱作土壤高，但水稻的植株营养主要来自土壤，所以增施有机肥，包括种植绿肥在内，是培肥水稻土的基础措施。合理使用化肥，除养分种类（如北方盐化水稻土的缺锌）全面考虑以外，在氮肥的施用方法上也应注意反硝化作用，应当以铵类化肥进行深施为宜。

3. 水旱轮作与合理灌排 这是改善水稻土的温度、氧化还原电位（E_h）以及养分有效释放的首要土壤管理措施。合理灌排可以调节土温，一般称"深水护苗，浅水发棵"。北方水稻土地区，春季风多风大，温度不稳定，刮北风时，气温、土温下降，因水热容量大，灌深水可以防止温度下降以护苗；刮南风时，温度上升，宜灌浅水，使温度升高，以利于稻苗生长，特别是插秧返青以后，宜保持浅水促进稻苗生长。

水稻分蘖盛期或分蘖末期要排水烤田，改善土壤通气状况，提高地温，土壤发生增温效应和干土效应，使土壤铵态氮增加，这样在烤田后再灌溉时，速效氮增加，水稻旺盛生长。这对北方水稻土，特别是低洼黏土地，效果更显著。

(三) 低产水稻土改良

水稻土的低产特性主要有冷、黏、砂、盐碱、毒、酸等，应有针对性地采取措施予以改良。

1. 冷 低洼地区地下水位高的水稻土（如潜育水稻土），在秋季水稻收割后，土壤水分长期饱和甚至积水，这样于次年春季插秧后，土温低，影响水稻苗期生长，不发苗，造成低产。改良方法是开沟排水，增加排水沟密度和沟深，改善排水条件，降低地下水位。

2. 黏和砂 质地过黏和过砂对水分渗漏都不利，前者水分渗漏过小，后者过大，均对水稻生育产生不良影响，也不利于耕作管理。质地过黏，如黏粒含量超过30%，水分散的胶体含量高，这样，淹水耕耙后，水稻土表面形成浮泥，浮而不实，栽稻秧后易飘秧（称为起浆性）；耕耙后土壤中多僵块，不易散碎，也不利于小苗生长（称为僵性）。如质地偏砂，粗粉砂含量超过40%时，会出现淀浆性；砂粒超过50%时，出现沉砂性。具有这两类特性的水稻土，耕耙后很快澄清，地表板而硬，插秧除草都困难。改良方法是客土，前者掺入砂土，后者掺入黏质土，如黄土性土壤或黑土等。

3. 盐碱与酸性 对于盐碱的影响，主要是在排水的基础上，加大灌溉量以对盐碱进行冲洗。对一些土壤酸度过大的水稻土应当适量施用石灰。

第二节 灌 淤 土

灌淤土是具有一定厚度灌淤土层的土壤。这种灌淤土层是在引入含大量泥沙的水流进行灌溉，落淤与耕作施肥交迭作用下形成的。土壤颜色、质地、结构、有机质含量等性状比较均匀一致，有砖瓦、陶瓷、兽骨、煤屑碎片等人为侵入体散布；在地下水位较深的地区，土壤盐分随灌溉水的下渗而下移。

一、灌淤土的分布与形成条件

我国灌淤土的总面积为 $1.5265×10^6 hm^2$，广泛分布于半干旱与干旱地区。东起西辽河平原，经冀北的洋河和桑干河河谷，内蒙古、宁夏、甘肃及青海黄河冲积平原，甘肃河西走廊，至新疆昆仑山北麓与天山南北的山前洪积扇和河流冲积平原，多年引入含有大量泥沙的水流进行灌溉的地区，一般都有灌淤土的分布，但灌淤土主要分布在引黄（河水）灌区。这些地区有较为丰富的热量，年平均气温为 6～10 ℃，≥10 ℃ 积温达 2 500～3 500 ℃；但降水不足，年平均降水量为 100（西部）～400 mm（东部）。

我国有着悠久的灌淤土灌溉耕种历史。古籍中记载："（宁夏）地土大半尽属沙碱，必得河水乃润，必得浊泥乃沃"以及"田土日高"等。说明古人已初步认识到灌溉落淤改良土壤和抬高地面的作用。新中国成立后，宁夏、新疆等地，对灌淤土开展了系统的研究，论证了灌淤土是在人为灌溉耕作条件下所形成的新的土壤类型。1978 年中国土壤学会土壤分类学术会议，首次在全国土壤分类系统中划分出灌淤土类。

二、灌淤土的成土过程、剖面形态特征和基本理化性状

（一）灌淤土的成土过程

灌淤土是在灌水落淤与人为耕作施肥交叠作用下形成的。每年灌溉落淤量因灌溉水中的泥沙含量、作物种类及其灌水量不同而异。宁夏引黄灌区小麦地每年灌溉落淤量为每公顷 10.3～14.1 t，水稻田高达 155.4 t；新疆每年随灌溉水进入农田的泥沙，平均达每公顷达 15.0 t。

除灌溉落淤外，每年人工施用土粪每公顷 30～75 t，土粪中还带进了碎砖瓦、碎陶瓷、碎骨、煤屑等侵入体。

人为耕作在灌淤土形成中起了重要的作用。耕作消除了淤积层次，并把灌水淤积物、土粪、残留的化肥、作物残茬和根系、人工施入的秸秆和绿肥等，均匀地搅拌混合。年复一年，使这种均匀的灌淤土层不断加厚，在原来的母土之上，形成了新的土壤类型——灌淤土。

由于土层加厚，地面相应抬高，地下水位相对下降。在灌溉水的淋洗下，土壤中的盐分和有机无机胶体可被淋洗下移。故在灌淤心土层的结构面上，可见到有机无机胶膜。除分布于低洼地区的盐化灌淤土外，灌淤土多无盐分积聚层。

（二）灌淤土的剖面形态特征

灌淤土剖面形态比较均匀，上下无明显变化。剖面构型基本上是 P_i-P_i(B)-C_b，可分为灌淤耕层、灌淤心土层及下伏母土层 3 个层段。前两个层段合称为灌淤土层。

1. 灌淤耕层 灌淤耕层（P_i）厚度一般为 15～20 cm，多属壤质土，灰棕色或暗灰棕色（7.5YR3/4 或 10YR5/4），疏松，块状或屑粒状结构。

2. 灌淤心土层 灌淤心土层 [P_i(B)] 厚为 50 cm 左右，有的大于 100 cm，甚至大于 200 cm，淡灰棕色或灰棕色，色调以 7.5YR 或 10YR 为主；有机质含量高者，偏暗，亮度和彩度均等于或小于 4；有的因灌水淤积物来源不同而带红色，色调可为 5YR。质地多属壤

质土，较紧实，块状结构，有的呈鳞片状结构，有较多的孔隙及蚯蚓孔洞，蚯蚓排泄物较多。常见人为侵入体，不见沉积层次。

3. 下伏母质层 下伏母质层（C_b）即被灌淤土层所覆盖的原来的土壤层。因灌淤土多分布于洪积冲积平原，故下伏母质层多为不同的洪积冲积土层。

（三）灌淤土的基本理化性状

1. 灌淤土的主要特征是剖面性状均匀 同一土壤剖面，灌淤土的颜色没有明显变异。土壤质地一般为壤质土，垂直方向的变化很小，上下两亚层次之间，粒级分选不明显。土壤有机质及氮、磷、钾养分含量以灌淤耕层较高，平均值分别为 12 g/kg，0.8 g/kg，0.7 g/kg 及 18 g/kg 左右；自灌淤耕层向下缓慢递减，相邻两亚层次之间，相差不超过 40%；灌淤心土层有机质含量最低不小于 5 g/kg。碳酸钙含量因灌淤物质来源不同而异，一般含量为 12% 左右，同一剖面的垂直变化很小，相邻两亚层次之间，相差不超过 15%。

2. 灌淤土疏松多孔 灌淤耕层的容重为 1.20～1.40 g/cm³，灌淤心土层的容重为 1.3～1.5 g/cm³。孔隙度为 50% 左右。

三、灌淤土的亚类划分及其特性

灌淤土划分出灌淤土、潮灌淤土、表锈灌淤土及盐化灌淤土 4 个亚类，其剖面构型见图 14-5。

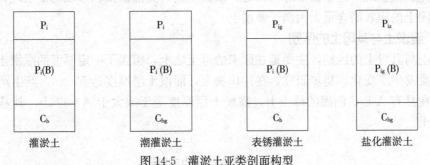

图 14-5 灌淤土亚类剖面构型

（一）灌淤土

灌淤土亚类又称为普通灌淤土，是最符合土类概念的亚类，分布于平原中的缓岗、高阶地或冲积洪积扇的中上部。灌淤土所处地势高，地下水位深，地下水对土壤没有明显的影响。灌淤土一般具有比较典型的剖面构型，即灌淤耕层（P_i）-灌淤心土层 [P_i（B）]-下伏母质层（C_b）。

（二）潮灌淤土

潮灌淤土分布于低平地，地下水位较高，埋藏深度小于 3 m，灌溉时期为 1～2 m。潮灌淤土受地下水影响，灌淤心土层及下伏母质层有锈纹锈斑。土壤的亚铁总量及还原性物质总量，自灌淤耕层向下递增；灌淤心土层及下伏母质层的还原性物质总量比普通灌淤土的相对应层次高出 1 至数倍，说明潮灌淤土的剖面下部还原作用较强。灌淤心土层下部的黏土矿物，虽仍以水云母为主，但蒙脱石相对增多，说明地下水位高，土壤水分多时，促进了蒙脱石的形成。

（三）表锈灌淤土

表锈灌淤土主要分布于宁夏黄河冲积平原南部，新疆阿克苏地区的乌什县也有分布，以稻旱轮作为主要利用方式。表锈灌淤土受种稻影响，灌淤耕层中有较多的锈纹锈斑。灌淤耕层的亚铁总量及还原性物质总量，比灌淤土和潮灌淤土的相同层次高出1倍以上；黏土矿物中蒙脱石的含量相对增多；土壤有机质含量比潮灌淤土或灌淤土高出12％。

（四）盐化灌淤土

盐化灌淤土多分布于地下水位高、矿化度大的低地，土壤发生盐化，影响农作物正常生长。灌淤耕层含盐量大，宁夏及内蒙古 0～20 cm 土层和新疆 0～60 cm 土层，含盐量大于 1.5 g/kg；地面可见到盐结晶形成的盐霜或少量盐结皮。因地下水位高，土壤剖面中也有锈纹锈斑。

四、灌淤土与相关土类的区别

（一）灌淤土与冲积土（新积土）的区别

灌淤土每年灌水落淤的量不大，仅几毫米至几厘米，其淤积层次与人工施入的肥料被耕作搅拌，均匀混合，没有明显的冲积层次，且具有较高的肥力以及人为侵入体。而冲积土具有明显的冲积层次，由于沉积条件的变化，冲积层次之间有较大的变异。

（二）灌淤土与菜园土等其他人为土壤的区别

用偏光显微镜观察土壤微形态特征时，灌淤土尚可见灌溉淤积形成的微层理，而菜园土没有；菜园土的速效磷含量大大高于灌淤土。

（三）灌淤土与其母土的区别

灌淤土与其母土的区别，主要是在原来的母土之上，覆盖了一定厚度的灌淤土层，从而使土壤性质发生了变化。初步研究，在冲积物上，灌淤土层厚度达 50 cm，其生产性能有重大变化；在具有 A-B-C 剖面的母土上，灌淤土层厚度等于或大于 A+1/2B，其基本性状已不同于母土。

五、灌淤土的利用

灌淤土地形平坦，土层深厚，质地适中，更兼光热条件好，灌溉便利，故具有广泛的适宜性，能种植小麦、玉米、水稻等粮食作物以及胡麻（油用亚麻）、向日葵等油料作物，还可以种植多种瓜果、蔬菜、树木等。但各种灌淤土的肥力有一定的差异。

（一）加强农田基本建设，防治土壤次生盐渍化

土壤次生盐渍化是限制灌淤土生产力的一个重要因素，盐化灌淤土的盐化危害已很明显，潮灌淤土及表锈灌淤土也存在次生盐渍化威胁。防治土壤次生盐渍化的主要措施是加强农田基本建设，建立排水系统（沟排或井排）进行排水，实行合理灌溉，节约用水，防止深层渗漏，以降低地下水位。还必须配合其他有效的农业耕作措施，有条件的地方进行水旱轮作等。

（二）提高土壤肥力

灌淤土的有机质含量及氮素含量较低，有效磷素不足。宜实行秸秆还田，增施有机肥

料，发展绿肥，合理施用氮磷化肥，注意补充磷肥，以调整氮磷比。甜菜钾肥试验，显示出增加产量和提高含糖量的效果。以稀土拌种，对小麦、水稻、甜菜、蔬菜及瓜类均有增产作用。宁夏等地实行小麦与玉米带状间作，麦带套种豆类或麦后复种绿肥，是一种用地与养地相结合的良好轮作办法。

（三）其他措施

应进行深耕，加厚耕作层。河流沿岸，筑坝并种植护岸林，防止灌淤土农田的冲塌。洪积扇地区的灌淤土，需注意防止山洪的冲刷。沿沟、渠、路两侧，营造护田林带，也是改善灌淤土生态环境的重要措施。

第三节 菜 园 土

菜园土是人工长期种植蔬菜，经高度熟化过程形成的，具有厚熟表层的人工土壤。

由于蔬菜需氧量高，喜水喜肥，要求频繁的土壤耕作，大量地施用动物性有机肥料以及频繁地灌溉，使菜地土壤成为人工土壤中熟化度最高的土壤。菜园土由不同母土所发育，其前身有相当部分是潮土和水稻土土类，以前把菜园土作为灰潮土、黄潮土等亚类的一个土属，但菜园土的高生产力表现，使其与其母土的性质差异巨大，从而成为一个特殊类型。第二次全国土壤调查后期，20 世纪 90 年代初，北京市农林科学院沈汉研究员提出，将菜园土作为一个独立的土类，得到了土壤学界的广泛认同。

一、菜园土的熟化发育及剖面层次分化

菜园土的熟化发育过程是蔬菜集约栽培下的旱耕熟化及堆垫施肥影响下的腐殖质累积过程，动物富集性元素（P、S、Ca、N）等的累积和活化过程，大量蚯蚓等土壤动物活动对上下土层间的物质交换、熟土层的增厚和通气供氧起了保证作用，人为常湿润水分状况促进了各种生物的繁殖和土壤养分的有效化，所有这些过程都有利于蔬菜生长。

菜园土在熟化发育过程中剖面层次分化为人工腐殖质层、熟土层、旱耕淀积层及稳定层 4 个层次。人工腐殖质层和熟土层的总厚度超过 50 cm，总称厚熟表土层（plaggen epipedon）。

二、菜园土的剖面特征和基本理化性状

（一）人工腐殖质层

人工腐殖质层（A_P）是长期种菜，堆垫施用动物性有机肥（包括人粪尿、厩肥、有机垃圾等），精耕细作、频繁灌溉、蚯蚓活动而形成的磷、硫、钙、碳、氮等养分累积较多的诊断表层，它具有如下特征：①厚度>35 cm；②土色棕灰色至黑灰色（2.5Y5/1）；③有机质含量加权平均值超过 25 g/kg，一般为 25～40 g/kg；④速效磷（P_2O_5）含量大于 100 mg/kg，或全磷（P_2O_5）含量大于 2.5g/kg（图 14-6）；⑤疏松多孔，容重不足 1.25 g/cm³，非毛管孔隙大于 15％；⑥蚯蚓穴及其粪便较多；⑦炭渣、灰渣、砖瓦、陶片及人类生活用品残屑较多。

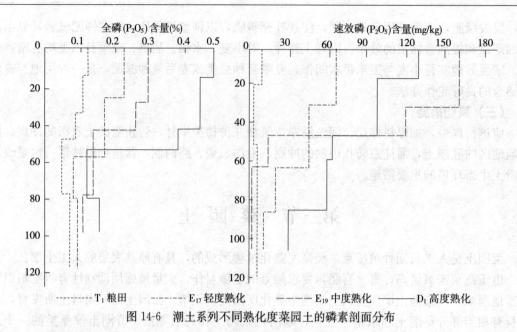

图 14-6 潮土系列不同熟化度菜园土的磷素剖面分布

(二) 熟土层

熟土层是人工腐殖质层的向下过渡层，养分下延层或粮田时期老耕层，具有如下特征：①厚度超过 15 cm；②土色为棕灰色至灰棕色（2.5Y5/3）；③有机质含量超过 15 g/kg；④磷的累积较明显，仅次于人工腐殖质层，其他养分也较高，高于一般粮田耕层；⑤蚯蚓活动及人类活动特征明显，仅次于上层。

(三) 旱耕淀积层

旱耕淀积层是旱耕及蚯蚓搬运表层物质的淀积层，具有如下特征：①厚度超过 15 cm；②色斑杂；③孔壁和结构表面淀积有较暗色的腐殖质胶膜，其亮度与彩度均低于周围土壤基质，数量占 5% 以上；④由于蚯蚓搬运和液肥渗渍，土壤养分稍多；⑤仍有明显的蚯蚓穴及其粪便。

(四) 稳定层

稳定层不受熟化影响，其形态及养分含量接近母土层。

三、菜园土的亚类划分及其特性

根据菜园土分布地区或形成菜园土的原母土不同，中国土壤系统分类将其划为灌淤肥熟旱耕人为土、石灰斑纹肥熟旱耕人为土、酸性肥熟旱耕人为土、普通肥熟旱耕人为土和斑纹肥熟旱耕人为土 5 个亚类。

(一) 灌淤肥熟旱耕人为土

灌淤肥熟旱耕人为土是肥熟旱耕人为土中有灌淤现象，分布在干旱半干旱地区具有灌淤条件的老菜地。

(二) 石灰斑纹肥熟旱耕人为土

石灰斑纹肥熟旱耕人为土有石灰性，在矿质土表下 50~100 cm 范围内部分土层（>10 cm) 有氧化还原特征，分布于淮河以北的河流冲积平原潮土地区。

（三）酸性肥熟旱耕人为土

酸性肥熟旱耕人为土是肥熟旱耕人为土中至少在矿质土表下25～50 cm范围内盐基饱和度＜50％，或pH＜5.5，分布于江南低丘平缓处及古河道洪积台地。

（四）普通肥熟旱耕人为土

普通肥熟旱耕人为土具有典型特征的菜园土，分布在暖温带华北平原和北亚热带长江中下游平原。

（五）斑纹肥熟旱耕人为土

斑纹肥熟旱耕人为土为肥熟旱耕人为土中在矿质土表下50～100 cm范围内部分土层（＞10 cm）有氧化还原特征，分布于黄河以南，由水耕土及半水成土经长期种菜发育而来。

四、菜园土的保护

菜园土是熟化程度、养分水平、生产力水平最高的土壤资源，需经长期培肥才能形成。菜园土一般分布在居民点周围，随着人口增长，居民点不断外延，建筑物逐渐蚕食菜地，造成菜园土资源的丧失。新开菜地虽然一般也比大田施用较多的有机肥，但其有机质水平、保蓄能力都不及高度熟化的菜园土，蔬菜的高强度生产主要还是靠大量投入化肥维持，致使大量硝酸盐淋失，蔬菜中亚硝酸盐大量累积。因此城市化过程中要保护菜地。

另一方面，随着生活垃圾及污水的增多，菜地土壤受到的污染威胁日益加重，要积极保护菜地土壤不受污染，保证蔬菜的安全生产。

 教学要求

一、识记部分

识记渗育层、水耕淀积层、人工腐殖质层、灌淤耕层。

二、理解部分

①水稻土剖面要求有哪些层次？它们各自的特征是什么？
②灌淤土与冲积土有何区别？现代冲积物中是否也可发现瓦片和炭屑？
③为什么说菜园土是人为土壤中肥力最高的土壤？其主要标志是什么？
④水耕淀积层形成的原因是什么？其特征是什么？
⑤如何搞好水稻土的水肥管理，防止氮肥损失？
⑥灌淤土地处干旱、半干旱区，盐渍化是其潜在威胁，农田管理应注意什么？
⑦是否种植水稻就是水稻土，种菜就是菜园土？
⑧对于水稻土的起浆性和淀浆性，分别采取什么措施改良？

三、掌握部分

掌握水稻土、灌淤土和菜园土的剖面层次构型。

主要参考文献

龚子同.1999.中国土壤系统分类——理论·方法·实践[M].北京：科学出版社.
林培.1993.区域土壤地理学[M].北京：北京农业大学出版社.
全国土壤普查办公室.1998.中国土壤[M].北京：中国农业出版社.

第十五章

世界土壤地理简介

从宏观角度看，世界土壤分布规律一是受气候带的影响，二是受海陆分布以及大地构造地貌的影响。本章将简要介绍全球土壤形成的背景条件和主要地带性土壤的分布。

第一节 全球土壤形成背景条件

土壤在全球范围的宏观分布规律，一方面受大气候因素的影响；另一方面是受海陆分布以及大地构造地貌的影响。

一、大气环流、海陆分异对地带性特征的影响

由于地球的形状、地球与太阳的宇宙关系，使地球表面形成了热量的纬度地带性，如图15-1所示。同时，由于这种热量纬向引起了大气环流，如图15-2所示。此外，地球表面的海陆关系以及大地构造地貌，也影响地球表面不同的气候类型，同时形成了不同的植被与土壤的地带性特征，如我国土壤的西北至东南走向分异，北美洲的土壤的东西向分异。

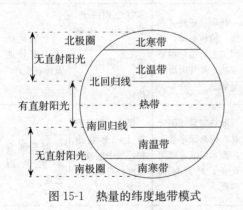

图15-1 热量的纬度地带模式

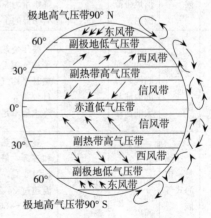

图15-2 大气环流与风带的模式

二、世界主要气候带与土壤的地带性特征

地球表面的气候宏观特征，在每个温度带的基础上，其水热关系基本可分为4个类型：①降水＞蒸发而且降水季节分布比较均匀的海洋型气候；②降水＜蒸发而且是干燥度＞2的

大陆干旱型气候;③降水与温度相一致(即水热同步)的季风气候;④夏干冬湿的地中海型气候。所以同一个温度带内的土壤并不是东西方向都一致的,例如温带针叶林下的土壤,西半球北美洲和欧洲发生灰化作用而东半球中国灰化作用就不明显即为一例。这就是土壤地带在纬向地带的基础上受经向大气因素影响的地理相性。这种区域土壤类型与土壤分布的地理规律是受大气环流、海陆分异的影响形成的。

表15-1表示了世界主要气候带与土壤的地带性特征。

表15-1 世界主要气候带及土壤地带特征

纬度带	气候类型	分布范围	主要气候成因	基本气候特征	地带性植被及其特征	地带性土壤及其特征	土壤利用方向
热带	热带雨林气候	赤道两侧南纬10°和北纬10°之间	全年受赤道低压带控制	全年高温多雨,无明显季节变化,年降水量超过3 000 mm,最冷月平均气温超过20 ℃,最热月平均气温超过25 ℃	热带雨林,常绿阔叶树种为主,种属丰富,层次复杂,有板状根,多藤木、附生植物	砖红壤、灰化砖红壤、潜育砖红壤,土壤酸性,土质黏重	适于热带林业、橡胶和热带水果业生产
热带	热带季风气候	南亚次大陆和中南半岛、西非沿海	赤道低压带和信风带,南北季节移动变化而引起风向、季节变化	全年气温较高,最冷月平均气温超过20 ℃,最热月平均气温超过25 ℃,全年降水量为1 000~2 000 mm,降水量集中于下半年,有明显的季风与干湿季变化	热带季雨林,其特征近热带雨林,但主要树种于旱季落叶	砖红壤、灰化砖红壤,土壤酸性,土质黏重	适于热带林业、橡胶和热带水果生产,更适于农业,如水稻生产
热带	热带草原气候	热带雨林气候南北两侧的信风带范围内	受赤道低压带和信风带交替控制	全年高温,最冷月平均气温超过20 ℃,最热月平均气温超过25 ℃,年降水量为500~1 500 mm,有明显的干湿季变化	热带稀树草原,草本以禾本科为主,草类雨季生长,旱季枯黄	褐色砖红壤、燥红土、变性土,土质黏重,有石灰反应	适于热带农业、牧业生产,更适于棉花生产
亚热带	热带、亚热带荒漠气候	南回归线和北回归线附近的内陆与大陆西岸	常年受副热带高压带和信风带控制	终年炎热干燥,最冷月平均气温超过10 ℃,最热月平均气温超过25 ℃,日较差大。全年干旱,年降水量不足200 mm	热带、亚热带荒漠,植被稀疏,种属贫乏,植物根系发达,叶片肉质或呈刺状	红色荒漠土、变性土、盐碱土,一般土质黏重,土壤盐基离子饱和,甚至有盐化	个别地区适于畜牧业及棉花生产
亚热带	亚热带地中海式气候	南纬和北纬30°~40°的大陆西岸	受副热带高压带和西风带的交替影响	夏季炎热干燥,冬季温和多雨,最冷月平均气温超过0 ℃,最热月平均气温超过25 ℃,年降水量为400~800 mm,为冬雨型	亚热带常绿硬叶林,由常绿小乔木与灌木组成,郁闭度低,叶片厚而坚硬	褐土、红色石灰土,土壤饱和,呈中性或微碱性,有机质含量少	适于农业,特别是部分果树及园艺业
亚热带	亚热带海洋性季风气候	南回归线和北回归线附近的大陆东岸	由海陆差异引起风向季节变化	夏季高温多雨,为夏雨型,冬季气温较低,降水偏少,最冷月平均气温超过0 ℃,最热月平均气温超过25 ℃,年降水量为800~2 000 mm	亚热带常绿阔叶林,树木种属、树冠郁闭度均明显次于热带雨林,藤本、附生植物也少	红壤、黄壤、黄棕壤,土壤微酸性,土质黏重	适于农业、林业、牧业,更适于农业,如水稻生产

(续)

纬度带	气候类型	分布范围	主要气候成因	基本气候特征	地带性植被及其特征	地带性土壤及其特征	土壤利用方向
温带	温带海洋性气候	南纬和北纬40°~60°的大陆西岸	受西风带控制	冬季温和,夏季凉爽,最冷月平均气温超过0℃,最热月平均气温超过20℃,年降水量为500~900 mm,常年有雨而分布均匀	温带落叶阔叶林,种属成分简单,夏季有连续林冠,冬季落叶,林下灌木、草类稀疏	暗棕壤、黑土、棕壤,土壤有机质丰富,呈微酸性	适于农业与林业,更适于牧业与甜菜
温带	温带大陆性气候	温带内陆	地处大陆内部,难以受到海洋影响	夏季暖和,冬季寒冷干燥,气温年较差和日较差均较大,最冷月平均气温低于0℃,最热月平均气温高于20℃,年降水量为50~500 mm	温带草原,由旱生与半旱生的多年生草本植物组成,夏季生长,冬季枯黄。温带荒漠与热带、亚热带荒漠近似	黑钙土、栗钙土、棕钙土,土壤有机质丰富,呈中性,质地适中,漠土则有机质缺乏,偏碱性	适于农业,特别适于小麦、玉米等粮食及干旱区的瓜果生产,但要灌溉
温带	温带季风气候	亚洲和北美洲东部	由海陆差异引起风向季节变化	夏季温湿多雨,冬季寒冷干燥,最冷月平均气温高于0℃,最热月平均气温高于20℃,年降水量为500~1 000 mm	温带落叶阔叶林及森林草原,植物组成较简单	黑土、棕壤、褐土,土壤微酸性至中性,有机质较丰富到一般中等	适于农业、林业与牧业,特别适于小麦、玉米、棉花及温带水果生产
寒带	亚寒带针叶林气候	北纬50°~70°	所处纬度高	夏短温和,冬长严寒,降水少,蒸发少,最冷月平均气温低于0℃,最热月平均气温低于20℃,年降水量为300~500 mm	针叶林,多单一树种的纯林,林内阴湿,缺乏下层植被,局部有苔藓覆被	灰化土、棕色针叶林土、沼泽土、草甸土,土壤酸性,质地较轻,有机质多	适于林业、牧业、草甸性土壤可垦殖,种植春小麦等耐寒作物
寒带	极地气候	极圈之内	所处纬度最高	夏短凉爽,冬长严寒,高纬度终年严寒,最热月平均气温为0℃左右	苔原,植被稀疏,成片段分布,主要有苔藓,某些地方少量灌木	冰沼土	不适于农用

第二节 世界主要地带性土壤的地理分布

尽管存在着各种各样的非地带性土壤,包括隐域性土壤(如石灰土、沼泽土、火山灰土、盐碱土等)、泛域性土壤(如石质土、冲积土等)和各种山地土壤(山地森林土、山地草甸土、山地草原土、山地沼泽土、高山荒漠土、高山寒漠土),但是从全球的角度认识世界土壤,主要还是看具有地理分布规律的地带性土壤。

地带性土壤的形成过程主要是受生物气候因素控制,其分布和生物气候条件相适应。由于北半球陆地面积比南半球大,北半球陆地面积占2/3,因此土壤地带性分布特征在北半球表现得比较明显。土壤地带性分布又有纬度和经度之分,全球纬度地带性土壤的分布见表15-2和图15-3。

表 15-2 世界地带性土壤表

纬度带	生物气候带	地带性土壤
高纬度带	苔原	冰沼土、极地棕色土、极地潜育土、极地漠境土
中纬度冷温气候带	针叶林	灰化土（灰壤）
	落叶阔叶林	棕色土（棕壤）、黏化棕色土（黏化棕壤）
	森林与草原过渡带	灰色森林土
中纬度温暖气候带	常绿阔叶林、常绿硬叶林	地中海型棕壤
	常绿阔叶林、常绿硬叶林	地中海型红壤
	常绿硬叶林和灌丛	褐土
	常绿阔叶林	红壤、黄壤
	草原	黑钙土、黑土
	干草原	栗钙土
	荒漠草原	灰钙土、棕钙土
	荒漠	灰漠土、灰棕漠土、棕漠土
低纬度带	热带雨林、季雨林	砖红壤、铁质土（赤红壤、红壤）、热带灰壤
	热带疏林、稀树草原	热带稀树草原土（棕红壤、红褐土、燥红土）
	热带草原	热带黑黏土、热带黑土

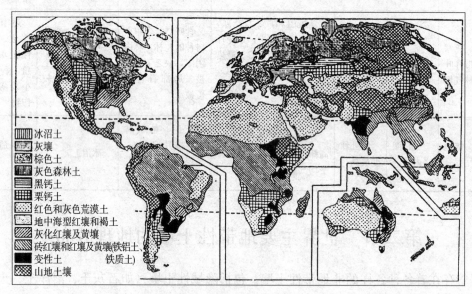

图 15-3 世界地带性土壤分布
（引自 Bridges，Word soil，1998）

一、高纬度地带的土壤

高纬度地带的主体土壤为冰沼土，占世界陆地面积约 4%，分布于极地区域。在北极地区，冰沼土成为一条宽广的带状分布于北冰洋周围地带。在南半球主要分布于南极洲无冰盖处，安第斯山的高处、澳大利亚东南大分水岭和新西兰南阿尔卑斯山等地，另外，世界各地高山上也有分布。

本带冬长严寒，温度可低至-35～-40 ℃，年降水量为 250～300 mm。一年中多数时间冻结，只有在短暂的夏季植物可以生长。植被稀疏，成片段分布，常见植物有石楠属、北极蓝浆果、金凤花，以及苔藓、地衣和少量灌木。母质以物理风化物为主。

冰沼土土壤剖面分化不明显，永冻层以上可形成 0.6～4 m 的活动层，只有靠近中纬地带的边缘地带永冻层较深，融水下渗较强，剖面层次分化较好。由于冻融交替使土壤物质沿坡下移而有粗细分选，所以冰沼土的分布是依不同地形部位而形成有规律的土壤组合，地形部位越低，土壤质地越细。

本带土壤可大体分为 3 类：①发育于低地排水不良区域的极地潜育土，这类土壤因排水不良，永冻层上常发育潜育土或泥炭潜育土；②发育在山地的脊顶、崖缘、台地边缘等地势高排水好的地方，发育成极地棕色土，土壤质地较粗，并夹有岩屑；③极地荒漠土，在北半球是最高纬度地带的土壤，南极区分布在无冰盖的裸露岩石上，几乎连续永冻，植被贫乏，岩石上零散分布枝状地衣，土壤无淋溶，只有盐分和少量有机质，剖面几乎不分层。

二、中纬度冷温气候带的土壤

中纬度冷温气候带的气候以冷湿为主要特点，降水量较多，有利于土壤中各种可溶盐分的淋溶。地带性土壤主要有灰壤（灰化土）、棕壤、黏化棕壤和灰色森林土。

（一）灰壤

灰壤主要环绕北极地区呈纬向分布。在亚欧大陆分布于北极圈与北纬 50°之间，包括瑞典和芬兰、挪威的大部、德波平原的北部和俄罗斯，其中以俄罗斯境内面积最大，占世界这类土壤的 50% 以上。在北美洲，灰壤分布的纬度比欧亚大陆靠南，主要分布在加拿大和美国东北部。此外，世界各地高山地区还有灰壤分布。南半球除一些高山上有分布外，没有灰壤分布。

灰壤区气候夏短温和，冬长严寒，年平均气温为 0 ℃ 左右，欧亚大陆年降水量为 500～550 mm，北美洲年降水量可高达 1 000 mm。植被为针叶林，南部为灌木植被，在郁闭的森林植被下，地表有枯枝落叶、树皮等残落物层。母质多为冰碛物以及各种岩石的风化物，质地粗，通透性强。在上述成土条件下，发生灰化作用，形成灰壤。

（二）棕壤和黏化棕壤

棕壤和黏化棕壤主要分布在欧洲、美洲中东部以及中国、朝鲜、日本等地，尤以英国、法国和德国分布较多。黏粒有机械淋溶，根据黏粒下淋的程度分为棕壤和黏化棕壤两种。前者黏粒轻度淋溶，淀积层（B 层）只形成过渡层，剖面层次为 A_h-B_w-C；后者淀积层（B层）形成明显的黏化层，剖面层次为 A_h-E-B_t-C。

棕壤气候常湿温暖、冬季不到 3 个月，年平均气温为 0 ℃，夏季气温很少超过 21～26 ℃。年降水量为 500～1 000 mm，降水均匀，少有连续干旱，土壤水分足以引起淋溶，但不足以引起灰化。自然植被是落叶阔叶林，其间杂生灌木、草类。养分含量和盐基饱和度较高，游离碳酸盐遭淋失，代换性盐基仍然以钙占优势，呈中性至酸性反应。剖面中黏粒部分的硅铝铁率比较一致。

黏化棕壤在欧洲大陆和不列颠群岛发育良好。植被为落叶阔叶林。以黏化层为主要特征。降水量大于蒸发量，随着代换性盐基被淋洗，土壤酸性增强。由于腐殖质与黏粒分散度较高，从表层（A层）、淋溶层（E层）下淋的黏粒和腐殖质胶体淀积于淀积层（B层）土壤结构的表面，从而形成黏化层（B_t层）。黏化层结构为中度发育的棱块状和块状。

（三）灰色森林土

灰色森林土分布于森林向草原过渡带的南半部，俄罗斯分布最多。自然植被为阔叶林，林下是草被，腐殖质累积较多，形成较厚的松散腐殖质层（0.5 m以上）。淋溶和黏化作用较弱，剖面层次为 A-E-B_t-C。淋溶层缺乏黏粒和有机质，结构面上有 SiO_2 粉末。全剖面呈微酸性反应。

三、中纬度暖温气候带的土壤

（一）地中海式气候区土壤

地中海式气候区土壤分布于地中海沿岸、美国的加利福尼亚州、澳大利亚的西南部和阿德雷德附近地区以及智利中部等地。气候属夏干暖温类型，冬季暖湿，气温为5～10 ℃；夏季干热，气温为25～30 ℃，无雨或少雨；年降水量为500～800 mm。夏季干旱期的长短是本区各土类形成的一个重要因素。自然植被主要是常绿阔叶林和灌丛。本带土壤因母质和降水量不同，分异为性状迥异的地中海型棕壤、红壤、非石灰性棕壤、褐土等类型。

1. 地中海型棕壤 地中海型棕壤分布区夏季干旱期不及1个月，土壤有一定淋溶作用。发育于钙质母质上的棕壤，上层土壤脱钙，黏粒淀积于淀积层（B层）下部和母质层（C层）裂隙中。发育于非钙质母质上的棕壤，表层（A层）呈棕色，松散，富含有机质，并有稍疏松的黏化层。

2. 地中海型红壤 地中海型红壤因淋溶较强，土壤中含钙不多，有微弱的富铝化，土壤呈红色或棕红色。

3. 非石灰性棕壤 澳大利亚西南部、美国的西南部都有非石灰性棕壤。其剖面无钙积层，淀积层（B层）呈棱柱状结构。

4. 褐土 褐土分布于西班牙、法国南部、巴尔干半岛、亚平宁半岛、土耳其、中亚、美国的加利福尼亚地区、墨西哥西部、智利中部、澳大利亚西南部和阿德雷德附近地区。褐土带与棕壤带不同点是温度较高，降水较少，夏季较为炎热，一年中有明显的干季。地中海气候区，夏季干旱时间有5～6个月，自然植被主要是常绿硬叶林和灌丛，土壤矿物风化和有机质转化都较强，有明显的残积黏化层，有一定的淋溶，在一定的深度有碳酸钙淀积层。

（二）亚热带湿润气候区土壤

亚热带湿润气候区土壤与地中海型土壤属同一纬度，但水热条件不同，气候为常湿温暖类型。亚热带湿润气候区土壤主要分布在中国南部和东南部、美国东南部、巴西东部、格鲁吉亚的黑海、里海沿岸、南高加索山地、澳大利亚东部等地。亚热带湿润气候区夏季湿热，多对流雨，年平均气温为25 ℃，冬季暖而短。年降水量为1 250～1 500 mm。自然植被在排水良好的高地为阔叶林，排水不好的低地为沼泽灌木、火炬松、丝柏，林下杂生灌丛和草类。

亚热带湿润气候区土壤成土过程以富铝化为主，地带性土壤是红壤和黄壤。土壤淋溶作用强，盐基被淋失，表层变酸，但不如热带土壤彻底。

（三）温带草原地区土壤

温带草原地区气候冬季气温为-7～-10 ℃，积雪不厚，11月至翌年4月冻层深为60～80 cm，无霜期为150～160 d，7月气温为19～21℃，年降水量为550 mm左右。在北美洲、俄罗斯草原地带分布着黑钙土，向干旱的沙漠边缘地带一侧为栗钙土，向冷温气候带的一侧发育着湿草原土（黑土）和淋溶黑钙土。因有机质积累形成松软黑色表层。

1. 黑钙土 黑钙土在亚欧大陆分布相当广泛，西起乌克兰，东至西伯利亚鄂比河上游，呈连续的东西向带状分布，面积占世界该土壤面积的50%。保加利亚、罗马尼亚、匈牙利、波兰部分地区也有分布。在北美洲黑钙土主要分布在大陆的中部，北起加拿大，南到美国堪萨斯州中部，略呈经向带状分布。自然植被，北美为湿草原，前苏联地区为干草原以及以草为主的森林-草原交错带。黑钙土形成的主要特点是有明显的有机质积累和钙化过程，有轻度淋溶。

2. 湿草原土 湿草原土相当于我国土壤分类中的黑土，分布于美国密西西比河上游谷地和中部平原。湿草原土分布区水分条件比黑钙土地区潮湿，淋溶作用相应较强；除生长草类外，还有疏林出现；有明显的生物累积和淋溶。

3. 栗钙土 栗钙土在亚欧大陆分布于乌克兰南端、里海西岸沿北纬50°向东经额尔齐斯河，越阿尔泰山，经蒙古高原东部至我国内蒙古。在北美洲从北萨斯喀彻温河东南至落基山脉以东大草原。此外，在南美大草原与巴塔哥尼亚高原的一部分，大洋洲、非洲以及西亚、南亚均有栗钙土分布。

（四）中纬度荒漠和半荒漠土壤

荒漠占全世界总面积的67%，既分布于中纬度的温带，也分布于低纬度的热带。其生态条件极为干旱，年降水量小于250 mm，同时变率大，日照强烈，气温高，温差大，蒸发强烈，多大风和尘暴，植被十分稀疏，主要生长超旱生植物。荒漠土壤的生物作用和淋洗作用很微弱。半荒漠土壤是中纬度荒漠向干草原过渡的半荒漠地带的土壤，其降水量比荒漠气候稍多，自然植被为荒漠草原，包括棕钙土和灰钙土两种土类。

四、低纬度地带的土壤

低纬度地区包括热带雨林、热带稀树草原和热带沙漠环境区域。热带雨林地区高温多雨，年平均气温为25～28 ℃，年降水量超过2 000 mm。雨林植被种类繁多，林木多层性非常明显，林内藤本植物丰富；雨林剥蚀地形较多。热带稀树草原地区年平均气温与热带雨林相近，但温差大，降水量比热带雨林少，年降水量为600～1 500 mm，有明显的干湿交替，这种土壤带位于热带雨林和热带沙漠之间，主要分布在南美洲、印度、澳大利亚等地。热带沙漠地区空气稳定，降水量极少，降水变率大，天气单调，皆是晴热天气，白天风沙大，常常出现尘暴，风蚀地貌很显著。热带沙漠有非洲撒哈拉、卡塔哈里沙漠，西亚和南亚的阿拉伯大沙漠、塔尔沙漠，澳大利亚中西部和中部沙漠，南美的阿塔卡马沙漠等。

（一）砖红壤

砖红壤分布在热带雨林地区，包括亚洲的印度、斯里兰卡、马来西亚、印度尼西亚、缅甸、菲律宾、泰国、柬埔寨等国，澳大利亚北方高雨量地带，非洲赤道两侧，南美洲的亚马孙平原、圭亚那沿海低地以及巴西高原西北部的热带雨林地区。砖红壤富铝化作用强烈，铁铝元素相对聚积，土层深厚，质地黏重，剖面明显发育，土壤呈酸性，自然肥力低，次生矿物主要是高岭石、三水铝矿和赤铁矿。

（二）铁质土

铁质土包括砖红壤性土（赤红壤）和部分红壤，主要分布在南美洲、非洲、东南亚和中国的南部。铁质土分布区气候温暖，雨量充沛，年平均气温为 16～26 ℃，年降水量约为 1 500 mm，但在尼日利亚和加纳的北部旱生疏林和热带稀树草原地区酸性结晶基岩上也分布这种土壤。本类土壤淋溶较强，盐基饱和度不足 50%，土层深厚，土色偏红棕色或红黄色。与砖红壤相比，本类土壤淀积层（B层）黏化程度增高，土壤中保留一些可风化的矿物，层次分化更强。

（三）热带稀树草原土

热带稀树草原土在我国称为燥红壤，主要分布在非洲、澳大利亚、南美洲干旱炎热地区。其气候为热带疏林草原类型，草本植物以旱生型为主，常见仙人掌、霸王鞭等。一般矿物风化程度低，脱硅富铝化不很明显，土壤阳离子代换量较高，淋溶较弱，表层盐基饱和度可达 70%～90%，pH 为 6.0～6.5，剖面层次明显变化，表层（A层）灰棕色，淀积层（B层）红褐色，过渡层（BC层）或母质层（C层）呈红色或黄棕色。

（四）热带黑黏土

热带黑黏土又称为黑绵土、变性土，分布于热带干湿交替剧烈的地区，多发育于富含盐基的母质上，土色暗棕色或黑色，质地黏重，黏土矿物以胀缩性强的蒙脱石为主，旱季土壤收缩产生裂隙，上层土落入裂隙中，湿季土壤膨胀，使土壤向上隆起，发生土壤"自耕"现象，土壤肥力较高，在非洲是发展农业的重要基地。

五、各大陆土壤分布

综观全球土壤，以砖红壤、铁质土和黄壤类分布最广，约占全球陆地的 19%；漠土和山地土壤次之，分别占全球陆地面积的 17% 和 16%。其他土壤所占比例为 4%～9%。

世界主要地带性土壤在各大洲和全球的分布比例（%）见表 15-3。

表 15-3 世界主要地带性土壤在各大洲和全球的分布比例（%）

土壤类型	亚洲和欧洲	北美洲	南美洲	非洲	大洋洲	占全球陆地面积
冰沼土	3	17	—	—	—	4
漠土	15	7	3	37	44	17
黑钙土、湿草原土、热带黑土、热带黑黏土	6	7	5	2	4	6
栗钙土与半荒漠土	5	4	6	9	10	6
灰壤	16	23	—	—	—	9
砖红壤、铁质土、红壤、黄壤	9	10	59	29	25	19
灰色土与棕色土	7	6	8	9	7	7
冲积土	4	1	7	6	—	4
山地土壤	33	14	12	3	10	16
冰川与积雪	—	8	—	—	—	2

注：全球陆地除上述主要地带性土壤外，还有其他非地带性土壤。

1. 亚欧大陆 亚欧大陆山地土壤占 1/3，灰壤和荒漠土分别占 16% 和 15%，草原土（黑钙土、栗钙土等）占 13%。地带性土壤沿纬度水平分布由北至南依次为冰沼土→灰壤→灰色森林土→黑钙土→栗钙土→棕钙土→荒漠土→高山（原）土壤→红壤→砖红壤。东岸与西岸略有差异，大陆西岸从北至南依次为冰沼土→灰壤→棕壤→褐土→灰钙土→荒漠土，大陆东岸自北至南依次为冰沼土→灰壤→棕壤→红壤和黄壤→砖红壤。在灰壤和棕壤带中分布有沼泽土、黑色石灰土。半荒漠土壤和荒漠土壤中分布着盐碱土。在印度德干高原上分布着热带黑黏土（黑棉土），沿海岸地带分布着红树林植被下发育的酸性硫酸盐土。

2. 美洲 北美洲灰壤较多，约占 23%，由于西部科迪拉山系呈南北走向延伸，从而加深了水热条件的东西差异，因此北美洲西半球土壤表现明显经度地带性分布。北美洲大陆西半部（灰壤带以南，西经 95°以西，不包括太平洋沿岸地带）由东而西的土壤类型依次为湿草原土→黑钙土→栗钙土→荒漠土；而在东部因南北走向的山体不高而使土壤又表现出纬度地带性分布，由北至南依次为灰壤→棕壤→红壤和黄壤。北美洲灰壤带中有沼泽土，栗钙土带中有碱土，荒漠土带中有盐土，墨西哥湾沿岸有酸性硫酸盐土。南美洲砖红壤、砖红壤性土的分布面积最大，几乎占全洲面积的一半，主要分布于南回归线以北地区，呈东西延伸。在南回归线以南地区土壤类型逐渐转为南北延伸，自东而西依次大致为红壤和黄壤→红色湿草原土→灰褐土和灰钙土，再往南则为棕色荒漠土。安第斯山以西地区土壤类型是南北向排列和延伸的，自北向南依次为砖红壤→红壤→红褐土→原始荒漠土→褐土→棕壤。

3. 非洲 非洲土壤以荒漠土和砖红壤、红壤为最多，前者占 37%，后两者占 29%。由于赤道横贯中部，土壤由中部低纬度地区向南北两侧成对称纬度地带性分布，其顺序是砖红壤→铁质土→红棕壤→红色栗钙土→荒漠土，至大陆南北两端为地中海型土壤——红棕壤。但在东非高原因受地形的影响而稍有改变。在砖红壤带中分布有沼泽土，在沙漠化的热带草原、半荒漠和荒漠带中分布有盐碱土。

4. 澳大利亚 澳大利亚土壤以荒漠土面积最大，占 44%；其次为砖红壤和铁质土，占 25%。土壤分布呈半环形，自北、东、南三方面向内陆和西部依次分布热带灰壤→红壤和砖红壤→热带黑土和红棕壤→红褐土和棕钙土→荒漠土。

教学要求

①如何理解大气环流与海陆关系对土壤形成的影响？
②为什么理解全球土壤分布主要看地带性土壤分布？

主要参考文献

南京大学地理系.1985.世界地理[M].南京：南京大学出版社.
朱鹤健.1986.世界土壤地理[M].北京：高等教育出版社.